普通高等教育“十二五”重点规划教材配套辅导

国家工科数学教学基地　国家级精品课程使用教材配套辅导

Nucleus 新核心

理工基础教材

线性代数解题方法与技巧

上海交通大学数学系　组编

上海交通大學出版社
SHANGHAI JIAO TONG UNIVERSITY PRESS

内 容 提 要

本书共选编了线性代数习题314题，其中“例题选讲”171题都给出了详解，对于一些偏难的典型例题，还给出了多种解法，并做了分析和点评；其余“自测与提高”题目143题均给出了答案或提示。

本书可作为高等院校理、工、农、医、经济管理和财经各类专业本科、专科生学习与教学用书，也可供数学爱好者使用。

图书在版编目(CIP)数据

线性代数解题方法与技巧/王纪林等编.—上海：上海交通大学出版社，2011（2016重印）
ISBN 978-7-313-06524-7

Ⅰ．线...　Ⅱ．王...　Ⅲ．线性代数—高等学校—解题　Ⅳ．0151.2-44

中国版本图书馆CIP数据核字(2010)第097833号

线性代数解题方法与技巧

王纪林 等　编

上海交通大学出版社出版发行

（上海市番禺路951号　邮政编码200030）

电话：64071208　出版人：韩建民

常熟市大宏印刷有限公司 印刷　全国新华书店经销

开本：787mm×960mm 1/16　印张：15.5　字数：291千字

2011年1月第1版　2016年8月第5次印刷

ISBN 978-7-313-06524-7/O　定价：28.00元

前　言

上海交通大学是我国“211 工程”和“985 工程”重点投资建设的重点大学。上海交通大学数学系是全国工科数学教学基地之一，其数学教学一贯坚持“起点高、基础厚、要求严、重实践、求创新”的传统，使理、工、农、生、医、管理等各科学生都具有扎实的数学基础。历年来，上海交大的学生在国内外高校的数学竞赛中屡屡获奖。在历届全国硕士研究生和工程硕士研究生的入学考试中，上海交大的学生的数学平均成绩，总是名列榜首。这些成绩的取得，是因为上海交大数学系有一个行之有效的教学及考核体系，有一套先进且成熟的优秀教材和辅导材料，有一支充满活力的教学梯队。特别是有一个教学核心，几十年来，始终坚持在教学第一线，不断地总结教学经验，搜集教学资料。今天的成绩，是长期积累的成果，是历史的沉淀和升华。

学好一门基础理论课程要求掌握课程的总体概貌，不但要掌握这门课程的基本概念、基本内容以及基本方法，还要了解它们的来龙去脉，知道所学的内容何处来，用在何处，如何应用。另外，学好一门基础理论课程还需要做大量的习题，掌握基本的解题方法和解题技巧。本书的编写，就是希望在这方面对读者有所帮助。

本书收集了线性代数课程的大量经典习题，对收集的习题给出了详细的解答和有针对性的提示，有些还给出了多种解法。其中的例题可以启发读者的解题思路和进一步理解线性代数的基本知识，使之巩固所学的内容。收集的概念自测题，可供读者检验对所学内容的掌握程度，有些还超出课堂教学的要求，可用于拓宽知识面和检验读者的自学能力及理解能力。

本书还收集了上海交大编写的线性代数教材（科学出版社、第二版）的习题之中较难的习题，特别是一些证明题，并给出了较详细的解答和证明。

本书可以作为高等院校线性代数课程学生的教学辅导用书，也可以作为教师的教学参考用书。书中“行列式与矩阵”部分由蒋启芬执笔，“向量与线性方程组”部分由王纪林执笔，“相似矩阵与二次型”部分由辛玉梅执笔，“线性空间与线性变换”部分由崔振执笔，最后由王纪林统稿完成。陈克俭副编审指导了本书的结构及编排工作。本书的编写和出版得到了上海交大数学系和上海交大出版社的大力支持和帮助，编者在此一并表示感谢。

由于时间紧迫，又囿于编者的水平，对书中错误或不妥之处希望读者提出宝贵意见。

编　者

2010 年 6 月于上海交通大学

目　　录

第一章　行列式与矩阵

一、知识要点

1. 行列式

1）行列式的定义

n 阶($n\geqslant 2$)行列式的定义为

$$D=|a_{ij}|_n=\begin{vmatrix} a_{11} & a_{12} & \cdots & a_{1n} \\ a_{21} & a_{22} & \cdots & a_{2n} \\ \vdots & \vdots & & \vdots \\ a_{n1} & a_{n2} & \cdots & a_{nn} \end{vmatrix}$$

$$=\sum_{j_1j_2\cdots j_n}(-1)^{\tau(j_1j_2\cdots j_n)}a_{1j_1}\cdot a_{2j_2}\cdot\cdots\cdot a_{nj_n},$$

其中 $\tau(j_1j_2\cdots j_n)$ 是 n 阶排列 $j_1j_2\cdots j_n$ 的逆序数.

2）行列式的性质

(1) 行列式的行和列互换,其值不变,即若

$$D=|a_{ij}|_n=\begin{vmatrix} a_{11} & a_{12} & \cdots & a_{1n} \\ a_{21} & a_{22} & \cdots & a_{2n} \\ \vdots & \vdots & & \vdots \\ a_{n1} & a_{n2} & \cdots & a_{nn} \end{vmatrix},\quad D^{\mathrm{T}}=|a_{ji}|_n=\begin{vmatrix} a_{11} & a_{21} & \cdots & a_{n1} \\ a_{12} & a_{22} & \cdots & a_{n2} \\ \vdots & \vdots & & \vdots \\ a_{1n} & a_{2n} & \cdots & a_{nn} \end{vmatrix},$$

则 $D^{\mathrm{T}}=D$,称 D^{T} 为 D 的**转置行列式.**

据此知,以下关于行列式的行所述的性质,对于行列式的列同样成立.

(2) 行列式中某行的各元素有公因子 λ,则 λ 可提取到行列式的符号之外,即

$$\begin{vmatrix} a_{11} & a_{12} & \cdots & a_{1n} \\ \vdots & \vdots & & \vdots \\ \lambda a_{i1} & \lambda a_{i2} & \cdots & \lambda a_{in} \\ \vdots & \vdots & & \vdots \\ a_{n1} & a_{n2} & \cdots & a_{nn} \end{vmatrix}=\lambda\begin{vmatrix} a_{11} & a_{12} & \cdots & a_{1n} \\ \vdots & \vdots & & \vdots \\ a_{i1} & a_{i2} & \cdots & a_{in} \\ \vdots & \vdots & & \vdots \\ a_{n1} & a_{n2} & \cdots & a_{nn} \end{vmatrix}.$$

(3) 若行列式中某行的各元素均为两元素之和，则该行列式可表为两个行列式之和，即

$$\begin{vmatrix} a_{11} & a_{12} & \cdots & a_{1n} \\ \vdots & \vdots & & \vdots \\ a_{i1}+b_{i1} & a_{i2}+b_{i2} & \cdots & a_{in}+b_{in} \\ \vdots & \vdots & & \vdots \\ a_{n1} & a_{n2} & \cdots & a_{nn} \end{vmatrix} = \begin{vmatrix} a_{11} & a_{12} & \cdots & a_{1n} \\ \vdots & \vdots & & \vdots \\ a_{i1} & a_{i2} & \cdots & a_{in} \\ \vdots & \vdots & & \vdots \\ a_{n1} & a_{n2} & \cdots & a_{nn} \end{vmatrix} + \begin{vmatrix} a_{11} & a_{12} & \cdots & a_{1n} \\ \vdots & \vdots & & \vdots \\ b_{i1} & b_{i2} & \cdots & b_{in} \\ \vdots & \vdots & & \vdots \\ a_{n1} & a_{n2} & \cdots & a_{nn} \end{vmatrix}.$$

(4) 行列式中交换任意两行中对应元素的位置，行列式的绝对值不变，仅改变正负号，即

$$\begin{vmatrix} a_{11} & a_{12} & \cdots & a_{1n} \\ \vdots & \vdots & & \vdots \\ a_{i1} & a_{i2} & \cdots & a_{in} \\ \vdots & \vdots & & \vdots \\ a_{j1} & a_{j2} & \cdots & a_{jn} \\ \vdots & \vdots & & \vdots \\ a_{n1} & a_{n2} & \cdots & a_{nn} \end{vmatrix} = -1 \begin{vmatrix} a_{11} & a_{12} & \cdots & a_{1n} \\ \vdots & \vdots & & \vdots \\ a_{j1} & a_{j2} & \cdots & a_{jn} \\ \vdots & \vdots & & \vdots \\ a_{i1} & a_{i2} & \cdots & a_{in} \\ \vdots & \vdots & & \vdots \\ a_{n1} & a_{n2} & \cdots & a_{nn} \end{vmatrix}.$$

(5) 行列式中某行的各元素同乘一个数 λ，然后加到行列式中另一行对应的元素上，则行列式的值不变，即

$$\begin{vmatrix} a_{11} & a_{12} & \cdots & a_{1n} \\ \vdots & \vdots & & \vdots \\ a_{i1} & a_{i2} & \cdots & a_{in} \\ \vdots & \vdots & & \vdots \\ a_{j1}+\lambda a_{i1} & a_{j2}+\lambda a_{i2} & \cdots & a_{jn}+\lambda a_{in} \\ \vdots & \vdots & & \vdots \\ a_{n1} & a_{n2} & \cdots & a_{nn} \end{vmatrix} = \begin{vmatrix} a_{11} & a_{12} & \cdots & a_{1n} \\ \vdots & \vdots & & \vdots \\ a_{i1} & a_{i2} & \cdots & a_{in} \\ \vdots & \vdots & & \vdots \\ a_{j1} & a_{j2} & \cdots & a_{jn} \\ \vdots & \vdots & & \vdots \\ a_{n1} & a_{n2} & \cdots & a_{nn} \end{vmatrix} \quad (i \neq j).$$

(6) 行列式等于其某行元素与对应的代数余子式的乘积之和，即

$$D = |a_{ij}|_n = a_{i1}A_{i1} + a_{i2}A_{i2} + \cdots + a_{in}A_{in} = \sum_{k=1}^{n} a_{ik}A_{ik},$$

其中 A_{ij} 是 D 中元素 a_{ij} 的代数余子式.

由性质(6)，不难得到

$$\sum_{k=1}^{11} a_{ik}A_{jk} = a_{i1}A_{j1} + a_{i2}A_{j2} + \cdots + a_{in}A_{jn} = \begin{cases} D & (i = j), \\ 0 & (i \neq j). \end{cases}$$

性质(6)的推广即**拉普拉斯定理**，即

$$D=\sum_{i=1}^{t}N_k^{(i)}A_k^{(i)}=N_k^{(1)}A_k^{(1)}+N_k^{(2)}A_k^{(2)}+\cdots+N_k^{(t)}A_k^{(t)},$$

其中 $N_k^{(t)}$ 是位于 D 中任意 k 行的所有 k 阶子式，$A_k^{(t)}$ 是 $N_k^{(t)}$ 的代数余子式，$t=C_n^k$.

由拉普拉斯定理，可得行列式的**乘积公式**，即

① $$\begin{vmatrix} a_{11} & 0 & \cdots & 0 & 0 \\ a_{21} & a_{22} & \cdots & 0 & 0 \\ \vdots & \vdots & & \vdots & \vdots \\ a_{n-11} & a_{n-22} & \cdots & a_{n-1n-1} & 0 \\ a_{n1} & a_{n2} & \cdots & a_{nn-1} & a_{nn} \end{vmatrix}=a_{11}a_{22}\cdots a_{nn}.$$

② 对角行列式

$$\begin{vmatrix} a_{11} & & & \\ & a_{22} & & \\ & & \ddots & \\ & & & a_{nn} \end{vmatrix}=a_{11}a_{22}\cdots a_{nn}.$$

③ 反(副)对角行列式

$$\begin{vmatrix} & & & a_{1n} \\ & & a_{2n-1} & \\ & \iddots & & \\ a_{n1} & & & \end{vmatrix}=(-1)^{(nn-1\cdots1)}a_{1n}a_{2n-1}\cdots a_{n1}=(-1)^{\frac{1}{2}n(n-1)}a_{1n}a_{2n-1}\cdots$$

a_{n1}，其正负号与 n 的取值有关.

$$|a_{ij}|_n|b_{ij}|_n=|c_{ij}|_n,$$

其中 $c_{ij}=\sum_{k=1}^{n}a_{ik}b_{kj}=a_{i1}b_{1j}+a_{i2}b_{2j}+\cdots+a_{in}b_{nj}$.

3) 常见的 n 阶行列式

(1) 上(下)三角形列式

$$\begin{vmatrix} a_{11} & a_{12} & \cdots & a_{1n-1} & a_{1n} \\ 0 & a_{22} & \cdots & a_{2n-1} & a_{2n} \\ \vdots & \vdots & & \vdots & \vdots \\ 0 & 0 & \cdots & a_{n-1n-1} & a_{n-1n} \\ 0 & 0 & \cdots & 0 & a_{nn} \end{vmatrix}=a_{11}a_{22}\cdots a_{nn}.$$

(2) 对称行列式(行和列相等)

$$\begin{vmatrix} x & a & \cdots & a & a \\ a & x & \cdots & a & a \\ \vdots & \vdots & & \vdots & \vdots \\ a & a & \cdots & x & a \\ a & a & \cdots & a & x \end{vmatrix} = [x+(n-1)a](x-a)^{n-1}.$$

(3) 箭形行列式($c_i \neq 0$)

$$\begin{vmatrix} c_0 & a_1 & a_2 & \cdots & a_n \\ b_1 & c_1 & 0 & \cdots & 0 \\ b_2 & 0 & c_2 & \cdots & 0 \\ \vdots & \vdots & \vdots & & \vdots \\ b_n & 0 & 0 & \cdots & c_n \end{vmatrix} = \left(c_0 - \sum_{i=1}^{n} \frac{a_i b_i}{c_i}\right) \prod_{j=1}^{n} c_j.$$

(4) 三对角行列式

$$D_n = \begin{vmatrix} \alpha_1 & \beta_1 & 0 & 0 & \cdots & 0 & 0 & 0 \\ \gamma_1 & \alpha_2 & \beta_2 & 0 & \cdots & 0 & 0 & 0 \\ 0 & \gamma_2 & \alpha_3 & \beta_3 & \cdots & 0 & 0 & 0 \\ \vdots & \vdots & \vdots & \vdots & & \vdots & \vdots & \vdots \\ 0 & 0 & 0 & 0 & \cdots & \gamma_{n-2} & \alpha_{n-1} & \beta_{n-1} \\ 0 & 0 & 0 & 0 & \cdots & 0 & \gamma_{n-1} & \alpha_n \end{vmatrix}$$

D_n 有递推关系式

$$D_n = \alpha_n D_{n-1} - \beta_{n-1}\gamma_{n-1} D_{n-2}.$$

(5) 范德蒙行列式

$$D = |x_j^{i-1}|_n = \begin{vmatrix} 1 & 1 & \cdots & 1 \\ x_1 & x_2 & \cdots & x_n \\ x_1^2 & x_2^2 & \cdots & x_n^2 \\ \vdots & \vdots & & \vdots \\ x_1^{n-1} & x_2^{n-1} & \cdots & x_n^{n-1} \end{vmatrix} = \prod_{1 \leqslant i < j \leqslant n} (x_j - x_i).$$

4) 克莱姆法则

克莱姆法则又称**克莱姆定理**,它可表述为:若线性方程组

$$\begin{cases} a_{11}x_1 + a_{12}x_2 + \cdots + a_{1n}x_n = b_1, \\ a_{21}x_1 + a_{22}x_2 + \cdots + a_{2n}x_n = b_2, \\ \cdots\cdots\cdots\cdots\cdots\cdots\cdots\cdots \\ a_{n1}x_1 + a_{n2}x_2 + \cdots + a_{nn}x_n = b_n \end{cases}$$

的系数行列式 $D=|a_{ij}|_n\neq 0$，则有唯一解，且其解可表示为

$$x_j=\frac{D_j}{D}\quad (j=1,2,\cdots,n),$$

其中 D_j 为行列式，即

$$D_j=\begin{vmatrix} a_{11} & \cdots & a_{1j-1} & b_1 & a_{1j+1} & \cdots & a_{1n} \\ a_{21} & \cdots & a_{2j-1} & b_2 & a_{2j+1} & \cdots & a_{2n} \\ \vdots & & \vdots & \vdots & \vdots & & \vdots \\ a_{n1} & \cdots & a_{nj-1} & b_n & a_{nj+1} & \cdots & a_{nn} \end{vmatrix}.$$

由克莱姆法则易知，齐次线性方程组

$$\begin{cases} a_{11}x_1+a_{12}x_2+\cdots+a_{1n}x_n=0, \\ a_{21}x_1+a_{22}x_2+\cdots+a_{2n}x_n=0, \\ \cdots\ \cdots\ \cdots\ \cdots\ \cdots\ \cdots\ \cdots\ \cdots \\ a_{n1}x_1+a_{n2}x_2+\cdots+a_{nn}x_n=0 \end{cases}$$

有非零解，则其系数行列式 $D=|a_{ij}|_n=0$.

2. 矩阵

1) 矩阵

由 mn 个元素构成的 m 行 n 列的数表称为 $m\times n$ **矩阵**，即

$$\boldsymbol{A}=(a_{ij})_{m\times n}=\begin{bmatrix} a_{11} & a_{12} & \cdots & a_{1n} \\ a_{21} & a_{22} & \cdots & a_{2n} \\ \vdots & \vdots & & \vdots \\ a_{m1} & a_{m2} & \cdots & a_{mn} \end{bmatrix},$$

当元素 a_{ij} 为实数时，$\boldsymbol{A}$ 称为**实矩阵**.

若 $\boldsymbol{A}=(a_{ij})_{m\times n}$，$\boldsymbol{B}=(b_{ij})_{m\times n}$，则当 $a_{ij}=b_{ij}$ 时，称 $\boldsymbol{A}$ 等于 $\boldsymbol{B}$，记作 $\boldsymbol{A}=\boldsymbol{B}$.

常见的矩阵有：

(1) 零阵　元素全为零的矩阵称为**零矩阵**，即 $\boldsymbol{0}=(0)_{m\times n}$.

(2) 阶梯阵　当 $i>j$ 时，元素 a_{ij} 全为零，且当第 i,j 行为非零($i>j$)时，第 i 行左边第一个非零元素的列下标大于第 j 行左边第一个非零元素的列下标，则此矩阵称为**阶梯型矩阵**. 如

$$\boldsymbol{A}=\begin{bmatrix} 2 & 3 & -1 & 0 & 1 \\ 0 & 1 & 2 & 1 & 0 \\ 0 & 0 & 0 & 3 & 1 \\ 0 & 0 & 0 & 0 & 4 \end{bmatrix},\quad \boldsymbol{A}=\begin{bmatrix} 0 & 3 & 1 & 0 & 2 \\ 0 & 0 & 0 & 2 & 1 \\ 0 & 0 & 0 & 0 & 3 \\ 0 & 0 & 0 & 0 & 0 \end{bmatrix}$$

都是阶梯阵. 特别是非零行左边第一个元素为 1,而此列其余元素都为零的阶梯阵称为**规范阶梯阵**. 如

$$A=\begin{bmatrix}1&0&2&0&1\\0&1&1&0&3\\0&0&0&1&0\\0&0&0&0&0\end{bmatrix},\quad A=\begin{bmatrix}1&0&0&0&2\\0&1&0&0&-1\\0&0&1&0&3\\0&0&0&1&0\end{bmatrix}.$$

(3) 方阵　行数与列数相等的矩阵称为**方阵**,即

$$A=(a_{ij})_{n\times n}=\begin{bmatrix}a_{11}&a_{12}&\cdots&a_{1n}\\a_{21}&a_{22}&\cdots&a_{2n}\\\vdots&\vdots&&\vdots\\a_{n1}&a_{n2}&\cdots&a_{nn}\end{bmatrix}.$$

(4) 上三角矩阵　$A=(a_{ij})_{n\times n}$,若 $a_{ij}=0(i>j)$,称此方阵为**上三角矩阵**. 如

$$A=\begin{bmatrix}1&2&3\\0&-1&1\\0&0&-2\end{bmatrix},$$

特别地,若 $a_{ij}=0(i\geqslant j)$,则称 A 为严格上三角矩阵.

(5) 下三角矩阵　$A=(a_{ij})_{n\times n}$,若 $a_{ij}=0(i<j)$,则称 A 为**下三角矩阵**. 如

$$A=\begin{bmatrix}-1&0&0\\2&3&0\\4&-1&5\end{bmatrix},$$

特别地,若 $a_{ij}=0(i\leqslant j)$,则称 A 为严格下三角矩阵.

(6) 对角矩阵　$A=(a_{ij})_{n\times n}$,若 $a_{ij}=0(i\neq j)$. 称此为**对角矩阵**. 即

$$A=\begin{bmatrix}a_{11}&&&\\&a_{22}&&\\&&\ddots&\\&&&a_{nn}\end{bmatrix},$$

记为 $A=\mathrm{diag}(a_{11},a_{22},\cdots,a_{nn})$.

(7) 单位矩阵　$A=\mathrm{diag}(1,1,\cdots,1)$,称此为**单位矩阵**. 即

$$A=\begin{bmatrix}1&&&\\&1&&\\&&\ddots&\\&&&1\end{bmatrix}.$$

(8) 数量矩阵　$A=\mathrm{diag}(a,a,\cdots,a)$,称此为**数量矩阵**. 即

$$\boldsymbol{A}=\begin{bmatrix} a & & & \\ & a & & \\ & & \ddots & \\ & & & a \end{bmatrix},$$

简记为 $a\boldsymbol{E}$.

行列式

$$|a_{ij}|_n=\begin{vmatrix} a_{11} & a_{12} & \cdots & a_{1n} \\ a_{21} & a_{22} & \cdots & a_{2n} \\ \vdots & \vdots & & \vdots \\ a_{n1} & a_{n2} & \cdots & a_{nn} \end{vmatrix}$$

为方阵 $\boldsymbol{A}$ 的行列式,记作 $|\boldsymbol{A}|=|a_{ij}|_n$.

特别地,当元素 $a_{ij}=a_{ji}$ 时,方阵 $\boldsymbol{A}=(a_{ij})_{n\times n}$ 称为**对称矩阵**;当元素 $a_{ij}=-a_{ji}$ 时,方阵 $\boldsymbol{A}=(a_{ij})_{n\times n}$ 为**反对称矩阵**.

2) 矩阵的加法和数乘

若矩阵 $\boldsymbol{A}=(a_{ij})_{m\times n}$,$\boldsymbol{B}=(b_{ij})_{m\times n}$,则 $\boldsymbol{A}$ 与 $\boldsymbol{B}$ 的加法为

$$\boldsymbol{A}+\boldsymbol{B}=(a_{ij}+b_{ij})_{m\times n}.$$

若矩阵 $\boldsymbol{A}=(a_{ij})_{m\times n}$,$k$ 为数,则 k 与 $\boldsymbol{A}$ 的数乘为

$$k\boldsymbol{A}=(ka_{ij})_{m\times n}.$$

3) 矩阵的乘法

若矩阵 $\boldsymbol{A}=(a_{ij})_{m\times l}$,$\boldsymbol{B}=(b_{ij})_{l\times n}$,则 $\boldsymbol{A}$ 与 $\boldsymbol{B}$ 的乘积

$$\boldsymbol{AB}=(c_{ij})_{m\times n},$$

其中 $c_{ij}=\sum_{k=1}^{l}a_{ik}b_{kj}=a_{i1}b_{1j}+a_{i2}b_{2j}+\cdots+a_{il}b_{lj}$.

利用矩阵的乘法,线性方程组

$$\begin{cases} a_{11}x_1+a_{12}x_2+\cdots+a_{1n}x_n=b_1, \\ a_{21}x_1+a_{22}x_2+\cdots+a_{2n}x_n=b_2, \\ \cdots\cdots\cdots\cdots\cdots\cdots\cdots\cdots \\ a_{m1}x_1+a_{m2}x_2+\cdots+a_{mn}x_n=b_m \end{cases}$$

可表示为

$$\boldsymbol{Ax}=\boldsymbol{b},$$

其中矩阵

$$\boldsymbol{A}=\begin{bmatrix} a_{11} & a_{12} & \cdots & a_{1n} \\ a_{21} & a_{22} & \cdots & a_{2n} \\ \vdots & \vdots & & \vdots \\ a_{m1} & a_{m2} & \cdots & a_{mn} \end{bmatrix},\quad \boldsymbol{x}=\begin{bmatrix} x_1 \\ x_2 \\ \vdots \\ x_n \end{bmatrix},\quad \boldsymbol{b}=\begin{bmatrix} b_1 \\ b_2 \\ \vdots \\ b_m \end{bmatrix}.$$

称 $\boldsymbol{A}$ 为此方程组的**系数矩阵**,又称矩阵

$$\overline{\boldsymbol{A}}=(\boldsymbol{A},\boldsymbol{b})=\begin{bmatrix} a_{11} & a_{12} & \cdots & a_{1n} & b_1 \\ a_{21} & a_{22} & \cdots & a_{2n} & b_2 \\ \vdots & \vdots & & \vdots & \vdots \\ a_{m1} & a_{m2} & \cdots & a_{mn} & b_m \end{bmatrix}$$

为此方程组的**增广矩阵**.

关于矩阵的乘法,要注意:

① 消去律一般不成立,即

$$\boldsymbol{AB}=\boldsymbol{AC}\not\Rightarrow\boldsymbol{B}=\boldsymbol{C}.$$

② 非零阵的乘积可能为零阵,故

$$\boldsymbol{AB}=\boldsymbol{0}\not\Rightarrow\boldsymbol{A}=\boldsymbol{0}\text{ 或 }\boldsymbol{B}=\boldsymbol{0}.$$

③ 交换律一般不成立,即一般

$$\boldsymbol{AB}\neq\boldsymbol{BA}.$$

故常用的平方和(差),立方和(差),二项式等公式一般不成立,在使用时应特别小心.

矩阵的乘法常用性质:

① $\boldsymbol{A}(\boldsymbol{BC})=(\boldsymbol{AB})\boldsymbol{C}$.

② $\boldsymbol{A}(\boldsymbol{B}+\boldsymbol{C})=\boldsymbol{AB}+\boldsymbol{AC}$, $(\boldsymbol{B}+\boldsymbol{C})\boldsymbol{A}=\boldsymbol{BA}+\boldsymbol{CA}$.

③ $k(\boldsymbol{AB})=(k\boldsymbol{A})\boldsymbol{B}=\boldsymbol{A}(k\boldsymbol{B})$.

④ 若 $\boldsymbol{A}$ 和 $\boldsymbol{B}$ 为 n 阶方阵,则

$$|\boldsymbol{AB}|=|\boldsymbol{A}||\boldsymbol{B}|.$$

4) 矩阵的转置

若矩阵 $\boldsymbol{A}=(a_{ij})_{m\times n}$,则 $\boldsymbol{A}$ 的转置矩阵

$$\boldsymbol{A}^{\mathrm{T}}=(a_{ij})_{n\times m}.$$

关于矩阵的转置,有:

(1) $(k\boldsymbol{A}+l\boldsymbol{B})^{\mathrm{T}}=k\boldsymbol{A}^{\mathrm{T}}+l\boldsymbol{B}^{\mathrm{T}}$.

(2) $(\boldsymbol{AB})^{\mathrm{T}}=\boldsymbol{B}^{\mathrm{T}}\boldsymbol{A}^{\mathrm{T}}$.

(3) 若 $\boldsymbol{A}$ 为 n 阶方阵,则 $\boldsymbol{A}$ 为对称矩阵的充要条件为

$$A^{\mathrm{T}} = A,$$

A **为反对称矩阵的充要条件为**

$$A^{\mathrm{T}} = -A.$$

5）逆矩阵

若 A 为 n 阶方阵，存在 n 阶方阵 B，满足 $AB=BA=E$，则称 A 为可逆矩阵，又称 B 为 A 的逆矩阵，记作

$$B = A^{-1}.$$

关于逆矩阵有以下结论：

（1）若 A 可逆，则其逆阵唯一.

（2）$A=(a_{ij})_{n\times n}$为可逆矩阵的充要条件为$|A|\neq 0$，且

$$A^{-1} = \frac{1}{|A|}A^{*},$$

其中 $A^{*}=(A_{ji})_{n\times n}$为 A 的伴随矩阵，A_{ji}是 a_{ji} 的代数余子式.

（3）若 n 阶方阵 A 和 B 满足 $AB=E$ 或 $BA=E$，则 A 为可逆阵，且 $B=A^{-1}$.

逆矩阵的常用性质：

（1）若 A 可逆，则 kA 可逆的充要条件为 $k\neq 0$，且

$$(kA)^{-1} = \frac{1}{k}A^{-1}.$$

（2）若 $A,B,A+B$ 都可逆，则

$$(A+B)^{-1} = A^{-1}(A^{-1}+B^{-1})^{-1}B^{-1}.$$

（3）若 A,B 可逆，则 AB 可逆，且

$$(AB)^{-1} = B^{-1}A^{-1}.$$

（4）$AA^{*}=A^{*}A=|A|E$.

（5）若 A 为 n 阶可逆矩阵，则

$$|A^{-1}| = |A|^{-1}, \quad |A^{*}| = |A|^{n-1}.$$

6）分块矩阵

以小矩阵为元素的矩阵常称为**分块矩阵**. 如

$$A = \left[\begin{array}{cc:ccc} 1 & 2 & 0 & 0 & 0 \\ 0 & 1 & 0 & 0 & 0 \\ \hdashline 2 & 3 & -1 & 4 & 1 \\ 1 & 2 & 3 & 1 & 2 \end{array}\right] = \begin{bmatrix} A_{11} & A_{12} \\ A_{21} & A_{22} \end{bmatrix} = B,$$

其中

$$A_{11}=\begin{bmatrix}1 & 2\\0 & 1\end{bmatrix},\quad A_{12}=\begin{bmatrix}0 & 0 & 0\\0 & 0 & 0\end{bmatrix},\quad A_{21}=\begin{bmatrix}2 & 3\\1 & 2\end{bmatrix},\quad A_{22}=\begin{bmatrix}-1 & 4 & 1\\3 & 1 & 2\end{bmatrix},$$

称 $\boldsymbol{B}=(\boldsymbol{A}_{ij})_{2\times2}$ 为 $\boldsymbol{A}$ 的**分块矩阵**.

关于分块矩阵,有:

(1) 若 $\boldsymbol{A}_{m\times l}$,$\boldsymbol{B}_{l\times n}$,记 $\boldsymbol{B}=(\beta_1,\beta_2,\cdots,\beta_n)$,其中 β_j 为 $\boldsymbol{B}$ 的第 j 列,记 $\boldsymbol{A}=(\alpha_1^{\mathrm{T}},\alpha_2^{\mathrm{T}},\cdots,\alpha_m^{\mathrm{T}})^{\mathrm{T}}$,其中 α_i 是 $\boldsymbol{A}$ 的第 i 行,则

$$\boldsymbol{AB}=\boldsymbol{A}(\beta_1,\beta_2,\cdots,\beta_n)=(\boldsymbol{A}\beta_1,\boldsymbol{A}\beta_2,\cdots,\boldsymbol{A}\beta_n),$$

$$\boldsymbol{AB}=\begin{bmatrix}\alpha_1\\\alpha_2\\\vdots\\\alpha_m\end{bmatrix}\boldsymbol{B}=\begin{bmatrix}\alpha_1\boldsymbol{B}\\\alpha_2\boldsymbol{B}\\\vdots\\\alpha_m\boldsymbol{B}\end{bmatrix}.$$

(2) 若方阵

$$\boldsymbol{A}=\begin{bmatrix}\boldsymbol{A}_1 & \boldsymbol{0}\\\boldsymbol{0} & \boldsymbol{A}_2\end{bmatrix},$$

其中 $\boldsymbol{A}_1$,$\boldsymbol{A}_2$ 也是方阵,则 $\boldsymbol{A}$ 为**准对角阵**,有

(A) $|\boldsymbol{A}|=|\boldsymbol{A}_1||\boldsymbol{A}_2|$.

(B) 若 $\boldsymbol{A}$ 可逆,$\boldsymbol{A}^{-1}=\begin{bmatrix}\boldsymbol{A}_1 & \boldsymbol{0}\\\boldsymbol{0} & \boldsymbol{A}_2\end{bmatrix}^{-1}=\begin{bmatrix}\boldsymbol{A}_1^{-1} & \boldsymbol{0}\\\boldsymbol{0} & \boldsymbol{A}_2^{-1}\end{bmatrix}$.

(C) $\boldsymbol{A}^*=\begin{bmatrix}\boldsymbol{A}_1 & \boldsymbol{0}\\\boldsymbol{0} & \boldsymbol{A}_2\end{bmatrix}^*=\begin{bmatrix}|\boldsymbol{A}_2|\boldsymbol{A}_1^* & \boldsymbol{0}\\\boldsymbol{0} & |\boldsymbol{A}_1|\boldsymbol{A}_2^*\end{bmatrix}$.

(3) 若 $\boldsymbol{A}_1$ 是 n_1 阶方阵,$\boldsymbol{A}_2$ 为 n_2 阶方阵,$\boldsymbol{A}=\begin{bmatrix}\boldsymbol{0} & \boldsymbol{A}_1\\\boldsymbol{A}_2 & \boldsymbol{0}\end{bmatrix}$,则

① $|\boldsymbol{A}|=(-1)^{n_1n_2}|\boldsymbol{A}_1||\boldsymbol{A}_2|$.

② $\boldsymbol{A}^{-1}=\begin{bmatrix}\boldsymbol{0} & \boldsymbol{A}_1\\\boldsymbol{A}_2 & \boldsymbol{0}\end{bmatrix}^{-1}=\begin{bmatrix}\boldsymbol{0} & \boldsymbol{A}_2^{-1}\\\boldsymbol{A}_1^{-1} & \boldsymbol{0}\end{bmatrix}$.

③ $\boldsymbol{A}^*=\begin{bmatrix}\boldsymbol{0} & \boldsymbol{A}_1\\\boldsymbol{A}_2 & \boldsymbol{0}\end{bmatrix}^*=\begin{bmatrix}\boldsymbol{0} & |\boldsymbol{A}_1|\boldsymbol{A}_2^*\\|\boldsymbol{A}_2|\boldsymbol{A}_1^* & \boldsymbol{0}\end{bmatrix}$.

④ 若 $\boldsymbol{A}$ 为 n 阶可逆阵,$\boldsymbol{D}$ 为 m 阶方阵,则

$$\begin{bmatrix}\boldsymbol{A} & \boldsymbol{B}\\\boldsymbol{C} & \boldsymbol{D}\end{bmatrix}=|\boldsymbol{A}||\boldsymbol{D}-\boldsymbol{CA}^{-1}\boldsymbol{B}|,$$

特别当 $m=n$,且 $\boldsymbol{AC}=\boldsymbol{CA}$,则

$$\begin{bmatrix}\boldsymbol{A} & \boldsymbol{B}\\\boldsymbol{C} & \boldsymbol{D}\end{bmatrix}=|\boldsymbol{AD}-\boldsymbol{CB}|.$$

7）矩阵的秩

若矩阵$\boldsymbol{A}=(a_{ij})_{m\times n}$中有$r$阶行列式(称为$\boldsymbol{A}$的$r$阶子式)不为零,而所有阶数大于$r$的行列式全为零,则称$\boldsymbol{A}$的**秩**为$r$,记作$r(\boldsymbol{A})=r$.

显然有:

(1) $r(0)=0$.

(2) 若$\boldsymbol{A}$为$m\times n$矩阵,则$r(\boldsymbol{A})\leqslant\min\{m,n\}$.

(3) $r(\boldsymbol{A}^{\mathrm{T}})=r(\boldsymbol{A})$.

(4) $\boldsymbol{A}$为n阶方阵,则$\boldsymbol{A}$可逆的充要条件为$r(\boldsymbol{A})=n$,且若$\boldsymbol{A}$可逆,则$r(\boldsymbol{AB})=r(\boldsymbol{B})$,$r(\boldsymbol{CA})=r(\boldsymbol{C})$.

(5) $r(\boldsymbol{A},\boldsymbol{B})\geqslant r(\boldsymbol{A})$.

(6) $\boldsymbol{A}$为阶梯形矩阵,则$r(\boldsymbol{A})$等于$\boldsymbol{A}$中非零行的行数.

关于矩阵的秩,常用的结论有:

(1) $r(\boldsymbol{A}+\boldsymbol{B})\leqslant r(\boldsymbol{A},\boldsymbol{B})\leqslant r(\boldsymbol{A})+r(\boldsymbol{B})$.

(2) 若$k\neq0$,则$r(k\boldsymbol{A})=r(\boldsymbol{A})$.

(3) $r(\boldsymbol{AB})\leqslant\min\{r(\boldsymbol{A}),r(\boldsymbol{B})\}$.

(4) 若$\boldsymbol{A}$为$m\times n$矩阵,$\boldsymbol{AB}=0$,则

$$r(\boldsymbol{A})+r(\boldsymbol{B})\leqslant n.$$

(5) $\boldsymbol{A}$为$m\times n$实矩阵,则

$$r(\boldsymbol{A}^{\mathrm{T}}\boldsymbol{A})=r(\boldsymbol{A}).$$

(6) $\boldsymbol{A}$为n阶方阵,则

$$r(\boldsymbol{A}^*)=\begin{cases}n & (r(\boldsymbol{A})=n),\\ 1 & (r(\boldsymbol{A})=n-1),\\ 0 & (r(\boldsymbol{A})<n-1).\end{cases}$$

(7) 若$\boldsymbol{A}$为$m\times n$矩阵,则

$$r(\boldsymbol{AB})\geqslant r(\boldsymbol{A})+r(\boldsymbol{B})-n.$$

(8) 若$\boldsymbol{\alpha}=(a_1,a_2,\cdots,a_n)^{\mathrm{T}}$,$\boldsymbol{\beta}=(b_1,b_2,\cdots,b_n)^{\mathrm{T}}$,矩阵

$$\boldsymbol{A}=\boldsymbol{\alpha\beta}^{\mathrm{T}}=\begin{bmatrix}a_1b_1 & a_1b_2 & \cdots & a_1b_n\\ a_2b_1 & a_2b_2 & \cdots & a_2b_n\\ \vdots & \vdots & & \vdots\\ a_nb_1 & a_nb_2 & \cdots & a_nb_n\end{bmatrix},$$

则当$\boldsymbol{A}\neq0$时,有$r(\boldsymbol{A})=1$.反之,若n阶方阵$\boldsymbol{A}$有$r(\boldsymbol{A})=1$,则$\boldsymbol{A}$可表为$\boldsymbol{A}=\boldsymbol{\alpha\beta}^{\mathrm{T}}$,其中$\boldsymbol{\alpha}$和$\boldsymbol{\beta}$为非零$n\times1$矩阵.

8) 矩阵的初等变换与矩阵的等价

对矩阵 $\boldsymbol{A}$ 施以行(列)初等变换,是指以下变换中的任一变换:

(1) 交换 $\boldsymbol{A}$ 中的两行(列).

(2) $\boldsymbol{A}$ 的某行(列)乘以一个非零的数.

(3) $\boldsymbol{A}$ 的某行(列)乘以一个数加到 $\boldsymbol{A}$ 的另一行(列)上.

若 $\boldsymbol{A}$ 经有限多次初等变换化为矩阵 $\boldsymbol{B}$,则称 $\boldsymbol{A}$ 等价于 $\boldsymbol{B}$,记作 $\boldsymbol{A}\to\boldsymbol{B}$. 显然有:

① $\boldsymbol{A}\to\boldsymbol{A}$.

② 若 $\boldsymbol{A}\to\boldsymbol{B}$,则 $\boldsymbol{B}\to\boldsymbol{A}$.

③ 若 $\boldsymbol{A}\to\boldsymbol{B}$,$\boldsymbol{B}\to\boldsymbol{C}$,则 $\boldsymbol{A}\to\boldsymbol{C}$.

关于矩阵的初等变换有以下结论:

(1) 矩阵的初等变换不改变矩阵的秩,因此等价矩阵的秩相等.

(2) 矩阵 $\boldsymbol{A}$ 经行初等变换可化为阶梯形矩阵.

(3) 矩阵 $\boldsymbol{A}$ 经初等变换可化为等价标准形矩阵,所谓**等价标准形矩阵**,是指矩阵

$$\begin{bmatrix} \boldsymbol{E}_r & \boldsymbol{0} \\ \boldsymbol{0} & \boldsymbol{0} \end{bmatrix}.$$

其中 $\boldsymbol{E}_r$ 是 r 阶单位阵,$r=r(\boldsymbol{A})$.

(4) 全体 n 阶方阵以等价关系分类. 共有 $n+1$ 类.

对单位矩阵进行一次初等变换所得的矩阵为初等矩阵,利用初等矩阵可得:

(1) n 阶方阵 $\boldsymbol{A}$ 可逆的充要条件为 $\boldsymbol{A}$ 可表示为有限多个初等矩阵的乘积.

(2) 矩阵 $\boldsymbol{A}$ 等价于 $\boldsymbol{B}$ 的充要条件为存在可逆矩阵 $\boldsymbol{P}$,$\boldsymbol{Q}$,使 $\boldsymbol{PAQ}=\boldsymbol{B}$.

(3) n 阶方阵 $\boldsymbol{A}$ 可逆的充要条件为 $\boldsymbol{A}$ 经行初等变换可化为单位阵 $\boldsymbol{E}$,且这些初等变换可化 $\boldsymbol{E}$ 为 $\boldsymbol{A}^{-1}$,即

$$(\boldsymbol{A},\boldsymbol{E}) \xrightarrow{\text{行}} (\boldsymbol{E},\boldsymbol{A}^{-1}).$$

(4) 若 $\boldsymbol{A}$,$\boldsymbol{B}$ 为矩阵,方程 $\boldsymbol{AX}=\boldsymbol{B}$ 中 $\boldsymbol{A}$ 可逆,则

$$(\boldsymbol{A},\boldsymbol{B}) \xrightarrow{\text{行}} (\boldsymbol{E},\boldsymbol{X}),$$

其中 $\boldsymbol{X}$ 为 $\boldsymbol{AX}=\boldsymbol{B}$ 的解,$\boldsymbol{X}=\boldsymbol{A}^{-1}\boldsymbol{B}$.

9) 线性方程组解的存在性

设线性方程组 $\boldsymbol{Ax}=\boldsymbol{b}$,其中 $\boldsymbol{A}=(a_{ij})_{m\times n}$,利用矩阵的行初等变换. 可得以下结论:

(1) 线性方程组 $\boldsymbol{Ax}=\boldsymbol{b}$ 有解的充要条件为秩 $r(\overline{\boldsymbol{A}})=r(\boldsymbol{A})$,其中 $\overline{\boldsymbol{A}}=(\boldsymbol{A},\boldsymbol{b})$ 为

$\boldsymbol{Ax}=\boldsymbol{b}$ 的增广矩阵.

(2) 线性方程组 $\boldsymbol{Ax}=\boldsymbol{b}$ 有唯一解的充要条件为 $r(\overline{\boldsymbol{A}})=r(\boldsymbol{A})=n$.

(3) 线性方程组 $\boldsymbol{Ax}=\boldsymbol{b}$ 有无穷多解的充要条件为 $r(\overline{\boldsymbol{A}})=r(\boldsymbol{A})<n$.

(4) 齐次线性方程组 $\boldsymbol{Ax}=\boldsymbol{0}$ 只有零解的充要条件为 $r(\boldsymbol{A})=n$.

(5) 齐次线性方程组 $\boldsymbol{Ax}=\boldsymbol{0}$ 有非零解的充要条件为 $r(\boldsymbol{A})<n$.

利用矩阵的行初等变换,可得求解线性方程组的消元法,即将 $\boldsymbol{Ax}=\boldsymbol{b}$ 的增广矩阵用行初等变换化为阶梯阵,由此可判别 $\boldsymbol{Ax}=\boldsymbol{b}$ 是否有解,然后再用行初等变换化为规范阶梯阵,据此求得 $\boldsymbol{Ax}=\boldsymbol{b}$ 的解.

二、习题选讲

【1-1】 下面排列中为奇排列的是( ).

(A) 1 3 5 2 4 8 6 7　　(B) 1 3 2 5 4 8 6 7

(C) 1 3 5 7 4 8 6 2　　(D) 1 3 5 7 2 4 6 8

分析 直接计算它们的逆序数即可. 对(A),有 $I(13524867)=1+2+2=5$,所以为奇排列. 将它对换一次得(B),由于对换改变排列的奇偶性,所以(B)为偶排列. 同理,(C)为偶排列. 又 $I(13572468)=6$,所以(D)也是偶排列. 故应选(A).

【1-2】 试判断 $a_{14}a_{23}a_{31}a_{42}a_{56}a_{65}$ 和 $-a_{32}a_{43}a_{14}a_{51}a_{25}a_{66}$ 是否都是 6 阶行列式 $D_6=|a_{ij}|$ 中的项.

分析 根据行列式的定义. 题中所给两数都是 D_4 中不同行不同列的 6 个元素的乘积,因此要判断它们是否 D_6 中的项,关键看是否满足符号规律.

解 第一个数的第一个足标按自然顺序排列,所以它的符号为 $(-1)^{I(431265)}=(-1)^6=1$. 所以 $a_{14}a_{23}a_{31}a_{42}a_{56}a_{65}$ 是 D_6 中的项;第二个数可重新排成 $-a_{14}a_{25}a_{32}a_{43}a_{51}a_{66}$. 而 $I(452316)=8$,所以 $-a_{32}a_{43}a_{14}a_{51}a_{25}a_{66}$ 不是 D_6 中的项.

【1-3】 已知

$$f(x)=\begin{vmatrix} x & 1 & 1 & 1 \\ 1 & 2x & 3 & 4 \\ 1 & 3 & -x & 1 \\ 1 & 4 & x & 3x \end{vmatrix},$$

求 x^4,x^3 的系数.

分析 根据行列式的定义,$f(x)$是 x 的多项式函数,最高次幂为 x^4,展开式中含 x^4 的项应当取自每个因子都含 x 的情形,显然只有一种取法. 而展开式中 x^3 的项应来源于有一行不取含 x 的元素,其余 3 行取含 x 的元素. 若第一行不取 x,即 $j_1\neq 1$,显然不可能. 所以应有 $j_1=1$,同理 $j_2=2$,$j_3=4$,$j_4=3$.

解 x^4 的项为 $(-1)^{I(1234)}x\cdot 2x\cdot(-x)\cdot 3x=-6x^4$,所以 x^4 的系数为 -6;

x^3 的项为$(-1)^{I(1243)}x\cdot 2x\cdot 1\cdot x=-2x^3$,所以 x^3 的系数为-2.

点评 这样做较之把行列式计算出来以后,再找它们的系数要简单得多.

【1-4】 已知 4 阶行列式

$$D=\begin{vmatrix}3 & 0 & 4 & 0\\ 2 & 2 & 2 & 2\\ 0 & -7 & 0 & 0\\ 5 & 3 & -2 & 2\end{vmatrix},$$

M_{4j},A_{4j}分别是元素$a_{4j}(j=1,2,3,4)$的余子式和代数余子式,则 $\sum_{j=1}^{4}A_{4j}=$______,$\sum_{j=1}^{4}M_{4j}=$______.

分析 这里应首先利用行列式"按某行(某列)展开"的性质及其推论,再利用M_{4j}与A_{4j}的关系,计算 $\sum_{j=1}^{4}M_{4j}$ 就等于计算一个新的行列式的值.

解 由于第 2 行的元素相同,将第 2 行各元素与第 4 行对应元素的代数余子式的乘积相加,由推论可知,有

$$2(A_{41}+A_{42}+A_{43}+A_{44})=0,$$

即有 $\sum_{j=1}^{4}A_{4j}=0$. 由于$A_{4j}=(-1)^{4+j}M_{4j}$,所以 $\sum_{j=1}^{4}M_{4j}=-A_{41}+A_{42}-A_{43}+A_{44}$.
构造一个 4 阶行列式

$$D_1=\begin{vmatrix}3 & 0 & 4 & 0\\ 2 & 2 & 2 & 2\\ 0 & -7 & 0 & 0\\ -1 & 1 & -1 & 1\end{vmatrix},$$

将 D_1 按第 4 行展开,得

$$D_1=-A_{41}+A_{42}-A_{43}+A_{44}=\sum_{j=1}^{4}M_{4j},$$

计算 D_1,有 $D_1=-28$,所以 $\sum_{j=1}^{4}M_{4j}=-28$.

点评 求 n 阶行列式中某个元素的余子式或代数余子式,可按定义直接计算一个 $n-1$ 阶行列式. 若要求行列式中某行(列)元素的余子式或代数余子式之和时,可根据行列式的特点以及行列式与所求和式的关系,采用一些简便方法. **切记:在行列式中,改变某个元素的大小,其余元素不动,不影响这个元素的余子式和代数余子式的大小.**

【1-5】 计算行列式

(1) $\begin{vmatrix} 2 & -5 & 1 & 2 \\ -3 & 7 & -1 & 4 \\ 5 & -9 & 2 & 7 \\ 4 & -6 & 1 & 2 \end{vmatrix}$；　　(2) $\begin{vmatrix} 1 & 2 & 3 & 4 \\ 2 & 3 & 4 & 1 \\ 3 & 4 & 1 & 2 \\ 4 & 1 & 2 & 3 \end{vmatrix}$.

分析　(1)和(2)均为低阶、其元素又为数字的行列式.可采用行列式的性质将其化为三角行列式进行计算.

解　(1) 原式

$$\xlongequal[\substack{c_2+5c_3 \\ c_4+(-2)c_3}]{c_1+(-2)c_3} \begin{vmatrix} 0 & 0 & 1 & 0 \\ -1 & 2 & -1 & 6 \\ 1 & 1 & 2 & 3 \\ 2 & -1 & 1 & 0 \end{vmatrix} \xlongequal{c_1 \leftrightarrow c_3} \begin{vmatrix} 1 & 0 & 0 & 0 \\ -1 & 2 & -1 & 6 \\ 2 & 1 & 1 & 3 \\ 1 & -1 & 2 & 0 \end{vmatrix} \xlongequal{c_2 \leftrightarrow c_3} \begin{vmatrix} 1 & 0 & 0 & 0 \\ -1 & -1 & 2 & 6 \\ 2 & 1 & 1 & 3 \\ 1 & 2 & -1 & 0 \end{vmatrix} \xlongequal[c_4+6c_2]{c_3+2c_2}$$

$$\begin{vmatrix} 1 & 0 & 0 & 0 \\ -1 & -1 & 0 & 0 \\ 2 & 1 & 3 & 9 \\ 1 & 2 & 3 & 12 \end{vmatrix} \xlongequal{c_4+(-3)c_3} \begin{vmatrix} 1 & 0 & 0 & 0 \\ -1 & -1 & 0 & 0 \\ 2 & 1 & 3 & 0 \\ 1 & 2 & 3 & 3 \end{vmatrix} = -9;$$

(2) 原式

$$\xlongequal[i=2,3,4]{c_1+c_i} \begin{vmatrix} 10 & 2 & 3 & 4 \\ 10 & 3 & 4 & 1 \\ 10 & 4 & 1 & 2 \\ 10 & 1 & 2 & 3 \end{vmatrix} = 10 \begin{vmatrix} 1 & 2 & 3 & 4 \\ 1 & 3 & 4 & 1 \\ 1 & 4 & 1 & 2 \\ 1 & 1 & 2 & 3 \end{vmatrix} \xlongequal[\substack{c_3+(-3)c_1 \\ c_4+(-4)c_1}]{c_2+(-2)c_1}$$

$$10 \begin{vmatrix} 1 & 0 & 0 & 0 \\ 1 & 1 & 1 & 3 \\ 1 & 2 & -2 & -2 \\ 1 & -1 & -1 & -1 \end{vmatrix} \xlongequal[c_4+3c_2]{c_3+(-1)c_2} 10 \begin{vmatrix} 1 & 0 & 0 & 0 \\ 1 & 1 & 0 & 0 \\ 1 & 2 & -4 & 4 \\ 1 & -1 & 0 & -4 \end{vmatrix} \xlongequal{c_3 \leftrightarrow c_4}$$

$$-10 \begin{vmatrix} 1 & 0 & 0 & 0 \\ 1 & 1 & 0 & 0 \\ 1 & 2 & 4 & -4 \\ 1 & -1 & -4 & 0 \end{vmatrix} \xlongequal{c_4+c_3} -10 \begin{vmatrix} 1 & 0 & 0 & 0 \\ 1 & 1 & 0 & 0 \\ 1 & 2 & 4 & 0 \\ 1 & -1 & 2 & -4 \end{vmatrix} = -10 \times (-16) = 160.$$

点评　(2)中的行列式具有特点:**行的和相等**.通常可采用其余各列加到第一列提公因子后计算.

【1-6】　计算下面 4 个 n 阶行列式.

第 1 个 n 阶行列式:

$$D_n=\begin{vmatrix}7&5&0&\cdots&0&0\\2&7&5&\cdots&0&0\\0&2&7&\cdots&0&0\\\vdots&\vdots&\vdots&&\vdots&\vdots\\0&0&0&\cdots&7&5\\0&0&0&\cdots&2&7\end{vmatrix}.$$

分析 这是一个三对角行列式.利用三对角行列式的递推关系进行计算.

解 $D_n=7D_{n-1}-10D_{n-2}$,有

$$\begin{aligned}D_n-2D_{n-1}&=5(D_{n-1}-2D_{n-2})=\cdots=5^{n-2}(D_2-2D_1)\\&=5^{n-2}(49-10-14)=5^n,\end{aligned}$$

即 $D_n=2D_{n-1}+5^n$.由对称性又有 $D_n=5D_{n-1}+2^n$,从而得

$$D_n=\frac{5^{n+1}-2^{n+1}}{5-2}=\frac{1}{3}(5^{n+1}-2^{n+1}).$$

第 2 个 n 阶行列式:

$$D_n=\begin{vmatrix}1&1&1&\cdots&1\\x_1&x_2&x_3&\cdots&x_n\\x_1^2&x_2^2&x_3^2&\cdots&x_n^2\\\vdots&\vdots&\vdots&&\vdots\\x_1^{n-2}&x_2^{n-2}&x_3^{n-2}&\cdots&x_n^{n-2}\\x_1^n&x_2^n&x_3^n&\cdots&x_n^n\end{vmatrix}.$$

分析 此行列式类似范德蒙行列式,但不是完全的范德蒙行列式.为此,把它变成范德蒙行列式.由范德蒙行列式的定义,只要在倒数第 1、2 行之间适当加一行,再加上一列便可构成一个范德蒙行列式.

解 考虑 $n+1$ 阶范德蒙行列式

$$\begin{aligned}f(x)=&\begin{vmatrix}1&1&\cdots&1&1\\x_1&x_2&\cdots&x_n&x\\x_1^2&x_2^2&\cdots&x_n^2&x^2\\\vdots&\vdots&&\vdots&\vdots\\x_1^{n-2}&x_2^{n-2}&\cdots&x_n^{n-2}&x^{n-2}\\x_1^{n-1}&x_2^{n-1}&\cdots&x_n^{n-1}&x^{n-1}\\x_1^n&x_2^n&\cdots&x_n^n&x^n\end{vmatrix}\\=&(x-x_1)(x-x_2)\cdots(x-x_n)\prod_{1\leqslant j<i\leqslant n}(x_i-x_j).\end{aligned}$$

显然,原行列式 D_n 就是辅助行列式 $f(x)$ 中元素 x^{n-1} 的余子式 $M_{n,n+1}$,即$D_n=$

$M_{n,n+1}=-A_{n,n+1}$. 由 $f(x)$的表达式知，x^{n-1}的系数为

$$A_{n,n+1}=-(x_1+x_2+\cdots+x_n)\prod_{1\leqslant j<i\leqslant n}(x_i-x_j),$$

所以

$$D_n=(x_1+x_2+\cdots+x_n)\prod_{1\leqslant j<i\leqslant n}(x_i-x_j).$$

第 3 个 n 阶行列式：

$$\begin{vmatrix} a_n & x & x & \cdots & x \\ y & a_{n-1} & x & \cdots & x \\ y & y & a_{n-2} & \cdots & x \\ \vdots & \vdots & \vdots & & \vdots \\ y & y & y & \cdots & a_1 \end{vmatrix} \quad (x\neq y).$$

分析 因为 $x\neq y$，所以它不是对称行列式，直接化为三角行列式有些困难. 将第一列拆成两个元素之和，然后分项，找递推关系.

解
$$D_n=\begin{vmatrix} y+(a_n-y) & x & x & \cdots & x \\ y+0 & a_{n-1} & x & \cdots & x \\ y+0 & y & a_{n-2} & \cdots & x \\ \vdots & \vdots & \vdots & & \vdots \\ y+0 & y & y & \cdots & a_1 \end{vmatrix}=\begin{vmatrix} y & x & x & \cdots & x \\ y & a_{n-1} & x & \cdots & x \\ y & y & a_{n-2} & \cdots & x \\ \vdots & \vdots & \vdots & & \vdots \\ y & y & y & \cdots & a_1 \end{vmatrix}+$$

$$\begin{vmatrix} a_n-y & x & x & \cdots & x \\ 0 & a_{n-1} & x & \cdots & x \\ 0 & y & a_{n-2} & \cdots & x \\ \vdots & \vdots & \vdots & & \vdots \\ 0 & y & y & \cdots & a_1 \end{vmatrix}=y\begin{vmatrix} 1 & x & x & \cdots & x \\ 1 & a_{n-1} & x & \cdots & x \\ 1 & y & a_{n-2} & \cdots & x \\ \vdots & \vdots & \vdots & & \vdots \\ 1 & y & y & \cdots & a_1 \end{vmatrix}+(a_n-y)D_{n-1}$$

$$\xlongequal[i=2,3,\cdots,n]{r_i-r_1}y\begin{vmatrix} 1 & x & x & \cdots & x \\ 0 & a_{n-1}-x & 0 & \cdots & 0 \\ 0 & y-x & a_{n-2}-x & \cdots & 0 \\ \vdots & \vdots & \vdots & & \vdots \\ 0 & y-x & y-x & \cdots & a_1-x \end{vmatrix}+(a_n-y)D_{n-1}=y\prod_{i=1}^{n-1}(a_i-x)+$$

$(a_n-y)D_{n-1}$，即

$$D_n=(a_n-y)D_{n-1}+y\prod_{i=1}^{n-1}(a_i-x),$$

由于 x 与 y 具有对称性，所以又有

$$D_n=(a_n-x)D_{n-1}+x\prod_{i=1}^{n-1}(a_i-y),$$

两式相减,得

$$D_{n-1}=\frac{y\prod_{i=1}^{n-1}(a_i-x)-x\prod_{i=1}^{n-1}(a_i-y)}{y-x},$$

所以

$$D_n=\frac{y\prod_{i=1}^{n}(a_i-x)-x\prod_{i=1}^{n}(a_i-y)}{y-x}.$$

第 4 个 n 阶行列式:

$$\begin{vmatrix} a_1+b_1 & a_2+b_1 & \cdots & a_n+b_1 \\ a_1+b_2 & a_2+b_2 & \cdots & a_n+b_2 \\ \vdots & \vdots & & \vdots \\ a_1+b_n & a_2+b_n & \cdots & a_n+b_n \end{vmatrix}.$$

解　方法 1　将 D_n 表示成两个行列式的乘积:

$$D_n=\begin{vmatrix} 1 & b_1 & 0 & \cdots & 0 \\ 1 & b_2 & 0 & \cdots & 0 \\ \vdots & \vdots & \vdots & & \vdots \\ 1 & b_n & 0 & \cdots & 0 \end{vmatrix}\begin{vmatrix} a_1 & a_2 & \cdots & a_n \\ 1 & 1 & \cdots & 1 \\ 0 & 0 & \cdots & 0 \\ \vdots & \vdots & & \vdots \\ 0 & 0 & \cdots & 0 \end{vmatrix}=\begin{cases} a_1+b_1, & (n=1), \\ (a_1-a_2)(b_2-b_1) & (n=2), \\ 0 & (n\geqslant 3). \end{cases}$$

方法 2

$$D_n \xlongequal[i=2,3,\cdots,n]{r_i-r_1} \begin{vmatrix} a_1+b_1 & a_2+b_1 & \cdots & a_n+b_1 \\ b_2-b_1 & b_2-b_1 & \cdots & b_2-b_1 \\ \vdots & \vdots & & \vdots \\ b_n-b_1 & b_n-b_1 & \cdots & b_n-b_1 \end{vmatrix} \xlongequal{n\geqslant 3} 0,$$

即当 $n\geqslant 3$ 时 $D_n=0$.

【1-7】 证明行列式的拉普拉斯定理,即

$$D=|a_{ij}|_n=\sum_{i=1}^{t}N_k^{(i)}A_k^{(i)}=N_k^{(1)}A_k^{(1)}+N_k^{(2)}A_k^{(2)}+\cdots+N_k^{(t)}A_k^{(t)},$$

其中 $N_k^{(t)}$ 是位于 D 中任意 k 行的所有 k 阶子式,$A_k^{(t)}$ 是 $N_k^{(t)}$ 的代数余子式,$t=C_n^k$.

证明　首先讨论 N_k 位于 D 左上方的情形. 即设

$$N_k=\begin{vmatrix} a_{11} & \cdots & a_{1k} \\ a_{21} & \cdots & a_{2k} \\ \vdots & & \vdots \\ a_{k1} & \cdots & a_{kk} \end{vmatrix},$$

此时 N_k 的代数余子式为

$$A_k = (-1)^{(1+2+\cdots+k)+(1+2+\cdots+k)} N'_k = N'_k,$$

N_k 是一个 k 阶行列式，展开共有 $k!$ 项，N_k 的每一项均可写作

$$(-1)^{\tau(\mu_1\mu_2\cdots\mu_k)} a_{1\mu_1}\cdots a_{k\mu_k},$$

其中 $\mu_1\cdots\mu_k$ 为 $1,2,\cdots,k$ 的一个排列，$A_k=N'_k$ 是一个 $n-k$ 阶行列式，展开式共包含$(n-k)!$ 项. 其一般项为

$$(-1)^{\tau(\nu_{k+1}\cdots\nu_n)} a_{k+1\,\nu_{k+1}} a_{k+2\,\nu_{k+2}}\cdots a_{n\nu_n},$$

其中 $\nu_{k+1}\cdots\nu_n$ 为 $1,2,\cdots,n-k$ 的一个排列. 这两项乘积为

$$a_{1\mu_1}\cdots a_{k\mu_k} a_{k+1\,\nu_{k+1}}\cdots a_{n\nu_n}$$

前面的符号为

$$(-1)^{\tau(\mu_1\cdots\mu_k)} + (-1)^{\tau(\nu_{k+1}\cdots\nu_n)} = (-1)^{\tau(\mu_1\cdots\mu_k\nu_{k+1}+k\cdots\nu_n+k)},$$

$\nu_{k+1}+k\cdots\nu_n+k$ 为 $k+1,k+2,\cdots,n$ 的排列. 因此这个乘积是行列式 D 中的一项而且符号相同.

下面来证明一般情形. 设子式 N_k 位于 D 的第 $i_1,i_2,\cdots,i_k$ 行和第 $j_1,j_2,\cdots,j_k$ 列，这里 $i_1<i_2<\cdots<i_k$；$j_1<j_2<\cdots<j_k$. 先将第 i_1 行依次与第 $i_1-1,i_1-2,\cdots$，第 1 行对换，经过 i_1-1 次对换，第 i_1 行换到第一行. 同理，第 i_2 行经 i_2-2 次相邻对换换到第二行，如此继续进行，一共经过了

$$(i_1-1)+(i_2-2)+\cdots+(i_k-k) = (i_1+i_2+\cdots+i_k)-(1+2+\cdots+k)$$

次行对换，把第 $i_1,i_2,\cdots,i_k$ 行依次换到第 $1,2,\cdots,k$ 行. 利用类似列变换，可将 N_k 的列换到第 $1,2,\cdots,k$ 列，共作了

$$(j_1-1)+(j_2-2)+\cdots+(j_k-k) = (j_1+j_2+\cdots+j_k)-(1+2+\cdots+k)$$

次列变换，用 D_1 表示由 D 经上述变换后所得新行列式，则

$$\begin{aligned} D_1 &= (-1)^{(i_1+i_2+\cdots+i_k)-(1+2+\cdots+k)+(j_1+j_2+\cdots+j_k)-(1+2+\cdots+k)} D \\ &= (-1)^{(i_1+i_2+\cdots+i_k+j_1+j_2+\cdots+j_k)} D. \end{aligned}$$

由此可知，D_1 和 D 展开式中出现的项是一样的，只是每一项都差一个符号 $(-1)^{i_1+\cdots+i_k+j_1+\cdots+j_k}$. 现在 N_k 位于 D_1 的左上角，所以 $N_k\cdot N'_k$ 中每一项都是 D_1 中的一项而且符号一致. 又

$$N_k\cdot A_k = (-1)^{i_1+i_2+\cdots+i_k+j_1+\cdots+j_k} N_k\cdot N'_k,$$

所以 $N_k\cdot A_k$ 中每一项都与 D 中一项相等而且符号一致. 又因 $N_k^{(i)}A_k^{(i)}$ 与 $N_k^{(j)}A_k^{(j)}$ $(i\neq j)$无公共项. D 的展开式中共有 $n!$ 项，根据子式的取法知道

$$t = \mathrm{C}_n^k = \frac{n!}{k!(n-k)!},$$

因为 $N_k^{(i)}$ 中共有 $k!$ 项，$A_k^{(i)}$ 中共有$(n-k)!$ 项，所以等式右边共有 $t\cdot k!(n-k)!=n!$ 故定理得证.

【1-8】 用拉普拉斯定理计算以下行列式：

$$D_{2n}=\begin{vmatrix} n & 0 & \cdots & 0 & 0 & \cdots & 0 & n+2 \\ 0 & n-1 & \cdots & 0 & 0 & \cdots & n+1 & 0 \\ \vdots & \vdots & & \vdots & \vdots & & \vdots & \vdots \\ 0 & 0 & \cdots & 1 & 3 & \cdots & 0 & 0 \\ 0 & 0 & \cdots & 2 & 4 & \cdots & 0 & 0 \\ \vdots & \vdots & & \vdots & \vdots & & \vdots & \vdots \\ 0 & n & \cdots & 0 & 0 & \cdots & n+2 & 0 \\ n+1 & 0 & \cdots & 0 & 0 & \cdots & 0 & n+3 \end{vmatrix}.$$

分析 由拉普拉斯定理知，先选择含零多的行和列展开，再考虑对称性及递推关系，这是用好拉普拉斯定理的关键.

解 将行列式按第 1 行和第 $2n$ 行展开. 只有一个非零二级子式，故

$$D_{2n}=\begin{vmatrix} n & n+2 \\ n+1 & n+3 \end{vmatrix}(-1)^{1+2n+1+2n}D_{2n-2}=-2D_{2n-2},$$

递推可得

$$\begin{aligned} D_{2n}&=-2D_{2n-2}=(-2)^2D_{2(n-2)}=\cdots=(-2)^{n-1}D_2 \\ &=(-2)^{n-1}\begin{vmatrix} 1 & 3 \\ 2 & 4 \end{vmatrix}=(-2)^n. \end{aligned}$$

点评 对于一般的含零多的 n 阶行列式，用拉普拉斯定理求解可以起到事半功倍的效果.

【1-9】 计算下面两个行列式：

(1) $\begin{vmatrix} 1+x_1 & 1+x_1^2 & \cdots & 1+x_1^n \\ 1+x_2 & 1+x_2^2 & \cdots & 1+x_2^n \\ \vdots & \vdots & & \vdots \\ 1+x_n & 1+x_n^2 & \cdots & 1+x_n^n \end{vmatrix}$；

(2) $\begin{vmatrix} a_1^n & a_1^{n-1}b_1 & a_1^{n-2}b_1^2 & \cdots & a_1b_1^{n-1} & b_1^n \\ a_2^n & a_2^{n-1}b_2 & a_2^{n-2}b_2^2 & \cdots & a_2b_2^{n-1} & b_2^n \\ \vdots & \vdots & \vdots & & \vdots & \\ a_{n+1}^n & a_{n+1}^{n-1}b_{n+1} & a_{n+1}^{n-2}b_{n+1}^2 & \cdots & a_{n+1}b_{n+1}^{n-1} & b_{n+1}^n \end{vmatrix}$ $(a_i\neq0;i=1\cdots n+1)$.

(1) **分析** 如果消去行列式中的 1，可得到与范德蒙行列式相近的结构，为此可用升阶法.

$$\text{解}\quad \text{原式}=\begin{vmatrix} 1 & 0 & 0 & \cdots & 0 & 0 \\ 1 & 1+x_1 & 1+x_1^2 & \cdots & 1+x_1^{n-1} & 1+x_1^n \\ \vdots & \vdots & \vdots & & \vdots & \vdots \\ 1 & 1+x_n & 1+x_n^2 & \cdots & 1+x_n^{n-1} & 1+x_n^n \end{vmatrix}_{n+1}$$

$$\xlongequal[i=2\cdots n+1]{c_i-c_1}\begin{vmatrix} 1 & -1 & -1 & \cdots & -1 \\ 1 & x_1 & x_1^2 & \cdots & x_1^n \\ \vdots & \vdots & \vdots & & \vdots \\ 1 & x_n & x_n^2 & \cdots & x_n^n \end{vmatrix}_{n+1}$$

$$=\begin{vmatrix} 2-1 & -1 & -1 & \cdots & -1 \\ 1 & x_1 & x_1^2 & \cdots & x_1^n \\ \vdots & \vdots & \vdots & & \vdots \\ 1 & x_n & x_n^2 & \cdots & x_n^n \end{vmatrix}_{n+1}$$

$$=\begin{vmatrix} 2 & 0 & 0 & \cdots & 0 \\ 1 & x_1 & x_1^2 & \cdots & x_1^n \\ \vdots & \vdots & \vdots & & \vdots \\ 1 & x_n & x_n^2 & \cdots & x_n^n \end{vmatrix}_{n+1}-\begin{vmatrix} 1 & 1 & \cdots & 1 \\ 1 & x_1 & \cdots & x_1^n \\ \vdots & \vdots & & \vdots \\ 1 & x_n & \cdots & x_n^n \end{vmatrix}_{n+1}$$

$$=2x_1x_2\cdots x_n\begin{vmatrix} 1 & x_1 & \cdots & x_1^{n-1} \\ 1 & x_2 & \cdots & x_2^{n-1} \\ \vdots & \vdots & & \vdots \\ 1 & x_n & \cdots & x_n^{n-1} \end{vmatrix}_{n}-\begin{vmatrix} 1 & 1 & \cdots & 1 \\ 1 & x_1 & \cdots & x_n \\ \vdots & \vdots & & \vdots \\ 1 & x_1^n & \cdots & x_n^n \end{vmatrix}_{n+1}$$

$$=2x_1x_2\cdots x_n\prod_{1\leqslant j<i\leqslant n}(x_i-x_j)-(x_1-1)(x_2-1)\cdots(x_n-1)\prod_{1\leqslant j<i\leqslant n}(x_i-x_j)$$

$$=\left[2\prod_{i=1}^{n}x_i-\prod_{i=1}^{n}(x_i-1)\right]\prod_{1\leqslant j<i\leqslant n}(x_i-x_j).$$

(2) **分析**　注意到各行有公因子，所以可先提公因子，再观察其结构. 各行提 a_i^n 后就是范德蒙行列式的转置结构，从而可计算其结果.

$$\text{解}\quad \text{原式}=a_1^na_2^n\cdots a_{n+1}^n\begin{vmatrix} 1 & \frac{b_1}{a_1} & \left(\frac{b_1}{a_1}\right)^2 & \cdots & \left(\frac{b_1}{a_1}\right)^{n-1} & \left(\frac{b_1}{a_1}\right)^n \\ 1 & \frac{b_2}{a_2} & \left(\frac{b_2}{a_2}\right)^2 & \cdots & \left(\frac{b_2}{a_2}\right)^{n-1} & \left(\frac{b_2}{a_2}\right)^n \\ \vdots & \vdots & \vdots & & \vdots & \vdots \\ 1 & \frac{b_{n+1}}{a_{n+1}} & \left(\frac{b_{n+1}}{a_{n+1}}\right)^2 & \cdots & \left(\frac{b_{n+1}}{a_{n+1}}\right)^{n-1} & \left(\frac{b_{n+1}}{a_{n+1}}\right)^n \end{vmatrix}$$

$$=a_1^na_2^n\cdots a_{n+1}^n\prod_{1\leqslant i<j\leqslant n+1}\left(\frac{b_j}{a_j}-\frac{b_i}{a_i}\right)=a_1^na_2^n\cdots a_{n+1}^n\prod_{1\leqslant i<j\leqslant n+1}^{n}\frac{a_ib_j-a_jb_i}{a_ia_j}$$

$$= \prod_{1\leqslant i<j\leqslant n+1} (a_i b_j - a_j b_i).$$

【1-10】 已知齐次线性方程组

$$\begin{cases} x_1 + \lambda x_2 + \lambda^2 x_3 = 0, \\ x_1 - x_2 + x_3 = 0, \\ 2x_1 + 4x_2 + 8x_3 = 0 \end{cases}$$

有非零解,则 λ 的取值为(　).

(A) 1 或 -2 (B) 1 或 2

(C) -1 或 2 (D) -1 或 -2

分析 这是克莱姆法则的运用:齐次线性方程组有非零解,则系数行列式为 0.

解 系数行列式

$$D = \begin{vmatrix} 1 & \lambda & \lambda^2 \\ 1 & -1 & 1 \\ 2 & 4 & 8 \end{vmatrix} = 2\begin{vmatrix} 1 & \lambda & \lambda^2 \\ 1 & -1 & 1 \\ 1 & 2 & 4 \end{vmatrix}$$

$$= 2(-1-\lambda)(2-\lambda)(2+1) = 6(\lambda-2)(\lambda+1),$$

所以 $\lambda=2$ 或 $\lambda=-1$,应选(C).

【1-11】 已知非齐次线性方程组

$$\begin{cases} kx_1 + x_2 + x_3 = 1, \\ 3x_1 + kx_2 + 3x_3 = 1, \\ -3x_1 + 3x_2 + kx_3 = 1 \end{cases}$$

有唯一解,则 k ______.

分析 由克莱姆法则,系数行列式 $D\neq 0$,线性方程组有唯一解. 所以系数行列式 $D\neq 0$ 是其必要条件. 但实际上,此条件也是充分的(将在书后面证明). 因此,对克莱姆法则应理解为:**对方程个数与未知数个数相等的线性方程组有唯一解$\Leftrightarrow$系数行列式 $D\neq 0$,没有唯一解$\Leftrightarrow D=0$.**

解 系数行列式

$$D = \begin{vmatrix} k & 1 & 1 \\ 3 & k & 3 \\ -3 & 3 & k \end{vmatrix} = k(k-3)(k+3),$$

所以应填 $k\neq 0$, $k\neq 3$,且 $k\neq -3$.

【1-12】 用克莱姆法则求解以下线性方程组:

$$\begin{cases} x_1+x_2+\cdots+x_n=1, \\ a_1x_1+a_2x_2+\cdots+a_nx_n=b, \\ a_1^2x_1+a_2^2x_2+\cdots+a_n^2x_n=b^2, \\ \cdots\cdots\cdots\cdots\cdots\cdots\cdots\cdots \\ a_1^{n-1}x_1+a_2^{n-1}x_2+\cdots+a_n^{n-1}x_n=b^{n-1}, \end{cases}$$

其中常数 $a_i(i=1,2,\cdots,n)$互不相同.

分析 直接用克莱姆法则求解.需计算 $n+1$ 个 n 阶行列式.

解 系数行列式

$$D=\begin{vmatrix} 1 & 1 & \cdots & 1 \\ a_1 & a_2 & \cdots & a_n \\ a_1^2 & a_2^2 & \cdots & a_n^2 \\ \vdots & \vdots & & \vdots \\ a_1^{n-1} & a_2^{n-1} & \cdots & a_n^{n-1} \end{vmatrix} \xlongequal{\text{范德蒙}} \prod_{1\leqslant j<i\leqslant n}(a_i-a_j)\neq 0,$$

所以有唯一解

$$D_j=\begin{vmatrix} 1 & 1 & \cdots & 1 & \cdots & 1 \\ a_1 & a_2 & \cdots & b & \cdots & a_n \\ \vdots & \vdots & & \vdots & & \vdots \\ a_1^{n-1} & a_2^{n-1} & \cdots & b^{n-1} & \cdots & a_n^{n-1} \end{vmatrix}$$

$$=\prod_{\substack{1\leqslant k<i\leqslant n \\ k\neq j}}(a_i-a_k)\cdot\prod_{i=1}^{j-1}(b-a_i)\prod_{k=j+1}^{n}(a_k-b)\quad(j=1,2,\cdots,n),$$

故方程组的唯一解为

$$x_j=\frac{D_j}{D}=\frac{\prod\limits_{i=1}^{j-1}(b-a_i)\prod\limits_{k=j+1}^{n}(a_k-b)}{\prod\limits_{i=j+1}^{n}(a_i-a_j)}\quad(j=1,2,\cdots,n).$$

【1-13】 设平面上3个不共线的点为 $P_i(x_i,y_i)(i=1,2,3)$,且 x_1,x_2,x_3 互不相同.证明:过这三个点且对称轴与 y 轴平行的抛物线方程可表示为

$$\begin{vmatrix} x^2 & x & 1 & y \\ x_1^2 & x_1 & 1 & y_1 \\ x_2^2 & x_2 & 1 & y_2 \\ x_3^2 & x_3 & 1 & y_3 \end{vmatrix}=0.$$

分析 这是克莱姆法则的应用.

解 **方法1** 因为对称轴与 y 轴平行,所以可设方程为

$$y = ax^2 + bx + c \quad (a \neq 0)$$

即

$$ax^2 + bx + c - y = 0.$$

由于 $P_i(x_i, y_i)$ 在抛物线上，所以

$$\begin{cases} ax_1^2 + bx_1 + c - y_1 = 0, \\ ax_2^2 + bx_2 + c - y_2 = 0, \\ ax_3^2 + bx_3 + c - y_3 = 0 \end{cases} \tag{1}$$

的系数行列式

$$D = \begin{vmatrix} x_1^2 & x_1 & 1 \\ x_2^2 & x_2 & 1 \\ x_3^2 & x_3 & 1 \end{vmatrix},$$

因为 x_1, x_2, x_3 互不相同. 所以 $D \neq 0$. 从而方程组(1)有唯一解. 又因为

$$D_1 = \begin{vmatrix} y_1 & x_1 & 1 \\ y_2 & x_2 & 1 \\ y_3 & x_3 & 1 \end{vmatrix}, \quad D_2 = \begin{vmatrix} x_1^2 & y_1 & 1 \\ x_2^2 & y_2 & 1 \\ x_3^2 & y_3 & 1 \end{vmatrix}, \quad D_3 = \begin{vmatrix} x_1^2 & x_1 & y_1 \\ x_2^2 & x_2 & y_2 \\ x_3^2 & x_3 & y_3 \end{vmatrix},$$

所以 $a = \frac{D_1}{D}, b = \frac{D_2}{D}, c = \frac{D_3}{D}$，代入抛物线方程

$$\frac{D_1}{D}x^2 + \frac{D_2}{D}x + \frac{D_3}{D} - y = 0$$

即

$$D_1 x^2 + D_2 x + D_3 - Dy = 0,$$

将其变形为

$$x^2(-1)^{1+1}D_1 + x(-1)^{1+2}(-D_2) + 1 \times (-1)^{1+3}D_3 + y(-1)^{1+4}D = 0,$$

这可看作某一行列式是按第一行展开的结果，所以有

$$\begin{vmatrix} x^2 & x & 1 & y \\ x_1^2 & x_1 & 1 & y_1 \\ x_2^2 & x_2 & 1 & y_2 \\ x_3^2 & x_3 & 1 & y_3 \end{vmatrix} = 0,$$

故结论得证.

方法 2 在方程组(1)的基础上考虑如下 4 元齐次线性方程组：

$$\begin{cases} x^2 u + xv + w + yt = 0, \\ x_1^2 u + x_1 v + w + y_1 t = 0, \\ x_2^2 u + x_2 v + w + y_2 t = 0, \\ x_3^2 u + x_3 v + w + y_3 t = 0, \end{cases}$$

则 $u=a, v=b, w=c, t=-1$ 是此方程组的一组非零解，故其系数行列式

$$D=\begin{vmatrix} x^2 & x & 1 & y \\ x_1^2 & x_1 & 1 & y_1 \\ x_2^2 & x_2 & 1 & y_2 \\ x_3^2 & x_3 & 1 & y_3 \end{vmatrix}=0.$$

要说明此为所求的抛物线方程，可将上式拆成两个行列式之和，即

$$\begin{vmatrix} x^2 & x & 1 & y \\ x_1^2 & x_1 & 1 & 0 \\ x_2^2 & x_2 & 1 & 0 \\ x_3^2 & x_3 & 1 & 0 \end{vmatrix}+\begin{vmatrix} x^2 & x & 1 & 0 \\ x_1^2 & x_1 & 1 & y_1 \\ x_2^2 & x_2 & 1 & y_2 \\ x_3^2 & x_3 & 1 & y_3 \end{vmatrix}=0,$$

因为 x_1, x_2, x_3 互不相同，所以行列式

$$\begin{vmatrix} x_1^2 & x_1 & 1 \\ x_2^2 & x_2 & 1 \\ x_3^2 & x_3 & 1 \end{vmatrix}\neq 0,$$

于是有

$$y=\frac{\begin{vmatrix} x^2 & x & 1 & 0 \\ x_1^2 & x_1 & 1 & y_1 \\ x_2^2 & x_2 & 1 & y_2 \\ x_3^2 & x_3 & 1 & y_3 \end{vmatrix}}{\begin{vmatrix} x_1^2 & x_1 & 1 \\ x_2^2 & x_2 & 1 \\ x_3^2 & x_3 & 1 \end{vmatrix}}, \tag{2}$$

由于 P_1, P_2, P_3 不在一直线上，所以

$$\begin{vmatrix} x_1 & 1 & y_1 \\ x_2 & 1 & y_2 \\ x_3 & 1 & y_3 \end{vmatrix}\neq 0,$$

从而 x^2 的系数不为 0，即式(2)是一个二次多项式，故结论得证.

【1-14】 已知平面上 3 条不同的直线方程分别为

$$\rho_1: ax+2by+3c=0,\quad \rho_2: bx+2cy+3a=0,\quad \rho_3: cx+2ay+3b=0,$$

证明：这 3 条直线交于一点的充分必要条件为 $a+b+c=0$.

证明 $\Rightarrow$设三条直线交于一点(x_0, y_0)，则有

$$\begin{cases} ax_0+2by_0+3c=0, \\ bx_0+2cy_0+3a=0, \\ cx_0+2ay_0+3b=0, \end{cases}$$

从而(x_0,y_0,1)是齐次线性方程组

$$\begin{cases} ax+2by+3cz=0, \\ bx+2cy+3az=0, \\ cx+2ay+3bz=0 \end{cases}$$

的一组非零解.故其系数行列式等于0,即

$$D=\begin{vmatrix} a & 2b & 3c \\ b & 2c & 3a \\ c & 2a & 3b \end{vmatrix}=6(a+b+c)(bc+ac+ab-c^2-a^2-b^2)$$

$$=-3(a+b+c)[(a-b)^2+(b-c)^2+(a-c)^2]=0,$$

由于 ρ_1,ρ_2,ρ_3 是不同的直线,所以 a,b,c 不全相同,从而 $(a-b)^2+(b-c)^2+(a-c)^2\neq 0$,由 $D=0$ 有 $a+b+c=0$.

设 $a+b+c=0$,考虑方程组

$$\begin{cases} ax+2by+3c=0, \\ bx+2cy+3a=0, \\ cx+2ay+3b=0 \end{cases}$$

的解.由条件 $a+b+c=0$,此方程组等价于

$$\begin{cases} ax+2by=-3c, \\ bx+2cy=-3a, \end{cases}$$

又因为

$$\begin{vmatrix} a & 2b \\ b & 2c \end{vmatrix}=2(ac-b^2)=-2[a(a+b)+b^2]=-[a^2+b^2+(a+b)^2]\neq 0,$$

故方程组

$$\begin{cases} ax+2by=-3c \\ bx+2cy=-3a \end{cases}$$

有唯一解,即直线 ρ_1,ρ_2,ρ_3 交于一点.

【1-15】 设 $\boldsymbol{J}=\begin{bmatrix} 0 & 1 & & & \\ & 0 & \ddots & & \\ & & \ddots & 1 & \\ & & & \ddots & 1 \\ & & & & 0 \end{bmatrix}$,$\boldsymbol{A}=(a_{ij})_{n\times n}$,则乘积 $\boldsymbol{JA}$ 为( ).

(A) $\begin{bmatrix} a_{12} & a_{13} & \cdots & a_{1n} & 0 \\ a_{22} & a_{23} & \cdots & a_{2n} & 0 \\ \vdots & \vdots & & \vdots & \vdots \\ a_{n2} & a_{n3} & \cdots & a_{nn} & 0 \end{bmatrix}$　　(B) $\begin{bmatrix} a_{21} & a_{22} & \cdots & a_{2n} \\ a_{31} & a_{32} & \cdots & a_{3n} \\ \vdots & \vdots & & \vdots \\ a_{n1} & a_{n2} & \cdots & a_{nn} \\ 0 & 0 & \cdots & 0 \end{bmatrix}$

(C) $\begin{bmatrix} 0 & 0 & \cdots & 0 \\ a_{11} & a_{12} & \cdots & a_{1n} \\ \vdots & \vdots & & \vdots \\ a_{n-1,1} & a_{n-1,2} & \cdots & a_{n-1,n} \end{bmatrix}$　　(D) $\begin{bmatrix} a_{11} & a_{12} & \cdots & a_{1n} \\ a_{21} & a_{22} & \cdots & a_{2n} \\ \vdots & \vdots & & \vdots \\ a_{n-1,1} & a_{n-1,2} & \cdots & a_{n-1,n} \\ 0 & 0 & \cdots & 0 \end{bmatrix}$

分析　利用矩阵乘法直接计算即可.

解　应选(B).

点评　根据矩阵乘法的计算规则,其乘积 $\boldsymbol{AB}$ 将使 $\boldsymbol{B}$ 的行和 $\boldsymbol{A}$ 的列发生变化,这一效果可称为是**“左行右列”**. 据此,若要使矩阵 $\boldsymbol{A}$ 的行产生某种变化,可把适当的矩阵 $\boldsymbol{P}$ 放在 $\boldsymbol{A}$ 的左边与 $\boldsymbol{A}$ 相乘,称用 $\boldsymbol{P}$ 左乘 $\boldsymbol{A}$. 例如,本例的选项(A)是由进行列变化而来,不可能是 $\boldsymbol{JA}$,应当排除.

【1-16】　设 $\boldsymbol{A},\boldsymbol{B},\boldsymbol{C}$ 为 n 阶方阵,且 $\boldsymbol{AB}=\boldsymbol{BA},\boldsymbol{AC}=\boldsymbol{CA}$,那么(　).

(A) $\boldsymbol{ABC}=\boldsymbol{BCA}$　　(B) $\boldsymbol{ACB}=\boldsymbol{CBA}$

(C) $\boldsymbol{BCA}=\boldsymbol{ACB}$　　(D) $\boldsymbol{CBA}=\boldsymbol{ABC}$

分析　我们知道,矩阵乘法一般不满足交换律,所以只能根据已知条件进行运算,不能想当然. 由条件,有

$$\boldsymbol{ABC}=\boldsymbol{BAC}=\boldsymbol{BCA},\quad \boldsymbol{ACB}=\boldsymbol{CAB}=\boldsymbol{CBA},$$

其他两式不成立.

解　应选(A)和(B).

【1-17】　设有 $\boldsymbol{A}_n,\boldsymbol{B}_n$,且 $\boldsymbol{AB}=\boldsymbol{0}$,那么(　).

(A) $\boldsymbol{A}=\boldsymbol{0}$ 或 $\boldsymbol{B}=\boldsymbol{0}$　　(B) $\boldsymbol{A}+\boldsymbol{B}=\boldsymbol{0}$

(C) $|\boldsymbol{A}|=0$ 或 $|\boldsymbol{B}|=0$　　(D) $|\boldsymbol{A}|+|\boldsymbol{B}|=0$

分析　在矩阵乘法运算中,两个非零矩阵的乘积可能是零矩阵. 如 $\boldsymbol{A}=\begin{bmatrix} 1 & 1 \\ -1 & -1 \end{bmatrix}\neq\boldsymbol{0},\boldsymbol{B}=\begin{bmatrix} -1 & -1 \\ 1 & 1 \end{bmatrix}\neq\boldsymbol{0}$,而 $\boldsymbol{AB}=\begin{bmatrix} 0 & 0 \\ 0 & 0 \end{bmatrix}=\boldsymbol{0}$. 所以(A)不成立. 又如 $\boldsymbol{A}=\boldsymbol{E},\boldsymbol{B}=\boldsymbol{0},\boldsymbol{AB}=\boldsymbol{0}$,但 $\boldsymbol{A}+\boldsymbol{B}=\boldsymbol{E}\neq\boldsymbol{0}$,所以(B)不成立. 且 $|\boldsymbol{A}|+|\boldsymbol{B}|=1\neq0$,所以(D)也不成立. 因为 $\boldsymbol{A}$、$\boldsymbol{B}$ 均为方阵,所以两边取行列式,由运算法则,有

$$|\boldsymbol{A}|\,|\boldsymbol{B}|=0.$$

从而有 $|\boldsymbol{A}|=0$ 或 $|\boldsymbol{B}|=0$.

解 应选(C).

【1-18】 计算下列矩阵的方幂.

(1) 已知 $\boldsymbol{A}=\begin{bmatrix}1 & -1 & -1 & -1\\ -1 & 1 & -1 & -1\\ -1 & -1 & 1 & -1\\ -1 & -1 & -1 & 1\end{bmatrix}$,求 $\boldsymbol{A}^n$.

分析 注意到

$$\boldsymbol{A}^2=\boldsymbol{A}\cdot\boldsymbol{A}=4\boldsymbol{E},$$

所以可以采用先算低次幂找规律的办法去求解结果.

解 $\boldsymbol{A}^2=\begin{bmatrix}1 & -1 & -1 & -1\\ -1 & 1 & -1 & -1\\ -1 & -1 & 1 & -1\\ -1 & -1 & -1 & 1\end{bmatrix}\begin{bmatrix}1 & -1 & -1 & -1\\ -1 & 1 & -1 & -1\\ -1 & -1 & 1 & -1\\ -1 & -1 & -1 & 1\end{bmatrix}=\begin{bmatrix}4 & & & \\ & 4 & & \\ & & 4 & \\ & & & 4\end{bmatrix}=4\boldsymbol{E}$,

$$\boldsymbol{A}^3=\boldsymbol{A}^2\boldsymbol{A}=4\boldsymbol{A}=2^2\boldsymbol{A},$$

所以当 n 为偶数时

$$\boldsymbol{A}^n=(\boldsymbol{A}^2)^{\frac{n}{2}}=(2^2\boldsymbol{E})^{\frac{n}{2}}=2^n\boldsymbol{E},$$

当 n 为奇数时

$$\boldsymbol{A}^n=\boldsymbol{A}^{n-1}\boldsymbol{A}=(2^{n-1}\boldsymbol{E})\boldsymbol{A}=2^{n-1}\boldsymbol{A},$$

即

$$\boldsymbol{A}^n=\begin{cases}2^{n-1}\boldsymbol{A} & (n\text{ 为奇数}),\\ 2^n\boldsymbol{E} & (n\text{ 为偶数}).\end{cases}$$

(2) 计算 $\begin{bmatrix}a & 1 & 0 & 0\\ 0 & a & 1 & 0\\ 0 & 0 & a & 1\\ 0 & 0 & 0 & a\end{bmatrix}^n$.

分析 一方面,同样可先算低次幂以找规律;另一方面注意到此矩阵可分解为一个数量矩阵与一个严格上三角矩阵之和,由于数量矩阵与任何与之同阶方阵相乘可互换,从而我们可以利用二项式展开公式,对于严格上三角矩阵的方幂,由矩阵乘法,在有限多次后必能得到零矩阵. 这样,就可大大简化计算.

解 **方法1** 记

$$\boldsymbol{A}=\begin{bmatrix}a & 1 & 0 & 0\\ 0 & a & 1 & 0\\ 0 & 0 & a & 1\\ 0 & 0 & 0 & a\end{bmatrix},$$

$$A^2=A\cdot A=\begin{bmatrix}a&1&&\\&a&1&\\&&a&1\\&&&a\end{bmatrix}\begin{bmatrix}a&1&&\\&a&1&\\&&a&1\\&&&a\end{bmatrix}=\begin{bmatrix}a^2&2a&1&0\\0&a^2&2a&1\\0&0&a^2&2a\\0&0&0&a^2\end{bmatrix},$$

$$A^3=\begin{bmatrix}a^2&2a&1&0\\0&a^2&2a&1\\0&0&a^2&2a\\0&0&0&a^2\end{bmatrix}\begin{bmatrix}a&1&&\\&a&1&\\&&a&1\\&&&a\end{bmatrix}=\begin{bmatrix}a^3&3a^2&3a&1\\&a^3&3a^2&3a\\&&a^3&3a^2\\&&&a^3\end{bmatrix},$$

猜测：

$$A^n=\begin{bmatrix}a^n&C_n^1a^{n-1}&C_n^2a^{n-2}&C_n^3a^{n-3}\\&a^n&C_n^1a^{n-1}&C_n^2a^{n-2}\\&&a^n&C_n^1a^{n-1}\\&&&a^n\end{bmatrix}.$$

下面用数学归纳法证明此结论.

已知 $n=2$ 时命题成立，设命题对 n 成立，则对 $n+1$ 应有

$$A^{n+1}=A^n\cdot A=\begin{bmatrix}a^n&C_n^1a^{n-1}&C_n^2a^{n-2}&C_n^3a^{n-3}\\&a^n&C_n^1a^{n-1}&C_n^2a^{n-2}\\&&a^n&C_n^1a^{n-1}\\&&&a^n\end{bmatrix}\begin{bmatrix}a&1&&\\&a&1&\\&&a&1\\&&&a\end{bmatrix}$$

$$=\begin{bmatrix}a^{n+1}&a^n(1+C_n^1)&a^{n-1}(C_n^1+C_n^2)&a^{n-2}(C_n^2+C_n^3)\\&a^{n+1}&a^n(1+C_n^1)&a^{n-1}(C_n^1+C_n^2)\\&&a^{n+1}&a^n(1+C_n^1)\\&&&a^{n+1}\end{bmatrix},$$

由于 $1+C_n^1=C_{n+1}^1$，$C_n^1+C_n^2=C_{n+1}^2$，$C_n^2+C_n^3=C_{n+1}^3$，所以

$$A^{n+1}=\begin{bmatrix}a^{n+1}&C_{n+1}^1a^n&C_{n+1}^2a^{n-1}&C_{n+1}^3a^{n-2}\\&a^{n+1}&C_{n+1}^1a^n&C_{n+1}^2a^{n-1}\\&&a^{n+1}&C_{n+1}^1a^n\\&&&a^{n+1}\end{bmatrix},$$

即命题对 $n+1$ 成立. 由此对所有自然数 n 都成立.

方法 2 记 $A=aE+B$，$B=\begin{bmatrix}0&1&&\\&0&1&\\&&0&1\\&&&0\end{bmatrix}$，

其中 $\boldsymbol{E}$ 是 4 阶单位矩阵.

$$\boldsymbol{B}^2=\begin{bmatrix}0&1&&\\&0&1&\\&&0&1\\&&&0\end{bmatrix}\begin{bmatrix}0&1&&\\&0&1&\\&&0&1\\&&&0\end{bmatrix}=\begin{bmatrix}0&0&1&0\\&0&0&1\\&&0&0\\&&&0\end{bmatrix},\ \boldsymbol{B}^3=\boldsymbol{B}^2\cdot\boldsymbol{B}=$$

$$\begin{bmatrix}0&0&0&1\\0&0&0&0\\0&0&0&0\\0&0&0&0\end{bmatrix},\boldsymbol{B}^4=\boldsymbol{0},\boldsymbol{B}^k=\boldsymbol{0}(k\geqslant4),\text{而}(a\boldsymbol{E})^k=\begin{bmatrix}a^k&&&\\&a^k&&\\&&a^k&\\&&&a^k\end{bmatrix},\text{又}$$

$$\boldsymbol{A}^n=(a\boldsymbol{E}+\boldsymbol{B})^n=(a\boldsymbol{E})^n+\mathrm{C}_n^1(a\boldsymbol{E})^{n-1}\boldsymbol{B}+\mathrm{C}_n^2(a\boldsymbol{E})^{n-2}\boldsymbol{B}^2+\mathrm{C}_n^3(a\boldsymbol{E})^{n-3}\boldsymbol{B}^3$$

$$=\begin{bmatrix}a^n&&&\\&a^n&&\\&&a^n&\\&&&a^n\end{bmatrix}+\mathrm{C}_n^1\begin{bmatrix}a^{n-1}&&&\\&a^{n-1}&&\\&&a^{n-1}&\\&&&a^{n-1}\end{bmatrix}\begin{bmatrix}0&1&0&0\\0&0&1&0\\0&0&0&1\\0&0&0&0\end{bmatrix}+$$

$$\mathrm{C}_n^2\begin{bmatrix}a^{n-2}&&&\\&a^{n-2}&&\\&&a^{n-2}&\\&&&a^{n-2}\end{bmatrix}\cdot\begin{bmatrix}0&0&1&0\\&0&0&1\\&&0&0\\&&&0\end{bmatrix}+$$

$$\mathrm{C}_n^3\begin{bmatrix}a^{n-3}&&&\\&a^{n-3}&&\\&&a^{n-3}&\\&&&a^{n-3}\end{bmatrix}\begin{bmatrix}0&0&0&1\\&0&0&0\\&&0&0\\&&&0\end{bmatrix}$$

$$=\begin{bmatrix}a^n&\mathrm{C}_n^1a^{n-1}&\mathrm{C}_n^2a^{n-2}&\mathrm{C}_n^3a^{n-3}\\&a^n&\mathrm{C}_n^1a^{n-1}&\mathrm{C}_n^2a^{n-2}\\&&a^n&\mathrm{C}_n^1a^{n-1}\\&&&a^n\end{bmatrix}.$$

(3) $\boldsymbol{A}=\begin{bmatrix}1&0&0&0&0\\0&-2&0&0&0\\0&0&0&1&0\\0&0&0&0&1\\0&0&0&0&0\end{bmatrix}$,求 $\boldsymbol{A}^2,\boldsymbol{A}^3,\boldsymbol{A}^{99}$.

分析 根据矩阵 $\boldsymbol{A}$ 的特点,可利用分块矩阵进行计算. 因为若

$$\boldsymbol{A}=\begin{bmatrix}\boldsymbol{A}_1 & & & \\ & \boldsymbol{A}_2 & & \\ & & \ddots & \\ & & & \boldsymbol{A}_n\end{bmatrix}$$

为分块对角阵，则

$$\boldsymbol{A}^n=\begin{bmatrix}\boldsymbol{A}_1^n & & & \\ & \boldsymbol{A}_2^n & & \\ & & \ddots & \\ & & & \boldsymbol{A}_n^n\end{bmatrix},$$

而 $\boldsymbol{A}_i$ 是比 $\boldsymbol{A}$ 更低阶方阵. 计算低阶方阵的乘幂比计算高阶方阵的乘幂来得简单.

解 记

$$\boldsymbol{A}=\begin{bmatrix}\boldsymbol{A}_1 & \boldsymbol{0}\\ \boldsymbol{0} & \boldsymbol{A}_2\end{bmatrix},$$

其中 $\boldsymbol{A}_1=\begin{bmatrix}1 & 0\\ 0 & -2\end{bmatrix}$，$\boldsymbol{A}_2=\begin{bmatrix}0 & 1 & 0\\ 0 & 0 & 1\\ 0 & 0 & 0\end{bmatrix}$，则

$$\boldsymbol{A}^2=\begin{bmatrix}\boldsymbol{A}_1^2 & \boldsymbol{0}\\ \boldsymbol{0} & \boldsymbol{A}_2^2\end{bmatrix},\quad \boldsymbol{A}^3=\begin{bmatrix}\boldsymbol{A}_1^3 & \boldsymbol{0}\\ \boldsymbol{0} & \boldsymbol{A}_2^3\end{bmatrix},\quad \boldsymbol{A}^{99}=\begin{bmatrix}\boldsymbol{A}_1^{99} & \boldsymbol{0}\\ \boldsymbol{0} & \boldsymbol{A}_2^{99}\end{bmatrix}.$$

由于 $\boldsymbol{A}_1^2=\begin{bmatrix}1 & 0\\ 0 & -2\end{bmatrix}^2=\begin{bmatrix}1 & 0\\ 0 & 4\end{bmatrix}$，$\boldsymbol{A}_2^2=\begin{bmatrix}0 & 0 & 1\\ 0 & 0 & 0\\ 0 & 0 & 0\end{bmatrix}$，所以

$$\boldsymbol{A}^2=\begin{bmatrix}1 & 0 & 0 & 0 & 0\\ 0 & 4 & 0 & 0 & 0\\ 0 & 0 & 0 & 0 & 1\\ 0 & 0 & 0 & 0 & 0\\ 0 & 0 & 0 & 0 & 0\end{bmatrix},\quad \boldsymbol{A}_1^3=\begin{bmatrix}1 & 0\\ 0 & -8\end{bmatrix},\quad \boldsymbol{A}_2^3=\begin{bmatrix}0 & 0 & 0\\ 0 & 0 & 0\\ 0 & 0 & 0\end{bmatrix},$$

所以

$$\boldsymbol{A}^3=\begin{bmatrix}1 & 0 & 0 & 0 & 0\\ 0 & -8 & 0 & 0 & 0\\ 0 & 0 & 0 & 0 & 0\\ 0 & 0 & 0 & 0 & 0\\ 0 & 0 & 0 & 0 & 0\end{bmatrix},$$

而 $\boldsymbol{A}_1^{99}=\begin{bmatrix}1 & 0\\ 0 & (-2)^{99}\end{bmatrix}=\begin{bmatrix}1 & 0\\ 0 & -2^{99}\end{bmatrix}$，$\boldsymbol{A}_2^{99}=0$，故

$$A^{99}=\begin{bmatrix}1&0&0&0&0\\0&-2^{99}&0&0&0\\0&0&0&0&0\\0&0&0&0&0\\0&0&0&0&0\end{bmatrix}.$$

点评 对零元素比较多的矩阵用分块矩阵进行运算往往比较方便.

(4) 已知 $\boldsymbol{\alpha}=[1,2,3]$，$\boldsymbol{\beta}=\left[1,\frac{1}{2},\frac{1}{3}\right]$，且 $\boldsymbol{A}=\boldsymbol{\alpha}^{\mathrm{T}}\boldsymbol{\beta}$，求 $\boldsymbol{A}^n$.

分析 因为 $\boldsymbol{\beta\alpha}^{\mathrm{T}}=3$ 是一个数，所以此题可充分利用矩阵乘法的结合律.

解 $$\boldsymbol{A}^n=\boldsymbol{\alpha}^{\mathrm{T}}\boldsymbol{\beta}\boldsymbol{\alpha}^{\mathrm{T}}\boldsymbol{\beta}\cdots\boldsymbol{\alpha}^{\mathrm{T}}\boldsymbol{\beta}=\boldsymbol{\alpha}^{\mathrm{T}}\underbrace{(\boldsymbol{\beta\alpha}^{\mathrm{T}})(\boldsymbol{\beta\alpha}^{\mathrm{T}})\cdots(\boldsymbol{\beta\alpha}^{\mathrm{T}})}_{n-1\text{个括号}}\boldsymbol{\beta}$$

$$=3^{n-1}\boldsymbol{\alpha}^{\mathrm{T}}\boldsymbol{\beta}=3^{n-1}\boldsymbol{A}$$

$$=3^{n-1}\begin{bmatrix}1&\frac{1}{2}&\frac{1}{3}\\2&1&\frac{2}{3}\\3&\frac{3}{2}&1\end{bmatrix}=\begin{bmatrix}3^{n-1}&\frac{1}{2}\times3^{n-1}&3^{n-2}\\2\times3^{n-1}&3^{n-1}&2\times3^{n-2}\\3^n&\frac{1}{2}\times3^n&3^{n-1}\end{bmatrix}.$$

点评 上面例举出的 4 个计算方阵幂的题目，实际上给出了计算方幂的 4 种方法. 在本书后面的第 3 章会提到矩阵对角化，它也是计算方阵幂的一种办法.

【1-19】 设矩阵 $\boldsymbol{A}=\begin{bmatrix}0&1&0\\0&0&1\\1&0&0\end{bmatrix}$，求所有与 A 可交换的同阶矩阵 $\boldsymbol{B}$.

分析 直接利用可交换的定义：$\boldsymbol{AB}=\boldsymbol{BA}$，算出 $\boldsymbol{B}$. 为此，**可先假设 $\boldsymbol{B}$，这是求与某个矩阵可交换矩阵的通用办法.**

解 设 $\boldsymbol{B}=\begin{bmatrix}b_{11}&b_{12}&b_{13}\\b_{21}&b_{22}&b_{23}\\b_{31}&b_{32}&b_{33}\end{bmatrix}$，则

$$\boldsymbol{AB}=\begin{bmatrix}0&1&0\\0&0&1\\1&0&0\end{bmatrix}\begin{bmatrix}b_{11}&b_{12}&b_{13}\\b_{21}&b_{22}&b_{23}\\b_{31}&b_{32}&b_{33}\end{bmatrix}=\begin{bmatrix}b_{21}&b_{22}&b_{23}\\b_{31}&b_{32}&b_{33}\\b_{11}&b_{12}&b_{13}\end{bmatrix},$$

$$\boldsymbol{BA}=\begin{bmatrix}b_{11}&b_{12}&b_{13}\\b_{21}&b_{22}&b_{23}\\b_{31}&b_{32}&b_{33}\end{bmatrix}\begin{bmatrix}0&1&0\\0&0&1\\1&0&0\end{bmatrix}=\begin{bmatrix}b_{13}&b_{11}&b_{12}\\b_{23}&b_{21}&b_{22}\\b_{33}&b_{31}&b_{32}\end{bmatrix}.$$

由 $\boldsymbol{AB}=\boldsymbol{BA}$，有 $b_{21}=b_{13}=b_{32}\xlongequal{\text{令}}b$，$b_{22}=b_{11}=b_{33}\xlongequal{\text{令}}a$，$b_{23}=b_{12}=b_{31}\xlongequal{\text{令}}c$. 故所

有与 $\boldsymbol{A}$ 可交换的矩阵

$$\boldsymbol{B}=\begin{bmatrix}a & c & b\\ b & a & c\\ c & b & a\end{bmatrix}.$$

【1-20】 设 $\boldsymbol{A}$ 是 n 阶矩阵,且 $\boldsymbol{AA}^{\mathrm{T}}=\boldsymbol{E}$, $|\boldsymbol{A}|=1$, n 为奇数,求 $|\boldsymbol{E}-\boldsymbol{A}|$.

分析 由方阵行列式的运算规律,要求 $|\boldsymbol{E}-\boldsymbol{A}|$,应考虑把 $\boldsymbol{E}-\boldsymbol{A}$ 变成乘积. 而把和差变乘积的有效手段就是提公因子. 表面看没有公因子可提,但只要注意到已知条件,可创造出公因子,所以把 $\boldsymbol{E}$ 带入是我们应该想到的.

解 $$\begin{aligned}|\boldsymbol{E}-\boldsymbol{A}|&=|\boldsymbol{AA}^{\mathrm{T}}-\boldsymbol{A}|=|\boldsymbol{A}(\boldsymbol{A}^{\mathrm{T}}-\boldsymbol{E})|=|\boldsymbol{A}(\boldsymbol{A}-\boldsymbol{E})^{\mathrm{T}}|=|\boldsymbol{A}|\,|(\boldsymbol{A}-\boldsymbol{E})^{\mathrm{T}}|\\&=|\boldsymbol{A}|\,|\boldsymbol{A}-\boldsymbol{E}|=(-1)^n|\boldsymbol{A}|\,|\boldsymbol{E}-\boldsymbol{A}|.\end{aligned}$$

由于 n 是奇数,故 $|\boldsymbol{E}-\boldsymbol{A}|=-|\boldsymbol{E}-\boldsymbol{A}|$,即 $|\boldsymbol{E}-\boldsymbol{A}|=0$.

点评 本题的计算涉及到了矩阵、行列式的多种运算法则,如矩阵乘法的分配律,乘积的行列式等于行列式的乘积,矩阵和、差的转置运算等. 这些运算我们应熟练掌握.

【1-21】 设 $m\times n$ 实矩阵 $\boldsymbol{A}$ 满足 $\boldsymbol{AA}^{\mathrm{T}}=\boldsymbol{0}$,证明:$\boldsymbol{A}=\boldsymbol{0}$.

分析 要证明 $\boldsymbol{A}=\boldsymbol{0}$,就要说明每个元素为 0. 由已知条件. 利用矩阵乘法,考虑乘积的主对角线上的元素.

证明 设

$$\boldsymbol{A}=\begin{bmatrix}a_{11} & a_{12} & \cdots & a_{1n}\\ a_{21} & a_{22} & \cdots & a_{2n}\\ \vdots & \vdots & & \vdots\\ a_{m1} & a_{m2} & \cdots & a_{mn}\end{bmatrix}\quad(a_{ij}\in\mathbb{R}),$$

$$\boldsymbol{AA}^{\mathrm{T}}=\boldsymbol{C}=(c_{ij})_{m\times m},$$

由乘法运算规则及 $\boldsymbol{A}$ 与 $\boldsymbol{A}^{\mathrm{T}}$ 元素的关系,那么

$$c_{ii}=\sum_{k=1}^{n}a_{ik}a_{ik}=\sum_{k=1}^{n}a_{ik}^2\quad(i=1,\cdots,m),$$

由 $\boldsymbol{AA}^{\mathrm{T}}=\boldsymbol{0}$,所以 $c_{ii}=0$,即 $\sum\limits_{k=1}^{n}a_{ik}^2=0$. 又因为 $a_{ij}\in\mathbb{R}$,从而 $a_{ik}=0$, $k=1,\cdots,n$ 即第 i 行的每个元素为零. $\forall\, i=1,\cdots,m$,故

$$\boldsymbol{A}=\boldsymbol{0}.$$

点评 若 $\boldsymbol{A}$ 是复矩阵时命题不必成立. 例如,取 $\boldsymbol{A}=\begin{bmatrix}\mathrm{i} & 1\\ 1 & -\mathrm{i}\end{bmatrix}$, $\boldsymbol{A}\neq\boldsymbol{0}$,但 $\boldsymbol{AA}^{\mathrm{T}}=\begin{bmatrix}\mathrm{i} & 1\\ 1 & -\mathrm{i}\end{bmatrix}\begin{bmatrix}\mathrm{i} & 1\\ 1 & -\mathrm{i}\end{bmatrix}=\begin{bmatrix}\mathrm{i}^2+1 & \mathrm{i}-\mathrm{i}\\ \mathrm{i}-\mathrm{i} & 1+\mathrm{i}^2\end{bmatrix}=\begin{bmatrix}0 & 0\\ 0 & 0\end{bmatrix}=\boldsymbol{0}$. 现在我们可这样思考:$\boldsymbol{A}$ 是复矩

阵时，条件应如何修改才能使结论成立？

【1-22】 设 $\boldsymbol{A}$ 为 n 阶矩阵，且对任意 $n\times 1$ 矩阵 $\boldsymbol{\alpha}$，都有 $\boldsymbol{\alpha}^{\mathrm{T}}\boldsymbol{A}\boldsymbol{\alpha}=\boldsymbol{0}$，证明：$\boldsymbol{A}$ 为反对称矩阵.

分析 要证明 $\boldsymbol{A}$ 为反对称阵，由定义就要说明 $\boldsymbol{A}^{\mathrm{T}}=-\boldsymbol{A}$，即 $a_{ij}+a_{ji}=0,\ \forall 1\leqslant i,j\leqslant n$. 既然对任意 $n\times 1$ 矩阵 $\boldsymbol{\alpha}$ 有 $\boldsymbol{\alpha}^{\mathrm{T}}\boldsymbol{A}\boldsymbol{\alpha}=\boldsymbol{0}$，所以可考虑特殊的 $\boldsymbol{\alpha}$. 从而导出 $\boldsymbol{A}$ 中的元素关系.

证明 设 $\boldsymbol{e}_i=[0,\cdots,0,\underset{\text{第}i\text{个}}{1},0,\cdots,0]^{\mathrm{T}}$，$(i=1,2,\cdots,n)$，

$$\boldsymbol{l}_{ij}=[0,\cdots,0,\underset{\text{第}i\text{个}}{1},0,\cdots,\underset{\text{第}j\text{个}}{1},\cdots,0]^{\mathrm{T}}\quad(i,j=1,2,\cdots,n,i\neq j),$$

$$\boldsymbol{A}=(a_{ij})_{n\times n},$$

由条件，得 $\boldsymbol{e}_i^{\mathrm{T}}\boldsymbol{A}\boldsymbol{e}_i=\boldsymbol{0},\boldsymbol{l}_{ij}^{\mathrm{T}}\boldsymbol{A}\boldsymbol{l}_{ij}=\boldsymbol{0}\quad(i,j=1,2,\cdots n,i\neq j)$，则

$$\boldsymbol{e}_i^{\mathrm{T}}\boldsymbol{A}\boldsymbol{e}_i=[0,\cdots,0,1,0,\cdots,0]\begin{bmatrix}a_{11}&a_{12}&\cdots&a_{1n}\\a_{21}&a_{22}&\cdots&a_{2n}\\\vdots&\vdots&&\vdots\\a_{n1}&a_{n2}&\cdots&a_{nn}\end{bmatrix}\begin{bmatrix}0\\\vdots\\1\\0\\\vdots\\0\end{bmatrix}=a_{ii}\quad(i=1,2,\cdots,n),$$

所以 $a_{ii}=0(i=1,2,\cdots,n)$. 又

$$\boldsymbol{l}_{ij}^{\mathrm{T}}\boldsymbol{A}\boldsymbol{l}_{ij}=[0,\cdots,0,1,\cdots,1,0,\cdots,0]\begin{bmatrix}a_{11}&a_{12}&\cdots&a_{1n}\\a_{21}&a_{22}&\cdots&a_{2n}\\\vdots&\vdots&&\vdots\\a_{n1}&a_{n2}&\cdots&a_{nn}\end{bmatrix}\begin{bmatrix}0\\\vdots\\0\\1\\\vdots\\1\\0\\\vdots\\0\end{bmatrix}$$

$$=a_{ii}+a_{ji}+a_{ij}+a_{jj}=0,$$

所以 $a_{ij}+a_{ji}=0(i,j=1,2,\cdots,n,i\neq j)$，故 $\boldsymbol{A}$ 为反对称矩阵.

点评 对任意成立的，对特殊的也应成立. 所以，取一些特殊向量满足条件，如本题中的 $\boldsymbol{e}_i,\boldsymbol{l}_{ij}$. 这是一种常用的解题方法.

【1-23】 令 $\boldsymbol{E}_{ij}$ 表示 i 行 j 列元素为 1、其余元素全为 0 的 n 阶矩阵 $\boldsymbol{A}=(a_{ij})_n$：

(1) 求 $\boldsymbol{E}_{ij}\boldsymbol{E}_{kl}$；

(2) 证明：如果 $\boldsymbol{A}\boldsymbol{E}_{ij}=\boldsymbol{E}_{ij}\boldsymbol{A}$，那么当 $k\neq i$ 时，$a_{ki}=0$；当 $k\neq j$ 时，$a_{jk}=0$，且

$a_{ii}=a_{jj}$.

(3) **证明** 如果矩阵 $\boldsymbol{A}$ 与所有的 n 阶矩阵可交换,那么,$\boldsymbol{A}$ 一定是数量矩阵,即 $\boldsymbol{A}=a\boldsymbol{E}$.

分析 本题需熟练掌握矩阵乘法的运算规则.

解 (1)

$$\boldsymbol{E}_{ij}=\begin{bmatrix} & & & 0 & & & \\ & & & \vdots & & & \\ 0 & \cdots & 0 & 1 & 0 & \cdots & 0 \\ & & & 0 & & & \\ & & & \vdots & & & \\ & & & \underset{(j)}{0} & & & \end{bmatrix}(i)=\begin{bmatrix}0\\ \vdots\\ 0\\ 1\\ 0\\ \vdots\\ 0\end{bmatrix}[0,\cdots,0,\cdots,\underset{(j)}{1},0,\cdots,0]=\boldsymbol{e}_i\boldsymbol{e}_j^{\mathrm{T}},$$

从而

$$\boldsymbol{E}_{ij}\boldsymbol{E}_{kl}=\boldsymbol{e}_i\boldsymbol{e}_j^{\mathrm{T}}\boldsymbol{e}_k\boldsymbol{e}_l^{\mathrm{T}}=\boldsymbol{e}_i[0,\cdots,0,\underset{(j)}{1},0,\cdots,0]\begin{bmatrix}0\\ \vdots\\ 0\\ 1\\ 0\\ \vdots\\ 0\end{bmatrix}(k)\boldsymbol{e}_l^{\mathrm{T}}$$

$$=\begin{cases}0 & (j\neq k),\\ \boldsymbol{e}_i\boldsymbol{e}_l^{\mathrm{T}} & (j=k),\end{cases}=\begin{cases}0 & (j\neq k),\\ \boldsymbol{E}_{il} & (j=k).\end{cases}$$

(2)

$$\boldsymbol{A}\boldsymbol{E}_{ij}=\boldsymbol{A}\boldsymbol{e}_i\boldsymbol{e}_j^{\mathrm{T}}=\begin{bmatrix}a_{11} & \cdots & a_{1n}\\ a_{21} & \cdots & a_{2n}\\ \vdots & & \vdots\\ a_{n1} & \cdots & a_{nn}\end{bmatrix}\begin{bmatrix}0\\ \vdots\\ 0\\ 1\\ 0\\ \vdots\\ 0\end{bmatrix}[0,\cdots,0,1,0,\cdots,0]$$

$$=\begin{bmatrix}a_{1i}\\ a_{2i}\\ \vdots\\ a_{ni}\end{bmatrix}[0,\cdots,0,1,0,\cdots,0]=\begin{bmatrix}0 & \cdots & 0 & a_{1i} & 0 & \cdots & 0\\ 0 & \cdots & 0 & a_{2i} & 0 & \cdots & 0\\ \vdots & & \vdots & \vdots & \vdots & & \vdots\\ 0 & \cdots & 0 & \underset{(j)}{a_{ni}} & 0 & \cdots & 0\end{bmatrix},$$

$$E_{ij}A = e_i e_j^{T} A = e_i[0,\cdots,0,1,0,\cdots,0]\begin{bmatrix} a_{11} & \cdots & a_{1n} \\ a_{21} & \cdots & a_{2n} \\ \vdots & & \vdots \\ a_{n1} & \cdots & a_{nn} \end{bmatrix} = e_i[a_{j1},a_{j2},\cdots,a_{jn}]$$

$$= \begin{bmatrix} 0 \\ \vdots \\ 0 \\ 1 \\ 0 \\ \vdots \\ 0 \end{bmatrix}[a_{j1},a_{j2},\cdots,a_{jn}] = \begin{bmatrix} 0 & \cdots & 0 & \cdots & 0 \\ 0 & \cdots & 0 & \cdots & 0 \\ \vdots & & \vdots & & \vdots \\ a_{j1} & \cdots & a_{jj} & \cdots & a_{jn} \\ \vdots & & \vdots & & \vdots \\ 0 & \cdots & 0 & \cdots & 0 \\ \vdots & & \vdots & & \vdots \\ 0 & \cdots & 0 & \cdots & 0 \end{bmatrix}(i)$$

由 $AE_{ij}=E_{ij}A$，得 $a_{1i}=a_{ii}=\cdots=a_{i-1,i}=a_{i+1,i}=\cdots=a_{ni}=0$，

$a_{j1}=a_{j2}=\cdots=a_{j,j-1}=a_{j,j+1}=\cdots=a_{jn}=0$，

$a_{ii}=a_{jj}$，

即 $a_{ii}=a_{jj}$. 当 $k\neq i$ 时，$a_{ki}=0$；当 $k\neq j$ 时 $a_{jk}=0$.

(3) 由于 A 与所有 n 阶矩阵可交换，所以 A 与 E_{ij} 可交换，于是

$$AE_{ij} = E_{ij}A,$$

由(2)知

$$a_{ij} = \begin{cases} a_{11} & (i=j) \\ 0 & (i\neq j) \end{cases} \quad (i,j=1,2,\cdots,n),$$

取 $a=a_{11}$，即

$$A = \begin{bmatrix} a & & & \\ & a & & \\ & & \ddots & \\ & & & a \end{bmatrix} = aE$$

为数量矩阵.

【1-24】 设 A,B,C 为同阶方阵，且 $ABC=E$，则下列各式中不成立的是(　).

(A) $CAB=E$　　(B) $B^{-1}A^{-1}C^{-1}=E$

(C) $BCA=E$　　(D) $C^{-1}A^{-1}B^{-1}=E$.

分析　已知 $ABC=E$，说明 A,B,C 均可逆. 由可逆矩阵定义及运算性质，将其看作两个矩阵，则意味着这两个矩阵相乘可换，所以 $ABC=CAB=BCA=E$，即(A)(C)成立，对 $CAB=E$，两边取逆，有 $B^{-1}A^{-1}C^{-1}=E$，所以(B)成立. 故(D)不成立.

解 应选(D).

【1-25】 设 $n(n\geqslant 3)$阶可逆方阵 $\boldsymbol{A}$ 的伴随矩阵为 $\boldsymbol{A}^*$，常数 $k\neq 0,k\neq\pm 1$，则 $(k\boldsymbol{A})^*=(\quad)$.

(A) $k\boldsymbol{A}^*$　　(B) $k^{n-1}\boldsymbol{A}^*$

(C) $k^n\boldsymbol{A}^*$　　(D) $k^{-1}\boldsymbol{A}^*$

分析 考虑 $\boldsymbol{A}$ 与 $\boldsymbol{A}^*$ 之间的关系，并牢记等式 $\boldsymbol{A}\boldsymbol{A}^*=|\boldsymbol{A}|\boldsymbol{E}$.

解 因为 $(k\boldsymbol{A})(k\boldsymbol{A})^*=|k\boldsymbol{A}|\boldsymbol{E}=k^n|\boldsymbol{A}|\boldsymbol{E}$，即

$$\boldsymbol{A}(k\boldsymbol{A})^*=k^{n-1}|\boldsymbol{A}|\boldsymbol{E},$$

又 $\boldsymbol{A}\boldsymbol{A}^*=|\boldsymbol{A}|\boldsymbol{E}$，有

$$k^{n-1}\boldsymbol{A}\boldsymbol{A}^*=k^{n-1}|\boldsymbol{A}|\boldsymbol{E},$$

所以

$$\boldsymbol{A}(k\boldsymbol{A})^*=\boldsymbol{A}k^{n-1}\boldsymbol{A}^*$$

即

$$(k\boldsymbol{A})^*=k^{n-1}\boldsymbol{A}^*,$$

故应选(B).

点评 由 $\boldsymbol{A}\boldsymbol{A}^*=|\boldsymbol{A}|\boldsymbol{E}$，可得到 $\boldsymbol{A}^{-1}$ 的伴随矩阵、$\boldsymbol{A}^{-1}$ 和 $(\boldsymbol{A}^*)^{-1}$ 的关系及 $|\boldsymbol{A}^*|$ 的计算公式等. 所以 $\boldsymbol{A}\boldsymbol{A}^*=|\boldsymbol{A}|\boldsymbol{E}$ 是一个非常重要的关系式.

【1-26】 设 $\boldsymbol{A}$，$\boldsymbol{B}$ 及 $\boldsymbol{A}+\boldsymbol{B}$ 均为可逆矩阵，则 $(\boldsymbol{A}^{-1}+\boldsymbol{B}^{-1})[\boldsymbol{B}(\boldsymbol{A}+\boldsymbol{B})^{-1}\boldsymbol{A}]=$______.

分析 由逆矩阵的乘法及矩阵乘法的分配律、结合律，有

$$\begin{aligned}(\boldsymbol{A}^{-1}+\boldsymbol{B}^{-1})[\boldsymbol{B}(\boldsymbol{A}+\boldsymbol{B})^{-1}\boldsymbol{A}]&=[(\boldsymbol{A}^{-1}+\boldsymbol{B}^{-1})\boldsymbol{B}](\boldsymbol{A}+\boldsymbol{B})^{-1}(\boldsymbol{A}^{-1})^{-1}\\&=(\boldsymbol{A}^{-1}\boldsymbol{B}+\boldsymbol{E})(\boldsymbol{A}^{-1}(\boldsymbol{A}+\boldsymbol{B}))^{-1}\\&=(\boldsymbol{A}^{-1}\boldsymbol{B}+\boldsymbol{E})(\boldsymbol{E}+\boldsymbol{A}^{-1}\boldsymbol{B})^{-1}=\boldsymbol{E}.\end{aligned}$$

解 应填 $\boldsymbol{E}$.

点评 此类题目可运用矩阵运算法则把式子化简，所以对矩阵的各种运算法则应熟练掌握和正确使用.

【1-27】 判断下面矩阵

$$A=\begin{bmatrix}1&-3&2\\-3&0&1\\1&1&-1\end{bmatrix}$$

是否可逆，若可逆求其逆矩阵.

分析 这是由数构成的具体的矩阵，判断它是否可逆，可直接利用充要条件算出它的行列式的值来判断，若 $|\boldsymbol{A}|\neq 0\Leftrightarrow\boldsymbol{A}$ 可逆，然后用伴随矩阵法或用初等变换法便可求逆.

解　方法 1　伴随矩阵法.

$$\boldsymbol{A}^{-1}=\frac{1}{|\boldsymbol{A}|}\boldsymbol{A}^*,$$

$$|\boldsymbol{A}|=\begin{vmatrix}1 & -3 & 2\\ -3 & 0 & 1\\ 1 & 1 & -1\end{vmatrix}=\begin{vmatrix}4 & 0 & -1\\ -3 & 0 & 1\\ 1 & 1 & -1\end{vmatrix}$$

$$=-\begin{vmatrix}4 & -1\\ -3 & 1\end{vmatrix}=-1\neq 0\text{，所以 }\boldsymbol{A}\text{ 可逆.}$$

又

$$A_{11}=\begin{bmatrix}0 & 1\\ 1 & -1\end{bmatrix}=-1,\quad A_{12}=-\begin{vmatrix}-3 & 1\\ 1 & -1\end{vmatrix}=-2,$$

$$A_{13}=\begin{vmatrix}-3 & 0\\ 1 & 1\end{vmatrix}=-3,\quad A_{21}=-\begin{vmatrix}-3 & 2\\ 1 & -1\end{vmatrix}=-1,\quad A_{22}=\begin{vmatrix}1 & 2\\ 1 & -1\end{vmatrix}=-3,$$

$$A_{23}=-\begin{vmatrix}1 & -3\\ 1 & 1\end{vmatrix}=-4,\quad A_{31}=\begin{vmatrix}-3 & 2\\ 0 & 1\end{vmatrix}=-3,\quad A_{32}=\begin{vmatrix}1 & 2\\ -3 & 1\end{vmatrix}=-7,$$

$$A_{33}=\begin{vmatrix}1 & -3\\ -3 & 0\end{vmatrix}=-9,$$

所以

$$\boldsymbol{A}^{-1}=\frac{1}{-1}\begin{bmatrix}-1 & -1 & -3\\ -2 & -3 & -7\\ -3 & -4 & -9\end{bmatrix}=\begin{bmatrix}1 & 1 & 3\\ 2 & 3 & 7\\ 3 & 4 & 9\end{bmatrix}.$$

方法 2　用初等变换法. 构造 $n\times 2n$ 矩阵

$$(\boldsymbol{A}\,\vdots\,\boldsymbol{E})\xrightarrow[\text{行变换}]{\text{初等}}[\boldsymbol{E}\,\vdots\,\boldsymbol{A}^{-1}],$$

$$(\boldsymbol{A}\,\vdots\,\boldsymbol{E})=\left[\begin{array}{ccc|ccc}1 & -3 & 2 & 1 & 0 & 0\\ -3 & 0 & 1 & 0 & 1 & 0\\ 1 & 1 & -1 & 0 & 0 & 1\end{array}\right]\xrightarrow[r_3+(-1)r_1]{r_2+3r_1}\left[\begin{array}{ccc|ccc}1 & -3 & 2 & 1 & 0 & 0\\ 0 & -9 & 7 & 3 & 1 & 0\\ 0 & 4 & -3 & -1 & 0 & 1\end{array}\right]$$

$$\xrightarrow{r_2+2r_3}\left[\begin{array}{ccc|ccc}1 & -3 & 2 & 1 & 0 & 0\\ 0 & -1 & 1 & 1 & 1 & 2\\ 0 & 4 & -3 & -1 & 0 & 1\end{array}\right]$$

$$\xrightarrow[r_3+4r_2]{r_1+(-3)r_2}\left[\begin{array}{ccc|ccc}1 & 0 & -1 & -2 & -3 & 0\\ 0 & -1 & 1 & 1 & 1 & 2\\ 0 & 0 & 1 & 3 & 4 & 9\end{array}\right]$$

$$\xrightarrow[r_2+(-1)r_3]{r_1+r_3}\left[\begin{array}{cccccc}1 & 0 & 0 & 1 & 1 & 0\\0 & -1 & 0 & 2 & -3 & -7\\0 & 0 & 1 & 3 & 4 & 9\end{array}\right]$$

$$\xrightarrow{(-1)r_2}\left[\begin{array}{ccc:ccc}1 & 0 & 0 & 1 & 1 & 0\\0 & 1 & 0 & 2 & 3 & 7\\0 & 0 & 1 & 3 & 4 & 9\end{array}\right],$$

即

$$\boldsymbol{A}^{-1}=\begin{bmatrix}1 & 1 & 0\\2 & 3 & 7\\3 & 4 & 9\end{bmatrix}.$$

点评 一般用初等变换求逆矩阵更加方便,且不容易出错.需要注意的是对 $[\boldsymbol{A} \vdots \boldsymbol{E}]$ 只能进行初等行变换.

【1-28】 已知 n 阶矩阵 $\boldsymbol{A}$ 满足 $2\boldsymbol{A}(\boldsymbol{A}-\boldsymbol{E})=\boldsymbol{A}^3$,证明:$\boldsymbol{E}-\boldsymbol{A}$ 可逆,并求 $(\boldsymbol{E}-\boldsymbol{A})^{-1}$.

分析 与【1-27】题相比,可以说 $\boldsymbol{A}$ 是抽象矩阵,它满足一定的关系式.要证明某个矩阵可逆,其方法是从已知等式分解出要证明的矩阵乘某个矩阵等于一个数量矩阵或 $\boldsymbol{E}$.因此,充分利用已知等式,把它变成两部分的乘积是我们解题的方向.

证明 已知 $2\boldsymbol{A}(\boldsymbol{A}-\boldsymbol{E})=\boldsymbol{A}^3$,所以

$$2\boldsymbol{A}(\boldsymbol{A}-\boldsymbol{E})-\boldsymbol{A}^3+\boldsymbol{E}=\boldsymbol{E},$$

即有

$$(\boldsymbol{E}-\boldsymbol{A})(\boldsymbol{E}+\boldsymbol{A}+\boldsymbol{A}^2)-2\boldsymbol{A}(\boldsymbol{E}-\boldsymbol{A})=\boldsymbol{E},$$

亦即

$$(\boldsymbol{E}-\boldsymbol{A})(\boldsymbol{A}^2-\boldsymbol{A}+\boldsymbol{E})=\boldsymbol{E},$$

故 $\boldsymbol{E}-\boldsymbol{A}$ 可逆,且

$$(\boldsymbol{E}-\boldsymbol{A})^{-1}=\boldsymbol{A}^2-\boldsymbol{A}+\boldsymbol{E}.$$

【1-29】 若 n 阶矩阵 $\boldsymbol{A}$ 满足 $\boldsymbol{A}^2+2\boldsymbol{A}+2\boldsymbol{E}=\boldsymbol{0}$,证明:$\boldsymbol{A}+x\boldsymbol{E}$(其中 x 为任意实数)可逆,并求其逆矩阵的表达式.

分析 解题思路同上题.

证明 由已知 $\boldsymbol{A}^2+2\boldsymbol{A}+2\boldsymbol{E}=\boldsymbol{0}$,有

$$(\boldsymbol{A}+x\boldsymbol{E})[\boldsymbol{A}+(2-x)\boldsymbol{E}]=[x(2-x)-2]\boldsymbol{E},$$

又 $x(2-x)-2=-x^2+2x-2$,对任意 $x\in\mathbb{R}$,$-x^2+2x-2\neq 0$,所以 $\boldsymbol{A}+x\boldsymbol{E}$ 可逆,且

$$(\boldsymbol{A}+x\boldsymbol{E})^{-1}=\frac{1}{x(2-x)-2}[\boldsymbol{A}+(2-x)\boldsymbol{E}].$$

【1-30】 设 n 阶方阵 $\boldsymbol{A}$、$\boldsymbol{B}$ 和 $\boldsymbol{A}+\boldsymbol{B}$ 均可逆.

(1) 求证 $\boldsymbol{A}^{-1}+\boldsymbol{B}^{-1}$ 也可逆,并求其逆矩阵.

(2) 证明 $(\boldsymbol{A}+\boldsymbol{B})^{-1}=\boldsymbol{A}^{-1}-\boldsymbol{A}^{-1}(\boldsymbol{A}^{-1}+\boldsymbol{B}^{-1})^{-1}\boldsymbol{A}^{-1}$.

分析 此题类型与【1-28】题相比,它没有一个满足的已知等式,但它告诉了这些矩阵可逆.此时,要证明另外一些矩阵可逆,其方法是把它表示成一些已知可逆矩阵的乘积.再从可逆矩阵的乘积可逆出发达到证明的目的.

证明 (1) 因为 $\boldsymbol{A}$、$\boldsymbol{B}$ 和 $\boldsymbol{A}+\boldsymbol{B}$ 可逆,所以

$$\boldsymbol{A}^{-1}+\boldsymbol{B}^{-1}=\boldsymbol{A}^{-1}\boldsymbol{E}+\boldsymbol{E}\boldsymbol{B}^{-1}=\boldsymbol{A}^{-1}\boldsymbol{B}\boldsymbol{B}^{-1}+\boldsymbol{A}^{-1}\boldsymbol{A}\boldsymbol{B}^{-1}=\boldsymbol{A}^{-1}(\boldsymbol{B}+\boldsymbol{A})\boldsymbol{B}^{-1},$$

所以 $\boldsymbol{A}^{-1}+\boldsymbol{B}^{-1}$ 可逆,且

$$(\boldsymbol{A}^{-1}+\boldsymbol{B}^{-1})^{-1}=\boldsymbol{B}(\boldsymbol{A}+\boldsymbol{B})^{-1}\boldsymbol{A}.$$

(2) 由(1)知

$$(\boldsymbol{A}+\boldsymbol{B})^{-1}=\boldsymbol{B}^{-1}(\boldsymbol{A}^{-1}+\boldsymbol{B}^{-1})^{-1}\boldsymbol{A}^{-1},$$

又 $(\boldsymbol{A}^{-1}+\boldsymbol{B}^{-1})(\boldsymbol{A}^{-1}+\boldsymbol{B}^{-1})^{-1}=\boldsymbol{E}$,得

$$\boldsymbol{B}^{-1}(\boldsymbol{A}^{-1}+\boldsymbol{B}^{-1})^{-1}=\boldsymbol{E}-\boldsymbol{A}^{-1}(\boldsymbol{A}^{-1}+\boldsymbol{B}^{-1})^{-1},$$

所以

$$(\boldsymbol{A}+\boldsymbol{B})^{-1}=(\boldsymbol{E}-\boldsymbol{A}^{-1}(\boldsymbol{A}^{-1}+\boldsymbol{B}^{-1})^{-1})\boldsymbol{A}^{-1}=\boldsymbol{A}^{-1}-\boldsymbol{A}^{-1}(\boldsymbol{A}^{-1}+\boldsymbol{B}^{-1})^{-1}\boldsymbol{A}^{-1}.$$

【1-31】 设 $\boldsymbol{A}=(a_{ij})_{3\times 3}$ 为非零方阵,若 a_{ij} 的代数余子式 $A_{ij}=a_{ij}(i,j=1,2,3)$,证明:$\boldsymbol{A}$ 可逆,并求 $\boldsymbol{A}^{-1}$.

分析 该题与上面几题有很大差别,上述办法对此题不适用.但注意到有代数余子式 A_{ij} 的出现,所以若能计算出 $|\boldsymbol{A}|$,则可得证.

证明 因为 $A_{ij}=a_{ij}$ 所以

$$\boldsymbol{A}^*=\boldsymbol{A}^{\mathrm{T}}.$$

又 $|\boldsymbol{A}^*|=|\boldsymbol{A}|^{3-1}=|\boldsymbol{A}|^2$,所以 $|\boldsymbol{A}|^2=|\boldsymbol{A}^{\mathrm{T}}|=|\boldsymbol{A}|$,即

$$|\boldsymbol{A}|(|\boldsymbol{A}|-1)=0.$$

因为 $\boldsymbol{A}\neq\boldsymbol{0}$. 不妨设 $a_{11}\neq 0$,则

$$|\boldsymbol{A}|=a_{11}A_{11}+a_{12}A_{12}+a_{13}A_{13}=a_{11}^2+a_{12}^2+a_{13}^2\geqslant a_{11}^2>0,$$

所以 $|\boldsymbol{A}|>0$,从而有 $|\boldsymbol{A}|=1$,故 $\boldsymbol{A}$ 可逆,且

$$\boldsymbol{A}^{-1}=\frac{1}{|\boldsymbol{A}|}\boldsymbol{A}^*=\boldsymbol{A}^{\mathrm{T}}.$$

【1-32】 设 $\boldsymbol{A}$ 为非奇异矩阵,$\boldsymbol{X},\boldsymbol{Y}$ 均为 $n\times 1$ 矩阵,且 $\boldsymbol{Y}^{\mathrm{T}}\boldsymbol{A}^{-1}\boldsymbol{X}\neq -1$,证明:$\boldsymbol{A}+\boldsymbol{X}\boldsymbol{Y}^{\mathrm{T}}$ 可逆,并且 $(\boldsymbol{A}+\boldsymbol{X}\boldsymbol{Y}^{\mathrm{T}})^{-1}=\boldsymbol{A}^{-1}-\dfrac{\boldsymbol{A}^{-1}\boldsymbol{X}\boldsymbol{Y}^{\mathrm{T}}\boldsymbol{A}^{-1}}{1+\boldsymbol{Y}^{\mathrm{T}}\boldsymbol{A}^{-1}\boldsymbol{X}}$.

分析 为证明 $\boldsymbol{A}+\boldsymbol{X}\boldsymbol{Y}^{\mathrm{T}}$ 可逆,由题设知,用表达式 $\boldsymbol{A}+\boldsymbol{X}\boldsymbol{Y}^{\mathrm{T}}$ 乘其逆的表达式,如能验证其结果是等于 $\boldsymbol{E}$ 即可.

证明 因为

$$(A+XY^{T})\left(A^{-1}-\frac{A^{-1}XY^{T}A^{-1}}{1+Y^{T}A^{-1}X}\right)=E-\frac{XY^{T}A^{-1}}{1+Y^{T}A^{-1}X}+XY^{T}A^{-1}-\frac{X(Y^{T}A^{-1}X)Y^{T}A^{-1}}{1+Y^{T}A^{-1}X}$$

$$=E-\frac{1}{1+Y^{T}A^{-1}X}XY^{T}A^{-1}(1+Y^{T}A^{-1}X)+XY^{T}A^{-1}$$

$$=E,$$

故 $A+XY^{T}$ 可逆，且 $(A+XY^{T})^{-1}=A^{-1}-\dfrac{A^{-1}XY^{T}A^{-1}}{1+Y^{T}A^{-1}X}$.

【1-33】 设 $A=\begin{bmatrix}2&3&0&0&0\\2&1&0&0&0\\0&0&1&1&1\\0&0&0&1&1\\0&0&0&0&1\end{bmatrix}$，求 A^{-1}.

分析 对 A 进行分块，可得分块对角阵. 利用分块对角阵求逆比直接求 A^{-1} 要简单得多，这一优势即若 $A=\begin{bmatrix}A_1&&\\&\ddots&\\&&A_n\end{bmatrix}$ 则 $A^{-1}=\begin{bmatrix}A_1^{-1}&&\\&\ddots&\\&&A_n^{-1}\end{bmatrix}$.

解 令 $A_1=\begin{bmatrix}2&3\\2&1\end{bmatrix}$，$A_2=\begin{bmatrix}1&1&1\\0&1&1\\0&0&1\end{bmatrix}$，显然 A_1，A_2 均可逆，且 $A_1^{-1}=\begin{bmatrix}-\frac{1}{4}&\frac{3}{4}\\\frac{1}{2}&-\frac{1}{2}\end{bmatrix}$，$A_2^{-1}=\begin{bmatrix}1&-1&0\\0&1&-1\\0&0&1\end{bmatrix}$，所以

$$A^{-1}=\begin{bmatrix}A_1&\\&A_2\end{bmatrix}^{-1}=\begin{bmatrix}A_1^{-1}&\\&A_2^{-1}\end{bmatrix}=\begin{bmatrix}-\frac{1}{4}&\frac{3}{4}&0&0&0\\\frac{1}{2}&-\frac{1}{2}&0&0&0\\0&0&1&-1&0\\0&0&0&1&-1\\0&0&0&0&1\end{bmatrix}.$$

【1-34】 设矩阵 A，B 满足

$$A^{*}BA=2BA-8E,$$

其中 $A=\begin{bmatrix}1&2&-2\\0&-2&4\\0&0&1\end{bmatrix}$，$A^{*}$ 是 A 的伴随矩阵，求矩阵 B.

分析 本题是求解矩阵方程. 切记:先化简再计算.

解 因为$\boldsymbol{A}^*\boldsymbol{B}\boldsymbol{A}=2\boldsymbol{B}\boldsymbol{A}-8\boldsymbol{E}$,$|\boldsymbol{A}|=-2$,在等式两边用$\boldsymbol{A}$左乘,用$\boldsymbol{A}^{-1}$右乘,即

$$\boldsymbol{A}\boldsymbol{A}^*\boldsymbol{B}\boldsymbol{A}\boldsymbol{A}^{-1}=2\boldsymbol{A}\boldsymbol{B}\boldsymbol{A}\boldsymbol{A}^{-1}-8\boldsymbol{A}\boldsymbol{A}^{-1},$$

亦即$|\boldsymbol{A}|\boldsymbol{B}=+2\boldsymbol{A}\boldsymbol{B}-8\boldsymbol{E}$,$2(\boldsymbol{A}+\boldsymbol{E})\boldsymbol{B}=8\boldsymbol{E}$,所以$\boldsymbol{B}=4(\boldsymbol{A}+\boldsymbol{E})^{-1}$,而

$$\boldsymbol{A}+\boldsymbol{E}=\begin{bmatrix}2&2&-2\\0&-1&4\\0&0&2\end{bmatrix},(\boldsymbol{A}+\boldsymbol{E})^{-1}=\begin{bmatrix}\frac{1}{2}&1&-\frac{3}{2}\\0&-1&2\\0&0&\frac{1}{2}\end{bmatrix},$$

故

$$\boldsymbol{B}=\begin{bmatrix}2&4&-6\\0&-4&8\\0&0&2\end{bmatrix}.$$

点评 对于简单的矩阵方程$\boldsymbol{A}\boldsymbol{X}=\boldsymbol{B}$,则$\boldsymbol{X}=\boldsymbol{A}^{-1}\boldsymbol{B}$可直接用初等变换得到

$$(\boldsymbol{A}\vdots\boldsymbol{B})\xrightarrow[\text{变换}]{\text{初等行}}(\boldsymbol{E}\vdots\boldsymbol{X}).$$

若$\boldsymbol{X}\boldsymbol{A}=\boldsymbol{B}$,$\boldsymbol{X}=\boldsymbol{B}\boldsymbol{A}^{-1}$,则

$$(\boldsymbol{A}^{\mathrm{T}}\vdots\boldsymbol{B}^{\mathrm{T}})\xrightarrow[\text{变换}]{\text{初等行}}(\boldsymbol{E}\vdots(\boldsymbol{A}^{\mathrm{T}})^{-1}\boldsymbol{B}^{\mathrm{T}}),\text{即 }\boldsymbol{X}^{\mathrm{T}}=(\boldsymbol{A}^{\mathrm{T}})^{-1}\boldsymbol{B}^{\mathrm{T}}.$$

再转置一下得$\boldsymbol{X}$或$\begin{pmatrix}\boldsymbol{A}\\\cdots\\\boldsymbol{B}\end{pmatrix}\xrightarrow[\text{列变换}]{\text{初等}}\begin{pmatrix}\boldsymbol{E}\\\cdots\\\boldsymbol{B}\boldsymbol{A}^{-1}\end{pmatrix}$.

【1-35】 设$\boldsymbol{A}=\begin{bmatrix}a_{11}&a_{12}&a_{13}\\a_{21}&a_{22}&a_{23}\\a_{31}&a_{32}&a_{33}\end{bmatrix}$,$\boldsymbol{B}=\begin{bmatrix}a_{21}&a_{22}&a_{23}\\a_{11}&a_{12}&a_{13}\\a_{11}+a_{31}&a_{12}+a_{32}&a_{13}+a_{33}\end{bmatrix}$,

$$\boldsymbol{P}_1=\begin{bmatrix}0&1&0\\1&0&0\\0&0&1\end{bmatrix},\boldsymbol{P}_2=\begin{bmatrix}1&0&0\\0&1&0\\1&0&1\end{bmatrix},$$

则下列等式成立的是(　).

(A) $\boldsymbol{A}\boldsymbol{P}_1\boldsymbol{P}_2=\boldsymbol{B}$　　(B) $\boldsymbol{A}\boldsymbol{P}_2\boldsymbol{P}_1=\boldsymbol{B}$

(C) $\boldsymbol{P}_1\boldsymbol{P}_2\boldsymbol{A}=\boldsymbol{B}$　　(D) $\boldsymbol{P}_2\boldsymbol{P}_1\boldsymbol{A}=\boldsymbol{B}$

分析 主要利用初等矩阵的作用:行变换左乘初等矩阵,列变换右乘初等矩阵. 因此考虑矩阵$\boldsymbol{A}$经过什么样的变换变到$\boldsymbol{B}$,这样的步骤可用相应的初等矩阵左乘或右乘$\boldsymbol{A}$表示,从而找出$\boldsymbol{A}$,$\boldsymbol{B}$之间的关系式.

解 因为 $A \xrightarrow{r_3+r_1} \begin{bmatrix} a_{11} & a_{12} & a_{13} \\ a_{21} & a_{22} & a_{23} \\ a_{11}+a_{31} & a_{12}+a_{32} & a_{13}+a_{33} \end{bmatrix} \xrightarrow{r_1 \leftrightarrow r_2}$

$\begin{bmatrix} a_{21} & a_{22} & a_{23} \\ a_{11} & a_{12} & a_{13} \\ a_{11}+a_{31} & a_{12}+a_{32} & a_{13}+a_{33} \end{bmatrix} = \boldsymbol{B}$,

所以

$$\begin{bmatrix} 0 & 1 & 0 \\ 1 & 0 & 0 \\ 0 & 0 & 1 \end{bmatrix} \begin{bmatrix} 1 & 0 & 0 \\ 0 & 1 & 0 \\ 1 & 0 & 1 \end{bmatrix} \boldsymbol{A} = \boldsymbol{B}$$

即 $\boldsymbol{P}_1\boldsymbol{P}_2\boldsymbol{A}=\boldsymbol{B}$,故应选(C).

【1-36】 设 n 阶方阵 $\boldsymbol{A}$ 与 $\boldsymbol{B}$ 等价,则( ).

(A) $|\boldsymbol{A}|=|\boldsymbol{B}|$ (B) $|\boldsymbol{A}|\neq|\boldsymbol{B}|$

(C) 若 $|\boldsymbol{A}|\neq 0$,则 $|\boldsymbol{B}|\neq 0$ (D) $|\boldsymbol{A}|=-|\boldsymbol{B}|$

分析 利用矩阵等价的定义,$\boldsymbol{A} \xrightarrow[\text{初等变换}]{\text{经一系列}} \boldsymbol{B}$,称为 $\boldsymbol{A}$ 和 $\boldsymbol{B}$ 等价,即存在 n 阶可逆矩阵 $\boldsymbol{P}$,$\boldsymbol{Q}$,使得 $\boldsymbol{PAQ}=\boldsymbol{B}$,因此两边取行列式 $|\boldsymbol{PAQ}|=|\boldsymbol{P}|\,|\boldsymbol{A}|\,|\boldsymbol{Q}|=|\boldsymbol{B}|$,便知哪个答案正确.

解 因为 $|\boldsymbol{PAQ}|=|\boldsymbol{P}|\,|\boldsymbol{A}|\,|\boldsymbol{Q}|=|\boldsymbol{B}|$,而 $|\boldsymbol{P}|\neq 0$,$|\boldsymbol{Q}|\neq 0$,所以若 $|\boldsymbol{A}|\neq 0$,则 $|\boldsymbol{B}|\neq 0$,应选(C).

【1-37】 设 3 阶矩阵 $\boldsymbol{A}=\begin{bmatrix} a & b & b \\ b & a & b \\ b & b & a \end{bmatrix}$,若 $\boldsymbol{A}$ 的伴随矩阵 $\boldsymbol{A}^*$ 的秩等于 1,则必有( ).

(A) $a=b$ 或 $a+2b=0$ (B) $a=b$ 或 $a+2b\neq 0$

(C) $a\neq b$ 且 $a+2b=0$ (D) $a\neq b$ 且 $a+2b\neq 0$

分析 利用伴随矩阵秩与 $\boldsymbol{A}$ 的秩的关系以及秩的定义,由

$$r(\boldsymbol{A}^*)=\begin{cases} n & (r(\boldsymbol{A})=n), \\ 1 & (r(\boldsymbol{A})=n-1), \\ 0 & (r(\boldsymbol{A})<n-1)(n\geqslant 2), \end{cases}$$

现 $r(\boldsymbol{A}^*)=1$. 所以 $r(\boldsymbol{A})=2$,从而可判断出 a,b 之间的关系式.

解 由 $r(\boldsymbol{A}^*)=1$,知 $r(\boldsymbol{A})=2$,所以 $|\boldsymbol{A}|=0$,而 $|\boldsymbol{A}|=(a+2b)(a-b)^2$,若 $a=b$,则 $r(\boldsymbol{A})=1$ 不符合,故 $a\neq b$,且 $a+2b=0$,所以应选(C).

【1-38】 已知 $Q=\begin{bmatrix}1&2&3\\2&4&t\\3&6&9\end{bmatrix}$，$P$ 为 3 阶非零矩阵，且满足 $PQ=0$，则（ ）.

(A) 当 $t=6$ 时 $r(P)=1$　　(B) 当 $t=6$ 时 $r(P)=2$

(C) 当 $t\neq6$ 时 $r(P)=1$　　(D) 当 $t\neq6$ 时 $r(P)=2$

分析 利用矩阵秩之间的关系式，若 $AB=0$，有

$$r(A)+r(B)\leqslant n.$$

解 因 $PQ=0$，所以 $r(P)+r(Q)\leqslant3$，又因为 $P\neq0$，$r(P)\geqslant1$，$r(Q)\leqslant2$，所以，若 $t=6$，则 $r(Q)=1$，$1\leqslant r(P)\leqslant3-1=2$，从而 $r(P)$ 可能为 1，也可能为 2，所以(A)，(B)都不对.

当 $t\neq6$ 时，则 $r(Q)=2$，从而 $1\leqslant r(P)\leqslant3-2=1$，故 $r(P)=1$，所以应选(C).

【1-39】 试求可逆方阵 P,Q，使 PAQ 为 A 的标准形，其中

$$A=\begin{bmatrix}1&-2&3\\3&-6&9\\2&1&5\end{bmatrix}.$$

分析 利用任一矩阵都可经初等变换化为标准形 $\begin{bmatrix}E_r&0\\0&0\end{bmatrix}$，$r=r(A)$，把每一次初等变换用初等矩阵左乘或右乘表示，从而可求到 P,Q.

解 $A\xrightarrow{r_2-3r_1}\begin{bmatrix}1&-2&3\\0&0&0\\2&1&5\end{bmatrix}\xrightarrow{r_3-2r_1}\begin{bmatrix}1&-2&3\\0&0&0\\0&5&-1\end{bmatrix}\xrightarrow{r_2\leftrightarrow r_3}\begin{bmatrix}1&-2&3\\0&5&-1\\0&0&0\end{bmatrix}\xrightarrow{c_2+4c_3}$

$$\begin{bmatrix}1&10&3\\0&1&-1\\0&0&0\end{bmatrix}\xrightarrow{c_3+c_2}\begin{bmatrix}1&10&13\\0&1&0\\0&0&0\end{bmatrix}\xrightarrow{c_2-10c_1}\begin{bmatrix}1&0&13\\0&1&0\\0&0&0\end{bmatrix}\xrightarrow{c_3-13c_1}\begin{bmatrix}1&0&0\\0&1&0\\0&0&0\end{bmatrix},$$

记 $P_1=\begin{bmatrix}1&0&0\\-3&1&0\\0&0&1\end{bmatrix}$，$P_2=\begin{bmatrix}1&0&0\\0&1&0\\-2&0&1\end{bmatrix}$，$P_3=\begin{bmatrix}1&0&0\\0&0&1\\0&1&0\end{bmatrix}$，

$$Q_1=\begin{bmatrix}1&0&0\\0&1&0\\0&4&1\end{bmatrix},Q_2=\begin{bmatrix}1&0&0\\0&1&1\\0&0&1\end{bmatrix},Q_3=\begin{bmatrix}1&-10&0\\0&1&0\\0&0&1\end{bmatrix},Q_4=\begin{bmatrix}1&0&-13\\0&1&0\\0&0&1\end{bmatrix},$$

则

$$P_3P_2P_1AQ_1Q_2Q_3Q_4=\begin{bmatrix}E_2&0\\0&0\end{bmatrix},$$

令 $\boldsymbol{P}=\boldsymbol{P}_3\boldsymbol{P}_2\boldsymbol{P}_1=\begin{bmatrix}1&0&0\\-2&0&1\\-3&1&0\end{bmatrix}$，$\boldsymbol{Q}=\boldsymbol{Q}_1\boldsymbol{Q}_2\boldsymbol{Q}_3\boldsymbol{Q}_4=\begin{bmatrix}1&-10&-13\\0&1&1\\0&4&5\end{bmatrix}$，

则

$$\boldsymbol{PAQ}=\begin{bmatrix}1&0&0\\0&1&0\\0&0&0\end{bmatrix}.$$

点评　注意到初等变换的顺序可能不一致. 所以 $\boldsymbol{P},\boldsymbol{Q}$ 可能不唯一.

【1-40】　设 $\boldsymbol{A}$ 是 4×3 矩阵，且 $r(\boldsymbol{A})=2$，$\boldsymbol{B}=\begin{bmatrix}1&0&2\\0&2&0\\-1&0&3\end{bmatrix}$，则 $r(\boldsymbol{AB})=$______.

分析　利用“初等变换不改变矩阵秩”，即“任一矩阵左乘或右乘可逆矩阵不改变它的秩”的性质，然后再注意到乘的矩阵 $\boldsymbol{B}$ 是否可逆.

解　因为 $|\boldsymbol{B}|=10\neq0$，所以 $\boldsymbol{B}$ 可逆，从而 $r(\boldsymbol{AB})=r(\boldsymbol{A})=2$，故应填 2.

点评　对 n 阶方阵 $\boldsymbol{A},\boldsymbol{B}$ 乘积的秩一般有不等式

$$r(\boldsymbol{A})+r(\boldsymbol{B})-n\leqslant r(\boldsymbol{AB})\leqslant\min\{r(\boldsymbol{A}),r(\boldsymbol{B})\},$$

而当 $\boldsymbol{B}$ 可逆时，有

$$r(\boldsymbol{AB})=r(\boldsymbol{A}).$$

【1-41】　设 $\boldsymbol{A},\boldsymbol{B}$ 为 n 阶方阵，证明：如果 $\boldsymbol{AB}=\boldsymbol{0}$，则 $r(\boldsymbol{A})+r(\boldsymbol{B})\leqslant n$.

分析　利用分块矩阵及矩阵标准形可得到证明.

证明　设 $r(\boldsymbol{A})=r$，则存在 n 阶可逆矩阵 $\boldsymbol{P},\boldsymbol{Q}$，使得

$$\boldsymbol{PAQ}=\begin{bmatrix}\boldsymbol{E}_r&\boldsymbol{0}\\\boldsymbol{0}&\boldsymbol{0}\end{bmatrix},$$

已知 $\boldsymbol{AB}=\boldsymbol{0}$，所以

$$\boldsymbol{PAQQ}^{-1}\boldsymbol{B}=\boldsymbol{0},$$

记 $\boldsymbol{Q}^{-1}\boldsymbol{B}=\begin{bmatrix}\boldsymbol{C}\\\boldsymbol{D}\end{bmatrix}$，其中 $\boldsymbol{C}$ 为 $r\times n$ 矩阵，$\boldsymbol{D}$ 为 $(n-r)\times n$ 矩阵，显然 $r\begin{bmatrix}\boldsymbol{C}\\\boldsymbol{D}\end{bmatrix}=r(\boldsymbol{B})$，从而有

$$\begin{bmatrix}\boldsymbol{E}_r&\boldsymbol{0}\\\boldsymbol{0}&\boldsymbol{0}\end{bmatrix}\begin{bmatrix}\boldsymbol{C}\\\boldsymbol{D}\end{bmatrix}=\begin{bmatrix}\boldsymbol{C}\\\boldsymbol{0}\end{bmatrix}=\begin{bmatrix}\boldsymbol{0}\\\boldsymbol{0}\end{bmatrix},$$

即 $\boldsymbol{C}=\boldsymbol{0}_{r\times n}$，于是 $r(\boldsymbol{B})=r(\boldsymbol{D})\leqslant n-r=n-r(\boldsymbol{A})$，

故

$$r(\boldsymbol{A})+r(\boldsymbol{B})\leqslant n.$$

点评　本题也可用齐次线性方程组解的结构得到证明.

【1-42】 设$\boldsymbol{A},\boldsymbol{B}$均为$n$阶幂等方阵,即$\boldsymbol{A}^2=\boldsymbol{A},\boldsymbol{B}^2=\boldsymbol{B}$,且方阵$\boldsymbol{E}-\boldsymbol{A}-\boldsymbol{B}$可逆,试证:$r(\boldsymbol{A})=r(\boldsymbol{B})$.

分析 利用矩阵秩之间的关系及上题结论或利用乘可逆矩阵不改变矩阵的秩加以证明:

证明 **方法**1 由$\boldsymbol{A}^2=\boldsymbol{A},\boldsymbol{B}^2=\boldsymbol{B}$,得

$$\boldsymbol{A}(\boldsymbol{E}-\boldsymbol{A})=\boldsymbol{0},\quad \boldsymbol{B}(\boldsymbol{E}-\boldsymbol{B})=\boldsymbol{0},$$

由上题结论,知

$$r(\boldsymbol{A})+r(\boldsymbol{E}-\boldsymbol{A})\leqslant n.\quad r(\boldsymbol{B})+r(\boldsymbol{E}-\boldsymbol{B})\leqslant n,$$

又因$\boldsymbol{E}-\boldsymbol{A}-\boldsymbol{B}$可逆,所以

$$r(\boldsymbol{E}-\boldsymbol{A}-\boldsymbol{B})=n,$$

从而

$$\begin{cases}r(\boldsymbol{A})+r(\boldsymbol{E}-\boldsymbol{A})\leqslant n=r(\boldsymbol{E}-\boldsymbol{A}-\boldsymbol{B})\leqslant r(\boldsymbol{E}-\boldsymbol{A})+r(\boldsymbol{B}),\\ r(\boldsymbol{B})+r(\boldsymbol{E}-\boldsymbol{B})\leqslant n=r(\boldsymbol{E}-\boldsymbol{A}-\boldsymbol{B})\leqslant r(\boldsymbol{E}-\boldsymbol{B})+r(\boldsymbol{A}),\end{cases}$$

即

$$r(\boldsymbol{A})\leqslant r(\boldsymbol{B}),\quad r(\boldsymbol{B})\leqslant r(\boldsymbol{A}),$$

故

$$r(\boldsymbol{A})=r(\boldsymbol{B}).$$

方法2 因为$\boldsymbol{E}-\boldsymbol{A}-\boldsymbol{B}$可逆,所以

$$r[(\boldsymbol{E}-\boldsymbol{A}-\boldsymbol{B})\boldsymbol{A}]=r(\boldsymbol{A}),\quad r[\boldsymbol{B}(\boldsymbol{E}-\boldsymbol{A}-\boldsymbol{B})]=r(\boldsymbol{B}),$$

即

$$r(\boldsymbol{A}-\boldsymbol{A}^2-\boldsymbol{BA})=r(\boldsymbol{A}),\quad r(\boldsymbol{B}-\boldsymbol{BA}-\boldsymbol{B}^2)=r(\boldsymbol{B}),$$

又$\boldsymbol{A}^2=\boldsymbol{A},\boldsymbol{B}^2=\boldsymbol{B}$,所以

$$r(\boldsymbol{A})=r(-\boldsymbol{BA})=r(\boldsymbol{B}),$$

即

$$r(\boldsymbol{A})=r(\boldsymbol{B}).$$

【1-43】 设$\boldsymbol{A}$为$m\times p$矩阵,$\boldsymbol{B}$为$p\times n$矩阵,$\boldsymbol{C}$为$m\times n$矩阵,证明:

(1) $r\begin{bmatrix}\boldsymbol{A}&\boldsymbol{C}\\\boldsymbol{0}&\boldsymbol{B}\end{bmatrix}\geqslant r(\boldsymbol{A})+r(\boldsymbol{B})$;

(2) $r(\boldsymbol{A})+r(\boldsymbol{B})-\boldsymbol{P}\leqslant r(\boldsymbol{AB})\leqslant\min\{r(\boldsymbol{A}),r(\boldsymbol{B})\}$.

分析 利用分块矩阵的初等变换不改变分块矩阵的秩.

证明 (1) 设$r(\boldsymbol{A})=r_1,r(\boldsymbol{B})=r_2$,则存在可逆矩阵$\boldsymbol{P}_1,\boldsymbol{Q}_1,\boldsymbol{P}_2,\boldsymbol{Q}_2$,使得

$$\boldsymbol{P}_1\boldsymbol{A}\boldsymbol{Q}_1=\begin{bmatrix}\boldsymbol{E}_{r_1}&\boldsymbol{0}\\\boldsymbol{0}&\boldsymbol{0}\end{bmatrix},\quad \boldsymbol{P}_2\boldsymbol{B}\boldsymbol{Q}_2=\begin{bmatrix}\boldsymbol{E}_{r_2}&\boldsymbol{0}\\\boldsymbol{0}&\boldsymbol{0}\end{bmatrix}.$$

又

$$\begin{bmatrix}\boldsymbol{A}&\boldsymbol{C}\\\boldsymbol{0}&\boldsymbol{B}\end{bmatrix}\xrightarrow[P_2r_2]{P_1r_1}\begin{bmatrix}\boldsymbol{P}_1\boldsymbol{A}&\boldsymbol{P}_1\boldsymbol{C}\\\boldsymbol{0}&\boldsymbol{P}_2\boldsymbol{B}\end{bmatrix}\xrightarrow[c_2Q_2]{c_1Q_1}\begin{bmatrix}\boldsymbol{P}_1\boldsymbol{A}\boldsymbol{Q}_1&\boldsymbol{P}_2\boldsymbol{C}\boldsymbol{Q}_2\\\boldsymbol{0}&\boldsymbol{P}_2\boldsymbol{B}\boldsymbol{Q}_2\end{bmatrix}$$

$$=\begin{bmatrix}\boldsymbol{E}_{r_1} & 0 & c_1 & c_2\\ 0 & 0 & c_3 & c_4\\ 0 & 0 & \boldsymbol{E}_{r_2} & 0\\ 0 & 0 & 0 & 0\end{bmatrix}\xrightarrow{r_2\leftrightarrow r_3}\begin{bmatrix}\boldsymbol{E}_{r_1} & 0 & c_1 & c_2\\ 0 & 0 & \boldsymbol{E}_{r_2} & 0\\ 0 & 0 & c_3 & c_4\\ 0 & 0 & 0 & 0\end{bmatrix}\xrightarrow{c_2\leftrightarrow c_3}\begin{bmatrix}\boldsymbol{E}_{r_1} & c_1 & 0 & c_2\\ 0 & \boldsymbol{E}_{r_2} & 0 & 0\\ 0 & c_3 & 0 & c_4\\ 0 & 0 & 0 & 0\end{bmatrix},$$

所以

$$r\begin{bmatrix}\boldsymbol{A} & \boldsymbol{C}\\ \boldsymbol{0} & \boldsymbol{B}\end{bmatrix}\geqslant r_1+r_2=r(\boldsymbol{A})+r(\boldsymbol{B}),$$

特别当 $\boldsymbol{C}=\boldsymbol{0}$ 时,即 $\begin{bmatrix}c_1 & c_2\\ c_3 & c_4\end{bmatrix}=\boldsymbol{0}$ 时,有

$$r\begin{bmatrix}\boldsymbol{A} & \boldsymbol{0}\\ \boldsymbol{0} & \boldsymbol{B}\end{bmatrix}=r_1+r_2=r(\boldsymbol{A})+r(\boldsymbol{B}).$$

(2) 设 $r(\boldsymbol{A})=r$,则存在可逆矩阵 $\boldsymbol{P},\boldsymbol{Q}$,使得

$$\boldsymbol{PAQ}=\begin{bmatrix}\boldsymbol{E}_r & \boldsymbol{0}\\ \boldsymbol{0} & \boldsymbol{0}\end{bmatrix},$$

从而

$$\boldsymbol{A}=\boldsymbol{P}^{-1}\begin{bmatrix}\boldsymbol{E}_r & \boldsymbol{0}\\ \boldsymbol{0} & \boldsymbol{0}\end{bmatrix}\boldsymbol{Q}^{-1},$$

于是

$$\boldsymbol{AB}=\boldsymbol{P}^{-1}\begin{bmatrix}\boldsymbol{E}_r & \boldsymbol{0}\\ \boldsymbol{0} & \boldsymbol{0}\end{bmatrix}\boldsymbol{Q}^{-1}\boldsymbol{B}.$$

记 $\boldsymbol{M}=\begin{bmatrix}\boldsymbol{E}_r & \boldsymbol{0}\\ \boldsymbol{0} & \boldsymbol{0}\end{bmatrix}\boldsymbol{Q}^{-1}\boldsymbol{B}=\begin{bmatrix}\boldsymbol{E}_r & \boldsymbol{0}\\ \boldsymbol{0} & \boldsymbol{0}\end{bmatrix}\begin{bmatrix}\boldsymbol{N}_1\\ \boldsymbol{N}_2\end{bmatrix}=\begin{bmatrix}\boldsymbol{N}_1\\ \boldsymbol{0}\end{bmatrix}$,则有

$$r(\boldsymbol{M})=r(\boldsymbol{N}_1),$$

易知 $\boldsymbol{N}_1$ 为 $r\times n$ 矩阵,所以

$$r(\boldsymbol{N}_1)\leqslant r,$$

从而

$$r(\boldsymbol{AB})=r(\boldsymbol{P}^{-1}\boldsymbol{M})=r(\boldsymbol{M})=r(\boldsymbol{N}_1)\leqslant r=r(\boldsymbol{A}).$$

同理 $r(\boldsymbol{AB})\leqslant r(\boldsymbol{B})$,故有

$$r(\boldsymbol{AB})\leqslant\min\{r(\boldsymbol{A}),r(\boldsymbol{B})\}.$$

考虑分块矩阵 $\begin{bmatrix}\boldsymbol{A} & \boldsymbol{0}\\ \boldsymbol{E} & \boldsymbol{B}\end{bmatrix}$,有

$$\begin{bmatrix}\boldsymbol{A} & \boldsymbol{0}\\ \boldsymbol{E} & \boldsymbol{B}\end{bmatrix}\xrightarrow{c_2+c_1(-\boldsymbol{B})}\begin{bmatrix}\boldsymbol{A} & -\boldsymbol{AB}\\ \boldsymbol{E} & \boldsymbol{0}\end{bmatrix}\xrightarrow{r_1+(-\boldsymbol{A})r_2}\begin{bmatrix}\boldsymbol{0} & -\boldsymbol{AB}\\ \boldsymbol{E} & \boldsymbol{0}\end{bmatrix}\xrightarrow[c_1\leftrightarrow c_2]{(-\boldsymbol{E})r_1}\begin{bmatrix}\boldsymbol{AB} & \boldsymbol{0}\\ \boldsymbol{0} & \boldsymbol{E}\end{bmatrix},$$

由(1)知

$$r(\boldsymbol{A})+r(\boldsymbol{B})\leqslant r\begin{bmatrix}\boldsymbol{A} & \boldsymbol{0}\\ \boldsymbol{E} & \boldsymbol{B}\end{bmatrix}=r\begin{bmatrix}\boldsymbol{AB} & \boldsymbol{0}\\ \boldsymbol{0} & \boldsymbol{E}\end{bmatrix}=r(\boldsymbol{AB})+\boldsymbol{P},$$

所以

$$r(\boldsymbol{AB})\geqslant r(\boldsymbol{A})+r(\boldsymbol{B})-\boldsymbol{P},$$

故

$$r(\boldsymbol{A})+r(\boldsymbol{B})-\boldsymbol{P}\leqslant r(\boldsymbol{AB})\leqslant \min\{r(\boldsymbol{A}),r(\boldsymbol{B})\},$$

特别当 $\boldsymbol{AB}=\boldsymbol{0}$ 时

$$r(\boldsymbol{A})+r(\boldsymbol{B})\leqslant \boldsymbol{P}.$$

【1-44】 设 $\boldsymbol{A},\boldsymbol{B},\boldsymbol{C},\boldsymbol{D}$ 都是 n 阶矩阵，$|\boldsymbol{A}|\neq 0$，且 $\boldsymbol{AC}=\boldsymbol{CA}$，证明：$\begin{vmatrix}\boldsymbol{A} & \boldsymbol{B}\\ \boldsymbol{C} & \boldsymbol{D}\end{vmatrix}=\boldsymbol{AD}-\boldsymbol{CB}$.

证明 因 $\boldsymbol{A}$ 可逆. 对分块矩阵 $\begin{bmatrix}\boldsymbol{A} & \boldsymbol{B}\\ \boldsymbol{C} & \boldsymbol{D}\end{bmatrix}$ 进行行初等变换：

$$\begin{bmatrix}\boldsymbol{A} & \boldsymbol{B}\\ \boldsymbol{C} & \boldsymbol{D}\end{bmatrix}\xrightarrow{r_2-\boldsymbol{CA}^{-1}r_1}\begin{bmatrix}\boldsymbol{A} & \boldsymbol{B}\\ \boldsymbol{0} & \boldsymbol{D}-\boldsymbol{CA}^{-1}\boldsymbol{B}\end{bmatrix},$$

即

$$\begin{bmatrix}\boldsymbol{E} & \boldsymbol{0}\\ -\boldsymbol{CA}^{-1} & \boldsymbol{E}\end{bmatrix}\begin{bmatrix}\boldsymbol{A} & \boldsymbol{B}\\ \boldsymbol{C} & \boldsymbol{D}\end{bmatrix}=\begin{bmatrix}\boldsymbol{A} & \boldsymbol{B}\\ \boldsymbol{0} & \boldsymbol{D}-\boldsymbol{CA}^{-1}\boldsymbol{B}\end{bmatrix},$$

两边取行列式，得

$$\begin{vmatrix}\boldsymbol{A} & \boldsymbol{B}\\ \boldsymbol{C} & \boldsymbol{D}\end{vmatrix}=|\boldsymbol{A}|\,|\boldsymbol{D}-\boldsymbol{CA}^{-1}\boldsymbol{B}|=|\boldsymbol{AD}-\boldsymbol{ACA}^{-1}\boldsymbol{B}|=|\boldsymbol{AD}-\boldsymbol{CB}|.$$

点评 可看出，2 阶分块矩阵的行列式没有通常的对角线法则，因为它需要一定的条件.

【1-45】 设 $\boldsymbol{A},\boldsymbol{B}$ 为 n 阶矩阵，且 $\boldsymbol{E}-\boldsymbol{AB}$ 可逆，证明：$\boldsymbol{E}-\boldsymbol{BA}$ 可逆.

分析 构造分块矩阵 $\begin{bmatrix}\boldsymbol{E} & \boldsymbol{A}\\ \boldsymbol{B} & \boldsymbol{E}\end{bmatrix}$，分别利用行和列初等变换，将它化为准上三角形，再利用它们的行列式相等，即可得证.

证明 方法 1 因 $\begin{bmatrix}\boldsymbol{E} & \boldsymbol{A}\\ \boldsymbol{B} & \boldsymbol{E}\end{bmatrix}\xrightarrow{r_2+(-\boldsymbol{B})r_1}\begin{bmatrix}\boldsymbol{E} & \boldsymbol{A}\\ \boldsymbol{0} & \boldsymbol{E}-\boldsymbol{BA}\end{bmatrix}$,

$$\begin{bmatrix}\boldsymbol{E} & \boldsymbol{A}\\ \boldsymbol{B} & \boldsymbol{E}\end{bmatrix}\xrightarrow{c_1+c_2(-\boldsymbol{B})}\begin{bmatrix}\boldsymbol{E}-\boldsymbol{AB} & \boldsymbol{A}\\ \boldsymbol{0} & \boldsymbol{E}\end{bmatrix},$$

所以

$$\begin{vmatrix}\boldsymbol{E} & \boldsymbol{A}\\ \boldsymbol{B} & \boldsymbol{E}\end{vmatrix}=\begin{vmatrix}\boldsymbol{E} & \boldsymbol{A}\\ \boldsymbol{0} & \boldsymbol{E}-\boldsymbol{BA}\end{vmatrix}=\begin{vmatrix}\boldsymbol{E}-\boldsymbol{AB} & \boldsymbol{A}\\ \boldsymbol{0} & \boldsymbol{E}\end{vmatrix},$$

从而

$$|\boldsymbol{E}-\boldsymbol{BA}|=|\boldsymbol{E}-\boldsymbol{AB}|\neq 0,$$

故 $\boldsymbol{E}-\boldsymbol{BA}$ 可逆.

方法 2　设 $r(\boldsymbol{A})=r$,则存在 n 阶可逆矩阵 $\boldsymbol{P},\boldsymbol{Q}$,使得

$$\boldsymbol{PAQ}=\begin{bmatrix}\boldsymbol{E}_r & \boldsymbol{0}\\ \boldsymbol{0} & \boldsymbol{0}\end{bmatrix},$$

令 $\boldsymbol{Q}^{-1}\boldsymbol{BP}^{-1}=\begin{bmatrix}\boldsymbol{B}_1 & \boldsymbol{B}_2\\ \boldsymbol{B}_3 & \boldsymbol{B}_4\end{bmatrix}$,其中 $\boldsymbol{B}_1$ 为 r 阶方阵,则

$$\boldsymbol{PABP}^{-1}=\boldsymbol{PAQQ}^{-1}\boldsymbol{BP}^{-1}=\begin{bmatrix}\boldsymbol{E}_r & \boldsymbol{0}\\ \boldsymbol{0} & \boldsymbol{0}\end{bmatrix}\begin{bmatrix}\boldsymbol{B}_1 & \boldsymbol{B}_2\\ \boldsymbol{B}_3 & \boldsymbol{B}_4\end{bmatrix}=\begin{bmatrix}\boldsymbol{B}_1 & \boldsymbol{B}_2\\ \boldsymbol{0} & \boldsymbol{0}\end{bmatrix},$$

$$\boldsymbol{Q}^{-1}\boldsymbol{BAQ}=\boldsymbol{Q}^{-1}\boldsymbol{BP}^{-1}\boldsymbol{PAQ}=\begin{bmatrix}\boldsymbol{B}_1 & \boldsymbol{B}_2\\ \boldsymbol{B}_3 & \boldsymbol{B}_4\end{bmatrix}\begin{bmatrix}\boldsymbol{E}_r & \boldsymbol{0}\\ \boldsymbol{0} & \boldsymbol{0}\end{bmatrix}=\begin{bmatrix}\boldsymbol{B}_1 & \boldsymbol{0}\\ \boldsymbol{B}_3 & \boldsymbol{0}\end{bmatrix},$$

从而

$$|\boldsymbol{E}-\boldsymbol{AB}|=|\boldsymbol{PP}^{-1}-\boldsymbol{PABP}^{-1}|=\left|\begin{bmatrix}\boldsymbol{E}_r & \boldsymbol{0}\\ \boldsymbol{0} & \boldsymbol{E}_{n-r}\end{bmatrix}-\begin{bmatrix}\boldsymbol{B}_1 & \boldsymbol{B}_2\\ \boldsymbol{0} & \boldsymbol{0}\end{bmatrix}\right|$$

$$=\begin{vmatrix}\boldsymbol{E}_r-\boldsymbol{B}_1 & -\boldsymbol{B}_2\\ \boldsymbol{0} & \boldsymbol{E}_{n-r}\end{vmatrix}=|\boldsymbol{E}_r-\boldsymbol{B}_1|,$$

$$|\boldsymbol{E}-\boldsymbol{BA}|=|\boldsymbol{Q}^{-1}\boldsymbol{Q}-\boldsymbol{Q}^{-1}\boldsymbol{BAQ}|=\left|\begin{bmatrix}\boldsymbol{E}_r & \boldsymbol{0}\\ \boldsymbol{0} & \boldsymbol{E}_{n-r}\end{bmatrix}-\begin{bmatrix}\boldsymbol{B}_1 & \boldsymbol{0}\\ \boldsymbol{B}_3 & \boldsymbol{0}\end{bmatrix}\right|$$

$$=\begin{vmatrix}\boldsymbol{E}_r-\boldsymbol{B}_1 & \boldsymbol{0}\\ -\boldsymbol{B}_3 & \boldsymbol{E}_{n-r}\end{vmatrix}=|\boldsymbol{E}_r-\boldsymbol{B}_1|,$$

故有

$$|\boldsymbol{E}-\boldsymbol{AB}|=|\boldsymbol{E}-\boldsymbol{BA}|.$$

【1-46】　试就 a,b 的各种情况讨论下面的线性方程

$$\begin{cases}x_1+x_2-x_3=1,\\ 2x_1+(a+2)x_2-(b+2)x_3=3,\\ -3ax_2+(a+2b)x_3=-3\end{cases}$$

是否有解,若有解,则求出所有解.

分析　利用线性方程组解的存在定理来判断解,再用高斯消元法求解.因为它是非齐次线性方程组,有解⇔系数矩阵的秩等于增广矩阵的秩.

解　$$\overline{\boldsymbol{A}}=\begin{bmatrix}1 & 1 & -1 & 1\\ 2 & a+2 & -(b+2) & 3\\ 0 & -3a & a+2b & -3\end{bmatrix}\xrightarrow{\text{行变换}}\begin{bmatrix}1 & 1 & -1 & 1\\ 0 & a & -b & 1\\ 0 & -3a & a+2b & -3\end{bmatrix}$$

$$\longrightarrow\begin{bmatrix}1&1&-1&1\\0&a&-b&1\\0&0&a-b&0\end{bmatrix}.$$

当 $a-b\neq0$ 且 $a\neq0$ 时，$r(\mathbf{A})=r(\bar{\mathbf{A}})=3$，方程组有唯一解. 此时

$$\bar{\mathbf{A}}\longrightarrow\begin{bmatrix}1&1&-1&1\\0&a&-b&1\\0&0&1&0\end{bmatrix}\longrightarrow\begin{bmatrix}1&1&0&1\\0&a&0&1\\0&0&1&0\end{bmatrix}\longrightarrow\begin{bmatrix}1&0&0&1-\dfrac{1}{a}\\0&1&0&\dfrac{1}{a}\\0&0&1&0\end{bmatrix},$$

所以唯一解为

$$\begin{cases}x_1=1-\dfrac{1}{a},\\x_2=\dfrac{1}{a},\\x_3=0;\end{cases}$$

当 $a-b\neq0$ 且 $a=0$ 时，

$$\bar{\mathbf{A}}\longrightarrow\begin{bmatrix}1&1&-1&1\\0&0&-b&1\\0&0&-b&0\end{bmatrix}\longrightarrow\begin{bmatrix}1&1&-1&1\\0&0&-b&1\\0&0&0&-1\end{bmatrix},$$

$r(\mathbf{A})=2\neq3=r(\bar{\mathbf{A}})$，故方程组无解：

当 $a-b=0$，若 $a=b=0$，此时 $r(\mathbf{A})=1\neq2=r(\bar{\mathbf{A}})$，方程组无解；

若 $a=b\neq0$，$r(\mathbf{A})=r(\bar{\mathbf{A}})=2<3$，此时方程组有无穷多解.

由于

$$\bar{\mathbf{A}}\longrightarrow\begin{bmatrix}1&1&-1&1\\0&a&-a&1\\0&0&0&0\end{bmatrix}\longrightarrow\begin{bmatrix}1&0&0&1-\dfrac{1}{a}\\0&1&1&\dfrac{1}{a}\\0&0&0&0\end{bmatrix},$$

所以

$$x_1=1-\frac{1}{a},x_2+x_3=\frac{1}{a},$$

故方程组的一般解为

$$\begin{cases} x_1 = 1 - \dfrac{1}{a}, \\ x_2 = \dfrac{1}{a} - x_3, \quad (x_3 \in \mathbb{R}). \\ x_3 = x_3 \end{cases}$$

【1-47】 设 $\boldsymbol{A}=(a_{ij})_{m\times n}$, $\boldsymbol{Y}=(y_1,y_2,\cdots,y_n)^{\mathrm{T}}$, $\boldsymbol{b}=(b_1,b_2,\cdots,b_m)^{\mathrm{T}}$, $\boldsymbol{x}=(x_1,x_2,\cdots,x_m)^{\mathrm{T}}$,证明:方程组 $\boldsymbol{AY}=\boldsymbol{b}$ 有解的充分必要条件是方程组

$$\begin{bmatrix} \boldsymbol{A}^{\mathrm{T}} \\ \boldsymbol{b}^{\mathrm{T}} \end{bmatrix} \boldsymbol{x} = \begin{bmatrix} \boldsymbol{0} \\ 1 \end{bmatrix}$$

无解(其中 $\boldsymbol{0}$ 是 $n\times 1$ 零矩阵).

分析 利用方程组有解的判断.

证明 **必要性** 设方程组 $\boldsymbol{AY}=\boldsymbol{b}$ 有解,则对满足 $\boldsymbol{A}^{\mathrm{T}}\boldsymbol{x}_0=\boldsymbol{0}$ 的解向量 $\boldsymbol{x}_0$, $\boldsymbol{b}^{\mathrm{T}}\boldsymbol{x}_0=\boldsymbol{Y}^{\mathrm{T}}\boldsymbol{A}^{\mathrm{T}}\boldsymbol{x}_0=\boldsymbol{0}$,从而

$$\begin{bmatrix} \boldsymbol{A}^{\mathrm{T}} \\ \boldsymbol{b}^{\mathrm{T}} \end{bmatrix} \boldsymbol{x}_0 = \begin{bmatrix} \boldsymbol{0} \\ \boldsymbol{0} \end{bmatrix},$$

可见方程组 $\begin{bmatrix} \boldsymbol{A}^{\mathrm{T}} \\ \boldsymbol{b}^{\mathrm{T}} \end{bmatrix} x = \begin{bmatrix} \boldsymbol{0} \\ 1 \end{bmatrix}$ 无解.

充分性 设 $\begin{bmatrix} \boldsymbol{A}^{\mathrm{T}} \\ \boldsymbol{b}^{\mathrm{T}} \end{bmatrix} \boldsymbol{x} = \begin{bmatrix} \boldsymbol{0} \\ 1 \end{bmatrix}$ 无解,则

$$r\begin{bmatrix} \boldsymbol{A}^{\mathrm{T}} \\ \boldsymbol{b}^{\mathrm{T}} \end{bmatrix} \neq r\begin{bmatrix} \boldsymbol{A}^{\mathrm{T}} & \boldsymbol{0} \\ \boldsymbol{b}^{\mathrm{T}} & 1 \end{bmatrix},$$

即 $r\begin{bmatrix} \boldsymbol{A}^{\mathrm{T}} & \boldsymbol{0} \\ \boldsymbol{b}^{\mathrm{T}} & 1 \end{bmatrix} = r\begin{bmatrix} \boldsymbol{A}^{\mathrm{T}} \\ \boldsymbol{b}^{\mathrm{T}} \end{bmatrix} + 1$,而 $r\begin{bmatrix} \boldsymbol{A}^{\mathrm{T}} & \boldsymbol{0} \\ \boldsymbol{b}^{\mathrm{T}} & 1 \end{bmatrix} = r\begin{bmatrix} \boldsymbol{A}^{\mathrm{T}} & \boldsymbol{0} \\ \boldsymbol{0} & 1 \end{bmatrix} = r(\boldsymbol{A}^{\mathrm{T}})+1 = r(\boldsymbol{A})+1$,即有

$$r\begin{bmatrix} \boldsymbol{A}^{\mathrm{T}} \\ \boldsymbol{b}^{\mathrm{T}} \end{bmatrix} = r(\boldsymbol{A}\boldsymbol{b}) = r(\boldsymbol{A}),$$

故 $\boldsymbol{AY}=\boldsymbol{b}$ 有解.

【1-48】 某城镇有电厂与煤矿,已知电厂生产价值 1 万元的电需消耗煤 0.1 万元,煤矿生产价值 1 万元的煤需耗电 0.2 万元. 现要求在一个月内电厂向城镇提供价值 20 万元的电,煤矿向城镇提供价值 50 万元的煤,问电厂和煤矿各生产多少产值的电和煤才能满足要求?

分析 这是应用题,其实质是求解方程组.

解 设电厂生产产值为 x 万元,煤矿生产产值为 y 万元,据题意,有

$$\begin{cases} x - 0.2y = 20, \\ -0.1x + y = 50, \end{cases}$$

即

$$\begin{bmatrix}1 & -0.2\\ -0.1 & 1\end{bmatrix}\begin{bmatrix}x\\ y\end{bmatrix}=\begin{bmatrix}20\\ 50\end{bmatrix},$$

所以

$$\begin{bmatrix}x\\ y\end{bmatrix}=\begin{bmatrix}1 & -0.2\\ -0.1 & 1\end{bmatrix}^{-1}\begin{bmatrix}20\\ 50\end{bmatrix}=\frac{1}{0.98}\begin{bmatrix}1 & 0.2\\ 0.1 & 1\end{bmatrix}\begin{bmatrix}20\\ 50\end{bmatrix}=\frac{1}{0.98}\begin{bmatrix}30\\ 52\end{bmatrix}\approx\begin{bmatrix}30.6\\ 53.1\end{bmatrix},$$

故电厂和煤矿分别生产产值为 30.6 万元的电和产值为 53.1 万元的煤时才能满足要求.

三、自测与提高

填空题

【1-49】 若 n 阶行列式中等于零的元素个数大于 n^2-n,则该行列式的值等于______.

【1-50】 多项式

$$f(x)=\begin{vmatrix}5 & 4 & 3 & 2 & x & 0\\ 4 & 3 & 2 & -x & 0 & 0\\ 3 & 2 & x & 0 & 0 & 0\\ 2 & -x & 0 & 0 & 0 & 0\\ x & 0 & 0 & 0 & 0 & 0\\ 0 & 0 & 0 & 0 & 0 & 6\end{vmatrix},$$

则 x^5 的系数是______.

【1-51】 若 9 阶排列 $1274j56k9$ 是奇排列,则 $j=$______、$k=$______.

【1-52】 设方程 $D=\begin{vmatrix}1 & x & x & x\\ x & 1 & 0 & 0\\ x & 0 & 1 & 0\\ x & 0 & 0 & 1\end{vmatrix}=-3$,则 $x=$______.

【1-53】 设行列式

$$D=\begin{vmatrix}3 & 0 & 4 & 0\\ 2 & 2 & 2 & 2\\ 0 & -7 & 0 & 0\\ 5 & 3 & -2 & 2\end{vmatrix}$$

则第 4 行各元素的余子式之和 $\sum_{j=1}^{4}M_{4j}=$______.

【1-54】 记 $\alpha_1,\alpha_2,\beta_1,\beta_2,\gamma$ 为 3 阶行列式的行,且行列式

$$\begin{vmatrix}\alpha_1\\ \beta_1\\ \gamma\end{vmatrix}=\begin{vmatrix}\alpha_1\\ \beta_2\\ \gamma\end{vmatrix}=\begin{vmatrix}\alpha_2\\ \beta_1\\ \gamma\end{vmatrix}=\begin{vmatrix}\alpha_2\\ \beta_2\\ \gamma\end{vmatrix}=2,$$

则

$$\begin{vmatrix}\alpha_1+\alpha_2\\ \beta_1+\beta_2\\ 2\gamma\end{vmatrix}=\_\_\_\_\_\_.$$

【1-55】 设 $\boldsymbol{A},\boldsymbol{B}$ 是三阶方阵,已知 $|\boldsymbol{A}|=-1$, $|\boldsymbol{B}|=3$,则 $\begin{vmatrix}2\boldsymbol{A} & \boldsymbol{A}\\ \boldsymbol{0} & -\boldsymbol{B}\end{vmatrix}=\_\_\_\_\_\_$.

【1-56】 设 $\boldsymbol{A},\boldsymbol{B}$ 为 3 阶方阵,且 $|\boldsymbol{A}|=-1$, $|\boldsymbol{B}|=2$,则 $|-3(\boldsymbol{A}^{\mathrm{T}}\boldsymbol{B}^{-1})^2\boldsymbol{A}^*|=\_\_\_\_\_\_$.

【1-57】 若矩阵 $\boldsymbol{A}=\begin{bmatrix}1 & a & -1 & 2\\ 0 & -1 & a & 2\\ 1 & 0 & -1 & 2\end{bmatrix}$,且 $r(\boldsymbol{A})=2$,则 $a=\_\_\_\_\_\_$.

【1-58】 设 $\boldsymbol{A},\boldsymbol{B}$ 均为 4 阶方阵,$r(\boldsymbol{A})=3$,$r(\boldsymbol{B})=4$,它们的伴随矩阵分别为 $\boldsymbol{A}^*,\boldsymbol{B}^*$,则 $r(\boldsymbol{A}^*\boldsymbol{B}^*)=\_\_\_\_\_\_$.

【1-59】 设 3 阶方阵 $\boldsymbol{A}\neq\boldsymbol{0}$,$\boldsymbol{B}=\begin{bmatrix}1 & 3 & 5\\ 2 & 4 & t\\ 3 & 5 & 3\end{bmatrix}$ 且 $\boldsymbol{AB}=\boldsymbol{0}$,则 $t=\_\_\_\_\_\_$.

【1-60】 设 $\boldsymbol{A}=\begin{bmatrix}1 & 0 & 0\\ 2 & 2 & 0\\ 3 & 4 & 5\end{bmatrix}$,$\boldsymbol{A}^*$ 是 $\boldsymbol{A}$ 的伴随矩阵,则 $(\boldsymbol{A}^*)^{-1}=\_\_\_\_\_\_$.

【1-61】 设 $\boldsymbol{A}=\begin{bmatrix}1 & 0 & 1\\ 0 & 2 & 0\\ 1 & 0 & 1\end{bmatrix}$,$k\geqslant 2$ 为正整数,则 $\boldsymbol{A}^k-2\boldsymbol{A}^{k-1}=\_\_\_\_\_\_$.

【1-62】 设 $\boldsymbol{A}=\begin{bmatrix}1 & 2 & 0 & 0\\ 3 & 4 & 0 & 0\\ 0 & 0 & 3 & 4\\ 0 & 0 & 5 & 6\end{bmatrix}$,则 $\boldsymbol{A}^{-1}=\_\_\_\_\_\_$.

【1-63】 已知矩阵 $\boldsymbol{A}$ 满足 $\boldsymbol{A}^2+2\boldsymbol{A}-3\boldsymbol{E}=\boldsymbol{0}$,则 $\boldsymbol{A}^{-1}=\_\_\_\_\_\_$.

选择题

【1-64】 行列式$\begin{vmatrix} 1 & 2 & 3 & \cdots & n \\ 2 & 3 & 4 & \cdots & n+1 \\ 3 & 4 & 5 & \cdots & n+2 \\ \vdots & \vdots & \vdots & & \vdots \\ n & n+1 & n+2 & \cdots & 2n-1 \end{vmatrix}$ $(n>2)$的值为(　).

(A) 1　　　　(B) 0

(C) -1　　　　(D) 2

【1-65】 记行列式$\begin{vmatrix} x-2 & x-1 & x-2 & x-3 \\ 2x-2 & 2x-1 & 2x-2 & 2x-3 \\ 3x-3 & 3x-2 & 4x-5 & 3x-5 \\ 4x & 4x-3 & 5x-7 & 4x-3 \end{vmatrix}$为$f(x)$,则方程$f(x)=0$的根的个数为(　).

(A) 1　　　　(B) 2

(C) 3　　　　(D) 4

【1-66】 4 阶行列式$\begin{vmatrix} a_1 & 0 & 0 & b_1 \\ 0 & a_2 & b_2 & 0 \\ 0 & b_3 & a_3 & 0 \\ b_4 & 0 & 0 & a_4 \end{vmatrix}$=______.

(A) $a_1a_2a_3a_4-b_1b_2b_3b_4$　　　　(B) $a_1a_2a_3a_4+b_1b_2b_3b_4$

(C) $(a_1a_2-b_1b_2)(a_3a_4-b_3b_4)$　　　　(D) $(a_2a_3-b_2b_3)(a_1a_4-b_1b_4)$

【1-67】 以下结论正确的是(　).

(A) 若方阵$\boldsymbol{A}$的行列式$|\boldsymbol{A}|=0$,则$\boldsymbol{A}=\boldsymbol{0}$

(B) 若$\boldsymbol{A}^2=\boldsymbol{0}$,则$\boldsymbol{A}=\boldsymbol{0}$

(C) 若$\boldsymbol{A}$为对称矩阵,则$\boldsymbol{A}^2$也是对称矩阵

(D) 对任意同阶矩阵$\boldsymbol{A},\boldsymbol{B}$,有$(\boldsymbol{A}+\boldsymbol{B})(\boldsymbol{A}-\boldsymbol{B})=\boldsymbol{A}^2-\boldsymbol{B}^2$

【1-68】 设$\boldsymbol{A},\boldsymbol{B}$为$n$阶方阵,满足等式$\boldsymbol{AB}=\boldsymbol{0}$,则必有(　).

(A) $\boldsymbol{A}=\boldsymbol{0}$或$\boldsymbol{B}=\boldsymbol{0}$　　　　(B) $\boldsymbol{A}+\boldsymbol{B}=\boldsymbol{0}$

(C) $|\boldsymbol{A}|=0$或$|\boldsymbol{B}|=0$　　　　(D) $|\boldsymbol{A}|+|\boldsymbol{B}|=0$

【1-69】 设$\boldsymbol{A},\boldsymbol{B}$均为$n$阶方阵,则必有(　).

(A) $|\boldsymbol{A}+\boldsymbol{B}|=|\boldsymbol{A}|+|\boldsymbol{B}|$　　　　(B) $\boldsymbol{AB}=\boldsymbol{BA}$

(C) $|\boldsymbol{AB}|=|\boldsymbol{BA}|$　　　　(D) $(\boldsymbol{A}+\boldsymbol{B})^{-1}=\boldsymbol{A}^{-1}+\boldsymbol{B}^{-1}$

【1-70】 设$\boldsymbol{A}$是n阶方阵，且满足$\boldsymbol{A}^2=\boldsymbol{E}$，则下列结论正确的是（　）.

(A) $\boldsymbol{A}\neq\boldsymbol{E}$，则$\boldsymbol{A}+\boldsymbol{E}$不可逆　　(B) $\boldsymbol{A}+\boldsymbol{E}$可逆

(C) $\boldsymbol{A}\neq\boldsymbol{E}$，则$\boldsymbol{A}+\boldsymbol{E}$可逆　　(D) $\boldsymbol{A}-\boldsymbol{E}$可逆

【1-71】 设$\boldsymbol{A}$为n阶非奇异矩阵($n>2$)，则（　）.

(A) $(\boldsymbol{A}^*)^*=|\boldsymbol{A}|^{n-1}\boldsymbol{A}$　　(B) $(\boldsymbol{A}^*)^*=|\boldsymbol{A}|^{n-2}\boldsymbol{A}$

(C) $(\boldsymbol{A}^*)^*=|\boldsymbol{A}|^{n+1}\boldsymbol{A}$　　(D) $(\boldsymbol{A}^*)^*=|\boldsymbol{A}|^{n+2}\boldsymbol{A}$

【1-72】 设$\boldsymbol{A}=\begin{bmatrix}a_{11}&a_{12}&a_{13}\\a_{21}&a_{22}&a_{23}\\a_{31}&a_{32}&a_{33}\end{bmatrix}$，$\boldsymbol{B}=\begin{bmatrix}a_{21}&a_{22}+ka_{23}&a_{23}\\a_{31}&a_{32}+ka_{33}&a_{33}\\a_{11}&a_{12}+ka_{13}&a_{13}\end{bmatrix}$，$\boldsymbol{P}_1=\begin{bmatrix}0&1&0\\0&0&1\\1&0&0\end{bmatrix}$，

$\boldsymbol{P}_2=\begin{bmatrix}1&0&0\\0&1&0\\0&k&1\end{bmatrix}$，则$\boldsymbol{A}=$（　）.

(A) $\boldsymbol{P}_1^{-1}\boldsymbol{B}\boldsymbol{P}_2^{-1}$　　(B) $\boldsymbol{P}_2^{-1}\boldsymbol{B}\boldsymbol{P}_1^{-1}$

(C) $\boldsymbol{P}_1^{-1}\boldsymbol{P}_2^{-1}\boldsymbol{B}$　　(D) $\boldsymbol{B}\boldsymbol{P}_1^{-1}\boldsymbol{P}_2^{-1}$

【1-73】 设$\boldsymbol{A}$为n阶方阵，$|\boldsymbol{A}|=0$，则必有（　）.

(A) $\boldsymbol{A}$中有一列元素全为零

(B) $\boldsymbol{A}$中有两列元素相等

(C) $\boldsymbol{A}$可通过初等变换，使某列元素为零

(D) $\boldsymbol{A}$中有两列元素对应成比例

【1-74】 设$\boldsymbol{A}$，$\boldsymbol{B}$都是n阶非零矩阵，且$\boldsymbol{AB}=\boldsymbol{0}$，则$\boldsymbol{A}$和$\boldsymbol{B}$的秩（　）.

(A) 必有一个等于0　　(B) 都小于n

(C) 一个小于n，一个等于n　　(D) 都等于n

【1-75】 设$\boldsymbol{A}$是$m\times n$矩阵，$\boldsymbol{B}$是$n\times m$矩阵，则线性方程组$\boldsymbol{ABx}=\boldsymbol{0}$（　）.

(A) 当$n>m$时仅有零解　　(B) 当$n>m$时必有非零解

(C) 当$m>n$时仅有零解　　(D) 当$m>n$时必有非零解

计算题

【1-76】 计算n阶行列式

(1) $D_5=\begin{vmatrix}1-a&a&0&0&0\\-1&1-a&a&0&0\\0&-1&1-a&a&0\\0&0&-1&1-a&a\\0&0&0&-1&1-a\end{vmatrix}$；

(2) $D_n=\begin{vmatrix} 0 & a & a & \cdots & a & a \\ b & 0 & a & \cdots & a & a \\ b & b & 0 & \cdots & a & a \\ \vdots & \vdots & \vdots & & \vdots & \vdots \\ b & b & b & \cdots & b & 0 \end{vmatrix}$;

(3) $D_n=\begin{vmatrix} x+a_1 & a_2 & \cdots & a_n \\ a_1 & x+a_2 & \cdots & a_n \\ a_1 & a_2 & \cdots & a_n \\ \vdots & \vdots & & \vdots \\ a_1 & a_2 & \cdots & x+a_n \end{vmatrix}$;

(4) $D_n=\begin{vmatrix} x_1^2+1 & x_1x_2 & x_1x_3 & \cdots & x_1x_n \\ x_2x_1 & x_2^2+1 & x_2x_3 & \cdots & x_2x_n \\ \vdots & \vdots & \vdots & & \vdots \\ x_nx_1 & x_nx_2 & x_nx_3 & \cdots & x_n^2+1 \end{vmatrix}$.

【1-77】 设$\boldsymbol{\alpha}=[1,0,-1]^{\mathrm{T}}$,$\boldsymbol{A}=\boldsymbol{\alpha}\boldsymbol{\alpha}^{\mathrm{T}}$,$n$为正整数,求$|a\boldsymbol{E}-\boldsymbol{A}^n|$.

【1-78】 设$\boldsymbol{A}=\begin{bmatrix} 1 & 0 & 0 & 0 \\ -2 & 3 & 0 & 0 \\ 0 & -4 & 5 & 0 \\ 0 & 0 & -6 & 7 \end{bmatrix}$,$\boldsymbol{E}$为4阶单位矩阵,且

$$\boldsymbol{B}=(\boldsymbol{E}+\boldsymbol{A})^{-1}(\boldsymbol{E}-\boldsymbol{A}),$$

求$(\boldsymbol{E}+\boldsymbol{B})^{-1}$.

【1-79】 设$\boldsymbol{A}$为n阶非奇异矩阵,$\boldsymbol{\alpha}$为n维列向量,b为常数,记分块矩阵$\boldsymbol{P}=\begin{bmatrix} \boldsymbol{E} & \boldsymbol{0} \\ -\boldsymbol{\alpha}^{\mathrm{T}}\boldsymbol{A}^* & |\boldsymbol{A}| \end{bmatrix}$,$\boldsymbol{Q}=\begin{bmatrix} \boldsymbol{A} & \boldsymbol{\alpha} \\ \boldsymbol{\alpha}^{\mathrm{T}} & b \end{bmatrix}$.

(1) 计算并化简$\boldsymbol{PQ}$;

(2) 证明矩阵$\boldsymbol{Q}$可逆的充分必要条件是$\boldsymbol{\alpha}^{\mathrm{T}}\boldsymbol{A}^{-1}\boldsymbol{\alpha}\neq b$,其中$\boldsymbol{A}^*$是$\boldsymbol{A}$的伴随矩阵.

【1-80】 已知$\boldsymbol{A}=\begin{bmatrix} 2 & 0 & 0 & 0 \\ 0 & 2 & 0 & 0 \\ 1 & 0 & 2 & 0 \\ 0 & 1 & 0 & 2 \end{bmatrix}$,求$\boldsymbol{A}^k$.

【1-81】 设 n 阶方阵 $\boldsymbol{A}=\begin{bmatrix} a & 1 & \cdots & 1 \\ 1 & a & \cdots & 1 \\ \vdots & \vdots & & \vdots \\ 1 & 1 & \cdots & a \end{bmatrix}$，求 $\boldsymbol{A}$ 的秩.

【1-82】 讨论 p,q 取何值时下列方程有解或无解？有解时求出它的全部解.

$$\begin{cases} x_1-3x_2-6x_3+2x_4=-1, \\ x_1-x_2-2x_3+3x_4=0, \\ x_1+5x_2+10x_3-x_4=q, \\ 3x_1+x_2+px_3+4x_4=1. \end{cases}$$

证明题

【1-83】 设 $\boldsymbol{A},\boldsymbol{B}$ 都是 n 阶对称矩阵，且 $\boldsymbol{AB}+\boldsymbol{E}$ 及 $\boldsymbol{A}$ 可逆，证明：$(\boldsymbol{AB}+\boldsymbol{E})^{-1}\boldsymbol{A}$ 为对称矩阵.

【1-84】 证明：

(1) r 个秩为 1 的矩阵之和的秩不大于 r；

(2) 任一个秩为 r 的矩阵都可以表示为 r 个秩为 1 的矩阵的和，但不能用少于 r 个秩为 1 的矩阵之和表示.

【1-85】 设 p 个 n 阶方阵之积为零，即 $\boldsymbol{A}_1\boldsymbol{A}_2\cdots\boldsymbol{A}_p=\boldsymbol{0}$，证明：

$$r(\boldsymbol{A}_1)+r(\boldsymbol{A}_2)+\cdots+r(\boldsymbol{A}_p)\leqslant(p-1)n.$$

【1-86】 设 $\boldsymbol{A}$ 是 $m\times n$ 实矩阵，$\boldsymbol{b}$ 是 m 维实列向量，证明：

(1) $r(\boldsymbol{A}^{\mathrm{T}}\boldsymbol{A})=r(\boldsymbol{A})$；

(2) 线性方程组 $(\boldsymbol{A}^{\mathrm{T}}\boldsymbol{A})\boldsymbol{x}=\boldsymbol{A}^{\mathrm{T}}\boldsymbol{b}$ 一定有解.

【1-87】 设 $\boldsymbol{A}$ 为 n 阶方阵，且 $r(\boldsymbol{A})=r(\boldsymbol{A}^2)$，试证：对任一自然数 k，有 $r(\boldsymbol{A}^k)=r(\boldsymbol{A})$.

【1-88】 设 $\boldsymbol{A}$ 为 n 阶方阵，$\boldsymbol{A}^*$ 为 $\boldsymbol{A}$ 的伴随矩阵，证明：

$$|\boldsymbol{A}^*|=|\boldsymbol{A}|^{n-1}.$$

答案与提示

填空题

【1-49】 0. 【1-50】 6. 【1-51】 $j=3,k=8$. 【1-52】 $\pm\frac{2\sqrt{3}}{3}$.

【1-53】 -28. 【1-54】 16. 【1-55】 24. 【1-56】 $-\frac{27}{4}$. 【1-57】 0.

【1-58】 1. 【1-59】 4. 【1-60】 $\begin{bmatrix} \frac{1}{10} & 0 & 0 \\ \frac{1}{5} & \frac{1}{5} & 0 \\ \frac{3}{10} & \frac{2}{5} & \frac{1}{2} \end{bmatrix}$. 【1-61】 **0**. 【1-62】

$\begin{bmatrix} -2 & 1 & 0 & 0 \\ \frac{3}{2} & -\frac{1}{2} & 0 & 0 \\ 0 & 0 & -3 & 2 \\ 0 & 0 & \frac{5}{2} & -\frac{3}{2} \end{bmatrix}$. 【1-63】 $\frac{1}{3}(\boldsymbol{A}+2\boldsymbol{E})$.

选择题

【1-64】 B. 【1-65】 B. 【1-66】 D. 【1-67】 C. 【1-68】 C. 【1-69】 C. 【1-70】 A. 【1-71】 B. 【1-72】 A. 【1-73】 C. 【1-74】 B. 【1-75】 D.

计算题

【1-76】 (1) $D_5=1-a+a^2-a^3+a^4-a^5$； (2) $a\neq b, D_n=(-1)^{n-1}ab(a^{n-2}+a^{n-3}b+\cdots+b^{n-2})$；$a=b, D_n=(-1)^{n-1}(n-1)a$； (3) $x=0, D_n=0$；$x\neq 0$ 时 $D_n=x^n\left(1+\sum\limits_{j=1}^{n}\frac{a_j}{x}\right)$； (4) $D_n=1+\sum\limits_{j=1}^{n}x_j^2$.

【1-77】 $a^2(a-2^n)$.

【1-78】 提示:不要硬算,先对算子化简,消去$(\boldsymbol{E}+\boldsymbol{A})^{-1}$,然后分解因式,可求得

$$(\boldsymbol{E}+\boldsymbol{B})^{-1}=\frac{\boldsymbol{E}+\boldsymbol{A}}{2}=\begin{bmatrix} 1 & 0 & 0 & 0 \\ -1 & 2 & 0 & 0 \\ 0 & -2 & 3 & 0 \\ 0 & 0 & -3 & 4 \end{bmatrix}.$$

【1-79】 (1) $\boldsymbol{PQ}=\begin{bmatrix} \boldsymbol{E} & \boldsymbol{0} \\ -\boldsymbol{\alpha}^{\mathrm{T}}\boldsymbol{A}^* & |\boldsymbol{A}| \end{bmatrix}\begin{bmatrix} \boldsymbol{A} & \boldsymbol{\alpha} \\ \boldsymbol{\alpha}^{\mathrm{T}} & b \end{bmatrix}=\begin{bmatrix} \boldsymbol{A} & \boldsymbol{\alpha} \\ -\boldsymbol{\alpha}^{\mathrm{T}}\boldsymbol{A}^*\boldsymbol{A}+|\boldsymbol{A}|\boldsymbol{\alpha}^{\mathrm{T}} & -\boldsymbol{\alpha}^{\mathrm{T}}\boldsymbol{A}^*\boldsymbol{\alpha}+|\boldsymbol{A}|b \end{bmatrix}=\begin{bmatrix} \boldsymbol{A} & \boldsymbol{\alpha} \\ \boldsymbol{0} & |\boldsymbol{A}|(b-\boldsymbol{\alpha}^{\mathrm{T}}\boldsymbol{A}^{-1}\boldsymbol{\alpha}) \end{bmatrix}$； (2) 由(1),有 $|\boldsymbol{PQ}|=|\boldsymbol{A}|^2(b-\boldsymbol{\alpha}^{\mathrm{T}}\boldsymbol{A}^{-1}\boldsymbol{\alpha})=|\boldsymbol{P}|\,|\boldsymbol{Q}|$,又 $|\boldsymbol{P}|=|\boldsymbol{A}|\neq 0$,所以 $|\boldsymbol{Q}|=|\boldsymbol{A}|(b-$

$\boldsymbol{\alpha}^{\mathrm{T}}\boldsymbol{A}^{-1}\boldsymbol{\alpha})$，于是 $|\boldsymbol{Q}|\neq 0 \Leftrightarrow b\neq \boldsymbol{\alpha}^{\mathrm{T}}\boldsymbol{A}^{-1}\boldsymbol{\alpha}$.

【1-80】 $\boldsymbol{A}=2\begin{bmatrix}1&&&\\&1&&\\&&1&\\&&&1\end{bmatrix}+\begin{bmatrix}0&0&0&0\\0&0&0&0\\1&0&0&0\\0&1&0&0\end{bmatrix}\overset{\text{记}}{=\!=}2\boldsymbol{E}+\boldsymbol{B}$，而 $\boldsymbol{B}^2=\boldsymbol{0}$，所以，

$$\begin{aligned}\boldsymbol{A}^k&=(2\boldsymbol{E}+\boldsymbol{B})^k=\mathrm{C}_k^0(2\boldsymbol{E})^k\boldsymbol{B}^0+\mathrm{C}_k^1(2\boldsymbol{E})^{k-1}\boldsymbol{B}\\&=2^k\boldsymbol{E}+k2^{k-1}\boldsymbol{B}\\&=\begin{bmatrix}2^k&0&0&0\\0&2^k&0&0\\k2^{k-1}&0&2^k&0\\0&k2^{k-1}&0&2^k\end{bmatrix}.\end{aligned}$$

【1-81】 当 $a=1$ 时 $r(\boldsymbol{A})=1$；$a\neq 1$，且 $a\neq -n+1$，$r(\boldsymbol{A})=n$；当 $a=-n+1$ 时 $r(\boldsymbol{A})=n-1$.

【1-82】 $p\neq 2$ 时有唯一解 $\left[\frac{q-2}{2},\frac{1}{2}\left(1-\frac{3-q}{7}-4\frac{2-q}{p-2}\right),\frac{2-q}{p-2},\frac{3-q}{7}\right]$；$p=2$，$q\neq 2$ 时无解；$p=2,q=2$ 时有无穷多解 $\left[0,\frac{3}{7}-2k,k,\frac{1}{7}\right]$，其中 k 为任意常数.

证明题

【1-83】 提示：证明 $\boldsymbol{A}(\boldsymbol{BA}+\boldsymbol{E})^{-1}=(\boldsymbol{AB}+\boldsymbol{E})^{-1}\boldsymbol{A}$. 利用已知可逆矩阵分解因式.

【1-84】 (1) 利用 $r(\boldsymbol{A}+\boldsymbol{B})\leqslant r(\boldsymbol{A})+r(\boldsymbol{B})$； (2) 利用 $r(\boldsymbol{A})=r\Leftrightarrow$ 存在可逆 $\boldsymbol{P},\boldsymbol{Q}$ 使 $\boldsymbol{PAQ}=\begin{bmatrix}\boldsymbol{E}_r&\boldsymbol{0}\\\boldsymbol{0}&\boldsymbol{0}\end{bmatrix}$.

【1-85】 利用 $r(\boldsymbol{AB})\geqslant r(\boldsymbol{A})+r(\boldsymbol{B})-n$.

【1-86】 (1) 证明 $\boldsymbol{A}^{\mathrm{T}}\boldsymbol{Ax}=\boldsymbol{0}$ 与 $\boldsymbol{Ax}=\boldsymbol{0}$ 同解； (2) 由(1)知 $r(\boldsymbol{A}^{\mathrm{T}}\boldsymbol{A})=r(\boldsymbol{A})=r(\boldsymbol{A}^{\mathrm{T}})=r(\boldsymbol{A}^{\mathrm{T}}\boldsymbol{A}^{\mathrm{T}}\boldsymbol{b})=r(\boldsymbol{A}^{\mathrm{T}}\boldsymbol{A}\boldsymbol{A}^{\mathrm{T}}\boldsymbol{b})$.

【1-87】 利用 $r\begin{bmatrix}\boldsymbol{A}^2&\boldsymbol{0}\\\boldsymbol{0}&\boldsymbol{A}^2\end{bmatrix}\leqslant r\begin{bmatrix}\boldsymbol{A}^2&\boldsymbol{0}\\-\boldsymbol{A}&\boldsymbol{A}^2\end{bmatrix}=r\begin{bmatrix}\boldsymbol{A}^2&\boldsymbol{A}^3\\-\boldsymbol{A}&\boldsymbol{0}\end{bmatrix}=r\begin{bmatrix}\boldsymbol{0}&\boldsymbol{A}^3\\-\boldsymbol{A}&\boldsymbol{0}\end{bmatrix}=r(\boldsymbol{A}^3)+r(\boldsymbol{A})$；另一方面，$r(\boldsymbol{A}^3)\leqslant r(\boldsymbol{A}^2)$.

【1-88】 利用 $\boldsymbol{AA}^*=|\boldsymbol{A}|\boldsymbol{E}$，两边取行列式；另一方面，由可逆充要条件，可证得若 $|\boldsymbol{A}|=0$，则 $|\boldsymbol{A}^*|=0$.

第二章　向量与线性方程组

一、知识要点

1. 向量

1）向量及其运算

n 维有序数组称为 n **维向量**. 如

$$\boldsymbol{\alpha}=\begin{bmatrix}a_1\\a_2\\\vdots\\a_n\end{bmatrix},$$

称为 n **维列向量**,而

$$\boldsymbol{\beta}=(b_1,b_2,\cdots,b_n),$$

称为 n **维行向量**.

在行(列)向量之间,定义加法和数乘运算. 如若

$$\boldsymbol{\alpha}=(a_1,a_2,\cdots,a_n),\boldsymbol{\beta}=(b_1,b_2,\cdots,b_n),$$

则

$$\boldsymbol{\alpha}+\boldsymbol{\beta}=(a_1+b_1,a_2+b_2,\cdots,a_n+b_n),$$
$$k\boldsymbol{\alpha}=(ka_1,ka_2,\cdots,ka_n).$$

若

$$\boldsymbol{\alpha}=\begin{bmatrix}a_1\\a_2\\\vdots\\a_n\end{bmatrix},\boldsymbol{\beta}=\begin{bmatrix}b_1\\b_2\\\vdots\\b_n\end{bmatrix},$$

则

$$\boldsymbol{\alpha}+\boldsymbol{\beta}=\begin{bmatrix}a_1+b_1\\a_2+b_2\\\vdots\\a_n+b_n\end{bmatrix}$$

$$k\boldsymbol{\alpha}=\begin{bmatrix}ka_1\\ka_2\\\vdots\\ka_n\end{bmatrix},$$

其中 k 为任一常数.

设线性方程组 $\boldsymbol{Ax}=\boldsymbol{b}$ 为

$$\begin{cases}a_{11}x_1+a_{12}x_1+\cdots+a_{1n}x_n=b_1,\\a_{21}x_1+a_{22}x_2+\cdots+a_{2n}x_n=b_2,\\\cdots\cdots\cdots\cdots\cdots\cdots\cdots\cdots\\a_{m1}x_1+a_{m2}x_2+\cdots+a_{mn}x_n=b_m.\end{cases}$$

记向量组

$$\boldsymbol{\alpha}_1=\begin{bmatrix}a_{11}\\a_{21}\\\vdots\\a_{m1}\end{bmatrix},\boldsymbol{\alpha}_2=\begin{bmatrix}a_{12}\\a_{22}\\\vdots\\a_{m2}\end{bmatrix},\cdots,\boldsymbol{\alpha}_n=\begin{bmatrix}a_{1n}\\a_{2n}\\\vdots\\a_{mn}\end{bmatrix},\boldsymbol{\beta}=\begin{bmatrix}b_1\\b_2\\\vdots\\b_m\end{bmatrix}.$$

则由向量的加法和数乘运算,$\boldsymbol{Ax}=\boldsymbol{b}$ 可表示为

$$x_1\boldsymbol{\alpha}_1+x_2\boldsymbol{\alpha}_2+\cdots+x_n\boldsymbol{\alpha}_n=\boldsymbol{\beta},$$

且其系数矩阵可表示为 $\boldsymbol{A}=(\boldsymbol{\alpha}_1,\boldsymbol{\alpha}_2,\cdots,\boldsymbol{\alpha}_n)$,增广矩阵可表示为 $\bar{\boldsymbol{A}}=(\boldsymbol{\alpha}_1,\boldsymbol{\alpha}_2,\cdots,\boldsymbol{\alpha}_n,\boldsymbol{\beta})$.

2) 向量组的线性关系

向量组的线性关系是指向量的线性表示和向量组的线性相关性.

若向量组 $\boldsymbol{\alpha}_1,\boldsymbol{\alpha}_2,\cdots,\boldsymbol{\alpha}_s,\boldsymbol{\beta}$,存在数 $x_1,x_2,\cdots,x_s$,使

$$x_1\boldsymbol{\alpha}_1+x_2\boldsymbol{\alpha}_2+\cdots+x_s\boldsymbol{\alpha}_s=\boldsymbol{\beta},$$

则称 $\boldsymbol{\beta}$ 为可由 $\boldsymbol{\alpha}_1,\boldsymbol{\alpha}_2,\cdots,\boldsymbol{\alpha}_s$ **线性表示**.

易知,$\boldsymbol{\beta}$ 为可由 $\boldsymbol{\alpha}_1,\boldsymbol{\alpha}_2,\cdots,\boldsymbol{\alpha}_s$ 线性表示的充要条件是线性方程组 $\boldsymbol{Ax}=\boldsymbol{b}$ 有解. 因此,列向量 $\boldsymbol{\beta}$ 可由 $\boldsymbol{\alpha}_1,\boldsymbol{\alpha}_2,\cdots,\boldsymbol{\alpha}_s$ 线性表示的充要条件为

$$r(\boldsymbol{\alpha}_1,\boldsymbol{\alpha}_2,\cdots,\boldsymbol{\alpha}_s)=r(\boldsymbol{\alpha}_1,\boldsymbol{\alpha}_2,\cdots,\boldsymbol{\alpha}_s,\boldsymbol{\beta}).$$

若向量组 $\boldsymbol{\alpha}_1,\boldsymbol{\alpha}_2,\cdots,\boldsymbol{\alpha}_s$,存在不全为零的数 $x_1,x_2,\cdots,x_s$,使

$$x_1\boldsymbol{\alpha}_1+x_2\boldsymbol{\alpha}_2+\cdots+x_s\boldsymbol{\alpha}_s=\boldsymbol{0},$$

则称 $\boldsymbol{\alpha}_1,\boldsymbol{\alpha}_2,\cdots,\boldsymbol{\alpha}_s$ **线性相关**. 否则,称 $\boldsymbol{\alpha}_1,\boldsymbol{\alpha}_2,\cdots,\boldsymbol{\alpha}_s$ **线性无关**.

易知,向量组 $\boldsymbol{\alpha}_1,\boldsymbol{\alpha}_2,\cdots,\boldsymbol{\alpha}_s$ 线性相关的充要条件为齐次方程组 $\boldsymbol{Ax}=\boldsymbol{0}$ 有非零解. 因此,列向量组 $\boldsymbol{\alpha}_1,\boldsymbol{\alpha}_2,\cdots,\boldsymbol{\alpha}_s$ 线性相关的充要条件为 $r(\boldsymbol{\alpha}_1,\boldsymbol{\alpha}_2,\cdots,\boldsymbol{\alpha}_s)<s$.

如果向量组是由行向量构成的,则以上结论可表述为:$\boldsymbol{\beta}$ 可由 $\boldsymbol{\alpha}_1,\boldsymbol{\alpha}_2,\cdots,\boldsymbol{\alpha}_s$ 线

性表示的充要条件为 $r(\boldsymbol{\alpha}_1^{\mathrm{T}},\boldsymbol{\alpha}_2^{\mathrm{T}},\cdots,\boldsymbol{\alpha}_s^{\mathrm{T}})=r(\boldsymbol{\alpha}_1^{\mathrm{T}},\boldsymbol{\alpha}_2^{\mathrm{T}},\cdots,\boldsymbol{\alpha}_s^{\mathrm{T}},\boldsymbol{\beta}^{\mathrm{T}})$，其中 $\boldsymbol{\alpha}_j^{\mathrm{T}}$ 为 $\boldsymbol{\alpha}_j$ 的转置向量，而 $\boldsymbol{\alpha}_1,\boldsymbol{\alpha}_2,\cdots,\boldsymbol{\alpha}_s$ 线性相关的充要条件为 $r(\boldsymbol{\alpha}_1^{\mathrm{T}},\boldsymbol{\alpha}_2^{\mathrm{T}},\cdots,\boldsymbol{\alpha}_s^{\mathrm{T}})<s$.

显然，当 $\boldsymbol{\alpha}_1,\boldsymbol{\alpha}_2,\cdots,\boldsymbol{\alpha}_s$ 为 n 维向量组，且 $s>n$，则 $\boldsymbol{\alpha}_1,\boldsymbol{\alpha}_2,\cdots,\boldsymbol{\alpha}_s$ 必线性相关.

关于向量组的线性关系有以下结论：

(1) 若向量组 $\boldsymbol{\alpha}_1,\boldsymbol{\alpha}_2,\cdots,\boldsymbol{\alpha}_p$ 线性相关，则向量组 $\boldsymbol{\alpha}_1,\boldsymbol{\alpha}_2,\cdots,\boldsymbol{\alpha}_p,\boldsymbol{\alpha}_{p+1},\cdots,\boldsymbol{\alpha}_s$ 也线性相关.

(2) 设向量组

$$\boldsymbol{\alpha}_1=\begin{bmatrix}a_{11}\\a_{21}\\\vdots\\a_{n1}\end{bmatrix},\boldsymbol{\alpha}_2=\begin{bmatrix}a_{12}\\a_{22}\\\vdots\\a_{n2}\end{bmatrix},\cdots,\boldsymbol{\alpha}_s=\begin{bmatrix}a_{1s}\\a_{2s}\\\vdots\\a_{ns}\end{bmatrix}.$$

$$\boldsymbol{\beta}_1=\begin{bmatrix}a_{11}\\a_{21}\\\vdots\\a_{n1}\\b_1\end{bmatrix},\boldsymbol{\beta}_2=\begin{bmatrix}a_{12}\\a_{22}\\\vdots\\a_{n2}\\b_2\end{bmatrix},\cdots,\boldsymbol{\beta}_s=\begin{bmatrix}a_{1s}\\a_{2s}\\\vdots\\a_{ns}\\b_s\end{bmatrix},$$

则当向量组 $\boldsymbol{\alpha}_1,\boldsymbol{\alpha}_2,\cdots,\boldsymbol{\alpha}_s$ 线性无关时，向量组 $\boldsymbol{\beta}_1,\boldsymbol{\beta}_2,\cdots,\boldsymbol{\beta}_s$ 也线性无关.

(3) 向量组 $\boldsymbol{\alpha}_1,\boldsymbol{\alpha}_2,\cdots,\boldsymbol{\alpha}_s$ 线性相关的充要条件为存在向量 $\boldsymbol{\alpha}_j$ 可由其余的向量 $\boldsymbol{\alpha}_1,\boldsymbol{\alpha}_2,\cdots,\boldsymbol{\alpha}_{j-1},\boldsymbol{\alpha}_{j+1},\cdots,\boldsymbol{\alpha}_s$ 线性表示.

(4) 若向量组 $\boldsymbol{\alpha}_1,\boldsymbol{\alpha}_2,\cdots,\boldsymbol{\alpha}_s$ 线性无关，而向量组 $\boldsymbol{\alpha}_1,\boldsymbol{\alpha}_2,\cdots,\boldsymbol{\alpha}_s,\boldsymbol{\beta}$ 线性相关，则 $\boldsymbol{\beta}$ 可由 $\boldsymbol{\alpha}_1,\boldsymbol{\alpha}_2,\cdots,\boldsymbol{\alpha}_s$ 线性表示.

(5) 若向量组 $\boldsymbol{\alpha}_1,\boldsymbol{\alpha}_2,\cdots,\boldsymbol{\alpha}_s$ 线性无关，且

$$\begin{cases}a_{11}\boldsymbol{\alpha}_1+a_{21}\boldsymbol{\alpha}_2+\cdots+a_{s1}\boldsymbol{\alpha}_s=\boldsymbol{\beta}_1,\\a_{12}\boldsymbol{\alpha}_1+a_{22}\boldsymbol{\alpha}_2+\cdots+a_{s2}\boldsymbol{\alpha}_s=\boldsymbol{\beta}_2,\\\cdots\cdots\cdots\cdots\cdots\cdots\cdots\cdots\cdots\\a_{1t}\boldsymbol{\alpha}_1+a_{2t}\boldsymbol{\alpha}_2+\cdots+a_{st}\boldsymbol{\alpha}_s=\boldsymbol{\beta}_t,\end{cases}$$

将此表示式记为

$$(\boldsymbol{\beta}_1,\boldsymbol{\beta}_2,\cdots,\boldsymbol{\beta}_t)=(\boldsymbol{\alpha}_1,\boldsymbol{\alpha}_2,\cdots,\boldsymbol{\alpha}_s)\boldsymbol{A},$$

其中 $\boldsymbol{A}=(a_{ij})_{s\times t}$，即 $\boldsymbol{A}$ 的第 j 列是 $\boldsymbol{\beta}_j$ 由 $\boldsymbol{\alpha}_1,\boldsymbol{\alpha}_2,\cdots,\boldsymbol{\alpha}_s$ 线性表示的表示系数，则称 $\boldsymbol{A}$ 为 $\boldsymbol{\beta}_1,\boldsymbol{\beta}_2,\cdots,\boldsymbol{\beta}_t$ 由 $\boldsymbol{\alpha}_1,\boldsymbol{\alpha}_2,\cdots,\boldsymbol{\alpha}_s$ 线性表示的表示矩阵. 那么向量组 $\boldsymbol{\beta}_1,\boldsymbol{\beta}_2,\cdots,\boldsymbol{\beta}_t$ 线性相关的充要条件为 $r(\boldsymbol{A})<t$.

(6) 若向量组 $\boldsymbol{\beta}_1,\boldsymbol{\beta}_2,\cdots,\boldsymbol{\beta}_t$ 可由 $\boldsymbol{\alpha}_1,\boldsymbol{\alpha}_2,\cdots,\boldsymbol{\alpha}_s$ 线性表示，且 $t>s$，则 $\boldsymbol{\beta}_1,\boldsymbol{\beta}_2,\cdots,\boldsymbol{\beta}_t$ 线性相关.

(7) 若向量组 $\boldsymbol{\beta}_1,\boldsymbol{\beta}_2,\cdots,\boldsymbol{\beta}_t$ 线性无关，且 $\boldsymbol{\beta}_1,\boldsymbol{\beta}_2,\cdots,\boldsymbol{\beta}_t$ 可由 $\boldsymbol{\alpha}_1,\boldsymbol{\alpha}_2,\cdots,\boldsymbol{\alpha}_s$ 线性表示，则 $t\leqslant s$.

(8) 若向量组 $\boldsymbol{\beta}_1,\boldsymbol{\beta}_2,\cdots,\boldsymbol{\beta}_s$ 线性无关，且 $\boldsymbol{\beta}_1,\boldsymbol{\beta}_2,\cdots,\boldsymbol{\beta}_s$ 可由 $\boldsymbol{\alpha}_1,\boldsymbol{\alpha}_2,\cdots,\boldsymbol{\alpha}_s$ 线性表示，则 $\boldsymbol{\alpha}_1,\boldsymbol{\alpha}_2,\cdots,\boldsymbol{\alpha}_s$ 也线性无关.

3) 向量组的等价

由向量的线性表示可知，列向量组 $\boldsymbol{\beta}_1,\boldsymbol{\beta}_2,\cdots,\boldsymbol{\beta}_t$ 中的每一个向量都可由向量组 $\boldsymbol{\alpha}_1,\boldsymbol{\alpha}_2,\cdots,\boldsymbol{\alpha}_s$ 线性表示(常称为向量组 $\boldsymbol{\beta}_1,\boldsymbol{\beta}_2,\cdots,\boldsymbol{\beta}_t$ 由 $\boldsymbol{\alpha}_1,\boldsymbol{\alpha}_2,\cdots,\boldsymbol{\alpha}_s$ 线性表示)的充要条件为

$$r(\boldsymbol{\alpha}_1,\boldsymbol{\alpha}_2,\cdots,\boldsymbol{\alpha}_s)=r(\boldsymbol{\alpha}_1,\boldsymbol{\alpha}_2,\cdots,\boldsymbol{\alpha}_s,\boldsymbol{\beta}_1,\boldsymbol{\beta}_2,\cdots,\boldsymbol{\beta}_t).$$

若向量组 $\boldsymbol{\beta}_1,\boldsymbol{\beta}_2,\cdots,\boldsymbol{\beta}_t$ 可由 $\boldsymbol{\alpha}_1,\boldsymbol{\alpha}_2,\cdots,\boldsymbol{\alpha}_s$ 线性表示，且 $\boldsymbol{\alpha}_1,\boldsymbol{\alpha}_2,\cdots,\boldsymbol{\alpha}_s$ 也可由 $\boldsymbol{\beta}_1,\boldsymbol{\beta}_2,\cdots,\boldsymbol{\beta}_t$ 线性表示，则称向量组 $\boldsymbol{\alpha}_1,\boldsymbol{\alpha}_2,\cdots,\boldsymbol{\alpha}_s$ 与 $\boldsymbol{\beta}_1,\boldsymbol{\beta}_2,\cdots,\boldsymbol{\beta}_t$ **等价**.

易知列向量组 $\boldsymbol{\alpha}_1,\boldsymbol{\alpha}_2,\cdots,\boldsymbol{\alpha}_s$ 与 $\boldsymbol{\beta}_1,\boldsymbol{\beta}_2,\cdots,\boldsymbol{\beta}_t$ 等价的充要条件为

$$r(\boldsymbol{\alpha}_1,\boldsymbol{\alpha}_2,\cdots,\boldsymbol{\alpha}_s)=r(\boldsymbol{\beta}_1,\boldsymbol{\beta}_2,\cdots,\boldsymbol{\beta}_t)=r(\boldsymbol{\alpha}_1,\boldsymbol{\alpha}_2,\cdots,\boldsymbol{\alpha}_s,\boldsymbol{\beta}_1,\boldsymbol{\beta}_2,\cdots,\boldsymbol{\beta}_t).$$

关于**等价向量组**有以下结论：

(1) 向量组 $\boldsymbol{\alpha}_1,\boldsymbol{\alpha}_2,\cdots,\boldsymbol{\alpha}_s$ 与 $\boldsymbol{\alpha}_1,\boldsymbol{\alpha}_2,\cdots,\boldsymbol{\alpha}_s$ 等价.

(2) 若向量组 $\boldsymbol{\alpha}_1,\boldsymbol{\alpha}_2,\cdots,\boldsymbol{\alpha}_s$ 与 $\boldsymbol{\beta}_1,\boldsymbol{\beta}_2,\cdots,\boldsymbol{\beta}_t$ 等价，则 $\boldsymbol{\beta}_1,\boldsymbol{\beta}_2,\cdots,\boldsymbol{\beta}_t$ 也与 $\boldsymbol{\alpha}_1,\boldsymbol{\alpha}_2,\cdots,\boldsymbol{\alpha}_s$ 等价.

(3) 若向量组 $\boldsymbol{\alpha}_1,\boldsymbol{\alpha}_2,\cdots,\boldsymbol{\alpha}_s$ 与 $\boldsymbol{\beta}_1,\boldsymbol{\beta}_2,\cdots,\boldsymbol{\beta}_t$ 等价，且向量组 $\boldsymbol{\beta}_1,\boldsymbol{\beta}_2,\cdots,\boldsymbol{\beta}_t$ 与 $\boldsymbol{r}_1,\boldsymbol{r}_2,\cdots,\boldsymbol{r}_l$ 等价，则 $\boldsymbol{\alpha}_1,\boldsymbol{\alpha}_2,\cdots,\boldsymbol{\alpha}_s$ 与 $\boldsymbol{r}_1,\boldsymbol{r}_2,\cdots,\boldsymbol{r}_l$ 等价.

(4) 若向量组 $\boldsymbol{\beta}_1,\boldsymbol{\beta}_2,\cdots,\boldsymbol{\beta}_s$ 线性无关，且 $\boldsymbol{\beta}_1,\boldsymbol{\beta}_2,\cdots,\boldsymbol{\beta}_s$ 可由 $\boldsymbol{\alpha}_1,\boldsymbol{\alpha}_2,\cdots,\boldsymbol{\alpha}_s$ 线性表示，则 $\boldsymbol{\alpha}_1,\boldsymbol{\alpha}_2,\cdots,\boldsymbol{\alpha}_s$ 与 $\boldsymbol{\beta}_1,\boldsymbol{\beta}_2,\cdots,\boldsymbol{\beta}_s$ 等价.

4) 向量组的极大线性无关组

若向量组 $\boldsymbol{\alpha}_1,\boldsymbol{\alpha}_2,\cdots,\boldsymbol{\alpha}_s$ 线性相关，则其中有向量可由其余的向量线性表示. 在向量组 $\boldsymbol{\alpha}_1,\boldsymbol{\alpha}_2,\cdots,\boldsymbol{\alpha}_s$ 中去掉可由其余向量线性表示的这些向量，则余下的向量必线性无关，且与 $\boldsymbol{\alpha}_1,\boldsymbol{\alpha}_2,\cdots,\boldsymbol{\alpha}_s$ 等价.

据此，引入极大线性无关组的概念.

若向量组 $\boldsymbol{\alpha}_1,\boldsymbol{\alpha}_2,\cdots,\boldsymbol{\alpha}_s$ 中，有部分向量构成的向量组 $\boldsymbol{\alpha}_{i_1},\boldsymbol{\alpha}_{i_2},\cdots,\boldsymbol{\alpha}_{i_r}$ 满足：

(1) $\boldsymbol{\alpha}_{i_1},\boldsymbol{\alpha}_{i_2},\cdots,\boldsymbol{\alpha}_{i_r}$ 线性无关.

(2) $\boldsymbol{\alpha}_1,\boldsymbol{\alpha}_2,\cdots,\boldsymbol{\alpha}_s$ 可由 $\boldsymbol{\alpha}_{i_1},\boldsymbol{\alpha}_{i_2},\cdots,\boldsymbol{\alpha}_{i_r}$ 线性表示.

则称 $\boldsymbol{\alpha}_{i_1},\boldsymbol{\alpha}_{i_2},\cdots,\boldsymbol{\alpha}_{i_r}$ 为 $\boldsymbol{\alpha}_1,\boldsymbol{\alpha}_2,\cdots,\boldsymbol{\alpha}_s$ 的一个**极大线性无关组**，简称**极大无关组**.

显然，当向量组 $\boldsymbol{\alpha}_1,\boldsymbol{\alpha}_2,\cdots,\boldsymbol{\alpha}_s$ 中有非零向量时，它就有极大无关组.

关于极大无关组有以下结论：

(1) 向量组与其极大无关组等价.

(2) 向量组的极大无关组不唯一时,其任意两个极大无关组等价.

(3) 向量组的极大无关组不唯一时,其任意两个极大无关组所含向量的个数相同.

5) 向量组的秩

若向量组 $\boldsymbol{\alpha}_1,\boldsymbol{\alpha}_2,\cdots,\boldsymbol{\alpha}_s$ 的极大无关组含 r 个向量,则称 $\boldsymbol{\alpha}_1,\boldsymbol{\alpha}_2,\cdots,\boldsymbol{\alpha}_s$ 的**秩**为 r,记作 $r(\boldsymbol{\alpha}_1,\boldsymbol{\alpha}_2,\cdots,\boldsymbol{\alpha}_s)$.

关于**向量组的秩**有以下结论:

(1) 若向量组 $\boldsymbol{\alpha}_1,\boldsymbol{\alpha}_2,\cdots,\boldsymbol{\alpha}_s$ 可线性表示 $\boldsymbol{\beta}_1,\boldsymbol{\beta}_2,\cdots,\boldsymbol{\beta}_t$,则

$$r(\boldsymbol{\alpha}_1,\boldsymbol{\alpha}_2,\cdots,\boldsymbol{\alpha}_s)\geqslant r(\boldsymbol{\beta}_1,\boldsymbol{\beta}_2,\cdots,\boldsymbol{\beta}_t).$$

(2) 若向量组 $\boldsymbol{\alpha}_1,\boldsymbol{\alpha}_2,\cdots,\boldsymbol{\alpha}_s$ 与 $\boldsymbol{\beta}_1,\boldsymbol{\beta}_2,\cdots,\boldsymbol{\beta}_t$ 等价. 则

$$r(\boldsymbol{\alpha}_1,\boldsymbol{\alpha}_2,\cdots,\boldsymbol{\alpha}_s)=r(\boldsymbol{\beta}_1,\boldsymbol{\beta}_2,\cdots,\boldsymbol{\beta}_t).$$

(3) 若向量组 $\boldsymbol{\alpha}_1,\boldsymbol{\alpha}_2,\cdots,\boldsymbol{\alpha}_s$ 可线性表示 $\boldsymbol{\beta}_1,\boldsymbol{\beta}_2,\cdots,\boldsymbol{\beta}_t$,且

$$r(\boldsymbol{\alpha}_1,\boldsymbol{\alpha}_2,\cdots,\boldsymbol{\alpha}_s)=r(\boldsymbol{\beta}_1,\boldsymbol{\beta}_2,\cdots,\boldsymbol{\beta}_t),$$

则 $\boldsymbol{\alpha}_1,\boldsymbol{\alpha}_2,\cdots,\boldsymbol{\alpha}_s$ 与 $\boldsymbol{\beta}_1,\boldsymbol{\beta}_2,\cdots,\boldsymbol{\beta}_t$ **等价**.

(4) 若向量组 $\boldsymbol{\alpha}_1,\boldsymbol{\alpha}_2,\cdots,\boldsymbol{\alpha}_s$ 的秩为 r,则 $\boldsymbol{\alpha}_1,\boldsymbol{\alpha},\cdots,\boldsymbol{\alpha}_s$ 中任意 r 个线性无关的向量组成的部分向量组都是 $\boldsymbol{\alpha}_1,\boldsymbol{\alpha}_2,\cdots,\boldsymbol{\alpha}_s$ 的**极大无关组**.

(5) 设矩阵 $\mathbf{A}=(a_{ij})_{m\times n}$ 的列构成的列向量组为 $\boldsymbol{\alpha}_1,\boldsymbol{\alpha}_2,\cdots,\boldsymbol{\alpha}_n$,又设 $\mathbf{A}=(a_{ij})_{m\times n}$ 的行构成的行向量组为 $\boldsymbol{\beta}_1,\boldsymbol{\beta}_2,\cdots,\boldsymbol{\beta}_m$,则 $\mathbf{A}$ 的秩与 $\boldsymbol{\alpha}_1,\boldsymbol{\alpha}_2,\cdots,\boldsymbol{\alpha}_n$ 和 $\boldsymbol{\beta}_1,\boldsymbol{\beta}_2,\cdots,\boldsymbol{\beta}_m$ 的**秩相等**,即

$$r(\mathbf{A})=r(\boldsymbol{\alpha}_1,\boldsymbol{\alpha}_2,\cdots,\boldsymbol{\alpha}_n)=r(\boldsymbol{\beta}_1,\boldsymbol{\beta}_2,\cdots,\boldsymbol{\beta}_m).$$

6) 齐次线性方程组解的结构

设齐次线性方程组

$$\boldsymbol{Ax}=\mathbf{0},$$

其中 $\boldsymbol{A}=(a_{ij})_{m\times n}$,视 $\boldsymbol{Ax}=\mathbf{0}$ 的解 $\boldsymbol{\alpha}$ 为列向量(称为 $\boldsymbol{Ax}=\mathbf{0}$ 的解向量),即 $\boldsymbol{A\alpha}=\mathbf{0}$,则 $\boldsymbol{Ax}=\mathbf{0}$ 的解有以下性质:

(1) 若 $\boldsymbol{\alpha}_1,\boldsymbol{\alpha}_2$ 为 $\boldsymbol{Ax}=\mathbf{0}$ 的解,则 $\boldsymbol{\alpha}_1+\boldsymbol{\alpha}_2$ 也是 $\boldsymbol{Ax}=\mathbf{0}$ 的解.

(2) 若 $\boldsymbol{\alpha}$ 是 $\boldsymbol{Ax}=\mathbf{0}$ 的解,k 为数,则 $k\boldsymbol{\alpha}$ 也是 $\boldsymbol{Ax}=\mathbf{0}$ 的解.

利用向量组的线性关系和极大无关组的知识. 引出方程组 $\boldsymbol{Ax}=\mathbf{0}$ 的基础解系的概念.

若方程组 $\boldsymbol{Ax}=\mathbf{0}$ 有解 $\boldsymbol{\alpha}_1,\boldsymbol{\alpha}_2,\cdots,\boldsymbol{\alpha}_t$ 满足

(1) 解向量 $\boldsymbol{\alpha}_1,\boldsymbol{\alpha}_2,\cdots,\boldsymbol{\alpha}_t$ 线性无关.

(2) $\boldsymbol{Ax}=\boldsymbol{0}$ 的任一解都可由 $\boldsymbol{\alpha}_1,\boldsymbol{\alpha}_2,\cdots,\boldsymbol{\alpha}_t$ 线性表示，则称 $\boldsymbol{\alpha}_1,\boldsymbol{\alpha}_2,\cdots,\boldsymbol{\alpha}_t$ 为 $\boldsymbol{Ax}=\boldsymbol{0}$的一个**基础解系**.

关于 $\boldsymbol{Ax}=\boldsymbol{0}$ 的基础解系有以下结论：

(1) 若 $r(\boldsymbol{A})=r<n$，则方程组 $\boldsymbol{Ax}=\boldsymbol{0}$ 有基础解系，且基础解系含有 $n-r$ 个解.

(2) $\boldsymbol{Ax}=\boldsymbol{0}$ 有基础解系，则其任意两个基础解系都等价.

(3) 若 $r(\boldsymbol{A})=r<n$，则方程组 $\boldsymbol{Ax}=\boldsymbol{0}$ 的任意 $n-r$ 个线性无关的解都构成其基础解系.

(4) 若 $\boldsymbol{\alpha}_1,\boldsymbol{\alpha}_2,\cdots,\boldsymbol{\alpha}_{n-r}$是方程组 $\boldsymbol{Ax}=\boldsymbol{0}$ 的基础解系，$k_1,k_2,\cdots,k_{n-r}$为任意 $n-r$ 个常数，则 $\boldsymbol{Ax}=\boldsymbol{0}$ 的所有解可表示为

$$\boldsymbol{\alpha}=k_1\boldsymbol{\alpha}_1+k_2\boldsymbol{\alpha}_2+\cdots+k_{n-r}\boldsymbol{\alpha}_{n-r},$$

此式常称为 $\boldsymbol{Ax}=\boldsymbol{0}$ 的**通解**.

7) 非齐次线性方程组解的结构

设非齐次线性方程组 $\boldsymbol{Ax}=\boldsymbol{b}$，其中 $\boldsymbol{A}=(a_{ij})_{m\times n}$，$\boldsymbol{b}\neq\boldsymbol{0}$. 则关于 $\boldsymbol{Ax}=\boldsymbol{b}$ 的解有以下结论：

(1) 若 $\boldsymbol{\alpha}_1,\boldsymbol{\alpha}_2$ 是 $\boldsymbol{Ax}=\boldsymbol{0}$ 的解，则 $\boldsymbol{\alpha}_1-\boldsymbol{\alpha}_2$ 是 $\boldsymbol{Ax}=\boldsymbol{0}$ 的解.

(2) 若 $\boldsymbol{\alpha}_1$ 是 $\boldsymbol{Ax}=\boldsymbol{b}$ 的解，$\boldsymbol{\alpha}_0$ 是 $\boldsymbol{Ax}=\boldsymbol{0}$ 的解，则 $\boldsymbol{\alpha}_0+\boldsymbol{\alpha}_1$ 也是 $\boldsymbol{Ax}=\boldsymbol{b}$ 的解.

(3) 若 $\boldsymbol{\alpha}_1,\boldsymbol{\alpha}_2,\cdots,\boldsymbol{\alpha}_s$ 是 $\boldsymbol{Ax}=\boldsymbol{b}$ 的解，$k_1,k_2,\cdots,k_s$ 为数，令

$$\boldsymbol{\alpha}=k_1\boldsymbol{\alpha}_1+k_2\boldsymbol{\alpha}_2+\cdots+k_s\boldsymbol{\alpha}_s=\sum_{i=1}^{s}k_i\boldsymbol{\alpha}_i.$$

则 $\boldsymbol{\alpha}$ 是方程组 $\boldsymbol{Ax}=\left(\sum_{i=1}^{s}k_i\right)\boldsymbol{b}$ 的解. 特别地

(A) $\boldsymbol{\alpha}$ 是 $\boldsymbol{Ax}=\boldsymbol{b}$ 的解的充要条件为 $\sum_{i=1}^{s}k_i=1$.

(B) $\boldsymbol{\alpha}$ 是 $\boldsymbol{Ax}=\boldsymbol{0}$ 的解的充要条件为 $\sum_{i=1}^{s}k_i=0$.

(4) 若 $\boldsymbol{\alpha}_p$ 是 $\boldsymbol{Ax}=\boldsymbol{b}$ 的一个不含任意常数的解(称为特解)，则 $\boldsymbol{Ax}=\boldsymbol{b}$ 的任一解 $\boldsymbol{\alpha}$ 可表示为

$$\boldsymbol{\alpha}=\boldsymbol{\alpha}_p+\boldsymbol{\alpha}_0,$$

其中 $\boldsymbol{\alpha}_0$ 是 $\boldsymbol{Ax}=\boldsymbol{0}$ 的某个解.

(5) 若 $\boldsymbol{\alpha}_p$ 是 $\boldsymbol{Ax}=\boldsymbol{b}$ 的特解，$\boldsymbol{\alpha}_1,\boldsymbol{\alpha}_2,\cdots,\boldsymbol{\alpha}_{n-r}$是 $\boldsymbol{Ax}=\boldsymbol{0}$ 的一个基础解系，k_1，$k_2,\cdots,k_{n-r}$为任意常数，则 $\boldsymbol{Ax}=\boldsymbol{b}$ 的所有解可表示为

$$\begin{aligned}\boldsymbol{\alpha}&=\boldsymbol{\alpha}_p+k_1\boldsymbol{\alpha}_1+k_2\boldsymbol{\alpha}_2+\cdots+k_{n-r}\boldsymbol{\alpha}_{n-r}\\&=\boldsymbol{\alpha}_p+\boldsymbol{\alpha}_c\end{aligned}$$

此式常称为 $\boldsymbol{Ax}=\boldsymbol{b}$ 的通解，其中 $\boldsymbol{\alpha}_c=k_1\boldsymbol{\alpha}_1+k_2\boldsymbol{\alpha}_2+\cdots+k_{n-r}\boldsymbol{\alpha}_{n-r}$ 为 $\boldsymbol{Ax}=\boldsymbol{0}$ 的通解.

二、习题选讲

【2-1】 已知向量

$$\boldsymbol{\alpha}=\begin{bmatrix}1\\0\\1\end{bmatrix},\boldsymbol{\beta}=\begin{bmatrix}5\\-3\\1\end{bmatrix}.$$

(1) 设$(\boldsymbol{\alpha}-\boldsymbol{\xi})+2(\boldsymbol{\beta}-\boldsymbol{\xi})=3(\boldsymbol{\alpha}-\boldsymbol{\beta})$，求向量 $\boldsymbol{\xi}$；

(2) 设 $2\boldsymbol{\xi}-\boldsymbol{\eta}=\boldsymbol{\alpha},\boldsymbol{\xi}+\boldsymbol{\eta}=\boldsymbol{\beta}$，求向量 $\boldsymbol{\xi},\boldsymbol{\eta}$.

解 题中仅涉及到向量的线性运算及性质，故可直接计算.

(1) $3\boldsymbol{\xi}=\boldsymbol{\alpha}+2\boldsymbol{\beta}-3(\boldsymbol{\alpha}-\boldsymbol{\beta})=-2\boldsymbol{\alpha}+5\boldsymbol{\beta}$，

$$\boldsymbol{\xi}=\frac{1}{3}(-2\boldsymbol{\alpha}+5\boldsymbol{\beta})=\frac{1}{3}\left(-2\begin{bmatrix}1\\0\\1\end{bmatrix}+5\begin{bmatrix}5\\-3\\1\end{bmatrix}\right)=\begin{bmatrix}\frac{23}{3}\\-5\\1\end{bmatrix};$$

(2) $\begin{cases}2\boldsymbol{\xi}-\boldsymbol{\eta}=\boldsymbol{\alpha}\\\boldsymbol{\xi}+\boldsymbol{\eta}=\boldsymbol{\beta},\end{cases}$

$$\boldsymbol{\xi}=\frac{1}{3}(\boldsymbol{\alpha}+\boldsymbol{\beta})=\frac{1}{3}\left(\begin{bmatrix}1\\0\\1\end{bmatrix}+\begin{bmatrix}5\\-3\\1\end{bmatrix}\right)=\begin{bmatrix}2\\-1\\\frac{2}{3}\end{bmatrix},$$

$$\boldsymbol{\eta}=\frac{1}{3}(2\boldsymbol{\beta}-\boldsymbol{\alpha})=\frac{1}{3}\left(2\begin{bmatrix}5\\-3\\1\end{bmatrix}-\begin{bmatrix}1\\0\\1\end{bmatrix}\right)=\begin{bmatrix}3\\-2\\\frac{1}{3}\end{bmatrix}.$$

【2-2】 讨论下列向量组的线性相关性：

(1) $\boldsymbol{\alpha}_1=\begin{bmatrix}5\\3\end{bmatrix},\boldsymbol{\alpha}_2=\begin{bmatrix}2\\1\end{bmatrix}$；

(2) $\boldsymbol{\alpha}_1=\begin{bmatrix}1\\-2\\3\end{bmatrix},\boldsymbol{\alpha}_2=\begin{bmatrix}0\\2\\-5\end{bmatrix},\boldsymbol{\alpha}_3=\begin{bmatrix}-1\\0\\2\end{bmatrix}$.

解 (1) 设 $x_1\boldsymbol{\alpha}_1+x_2\boldsymbol{\alpha}_2=\boldsymbol{0}$，即

$$x_1\begin{bmatrix}5\\3\end{bmatrix}+x_2\begin{bmatrix}2\\1\end{bmatrix}=\begin{bmatrix}0\\0\end{bmatrix}. \qquad (1)$$

若能解得 $x_1=x_2=0$,则由定义可知 $\boldsymbol{\alpha}_1,\boldsymbol{\alpha}_2$ 线性无关. 否则,可知 $\boldsymbol{\alpha}_1,\boldsymbol{\alpha}_2$ 线性相关. 式(1)可表示成齐次线性方程组

$$\begin{cases}5x_1+2x_2=0,\\3x_1+x_2=0.\end{cases}\tag{2}$$

利用消元法,求解式(2),记其系数矩阵为 $\mathbf{A}$,即

$$\mathbf{A}=(\boldsymbol{\alpha}_1,\boldsymbol{\alpha}_2)=\begin{bmatrix}5&2\\3&1\end{bmatrix},$$

利用矩阵的行初等变换:

$$\mathbf{A}\xrightarrow{\text{行}}\begin{bmatrix}5&2\\0&-\frac{1}{5}\end{bmatrix}\xrightarrow{\text{行}}\begin{bmatrix}1&0\\0&1\end{bmatrix},$$

由此可知(2)只有零解 $x_1=x_2=0$,故 $\boldsymbol{\alpha}_1,\boldsymbol{\alpha}_2$ 线性无关.

点评 由此例可见,$\boldsymbol{\alpha}_1,\boldsymbol{\alpha}_2$ 是否线性无关等价于齐次线性方程式(2)是否只有零解,而此又可等价于式(2)的系数矩阵 $\mathbf{A}=(\boldsymbol{\alpha}_1,\boldsymbol{\alpha}_2)$ 的秩是否等于 $\mathbf{A}$ 的列数. 因此,讨论 n 维列向量组 $\boldsymbol{\alpha}_1,\boldsymbol{\alpha}_2,\cdots,\boldsymbol{\alpha}_s$ 的线性相关性,不必从定义出发,只需作 $n\times s$ 矩阵

$$\mathbf{A}=(\boldsymbol{\alpha}_1,\boldsymbol{\alpha}_2,\cdots,\boldsymbol{\alpha}_s),$$

若矩阵 $\mathbf{A}$ 的秩 $r(\mathbf{A})=s$(称 $\mathbf{A}$ 为**列满秩矩阵**),则向量组 $\boldsymbol{\alpha}_1,\boldsymbol{\alpha}_2,\cdots,\boldsymbol{\alpha}_s$ 线性无关. 否则,即 $r(\mathbf{A})<s$(称 $\mathbf{A}$ 为**列降秩矩阵**),则向量组 $\boldsymbol{\alpha}_1,\boldsymbol{\alpha}_2,\cdots,\boldsymbol{\alpha}_s$ 线性相关.

(2) 作矩阵

$$\mathbf{A}=(\boldsymbol{\alpha}_1,\boldsymbol{\alpha}_2,\boldsymbol{\alpha}_3)=\begin{bmatrix}1&0&-1\\-2&2&0\\3&-5&2\end{bmatrix},$$

因行列式

$$|\mathbf{A}|=\begin{vmatrix}1&0&-1\\-2&2&0\\3&-5&2\end{vmatrix}=\begin{vmatrix}1&0&0\\-2&2&0\\3&-5&0\end{vmatrix}=0,$$

$r(\mathbf{A})<3$,故 $\boldsymbol{\alpha}_1,\boldsymbol{\alpha}_2,\boldsymbol{\alpha}_3$ 线性相关.

本题也可用观察法,可以看出

$$\boldsymbol{\alpha}_1+\boldsymbol{\alpha}_2+\boldsymbol{\alpha}_3=\mathbf{0},$$

因此,存在 $x_1=1,x_2=1,x_3=1$ 不全为零的数,使

$$x_1\boldsymbol{\alpha}_1+x_2\boldsymbol{\alpha}_2+x_3\boldsymbol{\alpha}_3=\mathbf{0},$$

据定义,可知 $\boldsymbol{\alpha}_1,\boldsymbol{\alpha}_2,\boldsymbol{\alpha}_3$ 线性相关.

【2-3】 讨论下列向量组中,参数 a 取何值时所给的向量组线性相关?

(1) $\boldsymbol{\alpha}_1=\begin{bmatrix}a\\1\\1\end{bmatrix},\boldsymbol{\alpha}_2=\begin{bmatrix}1\\a\\1\end{bmatrix},\boldsymbol{\alpha}_3=\begin{bmatrix}1\\1\\a\end{bmatrix}$;

(2) $\boldsymbol{\alpha}_1=\begin{bmatrix}1\\0\\4\\2\end{bmatrix},\boldsymbol{\alpha}_2=\begin{bmatrix}2\\-1\\1\\3\end{bmatrix},\boldsymbol{\alpha}_3=\begin{bmatrix}-4\\2\\-2\\a\end{bmatrix}$;

(3) $\boldsymbol{\alpha}_1=\begin{bmatrix}1\\a+1\\2\end{bmatrix},\boldsymbol{\alpha}_2=\begin{bmatrix}-2\\0\\1\end{bmatrix},\boldsymbol{\alpha}_3=\begin{bmatrix}1\\5\\-2\end{bmatrix},\boldsymbol{\alpha}_4=\begin{bmatrix}a\\1\\0\end{bmatrix}$.

解 (1) 作矩阵

$$\boldsymbol{A}=(\boldsymbol{\alpha}_1,\boldsymbol{\alpha}_2,\boldsymbol{\alpha}_3)=\begin{bmatrix}a&1&1\\1&a&1\\1&1&a\end{bmatrix},$$

由

$$|\boldsymbol{A}|=\begin{vmatrix}a&1&1\\1&a&1\\1&1&a\end{vmatrix}=(a+2)(a-1)^2,$$

得 $a=-2$ 或 $a=1$ 时 $|\boldsymbol{A}|=0,r(\boldsymbol{A})<3,\boldsymbol{\alpha}_1,\boldsymbol{\alpha}_2,\boldsymbol{\alpha}_3$ 线性相关. 否则,$|\boldsymbol{A}|\neq0,r(\boldsymbol{A})=3,\boldsymbol{\alpha}_1,\boldsymbol{\alpha}_2,\boldsymbol{\alpha}_3$ 线性无关.

(2) 由

$$\boldsymbol{A}=(\boldsymbol{\alpha}_1,\boldsymbol{\alpha}_2,\boldsymbol{\alpha}_3)=\begin{bmatrix}1&2&-4\\0&-1&2\\4&1&-2\\2&3&a\end{bmatrix}\xrightarrow{\text{行}}\begin{bmatrix}1&0&0\\0&1&-2\\0&0&a+b\\0&0&0\end{bmatrix},$$

知 $a=-6$ 时,$r(\boldsymbol{A})=2<3,\boldsymbol{\alpha}_1,\boldsymbol{\alpha}_2,\boldsymbol{\alpha}_3$ 线性相关,且可得 $\boldsymbol{A}$ 的对应的齐次线性方程组的解:$x_1=0,x_2=2x_3,x_3=x_3$. 故有

$$0\boldsymbol{\alpha}_1+2k\boldsymbol{\alpha}_2+k\boldsymbol{\alpha}_3=\boldsymbol{0},$$

其中 k 为任意非 0 常数,当 $\boldsymbol{\alpha}\neq-6$ 时. $r(\boldsymbol{A})=3,\boldsymbol{\alpha}_1,\boldsymbol{\alpha}_2,\boldsymbol{\alpha}_3$ 线性无关.

(3) 因为矩阵

$$\boldsymbol{A}=(\boldsymbol{\alpha}_1,\boldsymbol{\alpha}_2,\boldsymbol{\alpha}_3,\boldsymbol{\alpha}_4)=\begin{bmatrix}1&-2&1&a\\a+1&0&5&1\\2&1&-2&0\end{bmatrix},$$

有 $r(\boldsymbol{A})\leqslant\min(3,4)<4$,所以不论 a 取何值,向量组 $\boldsymbol{\alpha}_1,\boldsymbol{\alpha}_2,\boldsymbol{\alpha}_3,\boldsymbol{\alpha}_4$ 都线性相关.

【2-4】 讨论向量$\boldsymbol{\beta}$是否可以由向量组$\boldsymbol{\alpha}_1,\boldsymbol{\alpha}_2,\boldsymbol{\alpha}_3$线性表示？

(1) $\boldsymbol{\beta}=\begin{bmatrix}1\\2\\3\end{bmatrix},\boldsymbol{\alpha}_1=\begin{bmatrix}1\\0\\1\end{bmatrix},\boldsymbol{\alpha}_2=\begin{bmatrix}1\\1\\0\end{bmatrix},\boldsymbol{\alpha}_3=\begin{bmatrix}1\\1\\1\end{bmatrix}$;

(2) $\boldsymbol{\beta}=\begin{bmatrix}1\\0\\2\end{bmatrix},\boldsymbol{\alpha}_1=\begin{bmatrix}1\\-1\\0\end{bmatrix},\boldsymbol{\alpha}_2=\begin{bmatrix}2\\1\\3\end{bmatrix},\boldsymbol{\alpha}_3=\begin{bmatrix}1\\-2\\-1\end{bmatrix}$.

解 (1) 设$x_1\boldsymbol{\alpha}_1+x_2\boldsymbol{\alpha}_2+x_3\boldsymbol{\alpha}_3=\boldsymbol{\beta}$,即

$$\begin{cases}x_1+x_2+x_3=1,\\ \quad\ \ x_2+x_3=2,\\ x_1\quad\ \ +x_3=3,\end{cases}\tag{3}$$

记式(3)为$\boldsymbol{A}\boldsymbol{x}=\boldsymbol{b}$,则有

$$\boldsymbol{A}=(\boldsymbol{\alpha}_1,\boldsymbol{\alpha}_2,\boldsymbol{\alpha}_3),\boldsymbol{b}=\boldsymbol{\beta},\boldsymbol{x}=(x_1,x_2,x_3)^{\mathrm{T}},\overline{\boldsymbol{A}}=(\boldsymbol{\alpha}_1,\boldsymbol{\alpha}_2,\boldsymbol{\alpha}_3,\boldsymbol{\beta});$$

由

$$\overline{\boldsymbol{A}}=\begin{bmatrix}1&1&1&1\\0&1&1&2\\1&0&1&3\end{bmatrix}\xrightarrow{\text{行}}\begin{bmatrix}1&0&0&-1\\0&1&0&-2\\0&0&1&4\end{bmatrix},$$

知式(3)有解$x_1=-1,x_2=-2,x_3=4$,故向量$\boldsymbol{\beta}$可由向量组$\boldsymbol{\alpha}_1,\boldsymbol{\alpha}_2,\boldsymbol{\alpha}_3$线性表示,且

$$-\boldsymbol{\alpha}_1-2\boldsymbol{\alpha}_2+4\boldsymbol{\alpha}_3=\boldsymbol{\beta}.$$

(2) 设$x_1\boldsymbol{\alpha}_1+x_2\boldsymbol{\alpha}_2+x_3\boldsymbol{\alpha}_3=\boldsymbol{\beta}$,即

$$\begin{cases}x_1+2x_2+x_3=1,\\ -x_1+x_2-2x_3=0,\\ 3x_2-x_3=2,\end{cases}\tag{4}$$

由

$$\overline{\boldsymbol{A}}=(\boldsymbol{\alpha}_1,\boldsymbol{\alpha}_2,\boldsymbol{\alpha}_3,\boldsymbol{\beta})=\begin{bmatrix}1&2&1&1\\-1&1&-2&0\\0&3&-1&2\end{bmatrix}\xrightarrow{\text{行}}\begin{bmatrix}1&2&1&1\\0&3&-1&1\\0&0&0&1\end{bmatrix},$$

知式(4)无解,故向量$\boldsymbol{\beta}$不能由向量组$\boldsymbol{\alpha}_1,\boldsymbol{\alpha}_2,\boldsymbol{\alpha}_3$线性表示.

点评 由本题知,向量$\boldsymbol{\beta}$可否由向量组$\boldsymbol{\alpha}_1,\boldsymbol{\alpha}_2,\cdots,\boldsymbol{\alpha}_s$线性表示等价于非齐次线性方程组$\boldsymbol{A}\boldsymbol{x}=\boldsymbol{b}$是否有解,其中

$$\boldsymbol{A}=(\boldsymbol{\alpha}_1,\boldsymbol{\alpha}_2,\cdots,\boldsymbol{\alpha}_s),\boldsymbol{b}=\boldsymbol{\beta},\boldsymbol{x}=(x_1,x_2,\cdots,x_s)^{\mathrm{T}},$$

又由线性方程组解的存在定理知,它等价于线性方程组$\boldsymbol{A}\boldsymbol{x}=\boldsymbol{b}$的系数矩阵$\boldsymbol{A}$与增广矩阵$\overline{\boldsymbol{A}}$的秩是否相等.故向量$\boldsymbol{\beta}$可否由向量组$\boldsymbol{\alpha}_1,\boldsymbol{\alpha}_2,\cdots,\boldsymbol{\alpha}_s$线性表示,可用

$$r(\boldsymbol{\alpha}_1,\boldsymbol{\alpha}_2,\cdots,\boldsymbol{\alpha}_s) \text{ 与 } r(\boldsymbol{\alpha}_1,\boldsymbol{\alpha}_2,\cdots,\boldsymbol{\alpha}_s,\boldsymbol{\beta})$$

是否相等来判定.

【2-5】 已知

$$\boldsymbol{\beta}=\begin{bmatrix}4\\-1\\6\\b\end{bmatrix},\boldsymbol{\alpha}_1=\begin{bmatrix}1\\0\\1\\0\end{bmatrix},\boldsymbol{\alpha}_2=\begin{bmatrix}2\\2\\a\\2\end{bmatrix},\boldsymbol{\alpha}_3=\begin{bmatrix}3\\1\\1\\1\end{bmatrix},$$

问 a,b 为何值时,$\boldsymbol{\beta}$ 可由 $\boldsymbol{\alpha}_1,\boldsymbol{\alpha}_2,\boldsymbol{\alpha}_3$ 线性表示?并写出表示式.

解 因为

$$\bar{\mathbf{A}}=(\boldsymbol{\alpha}_1,\boldsymbol{\alpha}_2,\boldsymbol{\alpha}_3,\boldsymbol{\beta})=\begin{bmatrix}1&2&3&4\\0&2&1&-1\\1&a&1&6\\0&2&1&b\end{bmatrix}\xrightarrow{\text{行}}\begin{bmatrix}1&2&3&4\\0&2&1&-1\\0&a+2&0&0\\0&0&0&b+1\end{bmatrix},$$

所以当 $b\neq 1$ 时,$r(\mathbf{A})<r(\bar{\mathbf{A}})$,线性方程组 $\mathbf{Ax}=\mathbf{b}$ 无解,故 $\boldsymbol{\beta}$ 不能由 $\boldsymbol{\alpha}_1,\boldsymbol{\alpha}_2,\boldsymbol{\alpha}_3$ 线性表示.

当 $b=-1,a\neq -2$ 时,$r(\mathbf{A})=r(\bar{\mathbf{A}})=3$,线性方程组 $\mathbf{Ax}=\mathbf{b}$ 有唯一解 $x_1=7$,$x_2=0,x_3=-1$,故 $\boldsymbol{\beta}$ 可由 $\boldsymbol{\alpha}_1,\boldsymbol{\alpha}_2,\boldsymbol{\alpha}_3$ 线性表示,且表示式唯一,即

$$\boldsymbol{\beta}=7\boldsymbol{\alpha}_1+0\boldsymbol{\alpha}_1-\boldsymbol{\alpha}_3.$$

当 $b=-1$ 且 $a=-2$ 时,$r(\mathbf{A})=r(\bar{\mathbf{A}})=2<3$,线性方程组 $\mathbf{Ax}=\mathbf{b}$ 有无穷多解,可表示为

$$\begin{cases}x_1=5-2x_3,\\x_2=-\dfrac{1}{2}-\dfrac{1}{2}x_3,\\x_3=x_3.\end{cases}$$

故 $\boldsymbol{\beta}$ 可由 $\boldsymbol{\alpha}_1,\boldsymbol{\alpha}_2,\boldsymbol{\alpha}_3$ 线性表示,记为

$$\boldsymbol{\beta}=(5-2k)\boldsymbol{\alpha}_1+\left(-\frac{1}{2}-\frac{1}{2}k\right)\boldsymbol{\alpha}_2+k\boldsymbol{\alpha}_3,$$

其中 k 为任意常数.可见此时表示式有无穷多个.

【2-6】 已知

$$\boldsymbol{\beta}=\begin{bmatrix}0\\\lambda\\\lambda_2\end{bmatrix},\boldsymbol{\alpha}_1=\begin{bmatrix}1+\lambda\\1\\1\end{bmatrix},\boldsymbol{\alpha}_2=\begin{bmatrix}1\\1+\lambda\\1\end{bmatrix},\boldsymbol{\alpha}_3=\begin{bmatrix}1\\1\\1+\lambda\end{bmatrix},$$

问 λ 取何值时,$\boldsymbol{\beta}$ 可以由 $\boldsymbol{\alpha}_1,\boldsymbol{\alpha}_2,\boldsymbol{\alpha}_3$ 线性表示?

解 方法1 因为

$$\bar{A}=(\boldsymbol{\alpha}_1,\boldsymbol{\alpha}_2,\boldsymbol{\alpha}_3,\boldsymbol{\beta})=\begin{bmatrix}1+\lambda & 1 & 1 & 0\\ 1 & 1+\lambda & 1 & \lambda\\ 1 & 1 & 1+\lambda & \lambda^2\end{bmatrix}\xrightarrow{行}\begin{bmatrix}1+\lambda & 1 & 1 & 0\\ -\lambda & \lambda & 0 & \lambda\\ -\lambda^2-3\lambda & 0 & 0 & \lambda^2+\lambda\end{bmatrix},$$

故当 $\lambda=-3$ 时，$r(\bar{A})=3\neq r(A)=2$，即 $\boldsymbol{\beta}$ 不能由 $\boldsymbol{\alpha}_1,\boldsymbol{\alpha}_2,\boldsymbol{\alpha}_3$ 线性表示；当 $\lambda\neq 0$ 且 $\lambda\neq 3$时，$r(\bar{A})=r(A)=3$，$\boldsymbol{\beta}$ 可以由 $\boldsymbol{\alpha}_1,\boldsymbol{\alpha}_2,\boldsymbol{\alpha}_3$ 以唯一的表达式线性表示；当 $\lambda=0$ 时，$r(\bar{A})=r(A)=1<3$，$\boldsymbol{\beta}$ 可由 $\boldsymbol{\alpha}_1,\boldsymbol{\alpha}_2,\boldsymbol{\alpha}_3$ 线性表示，且表示式有无穷多个.

方法 2　因为

$$|A|=|\boldsymbol{\alpha}_1,\boldsymbol{\alpha}_2,\boldsymbol{\alpha}_3|=\begin{vmatrix}1+\lambda & 1 & 1\\ 1 & 1+\lambda & 1\\ 1 & 1 & 1+\lambda\end{vmatrix}=(\lambda+3)\lambda^2,$$

所以当 $\lambda\neq -3$ 且 $\lambda\neq 0$ 时，$r(A)=3$，$\boldsymbol{\alpha}_1,\boldsymbol{\alpha}_2,\boldsymbol{\alpha}_3$ 线性无关，又 $\boldsymbol{\alpha}_1,\boldsymbol{\alpha}_2,\boldsymbol{\alpha}_3,\boldsymbol{\beta}$ 线性相关（见题【2-3】），故 $\boldsymbol{\beta}$ 可由 $\boldsymbol{\alpha}_1,\boldsymbol{\alpha}_2,\boldsymbol{\alpha}_3$ 线性表示，且表示式唯一.

当 $\lambda=0$ 时，有

$$\bar{A}=(\boldsymbol{\alpha}_1,\boldsymbol{\alpha}_2,\boldsymbol{\alpha}_3,\boldsymbol{\beta})=\begin{bmatrix}1 & 1 & 1 & 0\\ 1 & 1 & 1 & 0\\ 1 & 1 & 1 & 0\end{bmatrix},$$

$r(\bar{A})=r(A)=1<3$，故 $\boldsymbol{\beta}$ 可由 $\boldsymbol{\alpha}_1,\boldsymbol{\alpha}_2,\boldsymbol{\alpha}_3$ 线性表示，且表示式有无穷多个.

当 $\lambda=-3$ 时，有

$$\bar{A}=(\boldsymbol{\alpha}_1,\boldsymbol{\alpha}_2,\boldsymbol{\alpha}_3,\boldsymbol{\beta})=\begin{bmatrix}-2 & 1 & 1 & 0\\ 1 & -2 & 1 & -2\\ 1 & 1 & -2 & 4\end{bmatrix}\xrightarrow{行}\begin{bmatrix}-2 & 1 & 1 & 0\\ 1 & -2 & 1 & -2\\ 0 & 0 & 0 & 2\end{bmatrix},$$

$r(\bar{A})=3\neq r(A)=2$，故 $\boldsymbol{\beta}$ 不能由 $\boldsymbol{\alpha}_1,\boldsymbol{\alpha}_2,\boldsymbol{\alpha}_3$ 线性表示.

点评　本题的方法 1 是通过矩阵的初等变换来进行解题的. 此方法比较直接，但对参数 λ 的讨论会比较复杂. 相对而言，方法 2 利用矩阵的行列式来分析向量的线性相关性，没有复杂的计算过程，但需要将参数 λ 代回验证. 请读者自己体会.

【2-7】　试问下列向量组中，哪个向量不能由其余向量线性表示：

$$\boldsymbol{\alpha}_1=\begin{bmatrix}1\\1\\1\\1\end{bmatrix},\boldsymbol{\alpha}_2=\begin{bmatrix}0\\5\\2\\1\end{bmatrix},\boldsymbol{\alpha}_3=\begin{bmatrix}1\\-1\\0\\0\end{bmatrix},\boldsymbol{\alpha}_4=\begin{bmatrix}2\\-3\\0\\1\end{bmatrix}.$$

解　因为

$$A=(\boldsymbol{\alpha}_1,\boldsymbol{\alpha}_2,\boldsymbol{\alpha}_3,\boldsymbol{\alpha}_4)=\begin{bmatrix}1 & 0 & 1 & 2\\ 1 & 5 & -1 & -3\\ 1 & 2 & 0 & 0\\ 1 & 1 & 0 & 1\end{bmatrix}\xrightarrow{行}\begin{bmatrix}1 & 0 & 1 & 2\\ 0 & 1 & -1 & -1\\ 0 & 0 & 1 & 0\\ 0 & 0 & 0 & 0\end{bmatrix},$$

可见，$r(\boldsymbol{\alpha}_1,\boldsymbol{\alpha}_2,\boldsymbol{\alpha}_4)=2\neq r(\boldsymbol{\alpha}_1,\boldsymbol{\alpha}_2,\boldsymbol{\alpha}_3,\boldsymbol{\alpha}_4)=3$，故 $\boldsymbol{\alpha}_3$ 不能由 $\boldsymbol{\alpha}_1,\boldsymbol{\alpha}_2,\boldsymbol{\alpha}_4$ 线性表示.

点评 例【2-6】是对于用矩阵的秩判别向量线性表示的方法的灵活运用. 这种方法可以做以下推广：

设 $\boldsymbol{\alpha}_1,\boldsymbol{\alpha}_2,\cdots,\boldsymbol{\alpha}_s$ 与 $\boldsymbol{\beta}_1,\boldsymbol{\beta}_2,\cdots,\boldsymbol{\beta}_t$ 都是 n 维向量组，则向量组 $\boldsymbol{\beta}_1,\boldsymbol{\beta}_2,\cdots,\boldsymbol{\beta}_t$ 可由向量组 $\boldsymbol{\alpha}_1,\boldsymbol{\alpha}_2,\cdots,\boldsymbol{\alpha}_s$ 线性表示的充分必要条件是

$$r(\boldsymbol{\alpha}_1,\boldsymbol{\alpha}_2,\cdots,\boldsymbol{\alpha}_s)=r(\boldsymbol{\alpha}_1,\boldsymbol{\alpha}_2,\cdots,\boldsymbol{\alpha}_s,\boldsymbol{\beta}_1,\boldsymbol{\beta}_2,\cdots,\boldsymbol{\beta}_t).$$

证明留给读者.

【2-8】 已知

$$\boldsymbol{\alpha}_1=\begin{bmatrix}1\\2\\-3\\1\end{bmatrix},\boldsymbol{\alpha}_2=\begin{bmatrix}2\\-6\\12\\6\end{bmatrix},\boldsymbol{\alpha}_3=\begin{bmatrix}5\\-5\\a\\11\end{bmatrix},\boldsymbol{\beta}_1=\begin{bmatrix}1\\-3\\6\\3\end{bmatrix},\boldsymbol{\beta}_2=\begin{bmatrix}2\\-1\\3\\b\end{bmatrix},$$

问 a,b 取何值时，向量组 $\boldsymbol{\alpha}_1,\boldsymbol{\alpha}_2,\boldsymbol{\alpha}_3$ 与 $\boldsymbol{\beta}_1,\boldsymbol{\beta}_2$ 等价？

解 因为

$$\boldsymbol{A}=(\boldsymbol{\alpha}_1,\boldsymbol{\alpha}_2,\boldsymbol{\alpha}_3,\boldsymbol{\beta}_1,\boldsymbol{\beta}_2)$$

$$=\begin{bmatrix}1&2&5&1&2\\2&-6&-5&-3&-1\\-3&12&a&6&3\\1&6&11&3&b\end{bmatrix}\xrightarrow{\text{行}}\begin{bmatrix}1&2&5&1&2\\0&2&3&1&1\\0&0&a-12&0&0\\0&0&0&0&b-4\end{bmatrix},$$

所以当 $a\neq12$ 且 $b\neq4$ 时，$r(\boldsymbol{\alpha}_1,\boldsymbol{\alpha}_2,\boldsymbol{\alpha}_3,\boldsymbol{\beta}_1,\boldsymbol{\beta}_2)=4$，$r(\boldsymbol{\alpha}_1,\boldsymbol{\alpha}_2,\boldsymbol{\alpha}_3)=3\neq4$，故 $\boldsymbol{\beta}_1,\boldsymbol{\beta}_2$ 不能由 $\boldsymbol{\alpha}_1,\boldsymbol{\alpha}_2,\boldsymbol{\alpha}_3$ 线性表示. $r(\boldsymbol{\beta}_1,\boldsymbol{\beta}_2)=2\neq4$，故 $\boldsymbol{\alpha}_1,\boldsymbol{\alpha}_2,\boldsymbol{\alpha}_3$ 也不能由 $\boldsymbol{\beta}_1,\boldsymbol{\beta}_2$ 线性表示；

当 $a=12$ 且 $b\neq4$ 时，$r(\boldsymbol{\alpha}_1,\boldsymbol{\alpha}_2,\boldsymbol{\alpha}_3,\boldsymbol{\beta}_1,\boldsymbol{\beta}_2)=3$，$r(\boldsymbol{\alpha}_1,\boldsymbol{\alpha}_2,\boldsymbol{\alpha}_3)=2\neq3$ 故 $\boldsymbol{\beta}_1,\boldsymbol{\beta}_2$ 不能由 $\boldsymbol{\alpha}_1,\boldsymbol{\alpha}_2,\boldsymbol{\alpha}_3$ 线性表示；$r(\boldsymbol{\beta}_1,\boldsymbol{\beta}_2)=2\neq3$，故 $\boldsymbol{\alpha}_1,\boldsymbol{\alpha}_2,\boldsymbol{\alpha}_3$ 也不能由 $\boldsymbol{\beta}_1,\boldsymbol{\beta}_2$ 线性表示，当 $a\neq12$ 且 $b=4$ 时，$r(\boldsymbol{\alpha}_1,\boldsymbol{\alpha}_2,\boldsymbol{\alpha}_3,\boldsymbol{\beta}_1,\boldsymbol{\beta}_2)=3$，$r(\boldsymbol{\alpha}_1,\boldsymbol{\alpha}_2,\boldsymbol{\alpha}_3)=3$，故 $\boldsymbol{\beta}_1,\boldsymbol{\beta}_2$ 可由 $\boldsymbol{\alpha}_1,\boldsymbol{\alpha}_2,\boldsymbol{\alpha}_3$ 线性表示，且表示式唯一. $r(\boldsymbol{\beta}_1,\boldsymbol{\beta}_2)=2\neq3$，故 $\boldsymbol{\alpha}_1,\boldsymbol{\alpha}_2,\boldsymbol{\alpha}_3$ 不能由 $\boldsymbol{\beta}_1,\boldsymbol{\beta}_2,\boldsymbol{\beta}_3$ 线性表示. 当 $a=12$ 且 $b=4$ 时，$r(\boldsymbol{\alpha}_1,\boldsymbol{\alpha}_2,\boldsymbol{\alpha}_3,\boldsymbol{\beta}_1,\boldsymbol{\beta}_2)=2$，$r(\boldsymbol{\alpha}_1,\boldsymbol{\alpha}_2,\boldsymbol{\alpha}_3)=2$，故 $\boldsymbol{\beta}_1,\boldsymbol{\beta}_2$ 可由 $\boldsymbol{\alpha}_1,\boldsymbol{\alpha}_2,\boldsymbol{\alpha}_3$ 线性表示，且表示式有无穷多个. $r(\boldsymbol{\beta}_1,\boldsymbol{\beta}_2)=2$，故 $\boldsymbol{\alpha}_1,\boldsymbol{\alpha}_2,\boldsymbol{\alpha}_3$ 也可由 $\boldsymbol{\beta}_1,\boldsymbol{\beta}_2$ 线性表示，且表示式唯一.

综上所述，当 $a=12$ 且 $b=4$ 时，向量组 $\boldsymbol{\alpha}_1,\boldsymbol{\alpha}_2,\boldsymbol{\alpha}_3$ 与 $\boldsymbol{\beta}_1,\boldsymbol{\beta}_2$ 等价.

【2-9】 在空间中建立直角坐标系，点 P 的坐标同时又是向量$\overrightarrow{OP}$的坐标. 已知 3 点 A,B,C 的坐标分别为 $A(1,1,1)$，$B(2,1,5)$，$C(1,-3,4)$，问向量$\overrightarrow{OA}$，$\overrightarrow{OB}$，$\overrightarrow{OC}$是否共面？

解 三个向量共面，$\Leftrightarrow$其中有一个向量是其余两个向量的线性组合；$\Leftrightarrow$这三个向量线性相关；$\Leftrightarrow$存在不全为 0 的数 x_1,x_2,x_3，使

$$x_1(1,1,1)+x_2(2,1,5)+x_3(1,-3,4)=(0,0,0),$$

即
$$\begin{cases}x_1+2x_2+x_3=0,\\ x_1+x_2-3x_3=0,\\ x_1+5x_2+4x_3=0.\end{cases}$$

解得唯一解$(x_1,x_2,x_3)=(0,0,0)$. 可见$\overrightarrow{OA},\overrightarrow{OB},\overrightarrow{OC}$不共面.

点评 对于 3 维几何空间的向量,我们有:

3 个向量 $\boldsymbol{\alpha}_1,\boldsymbol{\alpha}_2,\boldsymbol{\alpha}_3$ 线性相关$\Leftrightarrow\boldsymbol{\alpha}_1,\boldsymbol{\alpha}_2,\boldsymbol{\alpha}_3$ 处于同一平面内.

2 个向量 $\boldsymbol{\alpha}_1,\boldsymbol{\alpha}_2$ 线性相关$\Leftrightarrow\boldsymbol{\alpha}_1,\boldsymbol{\alpha}_2$ 平行(也称**共线**),

此题为向量的线性相关性在几何中的应用. 通过此道例题,可以了解线性相关性在 3 维空间中的几何意义.

【2-10】 试判别以下命题是否正确:

(1) 若存在一组不全为零的数 $x_1,x_2,\cdots,x_s$,使向量组 $\boldsymbol{\alpha}_1,\boldsymbol{\alpha}_2,\cdots,\boldsymbol{\alpha}_s$ 的线性组合 $x_1\boldsymbol{\alpha}_1+x_2\boldsymbol{\alpha}_2+\cdots+x_s\boldsymbol{\alpha}_s\neq\mathbf{0}$,则向量组 $\boldsymbol{\alpha}_1,\boldsymbol{\alpha}_2,\cdots,\boldsymbol{\alpha}_s$ 线性无关.

(2) 若存在一组全为零的数 $x_1,x_2,\cdots,x_s$,使得向量组 $\boldsymbol{\alpha}_1,\boldsymbol{\alpha}_2,\cdots,\boldsymbol{\alpha}_s$ 的线性组合 $x_1\boldsymbol{\alpha}_1+x_2\boldsymbol{\alpha}_2+\cdots+x_s\boldsymbol{\alpha}_s=\mathbf{0}$,则向量组 $\boldsymbol{\alpha}_1,\boldsymbol{\alpha}_2,\cdots,\boldsymbol{\alpha}_s$ 线性无关.

(3) 向量组 $\boldsymbol{\alpha}_1,\boldsymbol{\alpha}_2,\cdots,\boldsymbol{\alpha}_s(s\geqslant 2)$线性无关的充分必要条件是 $\boldsymbol{\alpha}_1,\boldsymbol{\alpha}_2,\cdots,\boldsymbol{\alpha}_s$ 中任意 t 个$(1\leqslant t\leqslant s)$向量都是线性无关的.

(4) 若向量组 $\boldsymbol{\alpha}_1,\boldsymbol{\alpha}_2,\cdots,\boldsymbol{\alpha}_s(s>2)$中任取 2 个向量都是线性无关的,则向量组 $\boldsymbol{\alpha}_1,\boldsymbol{\alpha}_2,\cdots,\boldsymbol{\alpha}_s$ 也是线性无关的.

(5) 向量组 $\boldsymbol{\alpha}_1,\boldsymbol{\alpha}_2,\cdots,\boldsymbol{\alpha}_s$ 中 $\boldsymbol{\alpha}_s$ 不能由 $\boldsymbol{\alpha}_1,\boldsymbol{\alpha}_2,\cdots,\boldsymbol{\alpha}_{s-1}$线性表示,则向量组 $\boldsymbol{\alpha}_1,\boldsymbol{\alpha}_2,\cdots,\boldsymbol{\alpha}_s$ 线性无关.

(6) 向量组 $\boldsymbol{\alpha}_1,\boldsymbol{\alpha}_2,\cdots,\boldsymbol{\alpha}_s$ 线性相关,且 $\boldsymbol{\alpha}_s$ 不能由 $\boldsymbol{\alpha}_1,\boldsymbol{\alpha}_2,\cdots,\boldsymbol{\alpha}_{s-1}$线性表示,则向量组 $\boldsymbol{\alpha}_1,\boldsymbol{\alpha}_2,\cdots,\boldsymbol{\alpha}_{s-1}$线性相关.

解 (1) 命题错误. 反例:

$$\boldsymbol{\alpha}_1=\begin{bmatrix}1\\-2\\1\end{bmatrix},\boldsymbol{\alpha}_2=\begin{bmatrix}0\\1\\1\end{bmatrix},\boldsymbol{\alpha}_3=\begin{bmatrix}1\\-1\\2\end{bmatrix}.$$

取$(x_1,x_2,x_3)=(1,0,0)$,则 $x_1\boldsymbol{\alpha}_1+x_2\boldsymbol{\alpha}_2+x_3\boldsymbol{\alpha}_3\neq\mathbf{0}$,可是 $\boldsymbol{\alpha}_1,\boldsymbol{\alpha}_2,\boldsymbol{\alpha}_3$ 线性相关.

更正 对任意一组不全为零的数 $x_1,x_2,\cdots,x_s$,使向量组 $\boldsymbol{\alpha}_1,\boldsymbol{\alpha}_2,\cdots,\boldsymbol{\alpha}_s$ 的线性组合 $x_1\boldsymbol{\alpha}_1,x_2\boldsymbol{\alpha}_2+\cdots+x_s\boldsymbol{\alpha}_s\neq\mathbf{0}$ 时,$\boldsymbol{\alpha}_1,\boldsymbol{\alpha}_2,\cdots,\boldsymbol{\alpha}_s$ 线性无关.

(2) 命题错误. 反例:

$$\boldsymbol{\alpha}_1=\begin{bmatrix}1\\2\end{bmatrix},\boldsymbol{\alpha}_2=\begin{bmatrix}2\\4\end{bmatrix},\boldsymbol{\beta}_1=\begin{bmatrix}1\\1\end{bmatrix},\boldsymbol{\beta}_2=\begin{bmatrix}1\\2\end{bmatrix},$$

易知,$\boldsymbol{\alpha}_1,\boldsymbol{\alpha}_2$ 线性相关,$\boldsymbol{\beta}_1,\boldsymbol{\beta}_2$ 线性无关. 取$(x_1,x_2)=(0,0)$,则有 $x_1\boldsymbol{\alpha}_1+x_2\boldsymbol{\alpha}_2=\mathbf{0}$,

$x_1\boldsymbol{\beta}_1+x_2\boldsymbol{\alpha}_2=\mathbf{0}$.

更正 当且仅当 $x_1,x_2,\cdots,x_s$ 全为零时，向量 $\boldsymbol{\alpha}_1,\boldsymbol{\alpha}_2,\cdots,\boldsymbol{\alpha}_s$ 的线性组合$x_1\boldsymbol{\alpha}_1+x_2\boldsymbol{\alpha}_2+\cdots+x_s\boldsymbol{\alpha}_s=\mathbf{0}$，则向量组 $\boldsymbol{\alpha}_1,\boldsymbol{\alpha}_2,\cdots,\boldsymbol{\alpha}_s$ 线性无关.

(3) 命题正确. 用反证法 若存在 $\boldsymbol{\alpha}_1,\boldsymbol{\alpha}_2,\cdots,\boldsymbol{\alpha}_t$ 线性相关 $1\leqslant t\leqslant s$，则存在$(x_1,x_2,\cdots,x_t)$不全为零，使 $x_1\boldsymbol{\alpha}_1+x_2\boldsymbol{\alpha}_2+\cdots+x_t\boldsymbol{\alpha}_t=\mathbf{0}$，取$(x_{t+1},x_{t+2},\cdots,x_s)$，则存在$(x_1,x_2,\cdots,x_s)$不全为零，使 $x_1\boldsymbol{\alpha}_1+x_2\boldsymbol{\alpha}_2+\cdots+x_s\boldsymbol{\alpha}_s=\mathbf{0}$，此与 $\boldsymbol{\alpha}_1,\boldsymbol{\alpha}_2,\cdots,\boldsymbol{\alpha}_s$ 线性无关矛盾，故原命题正确.

(4) 命题错误. 反例：

$$\boldsymbol{\alpha}_1=\begin{bmatrix}1\\1\end{bmatrix},\boldsymbol{\alpha}_2=\begin{bmatrix}1\\2\end{bmatrix},\boldsymbol{\alpha}_3=\begin{bmatrix}2\\3\end{bmatrix},$$

$\boldsymbol{\alpha}_1,\boldsymbol{\alpha}_2;\boldsymbol{\alpha}_1,\boldsymbol{\alpha}_3;\boldsymbol{\alpha}_2,\boldsymbol{\alpha}_3$ 都是线性无关的(常称任意 2 个向量都线性无关的向量组是两两无关的)，但 $\boldsymbol{\alpha}_1,\boldsymbol{\alpha}_2,\boldsymbol{\alpha}_3$ 线性相关.

更正 向量组 $\boldsymbol{\alpha}_1,\boldsymbol{\alpha}_2,\cdots,\boldsymbol{\alpha}_s$ 中任意部分向量组都线性无关时，$\boldsymbol{\alpha}_1,\boldsymbol{\alpha}_2,\cdots,\boldsymbol{\alpha}_s$ 是线性无关的.

(5) 命题错误. 反例：

$$\boldsymbol{\alpha}_1=\begin{bmatrix}1\\2\end{bmatrix},\boldsymbol{\alpha}_2=\begin{bmatrix}0\\0\end{bmatrix},\boldsymbol{\alpha}_3=\begin{bmatrix}2\\1\end{bmatrix}$$

$\boldsymbol{\alpha}_1,\boldsymbol{\alpha}_2,\boldsymbol{\alpha}_3$ 是线性相关的，但 $\boldsymbol{\alpha}_3$ 不能由 $\boldsymbol{\alpha}_1,\boldsymbol{\alpha}_2$ 线性表示.

更正 向量组 $\boldsymbol{\alpha}_1,\boldsymbol{\alpha}_2,\cdots,\boldsymbol{\alpha}_s$ 中任一向量均不能由其余向量线性表示，则 $\boldsymbol{\alpha}_1,\boldsymbol{\alpha}_2,\cdots,\boldsymbol{\alpha}_s$ 线性无关.

(6) 命题正确. 反证法：若 $\boldsymbol{\alpha}_1,\boldsymbol{\alpha}_2,\cdots,\boldsymbol{\alpha}_{s-1}$线性无关，由 $\boldsymbol{\alpha}_1,\boldsymbol{\alpha}_2,\cdots,\boldsymbol{\alpha}_s$ 线性相关知，必存在一组数 $x_1,x_2,\cdots,x_s$ 不全为零使 $x_1\boldsymbol{\alpha}_1+x_2\boldsymbol{\alpha}_2+\cdots+x_s\boldsymbol{\alpha}_s=\mathbf{0}$，且 $x_s\neq0$(若 $x_s=0$，则 $\boldsymbol{\alpha}_1,\boldsymbol{\alpha}_2,\cdots,\boldsymbol{\alpha}_{s-1}$线性相关)，即 $\boldsymbol{\alpha}_s$ 可以由 $\boldsymbol{\alpha}_1,\boldsymbol{\alpha}_2,\cdots,\boldsymbol{\alpha}_{s-1}$线性表示，此与题意相符.

【2-11】 设 n 维向量组为

$$\boldsymbol{\alpha}_j=\begin{bmatrix}1\\a_j\\a_j^2\\\vdots\\a_j^{n-1}\end{bmatrix}\quad(j=1,2,\cdots,s)$$

其中 $a_1,a_2,\cdots,a_s$ 是互不相同的 s 个实数. 试讨论向量组 $\boldsymbol{\alpha}_1,\boldsymbol{\alpha}_2,\cdots,\boldsymbol{\alpha}_s$ 的线性相关性.

解 n 维向量组 $\boldsymbol{\alpha}_1,\boldsymbol{\alpha}_2,\cdots,\boldsymbol{\alpha}_s$ 的线性相关性与向量的个数 s 有关.

(1) 当 $s>n$ 时，即向量的个数大于向量维数，故向量组 $\boldsymbol{\alpha}_1,\boldsymbol{\alpha}_2,\cdots,\boldsymbol{\alpha}_s$ 线性

相关.

(2) 当 $s=n$ 时,设矩阵

$$\boldsymbol{A}=(\boldsymbol{\alpha}_1,\boldsymbol{\alpha}_2,\cdots,\boldsymbol{\alpha}_n)=\begin{bmatrix} 1 & 1 & \cdots & 1 \\ a_2 & a_2 & \cdots & a_n \\ a_1^2 & a_2^2 & \cdots & a_n^2 \\ \vdots & \vdots & & \vdots \\ a_1^{n-1} & a_2^{n-1} & \cdots & a_n^{n-1} \end{bmatrix},$$

则矩阵的行列式 $|\boldsymbol{A}|$ 为范德蒙行列式,因为数 $a_1,a_2,\cdots,a_n$ 互不相同,得 $|\boldsymbol{A}|\neq 0$,即向量组 $\boldsymbol{\alpha}_1,\boldsymbol{\alpha}_2,\cdots,\boldsymbol{\alpha}_n$ 是线性无关的.

(3) 当 $s<n$ 时,设向量组

$$\boldsymbol{\beta}_j=\begin{bmatrix} 1 \\ a_j \\ a_j^2 \\ \vdots \\ a_j^{s-1} \end{bmatrix} \quad (j=1,2,\cdots,s),$$

由(2)知,$\boldsymbol{\beta}_1,\boldsymbol{\beta}_2,\cdots,\boldsymbol{\beta}_s$ 线性无关,而 $\boldsymbol{\alpha}_j$ 可由 $\boldsymbol{\beta}_j$ 添加 $n-s$ 个分量后给出($j=1,2,\cdots,s$),因此 $\boldsymbol{\alpha}_1,\boldsymbol{\alpha}_2,\cdots,\boldsymbol{\alpha}_s$ 也是线性无关的.

点评 在(3)的推导中,用到命题:向量组 $\boldsymbol{\beta}_1,\boldsymbol{\beta}_2,\cdots,\boldsymbol{\beta}_s$ 线性无关,则其**接长向量组** $\boldsymbol{\alpha}_1,\boldsymbol{\alpha}_2,\cdots,\boldsymbol{\alpha}_s$ 也线性无关. 这是一个常用的命题,证明留给读者. 同时在此给出另一个常用命题:向量组 $\boldsymbol{\alpha}_1,\boldsymbol{\alpha}_2,\cdots,\boldsymbol{\alpha}_s,\cdots,\boldsymbol{\alpha}_n$ 是线性无关,则 $\boldsymbol{\alpha}_1,\boldsymbol{\alpha}_2,\cdots,\boldsymbol{\alpha}_s$ 也线性无关. (3)的证明亦可由此命题给出. 取 $a_{s+1},a_{s+2},\cdots,a_n$ 是与 $a_1,a_2,\cdots,a_s$ 互不相同的实数,于是可以得到 $\boldsymbol{\alpha}_j=(1,a_j,a_j^2,\cdots,a_j^{n-1})^{\mathrm{T}} \quad (j=s+1,s+2,\cdots,n)$,由(2)知 $\boldsymbol{\alpha}_1,\boldsymbol{\alpha}_2,\cdots,\boldsymbol{\alpha}_n$ 线性无关,则 $\boldsymbol{\alpha}_1,\boldsymbol{\alpha}_2,\cdots,\boldsymbol{\alpha}_s$ 线性无关.

【2-12】 已知向量 $\boldsymbol{\beta}$ 可由向量组 $\boldsymbol{\alpha}_1,\boldsymbol{\alpha}_2,\cdots,\boldsymbol{\alpha}_s$ 线性表示,证明:表示式唯一的充分必要条件为向量组 $\boldsymbol{\alpha}_1,\boldsymbol{\alpha}_2,\cdots,\boldsymbol{\alpha}_s$ 线性无关.

证明 **必要性** 用反证法. 已知向量 $\boldsymbol{\beta}$ 可由向量组 $\boldsymbol{\alpha}_1,\boldsymbol{\alpha}_2,\cdots,\boldsymbol{\alpha}_s$ 线性表示,设

$$\boldsymbol{\beta}=x_1\boldsymbol{\alpha}_1+x_2\boldsymbol{\alpha}_2+\cdots+x_s\boldsymbol{\alpha}_s, \tag{5}$$

若向量组 $\boldsymbol{\alpha}_1,\boldsymbol{\alpha}_2,\cdots,\boldsymbol{\alpha}_s$ 线性相关,则存在不全为零的数 $y_1,y_2,\cdots,y_s$,使

$$y_1\boldsymbol{\alpha}_1+y_2\boldsymbol{\alpha}_2+\cdots+y_s\boldsymbol{\alpha}_s=\boldsymbol{0}, \tag{6}$$

由式(5)和式(6),得

$$\begin{aligned}\boldsymbol{\beta}=\boldsymbol{\beta}+\boldsymbol{0}&=x_1\boldsymbol{\alpha}_1+x_2\boldsymbol{\alpha}_2+\cdots+x_s\boldsymbol{\alpha}_s+y_1\boldsymbol{\alpha}_1+y_2\boldsymbol{\alpha}_2+\cdots+y_s\boldsymbol{\alpha}_s\\&=(x_1+y_1)\boldsymbol{\alpha}_1+(x_2+y_2)\boldsymbol{\alpha}_2+\cdots+(x_s+y_s)\boldsymbol{\alpha}_s,\end{aligned} \tag{7}$$

由于 $y_1,y_2,\cdots,y_s$ 不全为零,$x_1+y_1,x_2+y_2,\cdots,x_s+y_s$ 与数 $x_1,x_2,\cdots,x_s$ 不全相

等. 由式(5)与式(7)知，$\boldsymbol{\beta}$ 由 $\boldsymbol{\alpha}_1,\boldsymbol{\alpha}_2,\cdots,\boldsymbol{\alpha}_s$ 线性表示的表达式不唯一，与题意矛盾，故必要性成立.

充分性 仍用反证法. 若 $\boldsymbol{\beta}$ 由 $\boldsymbol{\alpha}_1,\boldsymbol{\alpha}_2,\cdots,\boldsymbol{\alpha}_s$ 线性表示的表示式不唯一，不妨设存在两个不同表示式如下：

$$\begin{aligned}\boldsymbol{\beta}&=x_1\boldsymbol{\alpha}_1+x_2\boldsymbol{\alpha}_2+\cdots+x_s\boldsymbol{\alpha}_s,\\ \boldsymbol{\beta}&=y_1\boldsymbol{\alpha}_1+y_2\boldsymbol{\alpha}_2+\cdots+y_s\boldsymbol{\alpha}_s,\end{aligned}\tag{8}$$

其中 $x_1,x_2,\cdots,x_s$ 与 $y_1,y_2,\cdots,y_s$ 不完全相等，故由式(8)可以得到

$$\begin{aligned}\mathbf{0}=\boldsymbol{\beta}-\boldsymbol{\beta}&=x_1\boldsymbol{\alpha}_1+x_2\boldsymbol{\alpha}_2+\cdots+x_s\boldsymbol{\alpha}_s-(y_1\boldsymbol{\alpha}_1+y_2\boldsymbol{\alpha}_2+\cdots+y_s\boldsymbol{\alpha}_s)\\ &=(x_1-y_1)\boldsymbol{\alpha}_1+(x_2-y_2)\boldsymbol{\alpha}_2+\cdots+(x_s-y_s)\boldsymbol{\alpha}_s,\end{aligned}$$

易知 $x_1-y_1,x_2-y_2,\cdots,x_s-y_s$ 不全为零，即 $\boldsymbol{\alpha}_1,\boldsymbol{\alpha}_2,\cdots,\boldsymbol{\alpha}_s$ 是线性相关的，与题设矛盾，故充分性成立.

综上所述，向量 $\boldsymbol{\beta}$ 由向量组 $\boldsymbol{\alpha}_1,\boldsymbol{\alpha}_2,\cdots,\boldsymbol{\alpha}_s$ 线性表示的表示式唯一的充分必要条件是向量组 $\boldsymbol{\alpha}_1,\boldsymbol{\alpha}_2,\cdots,\boldsymbol{\alpha}_s$ 线性无关.

【2-13】 已知向量组 $\boldsymbol{\alpha}_1,\boldsymbol{\alpha}_2,\cdots,\boldsymbol{\alpha}_s$ 线性无关，向量组 $\boldsymbol{\alpha}_1,\boldsymbol{\alpha}_2,\cdots,\boldsymbol{\alpha}_s,\boldsymbol{\beta}_1,\boldsymbol{\beta}_2$ 线性相关，证明：$\boldsymbol{\beta}_1,\boldsymbol{\beta}_2$ 中有一个可以被 $\boldsymbol{\alpha}_1,\boldsymbol{\alpha}_2,\cdots,\boldsymbol{\alpha}_s$ 线性表示，或者向量组 $\boldsymbol{\alpha}_1,\boldsymbol{\alpha}_2,\cdots,\boldsymbol{\alpha}_s,\boldsymbol{\beta}_1$ 与 $\boldsymbol{\alpha}_1,\boldsymbol{\alpha}_2,\cdots,\boldsymbol{\alpha}_s,\boldsymbol{\beta}_2$ 等价.

证明 已知向量组 $\boldsymbol{\alpha}_1,\boldsymbol{\alpha}_2,\cdots,\boldsymbol{\beta}_1,\boldsymbol{\beta}_2$ 线性相关，因此存在不全为零的数 $x_1,x_2,\cdots,x_s,y_1,y_2$ 使

$$x_1\boldsymbol{\alpha}_1+x_2\boldsymbol{\alpha}_2+\cdots+x_s\boldsymbol{\alpha}_s+y_1\boldsymbol{\beta}_1+y_2\boldsymbol{\beta}_2=\mathbf{0}.\tag{9}$$

下面对 y_1,y_2 的取值进行讨论：

(1) 若 $y_1=y_2=0$，则由式(9)知

$$x_1\boldsymbol{\alpha}_1+x_2\boldsymbol{\alpha}_2+\cdots+x_s\boldsymbol{\alpha}_s=\mathbf{0},$$

其中 $x_1,x_2,\cdots,x_s$ 不全为零，与 $\boldsymbol{\alpha}_1,\boldsymbol{\alpha}_2,\cdots,\boldsymbol{\alpha}_s$ 线性无关矛盾，故此情况不存在.

(2) 若 y_1 和 y_2 中有一个不为零，不妨设 $y_1\neq0,y_2=0$，则由式(9)知

$$x_1\boldsymbol{\alpha}_1+x_2\boldsymbol{\alpha}_2+\cdots+x_s\boldsymbol{\alpha}_s+y_1\boldsymbol{\beta}_1=\mathbf{0},$$

$$\boldsymbol{\beta}_1=-\frac{x_1}{y_1}\boldsymbol{\alpha}_1-\frac{x_2}{y_1}\boldsymbol{\alpha}_2-\cdots-\frac{x_s}{y_1}\boldsymbol{\alpha}_s,$$

即 $\boldsymbol{\beta}_1$ 可由 $\boldsymbol{\alpha}_1,\boldsymbol{\alpha}_2,\cdots,\boldsymbol{\alpha}_s$ 线性表示. 所以在这种情况下，$\boldsymbol{\beta}_1,\boldsymbol{\beta}_2$ 中必有一个可由 $\boldsymbol{\alpha}_1,\boldsymbol{\alpha}_2,\cdots,\boldsymbol{\alpha}_s$ 线性表示.

(3) 若 $y_1\neq0,y_2\neq0$，则由式(9)可得

$$\boldsymbol{\beta}_1=-\frac{x_1}{y_1}\boldsymbol{\alpha}_1-\frac{x_2}{y_1}\boldsymbol{\alpha}_2-\cdots-\frac{x_s}{y_1}\boldsymbol{\alpha}_s-\frac{y_2}{y_1}\boldsymbol{\beta}_2,$$

$$\boldsymbol{\beta}_2=-\frac{x_1}{y_2}\boldsymbol{\alpha}_1-\frac{x_2}{y_2}\boldsymbol{\alpha}_2-\cdots-\frac{x_s}{y_2}\boldsymbol{\alpha}_s-\frac{y_1}{y_2}\boldsymbol{\beta}_1,$$

即 $\boldsymbol{\beta}_1$ 可由 $\boldsymbol{\alpha}_1,\boldsymbol{\alpha}_2,\cdots,\boldsymbol{\alpha}_s,\boldsymbol{\beta}_2$ 线性表示，而且 $\boldsymbol{\beta}_2$ 可由 $\boldsymbol{\alpha}_1,\boldsymbol{\alpha}_2,\cdots,\boldsymbol{\alpha}_s,\boldsymbol{\beta}_1$ 线性表示，因此向量组 $\boldsymbol{\alpha}_1,\boldsymbol{\alpha}_2,\cdots,\boldsymbol{\alpha}_s,\boldsymbol{\beta}_1$ 与向量组 $\boldsymbol{\alpha}_1,\boldsymbol{\alpha}_2,\cdots,\boldsymbol{\alpha}_s,\boldsymbol{\beta}_2$ 可相互线性表示，即这两组向量是等价的.

【2-14】 设向量组 $\boldsymbol{\alpha}_1,\boldsymbol{\alpha}_2,\cdots,\boldsymbol{\alpha}_{s-1}$ 线性无关，向量组 $\boldsymbol{\alpha}_2,\ {}_3,\cdots,\boldsymbol{\alpha}_{s-1},\boldsymbol{\alpha}_s$ 线性相关，证明：向量 $\boldsymbol{\alpha}_s$ 可由向量组 $\boldsymbol{\alpha}_1,\boldsymbol{\alpha}_2,\cdots,\boldsymbol{\alpha}_{s-1}$ 线性表示，向量 $\boldsymbol{\alpha}_1$ 不能由向量组 $\boldsymbol{\alpha}_2,\boldsymbol{\alpha}_3,\cdots,\boldsymbol{\alpha}_{s-1},\boldsymbol{\alpha}_s$ 线性表示($s>2$).

证明 向量组 $\boldsymbol{\alpha}_1,\boldsymbol{\alpha}_2,\cdots,\boldsymbol{\alpha}_{s-1}$ 线性无关，因此其部分向量组 $\boldsymbol{\alpha}_2,\boldsymbol{\alpha}_3,\cdots,\boldsymbol{\alpha}_{s-1}$ 也线性无关，而向量组 $\boldsymbol{\alpha}_2,\boldsymbol{\alpha}_3,\cdots,\boldsymbol{\alpha}_{s-1},\boldsymbol{\alpha}_s$ 线性相关，故 $\boldsymbol{\alpha}_s$ 可以由 $\boldsymbol{\alpha}_2,\boldsymbol{\alpha}_3,\cdots,\boldsymbol{\alpha}_{s-1}$ 线性表示，又 $\boldsymbol{\alpha}_2,\boldsymbol{\alpha}_3,\cdots,\boldsymbol{\alpha}_{s-1}$ 可以由 $\boldsymbol{\alpha}_1,\boldsymbol{\alpha}_2,\cdots,\boldsymbol{\alpha}_{s-1}$ 线性表示，故 $\boldsymbol{\alpha}_s$ 可以由 $\boldsymbol{\alpha}_1,\boldsymbol{\alpha}_2,\cdots,\boldsymbol{\alpha}_{s-1}$ 线性表示.

若 $\boldsymbol{\alpha}_1$ 可以由 $\boldsymbol{\alpha}_2,\boldsymbol{\alpha}_3,\cdots,\boldsymbol{\alpha}_{s-1},\boldsymbol{\alpha}_s$ 线性表示，因 $\boldsymbol{\alpha}_s$ 可由 $\boldsymbol{\alpha}_2,\boldsymbol{\alpha}_3,\cdots,\boldsymbol{\alpha}_{s-1}$ 线性表示，故 $\boldsymbol{\alpha}_2,\boldsymbol{\alpha}_3,\cdots,\boldsymbol{\alpha}_{s-1},\boldsymbol{\alpha}_s$ 可以由 $\boldsymbol{\alpha}_2,\boldsymbol{\alpha}_3,\cdots,\boldsymbol{\alpha}_{s-1}$ 线性表示，即 $\boldsymbol{\alpha}_1$ 可由 $\boldsymbol{\alpha}_2,\boldsymbol{\alpha}_3,\cdots,\boldsymbol{\alpha}_{s-1}$ 线性表示，这与 $\boldsymbol{\alpha}_1,\boldsymbol{\alpha}_2,\cdots,\boldsymbol{\alpha}_{s-1}$ 线性无关矛盾. 所以，$\boldsymbol{\alpha}_1$ 不能由 $\boldsymbol{\alpha}_2,\boldsymbol{\alpha}_3,\cdots,\boldsymbol{\alpha}_{s-1},\boldsymbol{\alpha}_s$ 线性表示.

【2-15】 已知向量组 $\boldsymbol{\alpha}_1,\boldsymbol{\alpha}_2,\cdots,\boldsymbol{\alpha}_s$ 线性无关，向量组 $\boldsymbol{\beta}_1,\boldsymbol{\beta}_2,\cdots,\boldsymbol{\beta}_t$ 可由 $\boldsymbol{\alpha}_1,\boldsymbol{\alpha}_2,\cdots,\boldsymbol{\alpha}_s$ 线性表示，设

$$\begin{cases}\boldsymbol{\beta}_1=c_{11}\boldsymbol{\alpha}_1+c_{21}\boldsymbol{\alpha}_2+\cdots+c_{s1}\boldsymbol{\alpha}_s,\\ \boldsymbol{\beta}_2=c_{12}\boldsymbol{\alpha}_1+c_{22}\boldsymbol{\alpha}_2+\cdots+c_{s2}\boldsymbol{\alpha}_s,\\ \cdots\cdots\cdots\cdots\cdots\cdots\cdots\cdots\\ \boldsymbol{\beta}_t=c_{1t}\boldsymbol{\alpha}_1+c_{2t}\boldsymbol{\alpha}_2+\cdots+c_{st}\boldsymbol{\alpha}_s,\end{cases}\tag{10}$$

记矩阵 $\boldsymbol{C}=(c_{ij})_{s\times t}$，证明：向量组 $\boldsymbol{\beta}_1,\boldsymbol{\beta}_2,\cdots,\boldsymbol{\beta}_t$ 线性相关的充分必要条件为矩阵 $\boldsymbol{C}$ 的秩 $r(\boldsymbol{C})<t$.

证明 记式(10)为

$$\begin{aligned}(\boldsymbol{\beta}_1,\boldsymbol{\beta}_2,\cdots,\boldsymbol{\beta}_t)&=(\boldsymbol{\alpha}_1,\boldsymbol{\alpha}_2,\cdots,\boldsymbol{\alpha}_s)\begin{bmatrix}c_{11}&c_{12}&\cdots&c_{1t}\\c_{21}&c_{22}&\cdots&c_{2t}\\\vdots&\vdots&&\vdots\\c_{s1}&c_{s2}&\cdots&c_{st}\end{bmatrix}\\&=(\boldsymbol{\alpha}_1,\boldsymbol{\alpha}_2,\cdots,\boldsymbol{\alpha}_s)\boldsymbol{C},\end{aligned}\tag{11}$$

其中矩阵 $\boldsymbol{C}$ 的第 j 列是 $\boldsymbol{\beta}_j$ 由 $\boldsymbol{\alpha}_1,\boldsymbol{\alpha}_2,\cdots,\boldsymbol{\alpha}_s$ 线性表示的表示系数($j=1,2,\cdots,t$)，称 $\boldsymbol{C}$ 为 $\boldsymbol{\beta}_1,\boldsymbol{\beta}_2,\cdots,\boldsymbol{\beta}_t$ 由 $\boldsymbol{\alpha}_1,\boldsymbol{\alpha}_2,\cdots,\boldsymbol{\alpha}_s$ 线性表示的**表示矩阵**. 下面证明.

必要性 因为 $\boldsymbol{\beta}_1,\boldsymbol{\beta}_2,\cdots,\boldsymbol{\beta}_t$ 线性相关，所以存在不全为零的数 $x_1,x_2,\cdots,x_t$，使

$$x_1\boldsymbol{\beta}_1+x_2\boldsymbol{\beta}_2+\cdots+x_t\boldsymbol{\beta}_t=\boldsymbol{0},$$

记为

$$(\boldsymbol{\beta}_1,\boldsymbol{\beta}_2,\cdots,\boldsymbol{\beta}_t)\begin{bmatrix}x_1\\x_2\\\vdots\\x_t\end{bmatrix}=(\boldsymbol{\beta}_1,\boldsymbol{\beta}_2,\cdots,\boldsymbol{\beta}_t)\boldsymbol{x}=\boldsymbol{0},$$

其中 $\boldsymbol{x}=(x_1,x_2,\cdots,x_t)^{\mathrm{T}}\neq\boldsymbol{0}$,由式(11)可得

$$(\boldsymbol{\beta}_1,\boldsymbol{\beta}_2,\cdots,\boldsymbol{\beta}_t)\boldsymbol{x}=(\boldsymbol{\alpha}_1,\boldsymbol{\alpha}_2,\cdots,\boldsymbol{\alpha}_s)\boldsymbol{C}\boldsymbol{x}=\boldsymbol{0},$$

因向量组 $\boldsymbol{\alpha}_1,\boldsymbol{\alpha}_2,\cdots,\boldsymbol{\alpha}_s$ 线性无关,故上式中,$\boldsymbol{\alpha}_1,\boldsymbol{\alpha}_2,\cdots,\boldsymbol{\alpha}_s$ 的组合系数 $\boldsymbol{C}\boldsymbol{x}$ 只能为零,即

$$\boldsymbol{C}\boldsymbol{x}=\boldsymbol{0} \tag{12}$$

又由 $\boldsymbol{x}\neq\boldsymbol{0}$,知齐次线性方程组(12)有非零解.因此有矩阵 $\boldsymbol{C}$ 的秩 $r(\boldsymbol{C})<t$.

充分性 因为 $r(\boldsymbol{C})<t$,所以式(12)有非零解,即存在 $\boldsymbol{x}\neq\boldsymbol{0}$,使 $\boldsymbol{C}\boldsymbol{x}=\boldsymbol{0}$,因而有 $\boldsymbol{x}\neq\boldsymbol{0}$,使

$$\begin{aligned}(\boldsymbol{\beta}_1,\boldsymbol{\beta}_2,\cdots,\boldsymbol{\beta}_t)\boldsymbol{x}&=(\boldsymbol{\alpha}_1,\boldsymbol{\alpha}_2,\cdots,\boldsymbol{\alpha}_s)\boldsymbol{C}\boldsymbol{x}\\&=(\boldsymbol{\alpha}_1,\boldsymbol{\alpha}_2,\cdots,\boldsymbol{\alpha}_s)\boldsymbol{0}=\boldsymbol{0}.\end{aligned}$$

记 $\boldsymbol{x}=(x_1,x_2,\cdots,x_t)^{\mathrm{T}}$,则上式为

$$x_1\boldsymbol{\beta}_1+x_2\boldsymbol{\beta}_2+\cdots+x_t\boldsymbol{\beta}_t=\boldsymbol{0},$$

其中,数 $x_1,x_2,\cdots,x_t$ 不全为零,故向量组 $\boldsymbol{\beta}_1,\boldsymbol{\beta}_2,\cdots,\boldsymbol{\beta}_t$ 线性相关.

点评 (1) 本例的结论可表述为:$\boldsymbol{\beta}_1,\boldsymbol{\beta}_2,\cdots,\boldsymbol{\beta}_t$ 线性相关的充分必要条件,是其由线性无关的向量组线性表示的表示矩阵列降秩(秩小于矩阵的列数),或表述为 $\boldsymbol{\beta}_1,\boldsymbol{\beta}_2,\cdots,\boldsymbol{\beta}_t$ 线性无关的充分必要条件,是其由线性无关的向量组线性表示矩阵列满秩.这是判别向量组是否线性相关的一个常用的结论.

(2) 由本例知,若 $t>s$,则 $r(\boldsymbol{C})<t$,因此 $\boldsymbol{\beta}_1,\boldsymbol{\beta}_2,\cdots,\boldsymbol{\beta}_t$ 必线性相关;若 $t=s$,则 $\boldsymbol{\beta}_1,\boldsymbol{\beta}_2,\cdots,\boldsymbol{\beta}_t$ 线性相关的充分必要条件为矩阵 $\boldsymbol{C}$ 的行列式 $|\boldsymbol{C}|=0$.

【2-16】 证明:向量组 $\boldsymbol{\alpha}_1,\boldsymbol{\alpha}_2,\boldsymbol{\alpha}_3$ 线性无关的充分必要条件为向量组

$$\boldsymbol{\beta}_1=\boldsymbol{\alpha}_1+\boldsymbol{\alpha}_2,\boldsymbol{\beta}_2=\boldsymbol{\alpha}_2+\boldsymbol{\alpha}_3,\boldsymbol{\beta}_3=\boldsymbol{\alpha}_3+\boldsymbol{\alpha}_1$$

线性无关.

证明 **必要性** 已知向量组 $\boldsymbol{\alpha}_1,\boldsymbol{\alpha}_2,\boldsymbol{\alpha}_3$ 线性无关,对于向量组 $\boldsymbol{\beta}_1,\boldsymbol{\beta}_2,\boldsymbol{\beta}_3$,设有数 x_1,x_2,x_3,使

$$x_1\boldsymbol{\beta}_1+x_2\boldsymbol{\beta}_2+x_3\boldsymbol{\beta}_3=\boldsymbol{0},$$

即

$$x_1(\boldsymbol{\alpha}_1+\boldsymbol{\alpha}_2)+x_2(\boldsymbol{\alpha}_2+\boldsymbol{\alpha}_3)+x_3(\boldsymbol{\alpha}_3+\boldsymbol{\alpha}_1)=\boldsymbol{0},$$
$$(x_1+x_3)\boldsymbol{\alpha}_1+(x_1+x_2)\boldsymbol{\alpha}_2+(x_2+x_3)\boldsymbol{\alpha}_3=\boldsymbol{0}.$$

因为 $\boldsymbol{\alpha}_1,\boldsymbol{\alpha}_2,\boldsymbol{\alpha}_3$ 线性无关,所以只有

$$\begin{cases} x_1 + x_3 = 0, \\ x_1 + x_2 = 0, \\ x_2 + x_3 = 0. \end{cases}$$

此齐次线性方程组的系数行列式

$$D = \begin{vmatrix} 1 & 0 & 1 \\ 1 & 1 & 0 \\ 0 & 1 & 1 \end{vmatrix} = 2 \neq 0,$$

故此齐次线性方程组只有零解，即只有

$$x_1 = x_2 = x_3 = 0$$

使 $x_1\boldsymbol{\beta}_1 + x_2\boldsymbol{\beta}_2 + x_3\boldsymbol{\beta}_3$ 成立，即 $\boldsymbol{\beta}_1, \boldsymbol{\beta}_2, \boldsymbol{\beta}_3$ 线性无关.

充分性 已知向量组 $\boldsymbol{\beta}_1, \boldsymbol{\beta}_2, \boldsymbol{\beta}_3$ 线性无关，对于向量组 $\boldsymbol{\alpha}_1, \boldsymbol{\alpha}_2, \boldsymbol{\alpha}_3$，设有数 x_1，x_2，x_3，使

$$x_1\boldsymbol{\alpha}_1 + x_2\boldsymbol{\alpha}_2 + x_3\boldsymbol{\alpha}_3 = \mathbf{0}, \tag{13}$$

由

$$\boldsymbol{\beta}_1 = \boldsymbol{\alpha}_1 + \boldsymbol{\alpha}_2, \boldsymbol{\beta}_2 = \boldsymbol{\alpha}_2 + \boldsymbol{\alpha}_3, \boldsymbol{\beta}_3 = \boldsymbol{\alpha}_3 + \boldsymbol{\alpha}_1,$$

知

$$\begin{cases} \boldsymbol{\alpha}_1 = \frac{1}{2}\boldsymbol{\beta}_1 - \frac{1}{2}\boldsymbol{\beta}_2 + \frac{1}{2}\boldsymbol{\beta}_3, \\ \boldsymbol{\alpha}_2 = \frac{1}{2}\boldsymbol{\beta}_1 + \frac{1}{2}\boldsymbol{\beta}_2 - \frac{1}{2}\boldsymbol{\beta}_3, \\ \boldsymbol{\alpha}_3 = -\frac{1}{2}\boldsymbol{\beta}_1 + \frac{1}{2}\boldsymbol{\beta}_2 + \frac{1}{2}\boldsymbol{\beta}_3, \end{cases} \tag{14}$$

将式(14)代入式(13)，经整理得

$$(x_1 + x_2 - x_3)\boldsymbol{\beta}_1 + (-x_1 + x_2 + x_3)\boldsymbol{\beta}_2 + (x_1 - x_2 + x_3)\boldsymbol{\beta}_3 = \mathbf{0},$$

而 $\boldsymbol{\beta}_1, \boldsymbol{\beta}_2, \boldsymbol{\beta}_3$ 线性无关，故

$$\begin{cases} x_1 + x_2 - x_3 = 0, \\ -x_1 + x_2 + x_3 = 0, \\ x_1 - x_2 + x_3 = 0, \end{cases}$$

此齐次线性方程组的系数行列式

$$D = \begin{vmatrix} 1 & 1 & -1 \\ -1 & 1 & 1 \\ 1 & -1 & 1 \end{vmatrix} = 2 \neq 0,$$

故此齐次线性方程组只有零解，即只有 $x_1 = x_2 = x_3 = 0$ 使 $x_1\boldsymbol{\alpha}_1 + x_2\boldsymbol{\alpha}_2 + x_3\boldsymbol{\alpha}_3 = \mathbf{0}$ 成立，即向量组 $\boldsymbol{\alpha}_1, \boldsymbol{\alpha}_2, \boldsymbol{\alpha}_3$ 线性无关.

点评 上面是用向量组线性相关性进行的证明. 本题也可用其他的相关知识给出多种解答. 例如:

证明 **方法1** 以【2-15】题的结论来证明. 因

$$(\boldsymbol{\beta}_1,\boldsymbol{\beta}_2,\boldsymbol{\beta}_3)=(\boldsymbol{\alpha}_1,\boldsymbol{\alpha}_2,\boldsymbol{\alpha}_3)\begin{bmatrix}1&0&1\\1&1&0\\0&1&1\end{bmatrix}$$

$$=(\boldsymbol{\alpha}_1,\boldsymbol{\alpha}_2,\boldsymbol{\alpha}_3)\boldsymbol{C},$$

其中表示矩阵 $\boldsymbol{C}$ 有 $|\boldsymbol{C}|=2\neq0$,即 $\boldsymbol{C}$ 的秩 $r(\boldsymbol{C})=3$. 因此,当 $\boldsymbol{\alpha}_1,\boldsymbol{\alpha}_2,\boldsymbol{\alpha}_3$ 线性无关时,$\boldsymbol{\beta}_1,\boldsymbol{\beta}_2,\boldsymbol{\beta}_3$ 也线性无关. 又因 $\boldsymbol{C}$ 为可逆矩阵,故

$$(\boldsymbol{\alpha}_1,\boldsymbol{\alpha}_2,\boldsymbol{\alpha}_3)=(\boldsymbol{\beta}_1,\boldsymbol{\beta}_3,\boldsymbol{\beta}_3)\boldsymbol{C}^{-1},$$

即向量组 $\boldsymbol{\alpha}_1,\boldsymbol{\alpha}_2,\boldsymbol{\alpha}_3$ 由向量组 $\boldsymbol{\beta}_1,\boldsymbol{\beta}_2,\boldsymbol{\beta}_3$ 线性表示的表示矩阵为 $\boldsymbol{C}^{-1}$,$r(\boldsymbol{C}^{-1})=3$. 因此,当 $\boldsymbol{\beta}_1,\boldsymbol{\beta}_2,\boldsymbol{\beta}_3$ 线性无关时,$\boldsymbol{\alpha}_1,\boldsymbol{\alpha}_2,\boldsymbol{\alpha}_3$ 也线性无关.

方法2 用等价向量组的秩相等来证明. 因

$$\begin{cases}\boldsymbol{\beta}_1=\boldsymbol{\alpha}_1+\boldsymbol{\alpha}_2,\\\boldsymbol{\beta}_2=\boldsymbol{\alpha}_2+\boldsymbol{\alpha}_3,\\\boldsymbol{\beta}_3=\boldsymbol{\alpha}_1+\boldsymbol{\alpha}_3,\end{cases}$$

又

$$\begin{cases}\boldsymbol{\alpha}_1=\dfrac{1}{2}\boldsymbol{\beta}_1-\dfrac{1}{2}\boldsymbol{\beta}_2+\dfrac{1}{2}\boldsymbol{\beta}_3,\\\boldsymbol{\alpha}_2=\dfrac{1}{2}\boldsymbol{\beta}_1+\dfrac{1}{2}\boldsymbol{\beta}_2-\dfrac{1}{2}\boldsymbol{\beta}_3,\\\boldsymbol{\alpha}_3=-\dfrac{1}{2}\boldsymbol{\beta}_1+\dfrac{1}{2}\boldsymbol{\beta}_2+\dfrac{1}{2}\boldsymbol{\beta}_3,\end{cases}$$

即向量组 $\boldsymbol{\alpha}_1,\boldsymbol{\alpha}_2,\boldsymbol{\alpha}_3$ 与 $\boldsymbol{\beta}_1,\boldsymbol{\beta}_2,\boldsymbol{\beta}_3$ 等价,由等价向量组的秩相等以及向量组 $\boldsymbol{\alpha}_1,\boldsymbol{\alpha}_2,\cdots,\boldsymbol{\alpha}_s$ 线性无关的充分必要条件为 $r(\boldsymbol{\alpha}_1,\boldsymbol{\alpha}_2,\cdots,\boldsymbol{\alpha}_s)=s$,可证得结论.

方法3 用矩阵的初等变换不改变矩阵的秩证明. 因

$$(\boldsymbol{\beta}_1,\boldsymbol{\beta}_2,\boldsymbol{\beta}_3)=(\boldsymbol{\alpha}_1,\boldsymbol{\alpha}_2,\boldsymbol{\alpha}_3)\boldsymbol{C},$$

其中矩阵

$$\boldsymbol{C}=\begin{bmatrix}1&0&1\\1&1&0\\0&1&1\end{bmatrix},$$

由 $|\boldsymbol{C}|=2\neq0$ 知,$\boldsymbol{C}$ 是可逆矩阵,$\boldsymbol{C}$ 可分解为一些初等矩阵的乘积,知矩阵$(\boldsymbol{\beta}_1,\boldsymbol{\beta}_2,\boldsymbol{\beta}_3)$可由矩阵$(\boldsymbol{\alpha}_1,\boldsymbol{\alpha}_2,\boldsymbol{\alpha}_3)$经过一些列初等变换得到. 因此

$$r(\boldsymbol{\alpha}_1,\boldsymbol{\alpha}_2,\boldsymbol{\alpha}_3)=r(\boldsymbol{\beta}_1,\boldsymbol{\beta}_2,\boldsymbol{\beta}_3),$$

再由 $\boldsymbol{\alpha}_1,\boldsymbol{\alpha}_2,\cdots,\boldsymbol{\alpha}_s$ 线性无关的充要条件 $r(\boldsymbol{\alpha}_1,\boldsymbol{\alpha}_2,\cdots,\boldsymbol{\alpha}_s)=s$ 即可得出结论.

方法 4　用线性方程组的解的存在性来证明. 设矩阵

$$\boldsymbol{A}=(\boldsymbol{\alpha}_1,\boldsymbol{\alpha}_2,\boldsymbol{\alpha}_3),\boldsymbol{B}=(\boldsymbol{\beta}_1,\boldsymbol{\beta}_2,\boldsymbol{\beta}_3),$$

$$\boldsymbol{x}=\begin{bmatrix}x_1\\x_2\\x_3\end{bmatrix},\boldsymbol{C}=\begin{bmatrix}1&0&1\\1&1&0\\0&1&1\end{bmatrix},\boldsymbol{y}=\boldsymbol{C}^{-1}\boldsymbol{x}=\begin{bmatrix}y_1\\y_2\\y_3\end{bmatrix},$$

则 $\boldsymbol{B}=\boldsymbol{AC}$,$\boldsymbol{C}$ 为可逆矩阵. 因此,向量组 $\boldsymbol{\alpha}_1,\boldsymbol{\alpha}_2,\boldsymbol{\alpha}_3$ 线性无关⇔齐次方程组 $\boldsymbol{Ax}=\boldsymbol{0}$ 只有零解⇔$\boldsymbol{Ax}=(\boldsymbol{BC}^{-1})\boldsymbol{x}=\boldsymbol{0}$ 关于 $\boldsymbol{x}$ 仅有零解⇔$\boldsymbol{Ax}=\boldsymbol{B}(\boldsymbol{C}^{-1}\boldsymbol{x})=\boldsymbol{By}=\boldsymbol{0}$ 关于 $\boldsymbol{y}$ 仅有零解(若 $\boldsymbol{y}\neq\boldsymbol{0}$,则有 $\boldsymbol{x}=\boldsymbol{Cy}\neq\boldsymbol{0}$)⇔向量组 $\boldsymbol{\beta}_1,\boldsymbol{\beta}_2,\boldsymbol{\beta}_3$ 线性无关.

下面给出一种常见的错误证法.

充分性　因为 $\boldsymbol{\beta}_1,\boldsymbol{\beta}_2,\boldsymbol{\beta}_3$ 线性无关,所以只有 $x_1=x_2=x_3=0$ 时,有

$$x_1\boldsymbol{\beta}_1+x_2\boldsymbol{\beta}_2+x_3\boldsymbol{\beta}_3=\boldsymbol{0},$$

即

$$(x_1+x_3)\boldsymbol{\alpha}_1+(x_1+x_2)\boldsymbol{\alpha}_2+(x_2+x_3)\boldsymbol{\alpha}_3=\boldsymbol{0}.$$

设 $y_1=x_1+x_3,y_2=x_1+x_2,y_3=x_2+x_3$,则有

$$y_1\boldsymbol{\alpha}_1+y_2\boldsymbol{\alpha}_2+y_3\boldsymbol{\alpha}_3=\boldsymbol{0},$$

其中由 $x_1=x_2=x_3=0$,可得 $y_1=y_2=y_3=0$,因此向量组 $\boldsymbol{\alpha}_1,\boldsymbol{\alpha}_2,\boldsymbol{\alpha}_3$ 线性无关.

注意:向量组 $\boldsymbol{\alpha}_1,\boldsymbol{\alpha}_2,\cdots,\boldsymbol{\alpha}_s$ 线性无关的定义为当且仅当 $x_1=x_2=\cdots=x_s=0$ 时才有 $x_1\boldsymbol{\alpha}_1+x_2\boldsymbol{\alpha}_2+\cdots+x_s\boldsymbol{\alpha}_s=\boldsymbol{0}$. 而上述证明中仅说明了当 $y_1=y_2=y_3=0$ 时,$y_1\boldsymbol{\alpha}_1+y_2\boldsymbol{\alpha}_2+y_3\boldsymbol{\alpha}_3=\boldsymbol{0}$,而此式显然对任意一组向量均成立,故此证明是错误的.

【2-17】　设 $\boldsymbol{\alpha}_1,\boldsymbol{\alpha}_2,\cdots,\boldsymbol{\alpha}_n$ 是线性无关的 n 维列向量组:

$$\boldsymbol{\alpha}_{n+1}=x_1\boldsymbol{\alpha}_1+x_2\boldsymbol{\alpha}_2+\cdots+x_n\boldsymbol{\alpha}_n,$$

其中数 $x_1,x_2,\cdots,x_n$ 全不为零,证明:向量组 $\boldsymbol{\alpha}_1,\boldsymbol{\alpha}_2,\cdots,\boldsymbol{\alpha}_n,\boldsymbol{\alpha}_{n+1}$ 中任意 n 个向量都线性无关.

证明　取 $\boldsymbol{\alpha}_1,\boldsymbol{\alpha}_2,\cdots,\boldsymbol{\alpha}_n,\boldsymbol{\alpha}_{n+1}$ 中任意 n 个向量

$$\boldsymbol{\alpha}_1,\boldsymbol{\alpha}_2,\cdots,\boldsymbol{\alpha}_{i-1},\boldsymbol{\alpha}_{i+1},\cdots,\boldsymbol{\alpha}_n,\boldsymbol{\alpha}_{n+1},$$

设有 n 个数 $k_1,k_2,\cdots,k_{i-1},k_{i+1},\cdots,k_n,k_{n+1}$,使

$$k_1\boldsymbol{\alpha}_1+k_2\boldsymbol{\alpha}_2+\cdots+k_{i-1}\boldsymbol{\alpha}_{i-1}+k_{i+1}\boldsymbol{\alpha}_{i+1}+\cdots+k_n\boldsymbol{\alpha}_n+k_{n+1}\boldsymbol{\alpha}_{n+1}=\boldsymbol{0},$$

将

$$\boldsymbol{\alpha}_{n+1}=x_1\boldsymbol{\alpha}_1+x_2\boldsymbol{\alpha}_2+\cdots+x_n\boldsymbol{\alpha}_n$$

代入上式,可得

$$k_1\boldsymbol{\alpha}_1+k_2\boldsymbol{\alpha}_2+\cdots+k_{i-1}\boldsymbol{\alpha}_{i-1}+k_{i+1}\boldsymbol{\alpha}_{i+1}+\cdots+k_n\boldsymbol{\alpha}_n+k_{n+1}(x_1\boldsymbol{\alpha}_1+x_2\boldsymbol{\alpha}_2+\cdots+x_n\boldsymbol{\alpha}_n)=\boldsymbol{0},$$

即

$$(k_1+x_1k_{n+1})\boldsymbol{\alpha}_1+(k_2+x_2k_{n+1})\boldsymbol{\alpha}_2+\cdots+(k_{i-1}+x_{i-1}k_{n+1})\boldsymbol{\alpha}_{i-1}+$$

$$x_ik_{n+1}\boldsymbol{\alpha}_i+(k_{i+1}+x_{i+1}k_{n+1})\boldsymbol{\alpha}_{i+1}+\cdots+(k_n+x_nk_{n+1})\boldsymbol{\alpha}_n=\mathbf{0},$$

已知 $\boldsymbol{\alpha}_1,\boldsymbol{\alpha}_2,\cdots,\boldsymbol{\alpha}_n$ 线性无关,则有

$$\begin{cases}k_1+x_1k_{n+1}=0,\\k_2+x_2k_{n+1}=0,\\\cdots\cdots\cdots\cdots\cdots\\k_{i-1}+x_{i-1}k_{n+1}=0,\\x_ik_{n+1}=0,\\k_{i+1}+x_{i+1}k_{n+1}=0,\\\cdots\cdots\cdots\cdots\cdots\\k_n+x_nk_{n+1}=0,\end{cases}$$

在此齐次线性方程组中,由 $x_ik_{n+1}=0$ 及 $x_i\neq0$,知 $k_{n+1}=0$,进而可得 $k_1=k_2=\cdots=k_{i-1}=k_{i+1}=\cdots=k_n=0$. 因此,向量组 $\boldsymbol{\alpha}_1,\boldsymbol{\alpha}_2,\cdots,\boldsymbol{\alpha}_{i-1},\boldsymbol{\alpha}_{i+1},\cdots,\boldsymbol{\alpha}_n,\boldsymbol{\alpha}_{n+1}$线性无关,即 $\boldsymbol{\alpha}_1,\boldsymbol{\alpha}_2,\cdots,\boldsymbol{\alpha}_n,\boldsymbol{\alpha}_{n+1}$中任意 n 个向量都线性无关.

点评 以上使用了向量的线性相关性进行了证明. 下面简述几个使用不同概念的证明方法.

证明 **方法 1** 用等价向量组的秩相等来证明. 设向量组

$$s_1:\boldsymbol{\alpha}_1,\boldsymbol{\alpha}_2,\cdots,\boldsymbol{\alpha}_{i-1},\boldsymbol{\alpha}_{i+1},\cdots,\boldsymbol{\alpha}_n,\boldsymbol{\alpha}_{n+1}.$$

$$s_2:\boldsymbol{\alpha}_1,\boldsymbol{\alpha}_2,\cdots,\boldsymbol{\alpha}_{i-1},\boldsymbol{\alpha}_i,\boldsymbol{\alpha}_{i+1},\cdots,\boldsymbol{\alpha}_n,$$

由 $\boldsymbol{\alpha}_{n+1}$可由 $\boldsymbol{\alpha}_1,\boldsymbol{\alpha}_2,\cdots,\boldsymbol{\alpha}_n$ 线性表示,知 s_1 可由 s_2 线性表示. 由

$$\boldsymbol{\alpha}_{n+1}=x_1\boldsymbol{\alpha}_1+x_2\boldsymbol{\alpha}_2+\cdots+x_i\boldsymbol{\alpha}_i+\cdots+x_n\boldsymbol{\alpha}_n,$$

其中,数 $x_1,x_2,\cdots,x_i,\cdots,x_n$ 全不为零,得

$$\boldsymbol{\alpha}_i=-\frac{x_1}{x_i}\boldsymbol{\alpha}_1-\frac{x_2}{x_i}\boldsymbol{\alpha}_2-\cdots-\frac{x_{i-1}}{x_i}\boldsymbol{\alpha}_{i-1}-\frac{x_{i+1}}{x_i}\boldsymbol{\alpha}_{i+1}-\cdots-\frac{x_n}{x_i}\boldsymbol{\alpha}_n+\frac{1}{x_i}\boldsymbol{\alpha}_{n+1},$$

即 $\boldsymbol{\alpha}_i$ 可由 $\boldsymbol{\alpha}_1,\boldsymbol{\alpha}_2,\cdots,\boldsymbol{\alpha}_{i-1},\boldsymbol{\alpha}_{i+1},\cdots,\boldsymbol{\alpha}_n,\boldsymbol{\alpha}_{n+1}$线性表示,可知 s_2 可由 s_1 线性表示,故向量组 s_1 与 s_2 等价,它们的秩相等 $r(s_1)=r(s_2)=n$,所以向量组 $\boldsymbol{\alpha}_1,\boldsymbol{\alpha}_2,\cdots,\boldsymbol{\alpha}_{i-1},\boldsymbol{\alpha}_{i+1},\cdots,\boldsymbol{\alpha}_n,\boldsymbol{\alpha}_{n+1}$线性无关.

方法 2 用例【2-15】的结论来证明. 因

$$(\boldsymbol{\alpha}_1,\boldsymbol{\alpha}_2,\cdots,\boldsymbol{\alpha}_{i-1},\boldsymbol{\alpha}_{i+1},\cdots,\boldsymbol{\alpha}_n,\boldsymbol{\alpha}_{n+1})=(\boldsymbol{\alpha}_1,\boldsymbol{\alpha}_2,\cdots,\boldsymbol{\alpha}_n)\boldsymbol{C},$$

其中线性表示矩阵 $\boldsymbol{C}$ 为

$$C=\begin{bmatrix}1&0&\cdots&0&0&\cdots&0&x_1\\0&1&\cdots&0&0&\cdots&0&x_2\\\vdots&\vdots&&\vdots&\vdots&&\vdots&\vdots\\0&0&\cdots&1&0&\cdots&0&x_{i-1}\\0&0&\cdots&0&0&\cdots&0&x_i\\0&0&\cdots&0&1&\cdots&0&x_{i+1}\\\vdots&\vdots&&\vdots&\vdots&&\vdots&\vdots\\0&0&\cdots&0&0&\cdots&1&x_n\end{bmatrix},$$

$|\boldsymbol{C}|=(-1)^{i+n}x_i\neq0$，$r(\boldsymbol{C})=n$，又 $\boldsymbol{\alpha}_1,\boldsymbol{\alpha}_2,\cdots,\boldsymbol{\alpha}_n$ 线性无关，因此 $\boldsymbol{\alpha}_1,\boldsymbol{\alpha}_2,\cdots,\boldsymbol{\alpha}_{i-1},\boldsymbol{\alpha}_{i+1},\cdots,\boldsymbol{\alpha}_n,\boldsymbol{\alpha}_{n+1}$线性无关.

方法 3　用矩阵的初等变换不改变矩阵的秩来证明. 记矩阵

$$\boldsymbol{A}=(\boldsymbol{\alpha}_1,\boldsymbol{\alpha}_2,\cdots,\boldsymbol{\alpha}_{i-1},\boldsymbol{\alpha}_{i+1},\cdots,\boldsymbol{\alpha}_n,\boldsymbol{\alpha}_{n+1}),$$
$$\boldsymbol{B}=(\boldsymbol{\alpha}_1,\boldsymbol{\alpha}_2,\cdots,\boldsymbol{\alpha}_{i-1},\boldsymbol{\alpha}_i,\boldsymbol{\alpha}_{i+1},\cdots,\boldsymbol{\alpha}_n),$$

则由方法 2 所设，知

$$\boldsymbol{A}=\boldsymbol{BC},$$

其中矩阵 $\boldsymbol{C}$ 为可逆，故矩阵 $\boldsymbol{A}$ 可由矩阵 $\boldsymbol{B}$ 经一些初等变换得到. 因此 $r(\boldsymbol{A})=r(\boldsymbol{B})=n$，故 $\boldsymbol{\alpha}_1,\boldsymbol{\alpha}_2,\cdots,\boldsymbol{\alpha}_{i-1},\boldsymbol{\alpha}_{i+1},\cdots,\boldsymbol{\alpha}_n,\boldsymbol{\alpha}_{n+1}$线性无关.

方法 4　用行列式来证明. 所设如方法 3，则

$$\boldsymbol{A}=\boldsymbol{BC},$$

因为向量组 $\boldsymbol{\alpha}_1,\boldsymbol{\alpha}_2,\cdots,\boldsymbol{\alpha}_{i-1},\boldsymbol{\alpha}_i,\boldsymbol{\alpha}_{i+1},\cdots,\boldsymbol{\alpha}_n$ 线性无关，所以行列式 $|\boldsymbol{B}|\neq0$，又 $|\boldsymbol{C}|=(-1)^{i+n}x_i\neq0$，故

$$|\boldsymbol{A}|=|\boldsymbol{B}|\,|\boldsymbol{C}|\neq0,$$

因此 $r(\boldsymbol{A})=n$，$\boldsymbol{\alpha}_1,\boldsymbol{\alpha}_2,\cdots,\boldsymbol{\alpha}_{i-1},\boldsymbol{\alpha}_{i+1},\cdots,\boldsymbol{\alpha}_n,\boldsymbol{\alpha}_{n+1}$线性无关.

方法 5　用线性方程组解的存在性来证. 所设如方法 2，记

$$k_1\boldsymbol{\alpha}_1+k_2\boldsymbol{\alpha}_2+\cdots+k_{i-1}\boldsymbol{\alpha}_{i-1}+k_{i+1}\boldsymbol{\alpha}_{i+1}+\cdots+k_n\boldsymbol{\alpha}_n+k_{n+1}\boldsymbol{\alpha}_{n+1}=\boldsymbol{0}$$

为

$$(\boldsymbol{\alpha}_1,\boldsymbol{\alpha}_2,\cdots,\boldsymbol{\alpha}_{i-1},\boldsymbol{\alpha}_{i+1},\cdots,\boldsymbol{\alpha}_n,\boldsymbol{\alpha}_{n+1})\boldsymbol{k}=\boldsymbol{0},$$

其中 $\boldsymbol{k}=(k_1,k_2,\cdots,k_{i-1},k_{i+1},\cdots,k_n,k_{n+1})^{\mathrm{T}}$，则有

$$(\boldsymbol{\alpha}_1,\boldsymbol{\alpha}_2,\cdots,\boldsymbol{\alpha}_{i-1},\boldsymbol{\alpha}_{i+1},\cdots,\boldsymbol{\alpha}_n,\boldsymbol{\alpha}_{n+1})\boldsymbol{k}=(\boldsymbol{\alpha}_1,\boldsymbol{\alpha}_2,\cdots,\boldsymbol{\alpha}_{i-1},\boldsymbol{\alpha}_i,\boldsymbol{\alpha}_{i+1},\cdots,\boldsymbol{\alpha}_n)\boldsymbol{Ck}=\boldsymbol{0},$$

因为向量组 $\boldsymbol{\alpha}_1,\boldsymbol{\alpha}_2,\cdots,\boldsymbol{\alpha}_{i-1},\boldsymbol{\alpha}_i,\boldsymbol{\alpha}_{i+1},\cdots,\boldsymbol{\alpha}_n$ 线性无关，所以有齐次线性方程组

$$\boldsymbol{Ck}=\boldsymbol{0},$$

其中 $\boldsymbol{C}$ 为可逆矩阵，因此其只有零解 $\boldsymbol{k}=\boldsymbol{0}$，故向量组 $\boldsymbol{\alpha}_1,\boldsymbol{\alpha}_2,\cdots,\boldsymbol{\alpha}_{i-1},\boldsymbol{\alpha}_{i+1},\cdots,\boldsymbol{\alpha}_n,\boldsymbol{\alpha}_{n+1}$线性无关.

【2-18】 设 $\boldsymbol{\alpha}_1,\boldsymbol{\alpha}_2,\cdots,\boldsymbol{\alpha}_n$ 是一向量组,已知标准基向量 $\boldsymbol{e}_1,\boldsymbol{e}_2,\cdots,\boldsymbol{e}_n$ 可由它们线性表示,证明:$\boldsymbol{\alpha}_1,\boldsymbol{\alpha}_2,\cdots,\boldsymbol{\alpha}_n$ 线性无关.

证明 已知标准基向量 $\boldsymbol{e}_1,\boldsymbol{e}_2,\cdots,\boldsymbol{e}_n$ 可以由向量组 $\boldsymbol{\alpha}_1,\boldsymbol{\alpha}_2,\cdots,\boldsymbol{\alpha}_n$ 线性表示,又易知向量组 $\boldsymbol{\alpha}_1,\boldsymbol{\alpha}_2,\cdots,\boldsymbol{\alpha}_n$ 可以由标准基向量 $\boldsymbol{e}_1,\boldsymbol{e}_2,\cdots,\boldsymbol{e}_n$ 线性表示,故向量组 $\boldsymbol{\alpha}_1,\boldsymbol{\alpha}_2,\cdots,\boldsymbol{\alpha}_n$ 与标准基向量 $\boldsymbol{e}_1,\boldsymbol{e}_2,\cdots,\boldsymbol{e}_n$ 等价,即 $r(\boldsymbol{\alpha}_1,\boldsymbol{\alpha}_2,\cdots,\boldsymbol{\alpha}_n)=r(\boldsymbol{e}_1,\boldsymbol{e}_2,\cdots,\boldsymbol{e}_n)=n$,故知向量组 $\boldsymbol{\alpha}_1,\boldsymbol{\alpha}_2,\cdots,\boldsymbol{\alpha}_n$ 线性无关.

点评 以上是由等价向量组的秩相等来进行证明. 而此题如同上两题一样,可以运用其他概念进行求解,由于解题思路与上两题基本一致,故在此不一一叙述. 有兴趣的读者可以自己试试.

【2-19】 设复数域上的向量 $\boldsymbol{\alpha}_1,\boldsymbol{\alpha}_2,\cdots,\boldsymbol{\alpha}_n$ 线性无关,λ 取什么复数值时,向量 $\boldsymbol{\alpha}_1-\lambda\boldsymbol{\alpha}_2,\boldsymbol{\alpha}_2-\lambda\boldsymbol{\alpha}_3,\cdots,\boldsymbol{\alpha}_{n-1}-\lambda\boldsymbol{\alpha}_n,\boldsymbol{\alpha}_n-\lambda\boldsymbol{\alpha}_1$ 线性相关?

解 对于向量组 $\boldsymbol{\alpha}_1-\lambda\boldsymbol{\alpha}_2,\boldsymbol{\alpha}_2-\lambda\boldsymbol{\alpha}_3,\cdots,\boldsymbol{\alpha}_{n-1}-\lambda\boldsymbol{\alpha}_n,\boldsymbol{\alpha}_n-\lambda\boldsymbol{\alpha}_1$,令存在数组 $x_1,x_2,\cdots,x_n$,使

$$x_1(\boldsymbol{\alpha}_1-\lambda\boldsymbol{\alpha}_2)+x_2(\boldsymbol{\alpha}_2-\lambda\boldsymbol{\alpha}_3)+\cdots+x_{n-1}(\boldsymbol{\alpha}_{n-1}-\lambda\boldsymbol{\alpha}_n)+x_n(\boldsymbol{\alpha}_n-\lambda\boldsymbol{\alpha}_1)=\mathbf{0},$$

整理得

$$(x_1-\lambda x_n)\boldsymbol{\alpha}_1+(x_2-\lambda x_1)\boldsymbol{\alpha}_2+\cdots+(x_{n-1}-\lambda x_{n-2})\boldsymbol{\alpha}_{n-1}+(x_n-\lambda x_{n-1})\boldsymbol{\alpha}_n=\mathbf{0},$$

由向量组 $\boldsymbol{\alpha}_1,\boldsymbol{\alpha}_2,\cdots,\boldsymbol{\alpha}_n$ 线性无关,知

$$\begin{cases} x_1-\lambda x_n=0, \\ -\lambda x_1+x_2=0, \\ \cdots\cdots\cdots\cdots\cdots\cdots \\ -\lambda x_{n-1}+x_n=0. \end{cases}$$

要使向量组 $\boldsymbol{\alpha}_1-\lambda\boldsymbol{\alpha}_2,\boldsymbol{\alpha}_2-\lambda\boldsymbol{\alpha}_3,\cdots,\boldsymbol{\alpha}_{n-1}-\lambda\boldsymbol{\alpha}_n,\boldsymbol{\alpha}_n-\lambda\boldsymbol{\alpha}_1$ 线性相关,方程应有非零解,亦即其系数矩阵行列式为零,由

$$\begin{vmatrix} 1 & & & & -\lambda \\ -\lambda & 1 & & & \\ & \ddots & \ddots & & \\ & & \ddots & \ddots & \\ & & & -\lambda & 1 \end{vmatrix}=-\lambda^n+1=0,$$

经计算得 $\lambda=\cos^2\dfrac{k\pi}{n}-\mathrm{i}\sin^2\dfrac{k\pi}{n}(k=0,1,2,\cdots,n)$ 时向量组 $\boldsymbol{\alpha}_1-\lambda\boldsymbol{\alpha}_2,\boldsymbol{\alpha}_2-\lambda\boldsymbol{\alpha}_3,\cdots,\boldsymbol{\alpha}_{n-1}-\lambda\boldsymbol{\alpha}_n,\boldsymbol{\alpha}_n-\lambda\boldsymbol{\alpha}_1$ 线性相关.

点评 本题将向量定义在复数域上进行求解,是为了说明向量组的概念相当广泛,不仅限于实数域,甚至不仅限于数组. 实际上,向量一开始并不是数组,而是

由有向线段表示的有大小、有方向的量——几何向量，只是因为几何向量及其运算可以用数组作为坐标来表示，数组的运算比几何向量更方便，我们才将数值也称为向量. 事实上，向量中的定理、命题等的推理过程是不依赖于数组的，因此无论在实数域还是复数域上，甚至将数组换成函数，解题的思路和方法是统一的.

【2-20】 设向量组

$$\boldsymbol{\alpha}_1=\begin{bmatrix}1\\2\\2\end{bmatrix},\boldsymbol{\alpha}_2=\begin{bmatrix}2\\4\\4\end{bmatrix},\boldsymbol{\alpha}_3=\begin{bmatrix}1\\0\\3\end{bmatrix},\boldsymbol{\alpha}_4=\begin{bmatrix}0\\4\\-2\end{bmatrix},$$

试求出向量组 $\boldsymbol{\alpha}_1,\boldsymbol{\alpha}_2,\boldsymbol{\alpha}_3,\boldsymbol{\alpha}_4$ 的一个极大线性无关组，指出向量组的秩，并把向量组中除极大线性无关组外的向量表示为极大线性无关组的线性组合.

解 这类问题，常用以下方法求解：

方法 1 将向量组作为某矩阵的列向量组，用矩阵的行初等变换，化矩阵为阶梯形矩阵，然后求解.

设 $\boldsymbol{\alpha}_1,\boldsymbol{\alpha}_2,\boldsymbol{\alpha}_3,\boldsymbol{\alpha}_4$ 为矩阵 $\boldsymbol{A}$ 的列向量，即令

$$\boldsymbol{A}=(\boldsymbol{\alpha}_1,\boldsymbol{\alpha}_2,\boldsymbol{\alpha}_3,\boldsymbol{\alpha}_4)=\begin{bmatrix}1&2&1&0\\2&4&0&4\\2&4&3&-2\end{bmatrix},$$

对矩阵 $\boldsymbol{A}$ 施以行初等变换，化 $\boldsymbol{A}$ 为阶梯矩阵 $\boldsymbol{B}$，即

$$\boldsymbol{A}\xrightarrow{\text{行}}\begin{bmatrix}1&2&1&0\\0&0&-2&4\\0&0&0&0\end{bmatrix}=\boldsymbol{B}.\tag{16}$$

记 $\boldsymbol{B}=(\boldsymbol{\beta}_1,\boldsymbol{\beta}_2,\boldsymbol{\beta}_3,\boldsymbol{\beta}_4)$，则由 $r(\boldsymbol{A})=r(\boldsymbol{B})=2$ 知，向量组 $\boldsymbol{\alpha}_1,\boldsymbol{\alpha}_2,\boldsymbol{\alpha}_3,\boldsymbol{\alpha}_4$ 的秩 $r(\boldsymbol{\alpha}_1,\boldsymbol{\alpha}_2,\boldsymbol{\alpha}_3,\boldsymbol{\alpha}_4)=2$，由此知 $\boldsymbol{\alpha}_1,\boldsymbol{\alpha}_2,\boldsymbol{\alpha}_3,\boldsymbol{\alpha}_4$ 中任意两个线性无关的向量都是其极大线性无关组. 由 $\boldsymbol{B}$ 中子矩阵

$$(\boldsymbol{\beta}_1,\boldsymbol{\beta}_2)=\begin{bmatrix}1&1\\0&-2\\0&0\end{bmatrix}$$

可得 $r(\boldsymbol{\beta}_1,\boldsymbol{\beta}_3)=2$，又由式(16)知

$$(\boldsymbol{\alpha}_1,\boldsymbol{\alpha}_3)\xrightarrow{\text{行}}(\boldsymbol{\beta}_1,\boldsymbol{\beta}_3),$$

故 $r(\boldsymbol{\alpha}_1,\boldsymbol{\alpha}_3)=r(\boldsymbol{\beta}_1,\boldsymbol{\beta}_3)=2$，$\boldsymbol{\alpha}_1,\boldsymbol{\alpha}_2$ 可作为 $\boldsymbol{\alpha}_1,\boldsymbol{\alpha}_2,\boldsymbol{\alpha}_3,\boldsymbol{\alpha}_4$ 的极大线性无关组.

对 $\boldsymbol{B}$ 继续施以行初等变换，化 $\boldsymbol{B}$ 为规范的阶梯矩阵 $\boldsymbol{C}$：

$$\boldsymbol{B}\xrightarrow{\text{行}}\begin{bmatrix}1&2&0&2\\0&0&1&-2\\0&0&0&0\end{bmatrix}=\boldsymbol{C},$$

记 $\boldsymbol{C}=(\boldsymbol{\eta}_1,\boldsymbol{\eta}_2,\boldsymbol{\eta}_3,\boldsymbol{\eta}_4)$，则由

$$(\boldsymbol{\alpha}_1,\boldsymbol{\alpha}_3,\boldsymbol{\alpha}_4)=\begin{bmatrix}1&1&0\\2&0&4\\2&3&-2\end{bmatrix}\xrightarrow{\text{行}}\begin{bmatrix}1&0&2\\0&1&-2\\0&0&0\end{bmatrix}=(\boldsymbol{\eta}_1,\boldsymbol{\eta}_3,\boldsymbol{\eta}_4),$$

可得方程组 $x_1\boldsymbol{\alpha}_1+x_2\boldsymbol{\alpha}_3=\boldsymbol{\alpha}_4$ 的解为 $x_1=2,x_2=-2$，故

$$\boldsymbol{\alpha}_4=2\boldsymbol{\alpha}_1-2\boldsymbol{\alpha}_3.$$

又由

$$(\boldsymbol{\alpha}_1,\boldsymbol{\alpha}_2,\boldsymbol{\alpha}_3)=\begin{bmatrix}1&2&1\\2&4&0\\2&4&3\end{bmatrix}\xrightarrow{\text{行}}\begin{bmatrix}1&2&0\\0&0&1\\0&0&0\end{bmatrix}=(\boldsymbol{\eta}_1,\boldsymbol{\eta}_2,\boldsymbol{\eta}_3),$$

可得方程组 $x_1\boldsymbol{\alpha}_1+x_2\boldsymbol{\alpha}_3=\boldsymbol{\alpha}_2$ 的解为 $x_1=2,x_2=0$，故

$$\boldsymbol{\alpha}_2=2\boldsymbol{\alpha}_1+0\boldsymbol{\alpha}_3.$$

点评 这是求解这类问题时最常用的方法. 下面用这个方法再解一题，以使读者能更好地掌握这个方法.

设向量组

$$\boldsymbol{\alpha}_1=\begin{bmatrix}1\\-1\\2\\4\end{bmatrix},\boldsymbol{\alpha}_2=\begin{bmatrix}0\\3\\1\\2\end{bmatrix},\boldsymbol{\alpha}_3=\begin{bmatrix}3\\0\\7\\14\end{bmatrix},\boldsymbol{\alpha}_4=\begin{bmatrix}1\\-2\\2\\0\end{bmatrix},\boldsymbol{\alpha}_4=\begin{bmatrix}2\\1\\5\\10\end{bmatrix},$$

由

$$\boldsymbol{A}=(\boldsymbol{\alpha}_1,\boldsymbol{\alpha}_2,\boldsymbol{\alpha}_3,\boldsymbol{\alpha}_4,\boldsymbol{\alpha}_5)=\begin{bmatrix}1&0&3&1&2\\-1&3&0&-2&1\\2&1&7&2&5\\4&2&14&0&10\end{bmatrix}$$

$$\xrightarrow{\text{行}}\begin{bmatrix}1&0&3&0&2\\0&1&1&0&1\\0&0&0&1&0\\0&0&0&0&0\end{bmatrix}=(\boldsymbol{\eta}_1,\boldsymbol{\eta}_2,\boldsymbol{\eta}_3,\boldsymbol{\eta}_4,\boldsymbol{\eta}_5)=\boldsymbol{C},$$

可得 $r(\boldsymbol{\alpha}_1,\boldsymbol{\alpha}_2,\boldsymbol{\alpha}_3,\boldsymbol{\alpha}_4,\boldsymbol{\alpha}_5)=r(\mathbf{A})=r(\mathbf{C})=3$，又由 $r(\mathbf{C})=r(\boldsymbol{\eta}_1,\boldsymbol{\eta}_2,\boldsymbol{\eta}_4)=3$，可得 $\boldsymbol{\alpha}_1,\boldsymbol{\alpha}_2,\boldsymbol{\alpha}_3,\boldsymbol{\alpha}_4,\boldsymbol{\alpha}_5$ 的一个极大线性无关组 $\boldsymbol{\alpha}_1,\boldsymbol{\alpha}_2,\boldsymbol{\alpha}_4$，而由矩阵 $(\boldsymbol{\eta}_1,\boldsymbol{\eta}_2,\boldsymbol{\eta}_3,\boldsymbol{\eta}_4)$ 和 $(\boldsymbol{\eta}_1,\boldsymbol{\eta}_2,\boldsymbol{\eta}_4,\boldsymbol{\eta}_5)$ 又可得

$$\boldsymbol{\alpha}_3=3\boldsymbol{\alpha}_1+\boldsymbol{\alpha}_2+0\boldsymbol{\alpha}_4,$$
$$\boldsymbol{\alpha}_5=2\boldsymbol{\alpha}_1+\boldsymbol{\alpha}_2+0\boldsymbol{\alpha}_4.$$

方法 2 将向量组作为某矩阵的行向量，并标上记号，然后施以矩阵的行初等

变换,化矩阵为阶梯形矩阵,即

$$\begin{bmatrix}1&2&2\\2&4&4\\1&0&3\\0&4&-2\end{bmatrix}\begin{matrix}\boldsymbol{\alpha}_1\\\boldsymbol{\alpha}_2\\\boldsymbol{\alpha}_3\\\boldsymbol{\alpha}_4\end{matrix}\xrightarrow{\text{行}}\begin{bmatrix}1&0&3\\1&2&2\\2&4&4\\0&4&-2\end{bmatrix}\begin{matrix}\boldsymbol{\alpha}_3\\\boldsymbol{\alpha}_1\\\boldsymbol{\alpha}_2\\\boldsymbol{\alpha}_4\end{matrix}\xrightarrow{\text{行}}\begin{bmatrix}1&0&3\\0&2&-1\\0&4&-2\\0&4&-2\end{bmatrix}\begin{matrix}\boldsymbol{\alpha}_3\\\boldsymbol{\alpha}_1-\boldsymbol{\alpha}_3\\\boldsymbol{\alpha}_2-2\boldsymbol{\alpha}_3\\\boldsymbol{\alpha}_4\end{matrix}$$

$$\xrightarrow{\text{行}}\begin{bmatrix}1&0&3\\0&2&-1\\0&0&0\\0&0&0\end{bmatrix}\begin{matrix}\boldsymbol{\alpha}_3\\\boldsymbol{\alpha}_1-\boldsymbol{\alpha}_3\\\boldsymbol{\alpha}_2-2\boldsymbol{\alpha}_3-2(\boldsymbol{\alpha}_1-\boldsymbol{\alpha}_3)\\\boldsymbol{\alpha}_4-2(\boldsymbol{\alpha}_1-\boldsymbol{\alpha}_3)\end{matrix},$$

记最后得到的阶梯形矩阵为 $\boldsymbol{B}$,因为 $\boldsymbol{B}$ 中有两个非零行,可得

$$\boldsymbol{\alpha}_2-2\boldsymbol{\alpha}_3-2(\boldsymbol{\alpha}_1-\boldsymbol{\alpha}_3)=\boldsymbol{\alpha}_2-2\boldsymbol{\alpha}_1=\boldsymbol{0}$$

$$\boldsymbol{\alpha}_4-2(\boldsymbol{\alpha}_1-\boldsymbol{\alpha}_3)=\boldsymbol{\alpha}_4-2\boldsymbol{\alpha}_1+2\boldsymbol{\alpha}_3=\boldsymbol{0},$$

即 $\boldsymbol{\alpha}_2=2\boldsymbol{\alpha}_1+0\boldsymbol{\alpha}_3,\boldsymbol{\alpha}_4=2\boldsymbol{\alpha}_1-2\boldsymbol{\alpha}_3$,由此又可知 $\boldsymbol{\alpha}_1,\boldsymbol{\alpha}_3$ 可作为 $\boldsymbol{\alpha}_1,\boldsymbol{\alpha}_2,\boldsymbol{\alpha}_3,\boldsymbol{\alpha}_4$ 的极大线性无关组.

点评 这个解法的优点是进行行初等变换后,向量之间的线性关系可一目了然.

方法 3 用排除法,即从 $\boldsymbol{\alpha}_1$ 开始,依次排除线性相关的向量.

因为 $\boldsymbol{\alpha}_1\neq\boldsymbol{0}$,$\boldsymbol{\alpha}_1$ 线性无关,故留下 $\boldsymbol{\alpha}_1$. 然后检查 $\boldsymbol{\alpha}_1,\boldsymbol{\alpha}_2$,可见 $\boldsymbol{\alpha}_2=2\boldsymbol{\alpha}_1$,即 $\boldsymbol{\alpha}_1,\boldsymbol{\alpha}_2$ 线性相关,故排除 $\boldsymbol{\alpha}_2$,仍只保留 $\boldsymbol{\alpha}_1$,接着检查 $\boldsymbol{\alpha}_3,\boldsymbol{\alpha}_1$,由 $x_1\boldsymbol{\alpha}_1+x_2\boldsymbol{\alpha}_3=\boldsymbol{0}$ 仅有零解,或由 $\boldsymbol{\alpha}_1,\boldsymbol{\alpha}_3$ 对应分量不全成比例,知 $\boldsymbol{\alpha}_1,\boldsymbol{\alpha}_3$ 线性无关,因此保留 $\boldsymbol{\alpha}_1,\boldsymbol{\alpha}_3$,最后检查 $\boldsymbol{\alpha}_1,\boldsymbol{\alpha}_3,\boldsymbol{\alpha}_4$,由 $\boldsymbol{\alpha}_4=2\boldsymbol{\alpha}_1-2\boldsymbol{\alpha}_3$ 知,$\boldsymbol{\alpha}_1,\boldsymbol{\alpha}_3,\boldsymbol{\alpha}_4$ 线性相关,故排除 $\boldsymbol{\alpha}_4$. 至此,保留了向量 $\boldsymbol{\alpha}_1,\boldsymbol{\alpha}_3$,排除了向量 $\boldsymbol{\alpha}_2,\boldsymbol{\alpha}_4$.

因此,$\boldsymbol{\alpha}_1,\boldsymbol{\alpha}_3$ 是极大线性无关组,$r(\boldsymbol{\alpha}_1,\boldsymbol{\alpha}_2,\boldsymbol{\alpha}_3,\boldsymbol{\alpha}_4)=2$,且 $\boldsymbol{\alpha}_2=2\boldsymbol{\alpha}_1$,$\boldsymbol{\alpha}_4=2\boldsymbol{\alpha}_1-2\boldsymbol{\alpha}_3$.

点评 这种解法思路清楚,即把线性相关的向量去除掉,最后留下的就是极大线性无关组. 但当向量比较多时,依次判别向量组的线性相关性计算量较大.

【2-21】 试判别以下命题是否正确:

(1) 向量组 $\boldsymbol{\alpha}_1,\boldsymbol{\alpha}_2,\cdots,\boldsymbol{\alpha}_s$ 线性无关的充分必要条件为向量组 $\boldsymbol{\alpha}_1,\boldsymbol{\alpha}_2,\cdots,\boldsymbol{\alpha}_s$ 的极大线性无关组唯一.

(2) 向量组 $\boldsymbol{\beta}_1,\boldsymbol{\beta}_2,\cdots,\boldsymbol{\beta}_s$ 可由向量组 $\boldsymbol{\alpha}_1,\boldsymbol{\alpha}_2,\cdots,\boldsymbol{\alpha}_t$ 线性表示,且 $s>t$,则向量组 $\boldsymbol{\beta}_1,\boldsymbol{\beta}_2,\cdots,\boldsymbol{\beta}_s$ 必线性相关.

(3) 若向量组 $\boldsymbol{\alpha}_1,\boldsymbol{\alpha}_2,\cdots,\boldsymbol{\alpha}_t$ 与向量组 $\boldsymbol{\beta}_1,\boldsymbol{\beta}_2,\cdots,\boldsymbol{\beta}_s$ 的秩相等,则向量组 $\boldsymbol{\alpha}_1,\boldsymbol{\alpha}_2,\cdots,\boldsymbol{\alpha}_t$ 与向量组 $\boldsymbol{\beta}_1,\boldsymbol{\beta}_2,\cdots,\boldsymbol{\beta}_s$ 等价.

(4) 设 $\boldsymbol{\alpha}_1,\boldsymbol{\alpha}_2,\cdots,\boldsymbol{\alpha}_t$ 与 $\boldsymbol{\beta}_1,\boldsymbol{\beta}_2,\cdots,\boldsymbol{\beta}_s$ 是两个 n 维向量组，且 $s>t$，则必有

$$r(\boldsymbol{\alpha}_1,\boldsymbol{\alpha}_2,\cdots,\boldsymbol{\alpha}_t)<r(\boldsymbol{\beta}_1,\boldsymbol{\beta}_2,\cdots,\boldsymbol{\beta}_s).$$

(5) 向量组 $\boldsymbol{\beta}_1,\boldsymbol{\beta}_2,\cdots,\boldsymbol{\beta}_s$ 可由向量组 $\boldsymbol{\alpha}_1,\boldsymbol{\alpha}_2,\cdots,\boldsymbol{\alpha}_t$ 线性表示，则

$$r(\boldsymbol{\alpha}_1,\boldsymbol{\alpha}_2,\cdots,\boldsymbol{\alpha}_t)\geqslant r(\boldsymbol{\beta}_1,\boldsymbol{\beta}_2,\cdots,\boldsymbol{\beta}_s).$$

解 (1) 必要性成立. 若向量组 $\boldsymbol{\alpha}_1,\boldsymbol{\alpha}_2,\cdots,\boldsymbol{\alpha}_s$ 中的任一向量均不能由其余向量线性表示，则向量组 $\boldsymbol{\alpha}_1,\boldsymbol{\alpha}_2,\cdots,\boldsymbol{\alpha}_s$ 只能被自身线性表示. 充分性不成立. 例如，向量组

$$\boldsymbol{\alpha}_1=\begin{bmatrix}1\\1\\-1\end{bmatrix},\boldsymbol{\alpha}_2=\begin{bmatrix}2\\0\\1\end{bmatrix},\boldsymbol{\alpha}_3=\begin{bmatrix}0\\0\\0\end{bmatrix}$$

仅有一个极大线性无关组 $\boldsymbol{\alpha}_1,\boldsymbol{\alpha}_2$，但 $\boldsymbol{\alpha}_1,\boldsymbol{\alpha}_2,\boldsymbol{\alpha}_3$ 线性相关.

点评 请考虑，若向量组 $\boldsymbol{\alpha}_1,\boldsymbol{\alpha}_2,\cdots,\boldsymbol{\alpha}_s$ 中不含零向量，且极大线性无关组唯一，向量组 $\boldsymbol{\alpha}_1,\boldsymbol{\alpha}_2,\cdots,\boldsymbol{\alpha}_s$ 是否线性无关？

(2) 命题成立. 因为 $\boldsymbol{\beta}_1,\boldsymbol{\beta}_2,\cdots,\boldsymbol{\beta}_s$ 的极大线性无关组可由 $\boldsymbol{\alpha}_1,\boldsymbol{\alpha}_2,\cdots,\boldsymbol{\alpha}_t$ 的极大线性无关组线性表示，所以

$$r(\boldsymbol{\beta}_1,\boldsymbol{\beta}_2,\cdots,\boldsymbol{\beta}_s)\leqslant r(\boldsymbol{\alpha}_1,\boldsymbol{\alpha}_2,\cdots,\boldsymbol{\alpha}_t)\leqslant t<s,$$

因此，向量组 $\boldsymbol{\beta}_1,\boldsymbol{\beta}_2,\cdots,\boldsymbol{\beta}_s$ 必线性相关.

(3) 命题未必成立. 例如：向量组

$$\boldsymbol{\alpha}_1=\begin{bmatrix}1\\1\\2\end{bmatrix},\boldsymbol{\alpha}_2=\begin{bmatrix}0\\1\\1\end{bmatrix},\boldsymbol{\alpha}_3=\begin{bmatrix}1\\2\\3\end{bmatrix},$$

$$\boldsymbol{\beta}_1=\begin{bmatrix}1\\2\\1\end{bmatrix},\boldsymbol{\beta}_2=\begin{bmatrix}0\\0\\1\end{bmatrix},\boldsymbol{\beta}_3=\begin{bmatrix}1\\2\\2\end{bmatrix},$$

有 $r(\boldsymbol{\alpha}_1,\boldsymbol{\alpha}_2,\boldsymbol{\alpha}_3)=r(\boldsymbol{\beta}_1,\boldsymbol{\beta}_2,\boldsymbol{\beta}_3)=2$，但却不能相互线性表示.

点评 请考虑，若 n 维向量组 $\boldsymbol{\alpha}_1,\boldsymbol{\alpha}_2,\cdots,\boldsymbol{\alpha}_t$ 与向量组 $\boldsymbol{\beta}_1,\boldsymbol{\beta}_2,\cdots,\boldsymbol{\beta}_s(s\geqslant n,t\geqslant n)$，$r(\boldsymbol{\alpha}_1,\boldsymbol{\alpha}_2,\cdots,\boldsymbol{\alpha}_t)=r(\boldsymbol{\beta}_1,\boldsymbol{\beta}_2,\cdots,\boldsymbol{\beta}_s)=n$，则向量组 $\boldsymbol{\alpha}_1,\boldsymbol{\alpha}_2,\cdots,\boldsymbol{\alpha}_t$ 与向量组 $\boldsymbol{\beta}_1,\boldsymbol{\beta}_2,\cdots,\boldsymbol{\beta}_s$ 是否等价？

(4) 命题不成立. 例如，向量

$$\boldsymbol{\alpha}_1=\begin{bmatrix}1\\1\\2\end{bmatrix},\boldsymbol{\alpha}_2=\begin{bmatrix}2\\2\\4\end{bmatrix},\boldsymbol{\alpha}_3=\begin{bmatrix}0\\0\\0\end{bmatrix},\boldsymbol{\beta}_1=\begin{bmatrix}1\\2\\1\end{bmatrix},\boldsymbol{\beta}_2=\begin{bmatrix}0\\0\\1\end{bmatrix},$$

有 $r(\boldsymbol{\alpha}_1,\boldsymbol{\alpha}_2,\boldsymbol{\alpha}_3)=1<r(\boldsymbol{\beta}_1,\boldsymbol{\beta}_2)=2$.

(5) 命题成立. 因为 $\boldsymbol{\beta}_1,\boldsymbol{\beta}_2,\cdots,\boldsymbol{\beta}_s$ 的极大线性无关组可由 $\boldsymbol{\alpha}_1,\boldsymbol{\alpha}_2,\cdots,\boldsymbol{\alpha}_t$ 的极大

线性无关组线性表示，故 $\boldsymbol{\beta}_1,\boldsymbol{\beta}_2,\cdots,\boldsymbol{\beta}_s$ 的极大线性无关组所含向量的个数 $r_1=r(\boldsymbol{\beta}_1,\boldsymbol{\beta}_2,\cdots,\boldsymbol{\beta}_s)\leqslant r_2$，$r_2$ 为 $\boldsymbol{\alpha}_1,\boldsymbol{\alpha}_2,\cdots,\boldsymbol{\alpha}_t$ 的极大线性无关组所含向量的个数，即 $r_2=r(\boldsymbol{\alpha}_1,\boldsymbol{\alpha}_2,\cdots,\boldsymbol{\alpha}_t)$因此

$$r(\boldsymbol{\alpha}_1,\boldsymbol{\alpha}_2,\cdots,\boldsymbol{\alpha}_t)\geqslant r(\boldsymbol{\beta}_1,\boldsymbol{\beta}_2,\cdots,\boldsymbol{\beta}_s).$$

【2-22】 设向量组 $\boldsymbol{\alpha}_1,\boldsymbol{\alpha}_2,\cdots,\boldsymbol{\alpha}_s$ 的秩为 r. 证明：向量组中任意 r 个线性无关的向量都可以构成向量组 $\boldsymbol{\alpha}_1,\boldsymbol{\alpha}_2,\cdots,\boldsymbol{\alpha}_s$ 的极大线性无关组.

证明 设 $\boldsymbol{\alpha}_{j1},\boldsymbol{\alpha}_{j2},\cdots,\boldsymbol{\alpha}_{jr}$ 是 $\boldsymbol{\alpha}_1,\boldsymbol{\alpha}_2,\cdots,\boldsymbol{\alpha}_s$ 中的一个线性无关的部分向量组，若 $\boldsymbol{\alpha}_{j1},\boldsymbol{\alpha}_{j2},\cdots,\boldsymbol{\alpha}_{jr}$ 不是 $\boldsymbol{\alpha}_1,\boldsymbol{\alpha}_2,\cdots,\boldsymbol{\alpha}_s$ 的极大线性无关组，则至少存在一个向量 $\boldsymbol{\alpha}_{jr+1}$ 不能由 $\boldsymbol{\alpha}_{j1},\boldsymbol{\alpha}_{j2},\cdots,\boldsymbol{\alpha}_{jr}$ 线性表示，即 $\boldsymbol{\alpha}_1,\boldsymbol{\alpha}_2,\cdots,\boldsymbol{\alpha}_s$ 中存在线性无关的向量组 $\boldsymbol{\alpha}_{j1},\boldsymbol{\alpha}_{j2},\cdots,\boldsymbol{\alpha}_{jr},\boldsymbol{\alpha}_{jr+1}$. 由 $r(\boldsymbol{\alpha}_1,\boldsymbol{\alpha}_2,\cdots,\boldsymbol{\alpha}_s)=r$ 知，存在极大线性无关组 $\boldsymbol{\alpha}_{i1},\boldsymbol{\alpha}_{i2},\cdots,\boldsymbol{\alpha}_{ir}$，可以线性表示向量组 $\boldsymbol{\alpha}_{j1},\boldsymbol{\alpha}_{j2},\cdots,\boldsymbol{\alpha}_{jr},\boldsymbol{\alpha}_{jr+1}$，然而

$$r+1=r(\boldsymbol{\alpha}_{j1},\boldsymbol{\alpha}_{j2},\cdots,\boldsymbol{\alpha}_{jr},\boldsymbol{\alpha}_{jr+1})>r(\boldsymbol{\alpha}_{i1},\boldsymbol{\alpha}_{i2},\cdots,\boldsymbol{\alpha}_{ir})=r$$

相矛盾，故知向量组 $\boldsymbol{\alpha}_{j1},\boldsymbol{\alpha}_{j2},\cdots,\boldsymbol{\alpha}_{jr}$ 是向量组 $\boldsymbol{\alpha}_1,\boldsymbol{\alpha}_2,\cdots,\boldsymbol{\alpha}_s$ 的极大线性无关组. 由 $\boldsymbol{\alpha}_{j1},\boldsymbol{\alpha}_{j2},\cdots,\boldsymbol{\alpha}_{jr}$ 所取的条件知，任意 r 个线性无关向量都可构成 $\boldsymbol{\alpha}_1,\boldsymbol{\alpha}_2,\cdots,\boldsymbol{\alpha}_s$ 的极大线性无关组.

【2-23】 设向量组 Ⅰ $=(\boldsymbol{\alpha}_1,\boldsymbol{\alpha}_2,\cdots,\boldsymbol{\alpha}_s)$，Ⅱ $=(\boldsymbol{\beta}_1,\boldsymbol{\beta}_2,\cdots,\boldsymbol{\beta}_t)$，已知Ⅰ和Ⅱ秩相同，且Ⅱ可由Ⅰ线性表示，证明：向量组Ⅰ和Ⅱ等价.

证明 只需证明Ⅰ也可由Ⅱ线性表示. 设Ⅰ和Ⅱ的秩为 r，且 $\boldsymbol{\alpha}_{i1},\boldsymbol{\alpha}_{i2},\cdots,\boldsymbol{\alpha}_{ir}$ 与 $\boldsymbol{\beta}_{j1},\boldsymbol{\beta}_{j2},\cdots,\boldsymbol{\beta}_{jr}$ 分别是Ⅰ和Ⅱ的极大线性无关组. 又设向量组

$$\text{Ⅲ}=(\boldsymbol{\alpha}_1,\boldsymbol{\alpha}_2,\cdots,\boldsymbol{\alpha}_s,\boldsymbol{\beta}_1,\boldsymbol{\beta}_2,\cdots,\boldsymbol{\beta}_t),$$

因为 $\boldsymbol{\alpha}_{i1},\boldsymbol{\alpha}_{i2},\cdots,\boldsymbol{\alpha}_{ir}$ 可线性表示Ⅰ，而Ⅰ又可线性表示Ⅱ，所以 $\boldsymbol{\alpha}_{i1},\boldsymbol{\alpha}_{i2},\cdots,\boldsymbol{\alpha}_{ir}$ 可线性表示Ⅰ和Ⅱ，即 $\boldsymbol{\alpha}_{i1},\boldsymbol{\alpha}_{i2},\cdots,\boldsymbol{\alpha}_{ir}$ 是Ⅲ的极大线性无关组，因此向量Ⅲ的秩为 r. 而 $\boldsymbol{\beta}_{j1},\boldsymbol{\beta}_{j2},\cdots,\boldsymbol{\beta}_{jr}$ 是Ⅲ中 r 个线性无关的向量，故其是Ⅲ的极大线性无关组(见例【2-22】). 因此 $\boldsymbol{\beta}_{j1},\boldsymbol{\beta}_{j2},\cdots,\boldsymbol{\beta}_{jr}$ 能线性表示Ⅲ，进而可知其能线性表示Ⅰ，即Ⅱ能线性表示Ⅰ，故向量组Ⅰ和Ⅱ等价.

【2-24】 已知向量组 Ⅰ $=(\boldsymbol{\alpha}_1,\boldsymbol{\alpha}_2,\cdots,\boldsymbol{\alpha}_n)$，$r(\text{Ⅰ})=r_1$，从Ⅰ中任取 m 个向量，构成向量组 Ⅱ $=(\boldsymbol{\alpha}_{i1},\boldsymbol{\alpha}_{i2},\cdots,\boldsymbol{\alpha}_{im})(m\leqslant n)$. 设 $r(\text{Ⅱ})=r_2$，证明：$r_2\geqslant r_1+m-n$.

证明 设 $\boldsymbol{\alpha}_{j1},\boldsymbol{\alpha}_{j2},\cdots,\boldsymbol{\alpha}_{jr}$ 是Ⅱ的一个极大线性无关组，将其利用排除法扩充为Ⅰ的一个极大线性无关组，则需从Ⅰ中除去Ⅱ后余下的向量(有 $n-m$ 个)中选出 r_1-r_2 个线性无关的向量. 因此

$$r_1-r_2\leqslant n-m,$$

此即

$$r_2\geqslant r_1+m-n.$$

【2-25】 证明：n 维列向量组 $\boldsymbol{\alpha}_1,\boldsymbol{\alpha}_2,\cdots,\boldsymbol{\alpha}_n$ 线性无关的充分必要条件为任一 n

维列向量 $\boldsymbol{\beta}$ 都可由向量组 $\boldsymbol{\alpha}_1,\boldsymbol{\alpha}_2,\cdots,\boldsymbol{\alpha}_n$ 线性表示.

本题可用多种与向量组的线性相关性有关的知识证得，简述如下：

证明　必要性　方法 1　因为 $\boldsymbol{\alpha}_1,\boldsymbol{\alpha}_2,\cdots,\boldsymbol{\alpha}_n$ 线性无关，而 $\boldsymbol{\alpha}_1,\boldsymbol{\alpha}_2,\cdots,\boldsymbol{\alpha}_n,\boldsymbol{\beta}$ 是 $n+1$ 个 n 维向量构成的向量组，故 $\boldsymbol{\alpha}_1,\boldsymbol{\alpha}_2,\cdots,\boldsymbol{\alpha}_n,\boldsymbol{\beta}$ 线性相关. 所以，$\boldsymbol{\beta}$ 可由 $\boldsymbol{\alpha}_1,\boldsymbol{\alpha}_2,\cdots,\boldsymbol{\alpha}_n$ 线性表示.

方法 2　设矩阵

$$\boldsymbol{A}=(\boldsymbol{\alpha}_1,\boldsymbol{\alpha}_2,\cdots,\boldsymbol{\alpha}_n),\boldsymbol{B}=(\boldsymbol{\alpha}_1,\boldsymbol{\alpha}_2,\cdots,\boldsymbol{\alpha}_n,\boldsymbol{\beta}),$$

由题设，知 $r(\boldsymbol{A})=n$，而

$$n=r(\boldsymbol{A})\leqslant r(\boldsymbol{B})=\min(n,n+1)=n,$$

故

$$r(\boldsymbol{\alpha}_1,\boldsymbol{\alpha}_2,\cdots,\boldsymbol{\alpha}_n)=r(\boldsymbol{A})=r(\boldsymbol{B})=r(\boldsymbol{\alpha}_1,\boldsymbol{\alpha}_2,\cdots,\boldsymbol{\alpha}_n,\boldsymbol{\beta}),$$

由此可得，$\boldsymbol{\alpha}_1,\boldsymbol{\alpha}_2,\cdots,\boldsymbol{\alpha}_n$ 是 $\boldsymbol{\alpha}_1,\boldsymbol{\alpha}_2,\cdots,\boldsymbol{\alpha}_n,\boldsymbol{\beta}$ 的一个极大线性无关组，故 $\boldsymbol{\beta}$ 可由 $\boldsymbol{\alpha}_1,\boldsymbol{\alpha}_2,\cdots,\boldsymbol{\alpha}_n$ 线性表示.

方法 3　记 $x_1\boldsymbol{\alpha}_1+x_2\boldsymbol{\alpha}_2+\cdots+x_n\boldsymbol{\alpha}_n=\boldsymbol{\beta}$ 为 $\boldsymbol{Ax}=\boldsymbol{b}$，其中

$$\boldsymbol{A}=(\boldsymbol{\alpha}_1,\boldsymbol{\alpha}_2,\cdots,\boldsymbol{\alpha}_n),\boldsymbol{x}=(x_1,x_2,\cdots,x_n)^{\mathrm{T}},\boldsymbol{b}=\boldsymbol{\beta},$$

由方法 2 的证明，知 $r(\boldsymbol{A})=r(\overline{\boldsymbol{A}})$，其中 $\overline{\boldsymbol{A}}$ 为 $\boldsymbol{Ax}=\boldsymbol{b}$ 的增广矩阵，所以线性方程组 $\boldsymbol{Ax}=\boldsymbol{b}$ 有解，因此 $\boldsymbol{\beta}$ 可由 $\boldsymbol{\alpha}_1,\boldsymbol{\alpha}_2,\cdots,\boldsymbol{\alpha}_n$ 线性表示.

方法 4　记 $x_1\boldsymbol{\alpha}_1+x_2\boldsymbol{\alpha}_2+\cdots+x_n\boldsymbol{\alpha}_n=\boldsymbol{\beta}$ 为线性方程组 $\boldsymbol{Ax}=\boldsymbol{b}$，其中

$$\boldsymbol{A}=(\boldsymbol{\alpha}_1,\boldsymbol{\alpha}_2,\cdots,\boldsymbol{\alpha}_n),\boldsymbol{x}=(x_1,x_2,\cdots,x_n)^{\mathrm{T}},\boldsymbol{b}=\boldsymbol{\beta},$$

因为 $\boldsymbol{\alpha}_1,\boldsymbol{\alpha}_2,\cdots,\boldsymbol{\alpha}_n$ 线性无关，所以 $|\boldsymbol{A}|\neq 0$，由克莱姆法则，知线性方程组 $\boldsymbol{Ax}=\boldsymbol{b}$ 有唯一解，因此 $\boldsymbol{\beta}$ 可由 $\boldsymbol{\alpha}_1,\boldsymbol{\alpha}_2,\cdots,\boldsymbol{\alpha}_n$ 线性表示.

方法 5　用反证法. 若向量组 $\boldsymbol{\alpha}_1,\boldsymbol{\alpha}_2,\cdots,\boldsymbol{\alpha}_n$ 线性无关，但不能线性表示 n 维向量 $\boldsymbol{\beta}$，因此至少存在 $n+1$ 个 n 维向量 $\boldsymbol{\alpha}_1,\boldsymbol{\alpha}_2,\cdots,\boldsymbol{\alpha}_n,\boldsymbol{\beta}$ 是线性无关的，这与向量的个数大于向量维数的向量组必线性相关的结论矛盾. 因此，$\boldsymbol{\alpha}_1,\boldsymbol{\alpha}_2,\cdots,\boldsymbol{\alpha}_n$ 能线性表示任一 n 维向量.

充分性　方法 1　已知向量组 $\boldsymbol{\alpha}_1,\boldsymbol{\alpha}_2,\cdots,\boldsymbol{\alpha}_n$ 可线性表示任一 n 维向量，设 $\boldsymbol{\beta}_1,\boldsymbol{\beta}_2,\cdots,\boldsymbol{\beta}_n$ 是 n 个线性无关的 n 维向量，由题设知，$\boldsymbol{\beta}_1,\boldsymbol{\beta}_2,\cdots,\boldsymbol{\beta}_n$ 可由 $\boldsymbol{\alpha}_1,\boldsymbol{\alpha}_2,\cdots,\boldsymbol{\alpha}_n$ 线性表示，由

$$n=r(\boldsymbol{\beta}_1,\boldsymbol{\beta}_2,\cdots,\boldsymbol{\beta}_n)\leqslant r(\boldsymbol{\alpha}_1,\boldsymbol{\alpha}_2,\cdots,\boldsymbol{\alpha}_n)\leqslant n,$$

可得

$$r(\boldsymbol{\alpha}_1,\boldsymbol{\alpha}_2,\cdots,\boldsymbol{\alpha}_n)=n,$$

因此，向量组 $\boldsymbol{\alpha}_1,\boldsymbol{\alpha}_2,\cdots,\boldsymbol{\alpha}_n$ 线性无关.

方法 2　设 $\boldsymbol{\beta}_1,\boldsymbol{\beta}_2,\cdots,\boldsymbol{\beta}_n$ 是 n 个线性无关的 n 维向量，由题设，可知 $\boldsymbol{\beta}_1,\boldsymbol{\beta}_2,\cdots,\boldsymbol{\beta}_n$ 可由 $\boldsymbol{\alpha}_1,\boldsymbol{\alpha}_2,\cdots,\boldsymbol{\alpha}_n$ 线性表示，设为

$$(\boldsymbol{\beta}_1,\boldsymbol{\beta}_2,\cdots,\boldsymbol{\beta}_n)=(\boldsymbol{\alpha}_1,\boldsymbol{\alpha}_2,\cdots,\boldsymbol{\alpha}_n)\boldsymbol{C},$$

其中 n 阶方阵 $\boldsymbol{C}$ 是 $\boldsymbol{\alpha}_1,\boldsymbol{\alpha}_2,\cdots,\boldsymbol{\alpha}_n$ 线性表示 $\boldsymbol{\beta}_1,\boldsymbol{\beta}_2,\cdots,\boldsymbol{\beta}_n$ 的表示矩阵. 又记矩阵

$$\boldsymbol{B}=(\boldsymbol{\beta}_1,\boldsymbol{\beta}_2,\cdots,\boldsymbol{\beta}_n),\boldsymbol{A}=(\boldsymbol{\alpha}_1,\boldsymbol{\alpha}_2,\cdots,\boldsymbol{\alpha}_n),$$

则有

$$\boldsymbol{B}=\boldsymbol{AC},$$

因为 $\boldsymbol{\beta}_1,\boldsymbol{\beta}_2,\cdots,\boldsymbol{\beta}_n$ 线性无关,矩阵 $\boldsymbol{B}$ 的秩为 n, $|\boldsymbol{B}|\neq0$, $|\boldsymbol{AC}|=|\boldsymbol{A}|\,|\boldsymbol{C}|=|\boldsymbol{B}|\neq0$, 所以 $|\boldsymbol{A}|\neq0$, $r(\boldsymbol{A})=n$. 因此,向量组 $\boldsymbol{\alpha}_1,\boldsymbol{\alpha}_2,\cdots,\boldsymbol{\alpha}_n$ 线性无关.

方法 3 所设同方法 2,因为 $|\boldsymbol{AC}|=|\boldsymbol{A}|\,|\boldsymbol{C}|=|\boldsymbol{B}|\neq0$, $|\boldsymbol{C}|\neq0$, $\boldsymbol{C}$ 为可逆矩阵,所以由

$$(\boldsymbol{\beta}_1,\boldsymbol{\beta}_2,\cdots,\boldsymbol{\beta}_n)=(\boldsymbol{\alpha}_1,\boldsymbol{\alpha}_2,\cdots,\boldsymbol{\alpha}_n)\boldsymbol{C},$$

可得

$$(\boldsymbol{\alpha}_1,\boldsymbol{\alpha}_2,\cdots,\boldsymbol{\alpha}_n)=(\boldsymbol{\beta}_1,\boldsymbol{\beta}_2,\cdots,\boldsymbol{\beta}_n)\boldsymbol{C}^{-1},$$

即 $\boldsymbol{\alpha}_1,\boldsymbol{\alpha}_2,\cdots,\boldsymbol{\alpha}_n$ 也可由 $\boldsymbol{\beta}_1,\boldsymbol{\beta}_2,\cdots,\boldsymbol{\beta}_n$ 线性表示,向量组 $\boldsymbol{\alpha}_1,\boldsymbol{\alpha}_2,\cdots,\boldsymbol{\alpha}_n$ 与 $\boldsymbol{\beta}_1,\boldsymbol{\beta}_2,\cdots,\boldsymbol{\beta}_n$ 等价. 因此

$$r(\boldsymbol{\alpha}_1,\boldsymbol{\alpha}_2,\cdots,\boldsymbol{\alpha}_n)=r(\boldsymbol{\beta}_1,\boldsymbol{\beta}_2,\cdots,\boldsymbol{\beta}_n)=n,$$

故向量组 $\boldsymbol{\alpha}_1,\boldsymbol{\alpha}_2,\cdots,\boldsymbol{\alpha}_n$ 线性无关.

方法 4 设 $\boldsymbol{\beta}_1,\boldsymbol{\beta}_2,\cdots,\boldsymbol{\beta}_n$ 是 n 个线性无关的 n 维向量,由必要性, $\boldsymbol{\beta}_1,\boldsymbol{\beta}_2,\cdots,\boldsymbol{\beta}_n$ 可线性表示任一 n 维向量,因此 $\boldsymbol{\alpha}_1,\boldsymbol{\alpha}_2,\cdots,\boldsymbol{\alpha}_n$ 也可由 $\boldsymbol{\beta}_1,\boldsymbol{\beta}_2,\cdots,\boldsymbol{\beta}_n$ 线性表示,所以向量组 $\boldsymbol{\alpha}_1,\boldsymbol{\alpha}_2,\cdots,\boldsymbol{\alpha}_n$ 与 $\boldsymbol{\beta}_1,\boldsymbol{\beta}_2,\cdots,\boldsymbol{\beta}_n$ 等价,故向量组 $\boldsymbol{\alpha}_1,\boldsymbol{\alpha}_2,\cdots,\boldsymbol{\alpha}_n$ 线性无关.

方法 5 用反证法. 若向量组 $\boldsymbol{\alpha}_1,\boldsymbol{\alpha}_2,\cdots,\boldsymbol{\alpha}_n$ 线性相关. 设 $\boldsymbol{\alpha}_{i1},\boldsymbol{\alpha}_{i2},\cdots,\boldsymbol{\alpha}_{ir}$ $(r<n)$ 是其极大线性无关组. 又设 $\boldsymbol{\beta}_1,\boldsymbol{\beta}_2,\cdots,\boldsymbol{\beta}_n$ 是 n 个线性无关的向量,由线性表示的传递性,知 $\boldsymbol{\beta}_1,\boldsymbol{\beta}_2,\cdots,\boldsymbol{\beta}_n$ 可由 $\boldsymbol{\alpha}_{i1},\boldsymbol{\alpha}_{i2},\cdots,\boldsymbol{\alpha}_{ir}$ 线性表示,可得

$$n=r(\boldsymbol{\beta}_1,\boldsymbol{\beta}_2,\cdots,\boldsymbol{\beta}_n)\leqslant r(\boldsymbol{\alpha}_{i1},\boldsymbol{\alpha}_{i2},\cdots,\boldsymbol{\alpha}_{ir})<n,$$

即 $n\leqslant r<n$,这是一个不可能成立的不等式,因此向量组 $\boldsymbol{\alpha}_1,\boldsymbol{\alpha}_2,\cdots,\boldsymbol{\alpha}_n$ 线性无关.

【2-26】 设 $\boldsymbol{A},\boldsymbol{B}$ 为 $m\times n$ 阶矩阵,证明:

$$r(\boldsymbol{A})-r(\boldsymbol{B})\leqslant r(\boldsymbol{A}+\boldsymbol{B})\leqslant r(\boldsymbol{A},\boldsymbol{B})\leqslant r(\boldsymbol{A})+r(\boldsymbol{B}).$$

证明 先证 $r(\boldsymbol{A}+\boldsymbol{B})\leqslant r(\boldsymbol{A},\boldsymbol{B})\leqslant r(\boldsymbol{A})+r(\boldsymbol{B})$. 设 $\boldsymbol{A},\boldsymbol{B}$ 的列向量分别为 $\boldsymbol{\alpha}_1,\boldsymbol{\alpha}_2,\cdots,\boldsymbol{\alpha}_n$ 和 $\boldsymbol{\beta}_1,\boldsymbol{\beta}_2,\cdots,\boldsymbol{\beta}_n$,又设 $r(\boldsymbol{A})=r_1$, $r(\boldsymbol{B})=r_2$, $\boldsymbol{\alpha}_1,\boldsymbol{\alpha}_2,\cdots,\boldsymbol{\alpha}_{r_1}$ 和 $\boldsymbol{\beta}_1,\boldsymbol{\beta}_2,\cdots,\boldsymbol{\beta}_{r_2}$ 分别以 $\boldsymbol{\alpha}_1,\boldsymbol{\alpha}_2,\cdots,\boldsymbol{\alpha}_{r1}$ 和 $\boldsymbol{\beta}_1,\boldsymbol{\beta}_2,\cdots,\boldsymbol{\beta}_{r2}$ 为极大线性无关组. 因为 $\boldsymbol{A}+\boldsymbol{B}$ 的列向量组为 $\boldsymbol{\alpha}_1+\boldsymbol{\beta}_1,\boldsymbol{\alpha}_2+\boldsymbol{\beta}_2,\cdots,\boldsymbol{\alpha}_n+\boldsymbol{\beta}_n$,而 $\boldsymbol{\alpha}_1+\boldsymbol{\beta}_1,\boldsymbol{\alpha}_2+\boldsymbol{\beta}_2,\cdots,\boldsymbol{\alpha}_n+\boldsymbol{\beta}_n$ 可由向量组 $\boldsymbol{\alpha}_1,\boldsymbol{\alpha}_2,\cdots,\boldsymbol{\alpha}_n$, $\boldsymbol{\beta}_1,\boldsymbol{\beta}_2,\cdots,\boldsymbol{\beta}_n$ 线性表示,进而被向量组 $\boldsymbol{\alpha}_1,\boldsymbol{\alpha}_2,\cdots,\boldsymbol{\alpha}_{r1},\boldsymbol{\beta}_1,\boldsymbol{\beta}_2,\cdots,\boldsymbol{\beta}_{r2}$ 线性表示. 因此,

$$\begin{aligned}r(\boldsymbol{\alpha}_1+\boldsymbol{\beta}_1,\boldsymbol{\alpha}_2+\boldsymbol{\beta}_2,\cdots,\boldsymbol{\alpha}_n+\boldsymbol{\beta}_n)&\leqslant r(\boldsymbol{\alpha}_1,\boldsymbol{\alpha}_2,\cdots,\boldsymbol{\alpha}_n,\boldsymbol{\beta}_1,\boldsymbol{\beta}_2,\cdots,\boldsymbol{\beta}_n)\\&\leqslant r(\boldsymbol{\alpha}_1,\boldsymbol{\alpha}_2,\cdots,\boldsymbol{\alpha}_{r1},\boldsymbol{\beta}_1,\boldsymbol{\beta}_2,\cdots,\boldsymbol{\beta}_{r2})\leqslant r_1+r_2,\end{aligned}$$

即

$$r(\boldsymbol{A}+\boldsymbol{B}) \leqslant r(\boldsymbol{A},\boldsymbol{B}) \leqslant r_1 + r_2 = r(\boldsymbol{A}) + r(\boldsymbol{B}).$$

再证 $r(\boldsymbol{A})-r(\boldsymbol{B})\leqslant r(\boldsymbol{A}+\boldsymbol{B})$. 因为

$$\boldsymbol{A} = (\boldsymbol{A}+\boldsymbol{B}) - \boldsymbol{B},$$

因此

$$r(\boldsymbol{A}) = r[(\boldsymbol{A}+\boldsymbol{B}) - \boldsymbol{B}] \leqslant r(\boldsymbol{A}+\boldsymbol{B}) + r(-\boldsymbol{B}) = r(\boldsymbol{A}+\boldsymbol{B}) + r(\boldsymbol{B}),$$

即

$$r(\boldsymbol{A}) - r(\boldsymbol{B}) \leqslant r(\boldsymbol{A}+\boldsymbol{B}).$$

【2-27】 设 $\boldsymbol{A},\boldsymbol{B}$ 为 n 阶方阵,证明:

$$r(\boldsymbol{AB}) \geqslant r(\boldsymbol{A}) + r(\boldsymbol{B}) - n.$$

证明 设 $r(\boldsymbol{A})=r_1, r(\boldsymbol{B})=r_2, r(\boldsymbol{AB})=r_3$. 因为 $r(\boldsymbol{B})=r_2$,存在可逆矩阵 $\boldsymbol{P}$ 和 $\boldsymbol{Q}$,使

$$\boldsymbol{B} = \boldsymbol{P}\begin{bmatrix} \boldsymbol{E}r_2 & \boldsymbol{0} \\ \boldsymbol{0} & \boldsymbol{0} \end{bmatrix}\boldsymbol{Q},$$

又

$$\boldsymbol{AB} = \boldsymbol{AP}\begin{bmatrix} \boldsymbol{E}r_2 & \boldsymbol{0} \\ \boldsymbol{0} & \boldsymbol{0} \end{bmatrix}\boldsymbol{Q} = \boldsymbol{A}_1\begin{bmatrix} \boldsymbol{E}r_2 & \boldsymbol{0} \\ \boldsymbol{0} & \boldsymbol{0} \end{bmatrix}\boldsymbol{Q},$$

其中 $\boldsymbol{A}_1=\boldsymbol{AP}$. 由 $\boldsymbol{P}$ 和 $\boldsymbol{Q}$ 为可逆矩阵,可得

$$r(\boldsymbol{A}) = r(\boldsymbol{A}_1) = r_1,$$

$$r(\boldsymbol{AB}) = r\left(\boldsymbol{A}_1\begin{bmatrix} \boldsymbol{E}r_2 & \boldsymbol{0} \\ \boldsymbol{0} & \boldsymbol{0} \end{bmatrix}\right) = r_3.$$

设 $\boldsymbol{\alpha}_1,\boldsymbol{\alpha}_2,\cdots,\boldsymbol{\alpha}_n$ 是 $\boldsymbol{A}_1$ 的列向量,即 $\boldsymbol{A}_1=(\boldsymbol{\alpha}_1,\boldsymbol{\alpha}_2,\cdots,\boldsymbol{\alpha}_n)$,则

$$\begin{aligned}\boldsymbol{A}_1\begin{bmatrix} \boldsymbol{E}r_2 & \boldsymbol{0} \\ \boldsymbol{0} & \boldsymbol{0} \end{bmatrix} &= (\boldsymbol{\alpha}_1,\boldsymbol{\alpha}_2,\cdots,\boldsymbol{\alpha}_n)\begin{bmatrix} \boldsymbol{E}r_2 & \boldsymbol{0} \\ \boldsymbol{0} & \boldsymbol{0} \end{bmatrix} \\ &= (\boldsymbol{\alpha}_1,\boldsymbol{\alpha}_2,\cdots,\boldsymbol{\alpha}_{r_2},0,0,\cdots,0),\end{aligned}$$

由例【2-24】可知

$$\begin{aligned} r(\boldsymbol{AB}) &= r(\boldsymbol{\alpha}_1,\boldsymbol{\alpha}_2,\cdots,\boldsymbol{\alpha}_{r_2},0,0,\cdots,0) = r(\boldsymbol{\alpha}_1,\boldsymbol{\alpha}_2,\cdots,\boldsymbol{\alpha}_{r_2}) \\ &= r_3 \geqslant r_1 + r_2 - n, \end{aligned}$$

即 $$r(\boldsymbol{AB}) \geqslant r(\boldsymbol{A}) + r(\boldsymbol{B}) - n.$$

【2-28】 求齐次线性方程组

$$\begin{cases} x_1 + x_2 + x_3 + 4x_4 - 3x_5 = 0, \\ 2x_1 + x_2 + 3x_3 + 5x_4 - 5x_5 = 0, \\ x_1 - x_2 + 3x_3 - 2x_4 - x_5 = 0, \\ 3x_1 + x_2 + 5x_3 + 6x_4 - 7x_5 = 0 \end{cases}$$

的一个基础解系及其通解.

解 用消元法求解,即利用矩阵的行初等变换化其系数矩阵 $\boldsymbol{A}$ 为规范的阶梯形矩阵. 由

$$\boldsymbol{A}=\begin{bmatrix}1&1&1&4&-3\\2&1&3&5&-5\\1&-1&3&-2&-1\\3&1&5&6&-7\end{bmatrix}\xrightarrow{\text{行}}\begin{bmatrix}1&1&1&4&-3\\0&-1&1&-3&1\\0&-2&2&-6&2\\0&-2&2&-6&2\end{bmatrix}$$

$$\xrightarrow{\text{行}}\begin{bmatrix}1&1&1&4&-3\\0&1&-1&3&-1\\0&0&0&0&0\\0&0&0&0&0\end{bmatrix}\xrightarrow{\text{行}}\begin{bmatrix}1&0&2&1&-2\\0&1&-1&3&-1\\0&0&0&0&0\\0&0&0&0&0\end{bmatrix},$$

得到原方程组的同解方程组

$$\begin{cases}x_1+2x_3+x_4-2x_5=0,\\x_2-x_3+3x_4-x_5=0,\end{cases}$$

并由此得到原方程组的解

$$\begin{cases}x_1=-2x_3-x_4+2x_5,\\x_2=x_3-3x_4+x_5,\\x_3=x_3,\\x_4=x_4,\\x_5=x_5,\end{cases}\tag{17}$$

其中 x_3,x_4,x_5 为任意常数(常称其为**自由变量**).

因为 $n=5,r(\boldsymbol{A})=2$,所以基础解系含有 $5-2=3$ 个线性无关的解. 求基础解系的常用方法:令自由变量 $(x_3,x_4,x_5)^{\mathrm{T}}$ 依次取 $(1,0,0)^{\mathrm{T}},(0,1,0)^{\mathrm{T}},(0,0,1)^{\mathrm{T}}$,则由式(17)得到原齐次线性方程组的基础解系

$$\boldsymbol{\alpha}_1=\begin{bmatrix}-2\\1\\1\\0\\0\end{bmatrix},\boldsymbol{\alpha}_2=\begin{bmatrix}-1\\-3\\0\\1\\0\end{bmatrix},\boldsymbol{\alpha}_3=\begin{bmatrix}2\\1\\0\\0\\1\end{bmatrix},$$

由此又可得原齐次线性方程组的通解

$$\boldsymbol{\alpha}=k_1\boldsymbol{\alpha}_1+k_2\boldsymbol{\alpha}_2+k_3\boldsymbol{\alpha}_3,$$

其中 k_1,k_2,k_3 是 3 个独立的任意常数.

【2-29】 设非齐次线性方程组为

$$\begin{cases} x_1 - 3x_2 - x_3 = 0, \\ x_1 - 4x_2 + a_1 x_3 = b_1, \\ 2x_1 - x_2 + 3x_3 = 5, \end{cases}$$

试问:(1) a_1, b_1 取何值时,方程组有唯一解?

(2) a_1, b_1 取何值时,方程组有无穷多解?

(3) a_1, b_1 取何值时,方程组无解?

解 用消元法求解.先用矩阵的行初等变换化非齐次线性方程组 $\boldsymbol{Ax}=\boldsymbol{b}$ 的增广矩阵为阶梯形矩阵

$$\bar{\boldsymbol{A}} = (\boldsymbol{A} \vdots \boldsymbol{b}) = \begin{bmatrix} 1 & -3 & -1 & 0 \\ 1 & -4 & a_1 & b_1 \\ 2 & -1 & 3 & 5 \end{bmatrix} \xrightarrow{\text{行}} \begin{bmatrix} 1 & -3 & -1 & 0 \\ 0 & 1 & 1 & 1 \\ 0 & 0 & a_1+2 & b_1+1 \end{bmatrix} = \bar{\boldsymbol{A}}_1. \tag{18}$$

(1) $a_1 \neq -2$ 时,由式(18)得 $r(\boldsymbol{A}) = r(\bar{\boldsymbol{A}}) = 3$.所以,非齐次线性方程组 $\boldsymbol{Ax}=\boldsymbol{b}$ 有唯一解,对 $\bar{\boldsymbol{A}}$ 继续施以矩阵的行初等变换,化 $\bar{\boldsymbol{A}}$ 为规范的阶梯形矩阵:

$$\bar{\boldsymbol{A}} \longrightarrow \bar{\boldsymbol{A}}_1 \xrightarrow{\text{行}} \begin{bmatrix} 1 & 0 & 0 & \dfrac{3a_1 - 2b_1 + 4}{a_1 + 2} \\ 0 & 1 & 0 & \dfrac{a_1 - b_1 + 1}{a_1 + 2} \\ 0 & 0 & 1 & \dfrac{b_1 + 1}{a_1 + 2} \end{bmatrix},$$

由此得方程组的解

$$\begin{cases} x_1 = \dfrac{3a_1 - 2b_1 + 4}{a_1 + 2}, \\ x_2 = \dfrac{a_1 - b_1 + 1}{a_1 + 2}, \\ x_3 = \dfrac{b_1 + 1}{a_1 + 2}, \end{cases}$$

其中参数 b_1 可以取任意常数.

(2) $a_1 = -2$ 且 $b_1 = -1$,由式(18)得 $r(\boldsymbol{A}) = r(\bar{\boldsymbol{A}}) = 2 < 3$.所以,非齐次线性方程组 $\boldsymbol{Ax}=\boldsymbol{b}$ 有无穷多解.对 $\bar{\boldsymbol{A}}$ 继续施以矩阵的行初等变换,化 $\bar{\boldsymbol{A}}$ 为规范的阶梯形矩阵

$$\boldsymbol{A} \longrightarrow \bar{\boldsymbol{A}}_1 \xrightarrow{\text{行}} \begin{bmatrix} 1 & 0 & 2 & 3 \\ 0 & 1 & 1 & 1 \\ 0 & 0 & 0 & 0 \end{bmatrix}, \tag{19}$$

由式(19),可得非齐次线性方程组 $\boldsymbol{Ax}=\boldsymbol{b}$ 对应的齐次线性方程组的解

$$\begin{cases}x_1 = -2x_3, \\ x_2 = -x_3, \\ x_3 = x_3,\end{cases}$$

其中 x_3 为自由变量,令 $x_3=1$,得 $\boldsymbol{Ax}=\boldsymbol{0}$ 的基础解系

$$\boldsymbol{\alpha} = \begin{bmatrix}-2\\-1\\1\end{bmatrix},$$

由式(19)又可得非齐次线性方程组 $\boldsymbol{Ax}=\boldsymbol{b}$ 的解

$$\begin{cases}x_1 = 3-2x_3, \\ x_2 = 1-x_3, \\ x_3 = x_3,\end{cases}$$

其中 x_3 为自由变量.令 $x_3=0$,可得 $\boldsymbol{Ax}=\boldsymbol{b}$ 的特解

$$\boldsymbol{\beta}_0 = \begin{bmatrix}3\\1\\0\end{bmatrix},$$

因此,非齐次线性方程组 $\boldsymbol{Ax}=\boldsymbol{b}$ 的解

$$\boldsymbol{\beta} = \boldsymbol{\beta}_0 + k\boldsymbol{\alpha} = \begin{bmatrix}3\\1\\0\end{bmatrix} + k\begin{bmatrix}-2\\-1\\1\end{bmatrix},$$

其中 k 为任意常数.

(3) $a_1=-2$,但 $b_1\neq-1$ 时,由式(18)得 $r(\boldsymbol{A})=2$,$r(\bar{\boldsymbol{A}})\neq3$,$r(\boldsymbol{A})=r(\bar{\boldsymbol{A}})$,所以非齐次线性方程组 $\boldsymbol{Ax}=\boldsymbol{b}$ 无解.

【2-30】 已知向量

$$\boldsymbol{\alpha}_1 = \begin{bmatrix}1\\2\\3\\4\end{bmatrix}, \boldsymbol{\alpha}_2 = \begin{bmatrix}-2\\1\\5\\3\end{bmatrix}, \boldsymbol{\alpha}_3 = \begin{bmatrix}3\\-2\\1\\6\end{bmatrix}$$

是线性方程组

$$\begin{cases}x_1 + ax_2 + 2x_3 + x_4 = 11, \\ bx_1 + x_2 + 3x_3 + 5x_4 = 31, \\ c_1x_1 + c_2x_2 + c_3x_3 + c_4x_4 = c_5\end{cases}$$

的 3 个解.求此线性方程组的通解.

解 记此线性方程组为 $\boldsymbol{Ax}=\boldsymbol{b}$,因为

$$\boldsymbol{\eta}_1 = \boldsymbol{\alpha}_1 - \boldsymbol{\alpha}_2 = \begin{bmatrix} 3 \\ 1 \\ -2 \\ 1 \end{bmatrix}, \boldsymbol{\eta}_2 = \boldsymbol{\alpha}_1 - \boldsymbol{\alpha}_3 = \begin{bmatrix} -2 \\ 4 \\ 2 \\ -2 \end{bmatrix}$$

是齐次线性方程组 $\boldsymbol{Ax}=\boldsymbol{0}$ 的两个线性无关解，故系数矩阵 $\boldsymbol{A}$ 的秩 $r(\boldsymbol{A}) \leqslant 4-2=2$. 又由 $\boldsymbol{A}$ 的第一行与第二行不成比例知，$r(\boldsymbol{A}) \geqslant 2$，所以 $r(\boldsymbol{A})=2$. 因此 $\boldsymbol{\eta}_1, \boldsymbol{\eta}_2$ 是齐次线性方程组 $\boldsymbol{Ax}=\boldsymbol{0}$ 的一个基础解系，进而可得非齐次线性方程组 $\boldsymbol{Ax}=\boldsymbol{b}$ 的通解

$$\boldsymbol{\alpha} = \boldsymbol{\alpha}_1 + k_1\boldsymbol{\eta}_1 + k_2\boldsymbol{\eta}_2 = \begin{bmatrix} 1 \\ 2 \\ 3 \\ 4 \end{bmatrix} + k_1 \begin{bmatrix} 3 \\ 1 \\ -2 \\ 1 \end{bmatrix} + k_2 \begin{bmatrix} -2 \\ 4 \\ 2 \\ -2 \end{bmatrix},$$

其中 k_1, k_2 为任意常数.

点评 (1) 这类题型的求解关键是求出齐次线性方程组的基础解系，所以不仅要用非齐次线性方程组解的性质求出 $\boldsymbol{Ax}=\boldsymbol{0}$ 的解，而且要利用系数矩阵的秩确认所求的 $\boldsymbol{Ax}=\boldsymbol{0}$ 的解是 $\boldsymbol{Ax}=\boldsymbol{0}$ 的基础解系.

(2) 这类题的答案不是唯一的，例如：

$$\boldsymbol{\alpha} = \boldsymbol{\alpha}_1 + k_1(\boldsymbol{\alpha}_1 - \boldsymbol{\alpha}_2) + k_2(2\boldsymbol{\alpha}_1 - \boldsymbol{\alpha}_2 - \boldsymbol{\alpha}_3)$$

也是其通解，但 $\boldsymbol{Ax}=\boldsymbol{b}$ 的解集是相同的.

【2-31】 已知 $\boldsymbol{A}$ 为 2×4 矩阵，齐次线性方程组 $\boldsymbol{Ax}=\boldsymbol{0}$ 的基础解系

$$\boldsymbol{\beta}_1 = \begin{bmatrix} 1 \\ 0 \\ 2 \\ 3 \end{bmatrix}, \boldsymbol{\beta}_2 = \begin{bmatrix} 0 \\ 1 \\ -1 \\ 1 \end{bmatrix},$$

求齐次线性方程组 $\boldsymbol{Ax}=\boldsymbol{0}$.

解 设矩阵为

$$\boldsymbol{A} = \begin{bmatrix} \boldsymbol{\alpha}_1^{\mathrm{T}} \\ \boldsymbol{\alpha}_2^{\mathrm{T}} \end{bmatrix},$$

其中 $\boldsymbol{\alpha}_1, \boldsymbol{\alpha}_2$ 为 4 维列向量. 由题设，知 $r(\boldsymbol{A})=4-2=2$，且 $\boldsymbol{A\beta}_1=\boldsymbol{0}, \boldsymbol{A\beta}_2=\boldsymbol{0}$，即

$$\begin{bmatrix} \boldsymbol{\alpha}_1^{\mathrm{T}} \\ \boldsymbol{\alpha}_2^{\mathrm{T}} \end{bmatrix} (\boldsymbol{\beta}_1 \boldsymbol{\beta}_2) = \boldsymbol{0},$$

在此等式两边同时求转置，得

$$\begin{bmatrix} \boldsymbol{\beta}_1^{\mathrm{T}} \\ \boldsymbol{\beta}_2^{\mathrm{T}} \end{bmatrix} (\boldsymbol{\alpha}_1 \boldsymbol{\alpha}_2) = \boldsymbol{0},$$

即 $\boldsymbol{\alpha}_1,\boldsymbol{\alpha}_2$ 是齐次线性方程组 $\boldsymbol{B}\boldsymbol{y}=\boldsymbol{0}$ 的基础解系，其中

$$\boldsymbol{B}=\begin{bmatrix}\boldsymbol{\beta}_1^{\mathrm{T}}\\ \boldsymbol{\beta}_2^{\mathrm{T}}\end{bmatrix}=\begin{bmatrix}1 & 0 & 2 & 3\\ 0 & 1 & -1 & 1\end{bmatrix},$$

不难求得 $\boldsymbol{B}\boldsymbol{y}=\boldsymbol{0}$，即

$$y_1+2y_3+3y_4=0,$$
$$y_2-y_3+y_4=0$$

的一个基础解系

$$\boldsymbol{\eta}_1=\begin{bmatrix}-2\\ 1\\ 1\\ 0\end{bmatrix},\boldsymbol{\eta}_2=\begin{bmatrix}-3\\ -1\\ 0\\ 1\end{bmatrix},$$

令 $\boldsymbol{\alpha}_1=\boldsymbol{\eta}_1,\boldsymbol{\alpha}_2=\boldsymbol{\eta}_2$，则可得

$$\boldsymbol{A}=\begin{bmatrix}-2 & 1 & 1 & 0\\ -3 & -1 & 0 & 1\end{bmatrix},$$

所求的齐次线性方程组为

$$\begin{cases}-2x_1+x_2+x_3=0,\\ -3x_1-x_2+x_4=0.\end{cases}$$

点评 （1）本题的答案不唯一，例如：

$$\boldsymbol{\eta}_1=\begin{bmatrix}1\\ 2\\ 1\\ -1\end{bmatrix},\boldsymbol{\eta}_2=\begin{bmatrix}-5\\ 0\\ 1\\ 1\end{bmatrix}$$

也是 $\boldsymbol{B}\boldsymbol{y}=\boldsymbol{0}$ 的基础解系，因此，所求线性方程组也可以是

$$\begin{cases}x_1+2x_2+x_3-x_4=0,\\ -5x_1+x_3+x_4=0.\end{cases}$$

（2）本题的求解用到以下结论：

设 $\boldsymbol{\alpha}_1,\boldsymbol{\alpha}_2,\cdots,\boldsymbol{\alpha}_s$ 与 $\boldsymbol{\beta}_1,\boldsymbol{\beta}_2,\cdots,\boldsymbol{\beta}_t$ 为两个 n 维列向量组，作矩阵

$$\boldsymbol{A}=\begin{bmatrix}\boldsymbol{\alpha}_1^{\mathrm{T}}\\ \boldsymbol{\alpha}_2^{\mathrm{T}}\\ \vdots\\ \boldsymbol{\alpha}_s^{\mathrm{T}}\end{bmatrix},\boldsymbol{B}=\begin{bmatrix}\boldsymbol{\beta}_1^{\mathrm{T}}\\ \boldsymbol{\beta}_2^{\mathrm{T}}\\ \vdots\\ \boldsymbol{\beta}_t^{\mathrm{T}}\end{bmatrix},$$

则 $\boldsymbol{\beta}_1,\boldsymbol{\beta}_2,\cdots,\boldsymbol{\beta}_t$ 是线性方程组 $\boldsymbol{A}\boldsymbol{x}=\boldsymbol{0}$ 的解的充分必要条件为 $\boldsymbol{\alpha}_1,\boldsymbol{\alpha}_2,\cdots,\boldsymbol{\alpha}_s$ 是线性方程组 $\boldsymbol{B}\boldsymbol{y}=\boldsymbol{0}$ 的解. 读者可试证此结论.

【2-32】 设线性方程组

$$(\text{I})\begin{cases}x_1+x_2=0,\\x_2-x_4=0,\end{cases}\qquad(\text{II})\begin{cases}x_1-x_2+x_3=0,\\x_2-x_3+x_4=0.\end{cases}$$

(1) 求方程组(Ⅰ)和(Ⅱ)的基础解系；

(2) 求方程组(Ⅰ)和(Ⅱ)的公共解.

解 (1) 记(Ⅰ)为 $\boldsymbol{Ax}=\boldsymbol{0}$，记(Ⅱ)为 $\boldsymbol{Bx}=\boldsymbol{0}$，则由

$$\boldsymbol{A}=\begin{bmatrix}1&1&0&0\\0&1&0&-1\end{bmatrix}\xrightarrow{\text{行}}\begin{bmatrix}1&0&0&1\\0&1&0&-1\end{bmatrix},$$

得(Ⅰ)的基础解系

$$\boldsymbol{\alpha}_1=\begin{bmatrix}0\\0\\1\\0\end{bmatrix},\boldsymbol{\alpha}_2=\begin{bmatrix}-1\\1\\0\\1\end{bmatrix},$$

又由

$$\boldsymbol{B}=\begin{bmatrix}1&-1&1&0\\0&1&-1&1\end{bmatrix}\xrightarrow{\text{行}}\begin{bmatrix}1&0&0&1\\0&1&-1&1\end{bmatrix},$$

得(Ⅱ)的基础解系

$$\boldsymbol{\beta}_1=\begin{bmatrix}0\\1\\1\\0\end{bmatrix},\boldsymbol{\beta}_2=\begin{bmatrix}-1\\-1\\0\\1\end{bmatrix}.$$

(2) 用 3 种方法来求解.

方法 1 将方程组(Ⅰ)和(Ⅱ)联立求解，即求解线性方程组 $\boldsymbol{Cx}=\boldsymbol{0}$，其中 $\boldsymbol{C}=\begin{bmatrix}\boldsymbol{A}\\\boldsymbol{B}\end{bmatrix}$. 由

$$\boldsymbol{C}=\begin{bmatrix}1&1&0&0\\0&1&0&-1\\1&-1&1&0\\0&1&-1&1\end{bmatrix}\xrightarrow{\text{行}}\begin{bmatrix}1&0&0&1\\0&1&0&-1\\0&0&1&-2\\0&0&0&0\end{bmatrix}$$

知 $\boldsymbol{Cx}=\boldsymbol{0}$ 的通解，即(Ⅰ)和(Ⅱ)的公共解

$$\boldsymbol{\gamma}=k\begin{bmatrix}-1\\1\\2\\1\end{bmatrix},$$

其中 k 为任意常数.

方法 2　在方程组(Ⅰ)的解中找出满足方程组(Ⅱ)的解，由(1)可得方程组(Ⅰ)的通解

$$\boldsymbol{\alpha} = k_1\boldsymbol{\alpha}_1 + k_2\boldsymbol{\alpha}_2 = \begin{bmatrix} -k_2 \\ k_2 \\ k_1 \\ k_2 \end{bmatrix},$$

将此通解代入方程组(Ⅱ)，得

$$\begin{cases} -k_2 - k_2 + k_1 = 0, \\ k_2 - k_1 + k_2 = 0, \end{cases}$$

解得 $k_1=2k_2$，故(Ⅰ)和(Ⅱ)的公共解

$$\boldsymbol{\gamma} = 2k_2\boldsymbol{\alpha}_1 + k_2\boldsymbol{\alpha}_2 = k\begin{bmatrix} -1 \\ 1 \\ 2 \\ 1 \end{bmatrix},$$

其中 $k=k_2$ 为任意常数.

方法 3　在方程组(Ⅰ)和方程组(Ⅱ)的通解中，找出它们的公共解.

由(1)可得方程组(Ⅰ)和(Ⅱ)的通解分别为

$$\boldsymbol{\alpha} = k_1\boldsymbol{\alpha}_1 + k_2\boldsymbol{\alpha}_2, \boldsymbol{\beta} = l_1\boldsymbol{\beta}_1 + l_2\boldsymbol{\beta}_2,$$

(Ⅰ)和(Ⅱ)的公共解应满足

$$k_1\boldsymbol{\alpha}_1 + k_2\boldsymbol{\alpha}_2 = l_1\boldsymbol{\beta}_1 + l_2\boldsymbol{\beta}_2,$$

即满足线性方程组

$$k_1\boldsymbol{\alpha}_1 + k_2\boldsymbol{\alpha}_2 - l_1\boldsymbol{\beta}_1 - l_2\boldsymbol{\beta}_2 = \mathbf{0},$$

求解此线性方程组，即求解

$$\begin{cases} -k_2 + l_2 = 0, \\ k_2 - l_1 + l_2 = 0, \\ k_1 - l_1 = 0, \\ k_2 - l_2 = 0, \end{cases}$$

解得 $k_1=l_1=2k_2=2l_2$，故(Ⅰ)和(Ⅱ)的公共解

$$\boldsymbol{\gamma} = 2k_2\boldsymbol{\alpha}_1 + k_2\boldsymbol{\alpha}_2 = 2l_2\boldsymbol{\beta}_1 + l_2\boldsymbol{\beta}_2 = k\begin{bmatrix} -1 \\ 1 \\ 2 \\ 1 \end{bmatrix},$$

其中 $k=l_2=k_2$ 为任意常数.

【2-33】 设 4 元线性方程组的系数矩阵 $\boldsymbol{A}$ 的秩 $r(\boldsymbol{A})=3$，$\boldsymbol{\alpha}_1$，$\boldsymbol{\alpha}_2$，$\boldsymbol{\alpha}_3$ 是它的 3 个解，其中

$$\boldsymbol{\alpha}_1=\begin{bmatrix}1\\-2\\-3\\4\end{bmatrix},5\boldsymbol{\alpha}_2-2\boldsymbol{\alpha}_3=\begin{bmatrix}2\\0\\1\\0\end{bmatrix},$$

求这个线性方程组的通解.

解 以 $\boldsymbol{A}$ 为系数矩阵的齐次线性方程组线性无关解的个数为 $4-r(\boldsymbol{A})=4-3=1$. 若原方程是齐次线性方程组，则 $\boldsymbol{\alpha}_1$，$5\boldsymbol{\alpha}_2-2\boldsymbol{\alpha}_3$ 都是它的解. 但 $\boldsymbol{\alpha}_1$，$5\boldsymbol{\alpha}_2-2\boldsymbol{\alpha}_3$ 线性无关，即可知原方程组为非齐次线性方程组.

原线性方程组的任意两个解的差是对应的齐次线性方程组的解，故构造向量 $\boldsymbol{x}_1$，使其为 $\boldsymbol{\alpha}_2-\boldsymbol{\alpha}_1$，$\boldsymbol{\alpha}_3-\boldsymbol{\alpha}_1$ 的线性组合能构成原线性方程组对应的齐次线性方程组的一个解.

$$\boldsymbol{x}_1=5(\boldsymbol{\alpha}_2-\boldsymbol{\alpha}_1)-2(\boldsymbol{\alpha}_3-\boldsymbol{\alpha}_1)=(5\boldsymbol{\alpha}_2-2\boldsymbol{\alpha}_3)-3\boldsymbol{\alpha}_1=\begin{bmatrix}2\\0\\1\\0\end{bmatrix}-3\begin{bmatrix}1\\-2\\-3\\4\end{bmatrix}=\begin{bmatrix}-1\\6\\10\\-12\end{bmatrix},$$

因此，原方程组的通解为

$$\boldsymbol{x}=\boldsymbol{\alpha}_1+k\boldsymbol{x}_1=\begin{bmatrix}1\\-2\\-3\\4\end{bmatrix}+k\begin{bmatrix}-1\\6\\10\\-12\end{bmatrix},$$

其中 k 为任意常数.

【2-34】 试判断以下命题是否正确.

(1) 设 $\boldsymbol{A}$ 为 $m\times n$ 矩阵，$r(\boldsymbol{A})=n$，则线性方程组 $\boldsymbol{Ax}=\boldsymbol{b}$ 必有唯一解；

(2) 设 $\boldsymbol{A}$ 为 $m\times n$ 矩阵，$r(\boldsymbol{A})=m$，则线性方程组 $\boldsymbol{Ax}=\boldsymbol{b}$ 必有解.

(3) 设 $\boldsymbol{A}$ 和 $\boldsymbol{B}$ 分别为 $m\times s$ 和 $s\times n$ 矩阵，且 $r(\boldsymbol{A})=s$，则 $\boldsymbol{Bx}=\boldsymbol{0}$ 与 $(\boldsymbol{AB})\boldsymbol{x}=\boldsymbol{0}$ 是同解线性方程组.

(4) 设 $\boldsymbol{A}$，$\boldsymbol{B}$ 为 n 阶方阵，$\boldsymbol{x}$，$\boldsymbol{y}$，$\boldsymbol{b}$ 为 $n\times 1$ 矩阵，则线性方程组

$$\begin{bmatrix}\boldsymbol{0}&\boldsymbol{B}\\\boldsymbol{A}&\boldsymbol{0}\end{bmatrix}\begin{bmatrix}\boldsymbol{x}\\\boldsymbol{y}\end{bmatrix}=\begin{bmatrix}\boldsymbol{0}\\\boldsymbol{b}\end{bmatrix}$$

有解的充分必要条件为 $r(\boldsymbol{A})=r(\boldsymbol{A},\boldsymbol{b})$，而与 $r(\boldsymbol{B})$ 无关.

(5) 设 $\boldsymbol{A}$ 为 $m\times n$ 实矩阵，则线性方程组

$$(\boldsymbol{A}^{\mathrm{T}}\boldsymbol{A})\boldsymbol{x} = \boldsymbol{A}^{\mathrm{T}}\boldsymbol{b}$$

必有解.

解 (1) 命题不一定成立. 当 $\boldsymbol{b}=\boldsymbol{0}$ 时,即线性方程组 $\boldsymbol{Ax}=\boldsymbol{b}$ 为齐次线性方程组,则其仅有零解. 当 $\boldsymbol{b}\neq\boldsymbol{0}$ 时,则非齐次线性方程组可能无解. 例如:

$$\begin{cases} x_1 + x_2 = 3, \\ 2x_1 + 3x_2 = 8, \\ 2x_1 + 4x_2 = 9 \end{cases}$$

方程组满足所设且无解,即当 $r(\boldsymbol{A})\neq r(\boldsymbol{A},\boldsymbol{b})$时,命题不成立.

(2) 命题成立. 因为$(\boldsymbol{A},\boldsymbol{b})$为 $m\times(n+1)$矩阵,且

$$m = r(\boldsymbol{A}) \leqslant r(\boldsymbol{A},\boldsymbol{b}) \leqslant \min(m,n+1) \leqslant m,$$

因此,必有 $r(\boldsymbol{A})=r(\boldsymbol{A},\boldsymbol{b})=m$,故线性方程组 $\boldsymbol{Ax}=\boldsymbol{b}$ 必有解.

(3) 命题成立. 因为$(\boldsymbol{AB})\boldsymbol{x}=\boldsymbol{A}(\boldsymbol{Bx})$,因此线性方程组 $\boldsymbol{Bx}=\boldsymbol{0}$ 的解必是$(\boldsymbol{AB})\boldsymbol{x}=\boldsymbol{0}$ 的解. 又因 $r(\boldsymbol{A})=s$,线性方程组 $\boldsymbol{Ay}=\boldsymbol{0}$ 只有零解. 因此,若$(\boldsymbol{AB})\boldsymbol{x}=\boldsymbol{0}$,由$(\boldsymbol{AB})\boldsymbol{x}=\boldsymbol{A}(\boldsymbol{Bx})=\boldsymbol{0}$,必有 $\boldsymbol{Bx}=\boldsymbol{0}$,故线性方程组$(\boldsymbol{AB})\boldsymbol{x}=\boldsymbol{0}$ 的解也是 $\boldsymbol{Bx}=\boldsymbol{0}$ 的解.

(4) 命题成立. 因为原线性方程组有解等价于线性方程组

$$\begin{cases} \boldsymbol{By} = \boldsymbol{0}, \\ \boldsymbol{Ax} = \boldsymbol{b} \end{cases}$$

有解,而 $\boldsymbol{By}=\boldsymbol{0}$ 总有解,$\boldsymbol{Ax}=\boldsymbol{b}$ 有解的充分必要条件为 $r(\boldsymbol{A})=r(\boldsymbol{A},\boldsymbol{b})$.

(5) 命题成立. 因为

$$r(\boldsymbol{A}^{\mathrm{T}}\boldsymbol{A},\boldsymbol{A}^{\mathrm{T}}\boldsymbol{b}) \geqslant r(\boldsymbol{A}^{\mathrm{T}}\boldsymbol{A}),$$

又由 $r(\boldsymbol{A}^{\mathrm{T}})=r(\boldsymbol{A})$及 $r(\boldsymbol{A})=r(\boldsymbol{A}^{\mathrm{T}}\boldsymbol{A})$,得

$$\begin{aligned} r(\boldsymbol{A}^{\mathrm{T}}\boldsymbol{A},\boldsymbol{A}^{\mathrm{T}}\boldsymbol{b}) &= r(\boldsymbol{A}^{\mathrm{T}}(\boldsymbol{A},\boldsymbol{b})) \leqslant r(\boldsymbol{A}^{\mathrm{T}}) \\ &= r(\boldsymbol{A}) = r(\boldsymbol{A}^{\mathrm{T}}\boldsymbol{A}), \end{aligned}$$

所以

$$r(\boldsymbol{A}^{\mathrm{T}}\boldsymbol{A},\boldsymbol{A}^{\mathrm{T}}\boldsymbol{b}) = r(\boldsymbol{A}^{\mathrm{T}}\boldsymbol{A}),$$

因此,线性方程组

$$(\boldsymbol{A}^{\mathrm{T}}\boldsymbol{A})\boldsymbol{x} = \boldsymbol{A}^{\mathrm{T}}\boldsymbol{b}$$

必有解.

【2-35】 设 $\boldsymbol{\beta}$ 是非齐次线性方程组 $\boldsymbol{Ax}=\boldsymbol{b}(\boldsymbol{b}\neq\boldsymbol{0})$的一个解,$\boldsymbol{\alpha}_1,\boldsymbol{\alpha}_2,\cdots,\boldsymbol{\alpha}_s$ 是其对应的齐次线性方程组 $\boldsymbol{Ax}=\boldsymbol{0}$ 的一个基础解系,

证明:(1) $\boldsymbol{\alpha}_1,\boldsymbol{\alpha}_2,\cdots,\boldsymbol{\alpha}_s,\boldsymbol{\beta}$ 线性无关;

(2) $\boldsymbol{\beta},\boldsymbol{\beta}+\boldsymbol{\alpha}_1,\boldsymbol{\beta}+\boldsymbol{\alpha}_2,\cdots,\boldsymbol{\beta}+\boldsymbol{\alpha}_s$ 线性无关;

(3) 非齐次线性方程组 $\boldsymbol{Ax}=\boldsymbol{b}$ 的任一解 $\boldsymbol{\gamma}$ 都可由 $\boldsymbol{\beta},\boldsymbol{\beta}+\boldsymbol{\alpha}_1,\boldsymbol{\beta}+\boldsymbol{\alpha}_2,\cdots,\boldsymbol{\beta}+\boldsymbol{\alpha}_s$ 线性表示,且若

$$\boldsymbol{\gamma}=x_0\boldsymbol{\beta}+x_1(\boldsymbol{\beta}+\boldsymbol{\alpha}_1)+x_2(\boldsymbol{\beta}+\boldsymbol{\alpha}_2)+\cdots+x_s(\boldsymbol{\beta}+\boldsymbol{\alpha}_s),$$

则必有 $x_0+x_1+x_2+\cdots+x_s=1$.

证明 (1) 用反证法. 若 $\boldsymbol{\alpha}_1,\boldsymbol{\alpha}_2,\cdots,\boldsymbol{\alpha}_s,\boldsymbol{\beta}$ 线性相关,则因 $\boldsymbol{\alpha}_1,\boldsymbol{\alpha}_2,\cdots,\boldsymbol{\alpha}_s$ 是齐次线性方程组 $\boldsymbol{A}\boldsymbol{x}=\boldsymbol{0}$ 的基础解系,故 $\boldsymbol{\alpha}_1,\boldsymbol{\alpha}_2,\cdots,\boldsymbol{\alpha}_s$ 是线性无关的. 因此 $\boldsymbol{\beta}$ 可由 $\boldsymbol{\alpha}_1,\boldsymbol{\alpha}_2,\cdots,\boldsymbol{\alpha}_s$ 线性表示. 由齐次线性方程组解的性质,可得 $\boldsymbol{\beta}$ 是 $\boldsymbol{A}\boldsymbol{x}=\boldsymbol{0}$ 的解,这与 $\boldsymbol{\beta}$ 是 $\boldsymbol{A}\boldsymbol{x}=\boldsymbol{b}$ 的解矛盾,所以 $\boldsymbol{\alpha}_1,\boldsymbol{\alpha}_2,\cdots,\boldsymbol{\alpha}_s,\boldsymbol{\beta}$ 线性无关.

(2) 设

$$x_0\boldsymbol{\beta}+x_1(\boldsymbol{\beta}+\boldsymbol{\alpha}_1)+x_2(\boldsymbol{\beta}+\boldsymbol{\alpha}_2)+\cdots+x_s(\boldsymbol{\beta}+\boldsymbol{\alpha}_s)=\boldsymbol{0},$$

即

$$\left(x_0+\sum_{i=1}^{s}x_i\right)\boldsymbol{\beta}+x_1\boldsymbol{\alpha}_1+x_2\boldsymbol{\alpha}_2+\cdots+x_s\boldsymbol{\alpha}_s=\boldsymbol{0},$$

由(1)知,$\boldsymbol{\beta},\boldsymbol{\alpha}_1,\boldsymbol{\alpha}_2,\cdots,\boldsymbol{\alpha}_s$ 线性无关. 因此

$$x_0+\sum_{i=1}^{s}x_i=x_1=\cdots=x_s=0,$$

即

$$x_0=x_1=x_2=\cdots=x_s=0,$$

故 $\boldsymbol{\beta},\boldsymbol{\beta}+\boldsymbol{\alpha}_1,\boldsymbol{\beta}+\boldsymbol{\alpha}_2,\cdots,\boldsymbol{\beta}+\boldsymbol{\alpha}_s$ 线性无关.

(3) 设 $\boldsymbol{\gamma}$ 为非齐次线性方程组 $\boldsymbol{A}\boldsymbol{x}=\boldsymbol{b}$ 的任一解,则存在数 $x_1,x_2,\cdots,x_s$,使

$$\begin{aligned}\boldsymbol{\gamma}&=\boldsymbol{\beta}+x_1\boldsymbol{\alpha}_1+x_2\boldsymbol{\alpha}_2+\cdots+x_s\boldsymbol{\alpha}_s\\&=(1-x_1-x_2-\cdots-x_s)\boldsymbol{\beta}+x_1(\boldsymbol{\beta}+\boldsymbol{\alpha}_1)+x_2(\boldsymbol{\beta}+\boldsymbol{\alpha}_2)+\cdots+x_s(\boldsymbol{\beta}+\boldsymbol{\alpha}_s)\\&=x_0\boldsymbol{\beta}+x_1(\boldsymbol{\beta}+\boldsymbol{\alpha}_1)+x_2(\boldsymbol{\beta}+\boldsymbol{\alpha}_2)+\cdots+x_s(\boldsymbol{\beta}+\boldsymbol{\alpha}_s),\end{aligned}$$

其中 $x_0=1-x_1-x_2-\cdots-x_s$. 显然,$x_0+x_1+x_2+\cdots+x_s=1$. 另若 $\boldsymbol{\gamma}$ 是 $\boldsymbol{A}\boldsymbol{x}=\boldsymbol{b}$ 的解,且

$$\boldsymbol{\gamma}=x_0\boldsymbol{\beta}+x_1(\boldsymbol{\beta}+\boldsymbol{\alpha}_1)+x_2(\boldsymbol{\beta}+\boldsymbol{\alpha}_2)+\cdots+x_s(\boldsymbol{\beta}+\boldsymbol{\alpha}_s),$$

则由

$$\begin{aligned}\boldsymbol{A}\boldsymbol{\gamma}&=\boldsymbol{A}\left(\left(x_0+\sum_{i=1}^{s}x_i\right)\boldsymbol{\beta}+\sum_{i=1}^{s}x_i\boldsymbol{\alpha}_s\right)\\&=\left(x_0+\sum_{i=1}^{s}x_i\right)\boldsymbol{A}\boldsymbol{\beta}+\sum_{i=1}^{s}x_i\boldsymbol{A}\boldsymbol{\alpha}_i\\&=\left(x_0+\sum_{i=1}^{s}x_i\right)\boldsymbol{b},\end{aligned}$$

可得 $x_0+x_1+x_2+\cdots+x_s=1$.

点评 由本题可知,设 $\boldsymbol{A}$ 为 $m\times n$ 矩阵,$r(\boldsymbol{A})=r$,则当 $r(\boldsymbol{A})=r(\boldsymbol{A},\boldsymbol{b})$ 时,非齐次线性方程组 $\boldsymbol{A}\boldsymbol{x}=\boldsymbol{b}(\boldsymbol{b}\neq\boldsymbol{0})$ 有 $n-r+1$ 个解,它们线性无关且能线性表示 $\boldsymbol{A}\boldsymbol{x}=\boldsymbol{b}$

的任一个解.

请读者比较其与齐次线性方程组 $\boldsymbol{Ax}=\boldsymbol{0}$ 的基础解系的异同.

【2-36】 设 $\boldsymbol{A}$ 为 $m\times n$ 实矩阵,证明:

(1) 线性方程组 $\boldsymbol{Ax}=\boldsymbol{0}$ 与 $(\boldsymbol{A}^{\mathrm{T}}\boldsymbol{A})\boldsymbol{x}=\boldsymbol{0}$ 是同解方程组;

(2) $r(\boldsymbol{A})=r(\boldsymbol{A}^{\mathrm{T}}\boldsymbol{A})$.

证明 (1) 设 $\boldsymbol{\alpha}_1$ 是方程组 $\boldsymbol{Ax}=\boldsymbol{0}$ 的解,即 $\boldsymbol{A\alpha}_1=\boldsymbol{0}$,则由

$$(\boldsymbol{A}^{\mathrm{T}}\boldsymbol{A})\boldsymbol{\alpha}_1=\boldsymbol{A}^{\mathrm{T}}(\boldsymbol{A\alpha}_1)=\boldsymbol{A}^{\mathrm{T}}\boldsymbol{0}=\boldsymbol{0},$$

得 $\boldsymbol{\alpha}_1$ 必是 $(\boldsymbol{A}^{\mathrm{T}}\boldsymbol{A})\boldsymbol{x}=\boldsymbol{0}$ 的解. 反之,若 $\boldsymbol{\alpha}_2$ 是 $(\boldsymbol{A}^{\mathrm{T}}\boldsymbol{A})\boldsymbol{x}=\boldsymbol{0}$ 的解,即 $(\boldsymbol{A}^{\mathrm{T}}\boldsymbol{A})\boldsymbol{\alpha}_2=\boldsymbol{0}$,记 $\boldsymbol{A\alpha}_2=\boldsymbol{\beta}$,其中 $\boldsymbol{\beta}=(y_1,y_2,\cdots,y_n)^{\mathrm{T}}$,则由

$$(\boldsymbol{A\alpha}_2)^{\mathrm{T}}(\boldsymbol{A\alpha}_2)=\boldsymbol{\alpha}_2^{\mathrm{T}}\boldsymbol{A}^{\mathrm{T}}\boldsymbol{A\alpha}_2=\boldsymbol{\alpha}_2^{\mathrm{T}}(\boldsymbol{A}^{\mathrm{T}}\boldsymbol{A})\boldsymbol{\alpha}_2=\boldsymbol{\alpha}_2^{\mathrm{T}}\boldsymbol{0}=0,$$

得

$$(\boldsymbol{A\alpha}_2)^{\mathrm{T}}(\boldsymbol{A\alpha}_2)=\boldsymbol{\beta}^{\mathrm{T}}\boldsymbol{\beta}=y_1^2+y_2^2+\cdots+y_n^2=0,$$

故 $y_1=y_2=\cdots=y_n=0$,因此 $\boldsymbol{A\alpha}_2=\boldsymbol{\beta}=\boldsymbol{0}$,即 $\boldsymbol{\alpha}_2$ 必是 $\boldsymbol{Ax}=\boldsymbol{0}$ 的解. 所以方程组 $\boldsymbol{Ax}=\boldsymbol{0}$ 与 $(\boldsymbol{A}^{\mathrm{T}}\boldsymbol{A})\boldsymbol{x}=\boldsymbol{0}$ 是同解方程组.

(2) 由(1)知,线性方程组 $\boldsymbol{Ax}=\boldsymbol{0}$ 与 $(\boldsymbol{A}^{\mathrm{T}}\boldsymbol{A})\boldsymbol{x}=\boldsymbol{0}$ 是同解方程组,因此它们的基础解系所含解的个数相同,即

$$n-r(\boldsymbol{A})=n-r(\boldsymbol{A}^{\mathrm{T}}\boldsymbol{A}),$$

故

$$r(\boldsymbol{A})=r(\boldsymbol{A}^{\mathrm{T}}\boldsymbol{A}).$$

【2-37】 设 $\boldsymbol{A}$ 和 $\boldsymbol{B}$ 分别为 $m\times n$ 和 $n\times s$ 矩阵,且 $\boldsymbol{AB}=\boldsymbol{0}$,则 $r(\boldsymbol{A})+r(\boldsymbol{B})\leqslant n$.

证明 设 n 维列向量组 $\boldsymbol{\beta}_1,\boldsymbol{\beta}_2,\cdots,\boldsymbol{\beta}_s$ 是矩阵 $\boldsymbol{B}$ 的列向量组,即

$$\boldsymbol{B}=(\boldsymbol{\beta}_1,\boldsymbol{\beta}_2,\cdots,\boldsymbol{\beta}_s),$$

则由

$$\boldsymbol{AB}=\boldsymbol{A}(\boldsymbol{\beta}_1,\boldsymbol{\beta}_2,\cdots,\boldsymbol{\beta}_s)=(\boldsymbol{A\beta}_1,\boldsymbol{A\beta}_2,\cdots,\boldsymbol{A\beta}_s)=\boldsymbol{0},$$

得

$$\boldsymbol{AB}_j=\boldsymbol{0}\quad(j=1,2,\cdots,s),$$

即向量组 $\boldsymbol{\beta}_1,\boldsymbol{\beta}_2,\cdots,\boldsymbol{\beta}_s$ 都是齐次线性方程组 $\boldsymbol{Ax}=\boldsymbol{0}$ 的解. 因此,$\boldsymbol{\beta}_1,\boldsymbol{\beta}_2,\cdots,\boldsymbol{\beta}_s$ 可由方程组 $\boldsymbol{Ax}=\boldsymbol{0}$ 的基础解系线性表示,故

$$r(\boldsymbol{B})=r(\boldsymbol{\beta}_1,\boldsymbol{\beta}_2,\cdots,\boldsymbol{\beta}_s)\leqslant n-r(\boldsymbol{A}),$$

此即 $r(\boldsymbol{A})+r(\boldsymbol{B})\leqslant n$.

【2-38】 设 $\boldsymbol{A}$ 为 n 阶方阵.

(1) 已知 $\boldsymbol{\beta}$ 为 n 维非零列向量,若存在正整数 k,使得 $\boldsymbol{A}^k\boldsymbol{\beta}\neq\boldsymbol{0}$,且 $\boldsymbol{A}^{k+1}\boldsymbol{\beta}=\boldsymbol{0}$,则向量组

$$\boldsymbol{\beta},\boldsymbol{A\beta},\boldsymbol{A}^2\boldsymbol{\beta},\cdots,\boldsymbol{A}^k\boldsymbol{\beta}$$

线性无关;

(2) 证明:齐次线性方程组 $\boldsymbol{A}^n\boldsymbol{x}=\boldsymbol{0}$ 与 $\boldsymbol{A}^{n+1}\boldsymbol{x}=\boldsymbol{0}$ 是同解线性方程组;

(3) 证明:$r(\boldsymbol{A}^n)=r(\boldsymbol{A}^{n+1})$.

证明 (1) 设

$$x_0\boldsymbol{\beta}+x_1\boldsymbol{A\beta}+x_2\boldsymbol{A}^2\boldsymbol{\beta}+\cdots+x_k\boldsymbol{A}^k\boldsymbol{\beta}=\boldsymbol{0}, \tag{20}$$

证其系数 $x_i=0(i=0,1,2,\cdots,k)$.

在式(20)的两边左乘矩阵 $\boldsymbol{A}^k$,由 $\boldsymbol{A}^{k+1}\boldsymbol{\beta}=0$,$\boldsymbol{A}^{k+2}\boldsymbol{\beta}=\boldsymbol{A}(\boldsymbol{A}^{k+1}\boldsymbol{\beta})=\boldsymbol{A0}=\boldsymbol{0},\cdots$,$\boldsymbol{A}^{2k}\boldsymbol{\beta}=\boldsymbol{A}^k(\boldsymbol{A}^k\boldsymbol{\beta})=\boldsymbol{A}^k\boldsymbol{0}=\boldsymbol{0}$,可得

$$\begin{aligned}\boldsymbol{A}^k(x_0\boldsymbol{\beta}+x_1\boldsymbol{A\beta}+x_2\boldsymbol{A}^k\boldsymbol{\beta}+\cdots+x_k\boldsymbol{A}^k\boldsymbol{\beta})&=x_0\boldsymbol{A}^k\boldsymbol{\beta}+x_1\boldsymbol{A}^{k+1}\boldsymbol{\beta}+x_2\boldsymbol{A}^{k+2}\boldsymbol{\beta}+\cdots+x_k\boldsymbol{A}^{2k}\boldsymbol{\beta}\\&=x_0\boldsymbol{A}^k\boldsymbol{\beta}=\boldsymbol{0}.\end{aligned}$$

因 $\boldsymbol{A}^k\boldsymbol{\beta}\neq\boldsymbol{0}$,故 $x_0=0$.

同理,依次在式(20)两边左乘矩阵 $\boldsymbol{A}^i(i=k-1,k-2,\cdots,2,1)$,可得 $x_j=0(j=1,2,\cdots,k)$. 因此,向量组

$$\boldsymbol{\beta},\boldsymbol{A\beta},\boldsymbol{A}^2\boldsymbol{\beta},\cdots,\boldsymbol{A}^k\boldsymbol{\beta}$$

线性无关.

(2) 显而易见,线性方程组 $\boldsymbol{A}^n\boldsymbol{x}=\boldsymbol{0}$ 的解必是线性方程组 $\boldsymbol{A}^{n+1}\boldsymbol{x}=\boldsymbol{0}$ 的解.

若 $\boldsymbol{A}^{n+1}\boldsymbol{x}=\boldsymbol{0}$ 只有零解,则由行列式 $|\boldsymbol{A}^{n+1}|=|\boldsymbol{A}|^{n+1}\neq0$,可知 $|\boldsymbol{A}|\neq0$. 因此,$|\boldsymbol{A}^n|=|\boldsymbol{A}|^n\neq0$,故 $\boldsymbol{A}^n\boldsymbol{x}=\boldsymbol{0}$ 也只有零解,即 $\boldsymbol{A}^{n+1}\boldsymbol{x}=\boldsymbol{0}$ 与 $\boldsymbol{A}^n\boldsymbol{x}=\boldsymbol{0}$ 为同解方程组.

若 $\boldsymbol{A}^{n+1}\boldsymbol{x}=\boldsymbol{0}$ 有非零解,设存在 $\boldsymbol{\beta}\neq\boldsymbol{0}$ 是 $\boldsymbol{A}^{n+1}\boldsymbol{x}=\boldsymbol{0}$ 的解,即 $\boldsymbol{A}^{n+1}\boldsymbol{\beta}=\boldsymbol{0}$,但 $\boldsymbol{\beta}$ 不是 $\boldsymbol{A}^n\boldsymbol{x}=\boldsymbol{0}$ 的解,即 $\boldsymbol{A}^n\boldsymbol{\beta}\neq\boldsymbol{0}$. 则由(1)可知

$$\boldsymbol{\beta},\boldsymbol{A\beta},\boldsymbol{A}^2\boldsymbol{\beta},\cdots,\boldsymbol{A}^n\boldsymbol{\beta}$$

线性无关,且

$$\begin{aligned}&\boldsymbol{A}^{n+1}\boldsymbol{\beta}=\boldsymbol{0},\boldsymbol{A}^{n+1}(\boldsymbol{A\beta})=\boldsymbol{A}(\boldsymbol{A}^{n+1})\boldsymbol{\beta}=\boldsymbol{A0}=\boldsymbol{0},\cdots\\&\boldsymbol{A}^{n+1}(\boldsymbol{A}^n\boldsymbol{\beta})=\boldsymbol{A}^n(\boldsymbol{A}^{n+1}\boldsymbol{\beta})=\boldsymbol{A}^n\boldsymbol{0}=\boldsymbol{0},\end{aligned}$$

即它们都是线性方程组 $\boldsymbol{A}^{n+1}\boldsymbol{x}=\boldsymbol{0}$ 的解. 因此得线性方程组 $\boldsymbol{A}^{n+1}\boldsymbol{x}=\boldsymbol{0}$ 至少有 $n+1$ 个线性无关的解,这与方程组 $\boldsymbol{A}^{n+1}\boldsymbol{x}=\boldsymbol{0}$ 的基础解系含 $n-r(\boldsymbol{A}^{n+1})$ 个解矛盾. 所以 $\boldsymbol{A}^{n+1}\boldsymbol{x}=\boldsymbol{0}$ 的解都是 $\boldsymbol{A}^n\boldsymbol{x}=\boldsymbol{0}$ 的解,即线性方程组 $\boldsymbol{A}^n\boldsymbol{x}=\boldsymbol{0}$ 与 $\boldsymbol{A}^{n+1}\boldsymbol{x}=\boldsymbol{0}$ 是同解方程组.

(3) 若 $r(\boldsymbol{A})<n$,则 $r(\boldsymbol{A}^{n+1})\leqslant r(\boldsymbol{A}^n)\leqslant r(\boldsymbol{A})<n$. 由(2),$\boldsymbol{A}^n\boldsymbol{x}=\boldsymbol{0}$ 与 $\boldsymbol{A}^{n+1}\boldsymbol{x}=\boldsymbol{0}$ 是同解线性方程组,它们的基础解系所含解的个数相同,即

$$n-r(\boldsymbol{A}^n)=n-r(\boldsymbol{A}^{n+1}),$$

因此

$$r(\boldsymbol{A}^n)=r(\boldsymbol{A}^{n+1}).$$

若 $r(\boldsymbol{A})=n$,则由 $|\boldsymbol{A}|\neq0$,$|\boldsymbol{A}^{n+1}|=|\boldsymbol{A}|^{n+1}\neq0$,$|\boldsymbol{A}^n|=|\boldsymbol{A}|^n\neq0$,知

$$r(\mathbf{A}^n)=r(\mathbf{A}^{n+1})=n.$$

【2-39】 证明:线性方程组

$$\begin{cases}a_{11}x_1+a_{12}x_2+\cdots+a_{1n}x_n=b_1,\\ a_{21}x_1+a_{22}x_2+\cdots+a_{2n}x_n=b_2,\\ \cdots\cdots\cdots\cdots\cdots\cdots\cdots\cdots\\ a_{m1}x_1+a_{m2}x_2+\cdots+a_{mn}x_n=b_m\end{cases} \tag{21}$$

有解的充分必要条件为线性方程

$$\begin{cases}a_{11}y_1+a_{21}y_2+\cdots+a_{m1}y_m=0,\\ a_{12}y_1+a_{22}y_2+\cdots+a_{m2}y_m=0,\\ \cdots\cdots\cdots\cdots\cdots\cdots\cdots\cdots\\ a_{1n}y_1+a_{2n}y_2+\cdots+a_{mn}y_m=0\end{cases} \tag{22}$$

的解都满足方程

$$b_1y_1+b_2y_2+\cdots+b_my_m=0. \tag{23}$$

证明 给出多种方法,以供读者参考.

必要性 **方法** 1 记式(21),式(22),式(23)分别为

$$\mathbf{A}\boldsymbol{x}=\boldsymbol{b},\mathbf{A}^{\mathrm{T}}\boldsymbol{y}=\mathbf{0},\boldsymbol{b}^{\mathrm{T}}\boldsymbol{y}=0,$$

其中 $\mathbf{A}=(a_{ij})_{m\times n}$,$\boldsymbol{b}=(b_1,b_2,\cdots,b_m)^{\mathrm{T}}$,$\boldsymbol{x}=(x_1,x_2,\cdots,x_n)^{\mathrm{T}}$,$\boldsymbol{y}=(y_1,y_2,\cdots,y_m)^{\mathrm{T}}$. 则由 $\mathbf{A}\boldsymbol{x}=\boldsymbol{b}$ 有解,知

$$r(\mathbf{A})=r(\mathbf{A},\boldsymbol{b}),$$

又由 $r(\mathbf{A})=r(\mathbf{A}^{\mathrm{T}})$,$r(\mathbf{A},\boldsymbol{b})=r((\mathbf{A},\boldsymbol{b})^{\mathrm{T}})=r\begin{bmatrix}\mathbf{A}^{\mathrm{T}}\\ \boldsymbol{b}^{\mathrm{T}}\end{bmatrix}$,得

$$r(\mathbf{A}^{\mathrm{T}})=r\begin{bmatrix}\mathbf{A}^{\mathrm{T}}\\ \boldsymbol{b}^{\mathrm{T}}\end{bmatrix}.$$

因此,线性方程组

$$\mathbf{A}^{\mathrm{T}}\boldsymbol{y}=\mathbf{0}\text{与}\begin{cases}\mathbf{A}^{\mathrm{T}}\boldsymbol{y}=\mathbf{0},\\ \boldsymbol{b}^{\mathrm{T}}\boldsymbol{y}=0\end{cases}$$

是同解方程组,故 $\mathbf{A}^{\mathrm{T}}\boldsymbol{y}=\mathbf{0}$ 的解都满足 $\boldsymbol{b}^{\mathrm{T}}\boldsymbol{y}=\mathbf{0}$.

方法 2 设 $\boldsymbol{\alpha}$ 为 $\mathbf{A}\boldsymbol{x}=\boldsymbol{b}$ 的解,即 $\mathbf{A}\boldsymbol{\alpha}=\boldsymbol{b}$,$\boldsymbol{\beta}$ 为 $\mathbf{A}^{\mathrm{T}}\boldsymbol{y}=\mathbf{0}$ 的解,即 $\mathbf{A}^{\mathrm{T}}\boldsymbol{\beta}=\mathbf{0}$,则

$$\boldsymbol{b}^{\mathrm{T}}\boldsymbol{\beta}=(\mathbf{A}\boldsymbol{\alpha})^{\mathrm{T}}\boldsymbol{\beta}=\boldsymbol{\alpha}^{\mathrm{T}}\mathbf{A}^{\mathrm{T}}\boldsymbol{\beta}=\boldsymbol{\alpha}^{\mathrm{T}}(\mathbf{A}^{\mathrm{T}}\boldsymbol{\beta})=\boldsymbol{\alpha}^{\mathrm{T}}\mathbf{0}=0.$$

故式(22)的解都满足式(23).

方法 3 记 $\mathbf{A}=(\boldsymbol{\alpha}_1,\boldsymbol{\alpha}_2,\cdots,\boldsymbol{\alpha}_n)$,$\boldsymbol{b}=\boldsymbol{\beta}$. 因式(21)有解,故 m 维列向量 $\boldsymbol{\beta}$ 可由向量组 $\boldsymbol{\alpha}_1,\boldsymbol{\alpha}_2,\cdots,\boldsymbol{\alpha}_n$ 线性表示,设为

$$\boldsymbol{\beta}=x_1\boldsymbol{\alpha}_1+x_2\boldsymbol{\alpha}_2+\cdots+x_n\boldsymbol{\alpha}_n,$$

两边取转置，得

$$\boldsymbol{\beta}^{\mathrm{T}}=x_1\boldsymbol{\alpha}_1^{\mathrm{T}}+x_2\boldsymbol{\alpha}_2^{\mathrm{T}}+\cdots+x_n\boldsymbol{\alpha}_n^{\mathrm{T}},$$

若式(22)有解，即存在 m 维列向量 $\boldsymbol{y}$，使

$$\boldsymbol{\alpha}_j^{\mathrm{T}}\boldsymbol{y}=0\quad(j=1,2,\cdots,n),$$

则

$$\boldsymbol{\beta}^{\mathrm{T}}\boldsymbol{y}=\Big(\sum_{j=1}^{n}x_j\boldsymbol{\alpha}_j^{\mathrm{T}}\Big)\boldsymbol{y}=\sum_{j=1}^{n}x_j(\boldsymbol{\alpha}_j^{\mathrm{T}}\boldsymbol{y})=\sum_{j=1}^{n}x_j0=0,$$

故式(22)的解 $\boldsymbol{y}$ 都满足式(23).

充分性　方法1　由式(22)的解都满足式(23)，知

$$\begin{bmatrix}\boldsymbol{A}^{\mathrm{T}}\\ \boldsymbol{b}^{\mathrm{T}}\end{bmatrix}\xrightarrow{\text{行}}\begin{bmatrix}\boldsymbol{A}^{\mathrm{T}}\\ \boldsymbol{0}\end{bmatrix}.$$

因此，$r(\boldsymbol{A}^{\mathrm{T}})=r\begin{bmatrix}\boldsymbol{A}^{\mathrm{T}}\\ \boldsymbol{b}^{\mathrm{T}}\end{bmatrix}$，又由矩阵的转置不改变矩阵的秩，知 $r(\boldsymbol{A})=r(\boldsymbol{A},\boldsymbol{b})$，所以式(21)即方程组 $\boldsymbol{Ax}=\boldsymbol{b}$ 有解.

方法2　由于式(22)的解都满足式(23)，知

$$r\begin{bmatrix}\boldsymbol{A}^{\mathrm{T}}\\ \boldsymbol{b}^{\mathrm{T}}\end{bmatrix}=r(\boldsymbol{A}^{\mathrm{T}}),$$

记 $\boldsymbol{A}=(\boldsymbol{\alpha}_1,\boldsymbol{\alpha}_2,\cdots,\boldsymbol{\alpha}_n)$，$\boldsymbol{b}=\boldsymbol{\beta}$，则可得 $\boldsymbol{\beta}^{\mathrm{T}}$ 可由向量组 $\boldsymbol{\alpha}_1^{\mathrm{T}},\boldsymbol{\alpha}_2^{\mathrm{T}},\cdots,\boldsymbol{\alpha}_n^{\mathrm{T}}$ 线性表示，故式(21)有解.

【2-40】　已知5维向量组

$$\boldsymbol{x}_1=(1,2,3,4,5),\boldsymbol{x}_2=(1,3,2,1,2),$$

求一个齐次线性方程组，使 $\boldsymbol{x}_1,\boldsymbol{x}_2$ 组成这个方程组的基础解系.

解　设

$$a_{i1}x_1+a_{i2}x_2+a_{i3}x_3+x_{i4}x_4+a_{i5}x_5=0$$

是方程组 $\boldsymbol{Ax}=\boldsymbol{0}$ 中的任意一个方程. 将 $\boldsymbol{x}_1,\boldsymbol{x}_2$ 的坐标代入，得

$$\begin{cases}a_{i1}+2a_{i2}+3a_{i3}+4a_{i4}+5a_{i5}=0,\\ a_{i1}+3a_{i2}+2a_{i3}+a_{i4}+2a_{i5}=0,\end{cases}\tag{24}$$

将式(24)当作是 $a_{i1},a_{i2},a_{i3},a_{i4},a_{i5}$ 为未知数的线性方程来解. 此方程组的系数矩阵

$$\boldsymbol{B}=\begin{bmatrix}1&2&3&4&5\\1&3&2&1&2\end{bmatrix}$$

就是以 $\boldsymbol{x}_1,\boldsymbol{x}_2$ 为行向量组成的矩阵，对 $\boldsymbol{B}$ 作初等行变换，得

$$\boldsymbol{B}\longrightarrow\begin{bmatrix}1&2&3&4&5\\0&1&-1&-3&-3\end{bmatrix}\longrightarrow\begin{bmatrix}1&0&5&10&11\\0&1&-1&-3&-3\end{bmatrix},$$

于是方程组(24)化为

$$\begin{cases} a_{i1} = -5a_{i3} - 10a_{i4} - 11a_{i5}, \\ a_{i2} = a_{i3} + 3a_{i4} + 3a_{i5}, \end{cases}$$

因此

$$\begin{aligned}(a_{i1}, a_{i2}, a_{i3}, a_{i4}, a_{i5}) &= (-5a_{i3} - 10a_{i4} - 11a_{i5}, a_{i3} + 3a_{i4} + 3a_{i5}, a_{i3}, a_{i4}, a_{i5}) \\ &= a_{i3}(-5,1,1,0,0) + a_{i4}(-10,3,0,1,0) + a_{i5}(-11,3,0,0,1).\end{aligned}$$

方程组(24)的一组基础解系是

$$(-5,1,1,0,0), (-10,3,0,1,0), (-11,3,0,0,1).$$

以这组基础解系为行组成矩阵

$$\boldsymbol{A} = \begin{bmatrix} -5 & 1 & 1 & 0 & 0 \\ -10 & 3 & 0 & 1 & 0 \\ -11 & 3 & 0 & 0 & 1 \end{bmatrix},$$

则 $r(\boldsymbol{A})=3$. 于是以 $\boldsymbol{A}$ 为系数矩阵的齐次线性方程组为

$$\begin{cases} -5x_1 + x_2 + x_3 = 0, \\ -10x_1 + 3x_2 + x_4 = 0, \\ -11x_1 + 3x_2 + x_5 = 0. \end{cases} \tag{25}$$

经过验证,它最多有 2 个线性无关解,且 $\boldsymbol{x}_1, \boldsymbol{x}_2$ 为式(25)的两个线性无关解,所以它们组成式(25)的基础解系,方程组(25)即为所求.

三、自测与提高

选择题

【2-41】 向量组 $\boldsymbol{\alpha}_1, \boldsymbol{\alpha}_2, \cdots, \boldsymbol{\alpha}_s$ 线性无关的充分必要条件是(　).

(A) $\boldsymbol{\alpha}_1, \boldsymbol{\alpha}_2, \cdots, \boldsymbol{\alpha}_s$ 都不是零向量

(B) $\boldsymbol{\alpha}_1, \boldsymbol{\alpha}_2, \cdots, \boldsymbol{\alpha}_s$ 中任意两个向量都线性无关

(C) $\boldsymbol{\alpha}_1, \boldsymbol{\alpha}_2, \cdots, \boldsymbol{\alpha}_s$ 中任意一个向量都不能由其余 $n-1$ 个向量线性表示

(D) $\boldsymbol{\alpha}_1, \boldsymbol{\alpha}_2, \cdots, \boldsymbol{\alpha}_s$ 中有一部分向量线性无关

【2-42】 已知向量组 $\boldsymbol{\alpha}_1, \boldsymbol{\alpha}_2, \boldsymbol{\alpha}_3, \boldsymbol{\alpha}_4$ 线性无关,则向量组(　)线性无关.

(A) $\boldsymbol{\alpha}_1+\boldsymbol{\alpha}_2, \boldsymbol{\alpha}_2+\boldsymbol{\alpha}_3, \boldsymbol{\alpha}_3+\boldsymbol{\alpha}_4, \boldsymbol{\alpha}_4-\boldsymbol{\alpha}_1$

(B) $\boldsymbol{\alpha}_1+\boldsymbol{\alpha}_2, \boldsymbol{\alpha}_2+\boldsymbol{\alpha}_3, \boldsymbol{\alpha}_3+\boldsymbol{\alpha}_4, \boldsymbol{\alpha}_4+\boldsymbol{\alpha}_1$

(C) $\boldsymbol{\alpha}_1-\boldsymbol{\alpha}_2, \boldsymbol{\alpha}_2-\boldsymbol{\alpha}_3, \boldsymbol{\alpha}_3-\boldsymbol{\alpha}_4, \boldsymbol{\alpha}_4-\boldsymbol{\alpha}_1$

(D) $\boldsymbol{\alpha}_1+\boldsymbol{\alpha}_2, \boldsymbol{\alpha}_2+\boldsymbol{\alpha}_3, \boldsymbol{\alpha}_3-\boldsymbol{\alpha}_4, \boldsymbol{\alpha}_4-\boldsymbol{\alpha}_1$

【2-43】 设向量组

$$\boldsymbol{\alpha}_1=\begin{bmatrix}1\\-1\\2\\4\end{bmatrix},\boldsymbol{\alpha}_2=\begin{bmatrix}0\\3\\1\\2\end{bmatrix},\boldsymbol{\alpha}_3=\begin{bmatrix}3\\0\\7\\14\end{bmatrix},\boldsymbol{\alpha}_4=\begin{bmatrix}1\\-2\\2\\0\end{bmatrix},\boldsymbol{\alpha}_5=\begin{bmatrix}2\\1\\5\\10\end{bmatrix},$$

则该向量组的极大线性无关组为(　).

(A) $\boldsymbol{\alpha}_1,\boldsymbol{\alpha}_2,\boldsymbol{\alpha}_3$　　(B) $\boldsymbol{\alpha}_1,\boldsymbol{\alpha}_2,\boldsymbol{\alpha}_4$

(C) $\boldsymbol{\alpha}_1,\boldsymbol{\alpha}_2,\boldsymbol{\alpha}_5$　　(D) $\boldsymbol{\alpha}_1,\boldsymbol{\alpha}_2,\boldsymbol{\alpha}_4,\boldsymbol{\alpha}_5$

【2-44】 设向量组 $\boldsymbol{\alpha}_1,\boldsymbol{\alpha}_2,\cdots,\boldsymbol{\alpha}_s$ 的秩为 r,则(　).

(A) 必有 $r<s$

(B) 向量组中任意含少于 r 个向量的部分向量组都线性无关

(C) 向量组中任意含 r 个向量的部分向量组都线性无关

(D) 向量组中任意含多于 r 个向量的部分向量组都线性相关

【2-45】 设 $\boldsymbol{\alpha}_1,\boldsymbol{\alpha}_2,\cdots,\boldsymbol{\alpha}_s$ 和 $\boldsymbol{\beta}_1,\boldsymbol{\beta}_2,\cdots,\boldsymbol{\beta}_t$ 为两个 n 维向量组,且它们的秩都等于 r,即 $r(\boldsymbol{\alpha}_1,\boldsymbol{\alpha}_2,\cdots,\boldsymbol{\alpha}_s)=r(\boldsymbol{\beta}_1,\boldsymbol{\beta}_2,\cdots,\boldsymbol{\beta}_t)=r$,则(　).

(A) 这两个向量组必等价

(B) $r(\boldsymbol{\alpha}_1,\boldsymbol{\alpha}_2,\cdots,\boldsymbol{\alpha}_s,\boldsymbol{\beta}_1,\boldsymbol{\beta}_2,\cdots,\boldsymbol{\beta}_t)=r$

(C) 当 $\boldsymbol{\alpha}_1,\boldsymbol{\alpha}_2,\cdots,\boldsymbol{\alpha}_s$ 可由 $\boldsymbol{\beta}_1,\boldsymbol{\beta}_2,\cdots,\boldsymbol{\beta}_t$ 线性表示时,这两个向量组等价

(D) 当 $s=t$ 时,这两个向量组等价

【2-46】 设向量组(Ⅰ):$\boldsymbol{\alpha}_1,\boldsymbol{\alpha}_2,\cdots,\boldsymbol{\alpha}_s$;(Ⅱ):$\boldsymbol{\alpha}_1,\boldsymbol{\alpha}_2,\cdots,\boldsymbol{\alpha}_s,\boldsymbol{\alpha}_{s+1},\cdots,\boldsymbol{\alpha}_t$,则必有(　).

(A) (Ⅰ)线性无关时,(Ⅱ)一定线性无关

(B) (Ⅱ)线性无关时,(Ⅰ)一定线性无关

(C) (Ⅱ)线性相关时,(Ⅰ)一定线性相关

(D) (Ⅰ)线性无关时,(Ⅱ)一定线性相关

【2-47】 设 $\boldsymbol{A}$ 为 $m\times n$ 矩阵,$\boldsymbol{Ax}=\boldsymbol{0}$ 是非齐次线性方程组 $\boldsymbol{Ax}=\boldsymbol{b}$ 对应的齐次线性方程组,则以下结论正确的是(　).

(A) 若 $\boldsymbol{Ax}=\boldsymbol{0}$ 只有零解,则 $\boldsymbol{Ax}=\boldsymbol{b}$ 有唯一解

(B) 若 $\boldsymbol{Ax}=\boldsymbol{0}$ 有非零解,则 $\boldsymbol{Ax}=\boldsymbol{b}$ 有无穷多解

(C) 若 $\boldsymbol{Ax}=\boldsymbol{b}$ 有无穷多解,则 $\boldsymbol{Ax}=\boldsymbol{0}$ 只有零解

(D) 若 $\boldsymbol{Ax}=\boldsymbol{b}$ 有无穷多解,则 $\boldsymbol{Ax}=\boldsymbol{0}$ 有非零解

【2-48】 设 $\boldsymbol{A}$ 为 $m\times n$ 矩阵,$r(\boldsymbol{A})=r$,则(　).

(A) 当 $r=m$ 时,非齐次线性方程组 $\boldsymbol{Ax}=\boldsymbol{b}$ 一定有解

(B) 当 $r=n$ 时,非齐次线性方程组 $\boldsymbol{Ax}=\boldsymbol{b}$ 一定有唯一解

(C) 当 $m=n$ 时,非齐次线性方程组 $\boldsymbol{Ax}=\boldsymbol{b}$ 一定有唯一解

(D) 当 $r<n$ 时，非齐次线性方程组 $\boldsymbol{A}\boldsymbol{x}=\boldsymbol{b}$ 一定有无穷多解

【2-49】 对于 n 元齐次线性方程组 $\boldsymbol{A}\boldsymbol{x}=\boldsymbol{0}$，以下命题中正确的是（ ）.

(A) 若 $\boldsymbol{A}$ 的列向量组线性无关，则 $\boldsymbol{A}\boldsymbol{x}=\boldsymbol{0}$ 只有零解

(B) 若 $\boldsymbol{A}$ 的行向量组线性无关，则 $\boldsymbol{A}\boldsymbol{x}=\boldsymbol{0}$ 只有零解

(C) 若 $\boldsymbol{A}$ 的列向量组线性相关，则 $\boldsymbol{A}\boldsymbol{x}=\boldsymbol{0}$ 只有零解

(D) 若 $\boldsymbol{A}$ 的行向量组线性相关，则 $\boldsymbol{A}\boldsymbol{x}=\boldsymbol{0}$ 只有零解

【2-50】 要使向量

$$\boldsymbol{\alpha}_1=\begin{bmatrix}1\\0\\2\end{bmatrix},\boldsymbol{\alpha}_2=\begin{bmatrix}0\\1\\-1\end{bmatrix}$$

都是齐次线性方程组 $\boldsymbol{A}\boldsymbol{x}=\boldsymbol{0}$ 的解，则 $\boldsymbol{A}$ 为（ ）.

(A) $\begin{bmatrix}-2&1&1\\2&-1&-1\end{bmatrix}$　　(B) $\begin{bmatrix}2&0&-1\\0&1&-1\end{bmatrix}$

(C) $\begin{bmatrix}-1&1&2\\2&-2&-4\end{bmatrix}$　　(D) $\begin{bmatrix}0&1&-1\\4&-2&-2\end{bmatrix}$

填空题

【2-51】 已知 $\boldsymbol{\alpha}_1,\boldsymbol{\alpha}_2$ 和 $\boldsymbol{\beta}_1,\boldsymbol{\beta}_2,\boldsymbol{\beta}_3$ 都是 4 维列向量组，矩阵 $\boldsymbol{A}=(\boldsymbol{\alpha}_1,\boldsymbol{\beta}_1,\boldsymbol{\beta}_2,\boldsymbol{\beta}_3)$，$\boldsymbol{B}=(\boldsymbol{\alpha}_2,\boldsymbol{\beta}_1,\boldsymbol{\beta}_2,\boldsymbol{\beta}_3)$，且行列式 $|\boldsymbol{A}|=4$，$|\boldsymbol{B}|=1$，则行列式 $|\boldsymbol{A}+\boldsymbol{B}|=$______.

【2-52】 设 $\boldsymbol{A},\boldsymbol{B}$ 为 n 阶方阵，且 $\boldsymbol{B}$ 为非零矩阵，如果 $\boldsymbol{B}$ 的列都是齐次线性方程组 $\boldsymbol{A}\boldsymbol{x}=\boldsymbol{0}$ 的解，则行列式 $|\boldsymbol{A}|=$______.

【2-53】 已知 $\boldsymbol{\alpha}_1,\boldsymbol{\alpha}_2,\boldsymbol{\alpha}_3$ 是 3 维列向量，矩阵 $\boldsymbol{A}=(\boldsymbol{\alpha}_1,\boldsymbol{\alpha}_2,\boldsymbol{\alpha}_3)$，且行列式 $|\boldsymbol{A}|=3$，则行列式 $|\boldsymbol{\alpha}_1+\boldsymbol{\alpha}_2,\boldsymbol{\alpha}_2+\boldsymbol{\alpha}_3,\boldsymbol{\alpha}_3+\boldsymbol{\alpha}_1|=$______.

【2-54】 已知向量组

$$\boldsymbol{\alpha}_1=\begin{bmatrix}1+a\\1\\1\end{bmatrix},\boldsymbol{\alpha}_2=\begin{bmatrix}1\\1+a\\1\end{bmatrix},\boldsymbol{\alpha}_3=\begin{bmatrix}1\\1\\1+a\end{bmatrix},\boldsymbol{\beta}=\begin{bmatrix}0\\a\\a^2\end{bmatrix},$$

若 $\boldsymbol{\beta}$ 可由 $\boldsymbol{\alpha}_1,\boldsymbol{\alpha}_2,\boldsymbol{\alpha}_3$ 唯一地线性表示，则 a 的取值为______.

【2-55】 已知向量组

$$\boldsymbol{\alpha}_1=\begin{bmatrix}2\\2\\-1\end{bmatrix},\boldsymbol{\alpha}_2=\begin{bmatrix}0\\4\\8\end{bmatrix},\boldsymbol{\alpha}_3=\begin{bmatrix}-1\\a\\3\end{bmatrix},\boldsymbol{\beta}=\begin{bmatrix}1\\1\\2\end{bmatrix},$$

若 $\boldsymbol{\beta}$ 不能由 $\boldsymbol{\alpha}_1,\boldsymbol{\alpha}_2,\boldsymbol{\alpha}_3$ 线性表示，则 a 的取值为______.

【2-56】 已知 4 元线性方程组 $\boldsymbol{A}\boldsymbol{x}=\boldsymbol{b}$ 的 3 个解为 $\boldsymbol{\alpha}_1,\boldsymbol{\alpha}_2,\boldsymbol{\alpha}_3$，且

$$\boldsymbol{\alpha}_1=\begin{bmatrix}1\\2\\3\\4\end{bmatrix},\quad \boldsymbol{\alpha}_2+\boldsymbol{\beta}_3=\begin{bmatrix}3\\5\\7\\9\end{bmatrix},$$

又已知 $r(\boldsymbol{A})=3$，则线性方程组 $\boldsymbol{Ax}=\boldsymbol{b}$ 的通解为______.

【2-57】 设 $\boldsymbol{\alpha}_1,\boldsymbol{\alpha}_2,\boldsymbol{\alpha}_3$ 是非齐次线性方程 $\boldsymbol{Ax}=\boldsymbol{b}$ 的解，$\boldsymbol{\alpha}=\boldsymbol{\alpha}_1+a\boldsymbol{\alpha}_2-3\boldsymbol{\alpha}_3$，则 $\boldsymbol{\alpha}$ 是 $\boldsymbol{Ax}=\boldsymbol{b}$ 的解的充分必要条件为 $a=$______，$\boldsymbol{\alpha}$ 是齐次线性方程组 $\boldsymbol{Ax}=\boldsymbol{0}$ 的解的充分必要条件为 $a=$______.

【2-58】 已知 $\boldsymbol{A},\boldsymbol{B}$ 为 3 阶方阵

$$\boldsymbol{A}=\begin{bmatrix}1&2&3\\2&a&6\\3&6&9\end{bmatrix},$$

$r(\boldsymbol{B})=2$，若 $\boldsymbol{AB}=\boldsymbol{0}$，则 a 的取值为______.

【2-59】 已知 $\boldsymbol{A},\boldsymbol{B}$ 为 3 阶方阵，$\boldsymbol{A}^*$ 是 $\boldsymbol{A}$ 的伴随矩阵，若 $r(\boldsymbol{A})=1$，则矩阵方程 $\boldsymbol{A}^*\boldsymbol{X}=\boldsymbol{B}$ 有解的充分必要条件为 $r(\boldsymbol{B})=$______.

【2-60】 已知非齐次线性方程组 $\boldsymbol{Ax}=\boldsymbol{b}$ 的增广矩阵经行初等变换后为

$$\begin{bmatrix}1&-1&1&2&0&1\\0&\lambda&2&0&-1&\lambda\\0&0&0&3&0&\lambda-2\\0&0&0&0&\lambda+1&\lambda-1\end{bmatrix},$$

则 $\lambda=$______时，$\boldsymbol{Ax}=\boldsymbol{b}$ 有无穷多解，此时 $\boldsymbol{Ax}=\boldsymbol{0}$ 的基础解系含______个解向量，当 $\lambda=$______，$\boldsymbol{Ax}=\boldsymbol{b}$ 无解.

计算题和证明题

【2-61】 已知向量组

$$\boldsymbol{\alpha}_1=\begin{bmatrix}1\\0\\2\\3\end{bmatrix},\boldsymbol{\alpha}_2=\begin{bmatrix}1\\1\\3\\5\end{bmatrix},\boldsymbol{\alpha}_3=\begin{bmatrix}1\\-1\\a+2\\1\end{bmatrix},\boldsymbol{\alpha}_4=\begin{bmatrix}1\\2\\4\\a+8\end{bmatrix},\boldsymbol{\beta}=\begin{bmatrix}1\\1\\b+3\\5\end{bmatrix}.$$

(1) a 和 b 取何值时，$\boldsymbol{\beta}$ 不能由 $\boldsymbol{\alpha}_1,\boldsymbol{\alpha}_2,\boldsymbol{\alpha}_3,\boldsymbol{\alpha}_4$ 线性表示？

(2) a 和 b 取何值时，$\boldsymbol{\beta}$ 可由 $\boldsymbol{\alpha}_1,\boldsymbol{\alpha}_2,\boldsymbol{\alpha}_3,\boldsymbol{\alpha}_4$ 线性表示，且表示式唯一，并写出该表示式.

【2-62】 设 3 维向量组

$$\boldsymbol{\alpha}_1=\begin{bmatrix}1+\lambda\\1\\1\end{bmatrix},\boldsymbol{\alpha}_2=\begin{bmatrix}1\\1+\lambda\\1\end{bmatrix},\boldsymbol{\alpha}_3=\begin{bmatrix}1\\1\\1+\lambda\end{bmatrix},\boldsymbol{\beta}=\begin{bmatrix}0\\\lambda\\\lambda^2\end{bmatrix}.$$

(1) λ 取何值时，$\boldsymbol{\beta}$ 可由 $\boldsymbol{\alpha}_1,\boldsymbol{\alpha}_2,\boldsymbol{\alpha}_3$ 线性表示，且表示式唯一？

(2) λ 取何值时，$\boldsymbol{\beta}$ 可由 $\boldsymbol{\alpha}_1,\boldsymbol{\alpha}_2,\boldsymbol{\alpha}_3$ 线性表示，且表示式不唯一？

(3) λ 取何值时，$\boldsymbol{\beta}$ 不能由 $\boldsymbol{\alpha}_1,\boldsymbol{\alpha}_2,\boldsymbol{\alpha}_3$ 线性表示？

【2-63】 设向量组

$$\boldsymbol{\alpha}_1=\begin{bmatrix}t\\1\\-1\end{bmatrix},\boldsymbol{\alpha}_2=\begin{bmatrix}1\\t\\-1\end{bmatrix},\boldsymbol{\alpha}_3=\begin{bmatrix}2\\-1\\1\end{bmatrix}.$$

(1) t 取何值时，$\boldsymbol{\alpha}_1,\boldsymbol{\alpha}_2,\boldsymbol{\alpha}_3$ 线性无关？

(2) t 取何值时，$\boldsymbol{\alpha}_1,\boldsymbol{\alpha}_2,\boldsymbol{\alpha}_3$ 线性相关？

【2-64】 设向量组

$$\boldsymbol{\alpha}_1=\begin{bmatrix}1\\2\\3\\4\end{bmatrix},\boldsymbol{\alpha}_2=\begin{bmatrix}2\\3\\4\\5\end{bmatrix},\boldsymbol{\alpha}_3=\begin{bmatrix}3\\4\\5\\6\end{bmatrix},\boldsymbol{\alpha}_4=\begin{bmatrix}4\\5\\6\\7\end{bmatrix},$$

求向量组 $\boldsymbol{\alpha}_1,\boldsymbol{\alpha}_2,\boldsymbol{\alpha}_3,\boldsymbol{\alpha}_4$ 的秩，并求出它的一个极大线性无关组.

【2-65】 设向量组

$$\boldsymbol{\alpha}_1=\begin{bmatrix}6\\4\\1\\-1\\2\end{bmatrix},\boldsymbol{\alpha}_2=\begin{bmatrix}1\\0\\2\\3\\-4\end{bmatrix},\boldsymbol{\alpha}_3=\begin{bmatrix}1\\4\\-9\\-16\\22\end{bmatrix},\boldsymbol{\alpha}_4=\begin{bmatrix}2\\1\\0\\-1\\3\end{bmatrix},$$

求向量组 $\boldsymbol{\alpha}_1,\boldsymbol{\alpha}_2,\boldsymbol{\alpha}_3,\boldsymbol{\alpha}_4$ 的秩，求它的一个极大线性无关组，并将其余向量用此极大线性无关组线性表示.

【2-66】 设 $\boldsymbol{A}$ 是 $n\times m$ 矩阵，$\boldsymbol{B}$ 是 $m\times n$ 矩阵，$m>n$，已知 $\boldsymbol{AB}=\boldsymbol{E}$，证明：$\boldsymbol{B}$ 的列向量组线性无关.

【2-67】 设 $\boldsymbol{A}=\boldsymbol{E}-\boldsymbol{\alpha}\boldsymbol{\alpha}^{\mathrm{T}}$，其中 $\boldsymbol{E}$ 为 n 阶单位阵，$\boldsymbol{\alpha}$ 为 n 维非零列向量，$\boldsymbol{\alpha}^{\mathrm{T}}$ 是 $\boldsymbol{\alpha}$ 的转置，证明：

(1) $\boldsymbol{A}^2=\boldsymbol{A}$ 的充分必要条件为 $\boldsymbol{\alpha}^{\mathrm{T}}\boldsymbol{\alpha}=1$；

(2) 当 $\boldsymbol{\alpha}^{\mathrm{T}}\boldsymbol{\alpha}=1$ 时，行列式 $|\boldsymbol{A}|=0$.

【2-68】 设向量组 $\boldsymbol{\alpha}_1,\boldsymbol{\alpha}_2,\cdots,\boldsymbol{\alpha}_s$ 线性相关($s\geqslant 2$)，证明：对任意向量 $\boldsymbol{\beta}$，存在不全为零的数 $k_1,k_2,\cdots,k_s$，使得向量组

$$\boldsymbol{\alpha}_1+k_1\boldsymbol{\beta},\boldsymbol{\alpha}_2+k_2\boldsymbol{\beta},\cdots,\boldsymbol{\alpha}_s+k_s\boldsymbol{\beta}$$

线性相关.

【2-69】 已知向量组 $\boldsymbol{\alpha}_1,\boldsymbol{\alpha}_2,\cdots,\boldsymbol{\alpha}_m$ 线性相关,但其中任意 $m-1$ 个向量都线性无关,证明:等式

$$x_1\boldsymbol{\alpha}_1+x_2\boldsymbol{\alpha}_2+\cdots+x_m\boldsymbol{\alpha}_m=\mathbf{0}$$

中的系数 $x_1,x_2,\cdots,x_m$ 或者全为零,或者全不为零.

【2-70】 已知向量组 $\boldsymbol{\alpha}_1,\boldsymbol{\alpha}_2,\cdots,\boldsymbol{\alpha}_{m-1},\boldsymbol{\alpha}_m$ 线性相关,$\boldsymbol{\alpha}_1,\boldsymbol{\alpha}_2,\cdots,\boldsymbol{\alpha}_{m-1},\boldsymbol{\alpha}_m$ 线性无关,且在表示式

$$\boldsymbol{\alpha}_m=x_1\boldsymbol{\alpha}_1+x_2\boldsymbol{\alpha}_2+\cdots+x_{m-1}\boldsymbol{\alpha}_{m-1}$$

中,系数 $x_1,x_2,\cdots,x_{m-1}$ 全不为零时,证明:向量组 $\boldsymbol{\alpha}_1,\boldsymbol{\alpha}_2,\cdots,\boldsymbol{\alpha}_m$ 中任意 $m-1$ 个向量都线性无关.

【2-71】 已知向量组 $\boldsymbol{\beta}_1,\boldsymbol{\beta}_2,\cdots,\boldsymbol{\beta}_s$ 线性无关,且可由 $\boldsymbol{\alpha}_1,\boldsymbol{\alpha}_2,\cdots,\boldsymbol{\alpha}_s$ 线性表示,证明:向量组 $\boldsymbol{\alpha}_1,\boldsymbol{\alpha}_2,\cdots,\boldsymbol{\alpha}_s$ 线性无关.

【2-72】 已知线性方程组

$$\begin{cases}x_1+x_2+ax_3=4,\\-x_1+ax_2+x_3=a^2,\\x_1-x_2+2x_3=-4,\end{cases}$$

a 取何值时以上线性方程组有唯一解、有无穷多解与无解? 有解时求出所有解.

【2-73】 已知线性方程组

$$\begin{cases}x_1+x_2+x_3+x_4+x_5=a,\\3x_1+2x_2+x_3+x_4-3x_5=0,\\x_2+2x_3+2x_4+6x_5=b,\\5x_1+4x_2+3x_3+3x_4-x_5=2,\end{cases}$$

a 和 b 取何值时,以上线性方程组有解? 并求出其通解(即用其特解和对应齐次方程组的通解表示其所有解).

【2-74】 已知齐次线性方程组

$$(\text{Ⅰ})\quad\begin{cases}x_1+x_2=0,\\x_2-x_4=0,\end{cases}$$

又知齐次线性方程组(Ⅱ)的通解

$$\boldsymbol{\alpha}=k_1\begin{bmatrix}0\\1\\1\\0\end{bmatrix}+k_2\begin{bmatrix}-1\\2\\2\\1\end{bmatrix}.$$

(1) 求线性方程组(Ⅰ)的基础解系.

(2) 线性方程组(Ⅰ)和(Ⅱ)是否有非零公共解？若有，求出所有非零公共解；若没有，说明理由.

【2-75】 设线性方程组

$$\begin{cases} x_1 + a_1x_2 + a_1^2x_3 = a_1^3 \\ x_1 + a_2x_2 + a_2^2x_3 = a_2^3, \\ x_1 + a_3x_2 + a_3^2x_3 = a_3^3, \\ x_1 + a_4x_2 + a_4^2x_3 = a_4^3. \end{cases}$$

(1) 证明：若常数 a_1, a_2, a_3, a_4 互不相等，则此线性方程组无解.

(2) 若 $a_1 = a_3 = a, a_2 = a_4 = -a(a \neq 0)$，且

$$\boldsymbol{\beta}_1 = \begin{bmatrix} -1 \\ 1 \\ 1 \end{bmatrix}, \boldsymbol{\beta}_2 = \begin{bmatrix} 1 \\ 1 \\ -1 \end{bmatrix}$$

是该线性方程组的两个解，试写出此线性方程组的通解.

【2-76】 设 $\boldsymbol{A}$ 为 n 阶方阵，证明：存在 n 阶矩阵 $\boldsymbol{B}$ 使 $\boldsymbol{AB} = \boldsymbol{0}$ 且 $r(\boldsymbol{A}) + r(\boldsymbol{B}) = n$.

【2-77】 设 $m \times n$ 矩阵 $\boldsymbol{B}$ 的 m 个行向量是齐次线性方程组 $\boldsymbol{Ax} = \boldsymbol{0}$ 的基础解系，$\boldsymbol{P}$ 是 m 阶可逆矩阵，证明：$\boldsymbol{PB}$ 的 m 个行向量也是 $\boldsymbol{Ax} = \boldsymbol{0}$ 的基础解系.

【2-78】 设 $\boldsymbol{A}$ 为 n 阶方阵，$r(\boldsymbol{A}) = n-1$，证明：$(\boldsymbol{A}^*)^2 = a\boldsymbol{A}^*$，其中 a 为常数.

【2-79】 设 $\boldsymbol{A} = (a_{ij})_{n\times n}$ 是 n 阶矩阵，$\boldsymbol{A}_{ij}$ 是 $|\boldsymbol{A}|$ 中元素 a_{ij} 的代数余子式，且 $|\boldsymbol{A}| = 0$，证明：当 $\boldsymbol{A}_{11} \neq \boldsymbol{0}$ 时，齐次线性方程组 $\boldsymbol{Ax} = \boldsymbol{0}$ 的通解可表示为

$$k \begin{bmatrix} \boldsymbol{A}_{11} \\ \boldsymbol{A}_{12} \\ \vdots \\ \boldsymbol{A}_{1n} \end{bmatrix},$$

其中 $\boldsymbol{k}$ 为任意常数.

【2-80】 设 $\boldsymbol{B}$ 为 r 阶矩阵，$\boldsymbol{C}$ 为 $r \times n$ 矩阵，证明：$r(\boldsymbol{C}) = r$ 的充分必要条件为当 $\boldsymbol{BC} = \boldsymbol{0}$ 时必有 $\boldsymbol{B} = \boldsymbol{0}$.

答案与提示

选择题

【2-41】 C 【2-42】 A **提示**：向量组 $\boldsymbol{\alpha}_1 + \boldsymbol{\alpha}_2, \boldsymbol{\alpha}_2 + \boldsymbol{\alpha}_3, \boldsymbol{\alpha}_3 + \boldsymbol{\alpha}_4, \boldsymbol{\alpha}_4 - \boldsymbol{\alpha}_1$ 可以线性表示向量组 $\boldsymbol{\alpha}_1, \boldsymbol{\alpha}_2, \boldsymbol{\alpha}_3, \boldsymbol{\alpha}_4$. 【2-43】 B 【2-44】 D 【2-45】 C 【2-46】

B 【2-47】 D 【2-48】 A 【2-49】 A **提示**:$\boldsymbol{A}$ 的列向量组线性无关意味着其系数矩阵$\boldsymbol{A}$ 的秩为n. 【2-50】 A

填空题

【2-51】 $$\begin{aligned}|\boldsymbol{A}+\boldsymbol{B}| &= |\boldsymbol{\alpha}_1+\boldsymbol{\alpha}_2, 2\boldsymbol{\beta}_1, 2\boldsymbol{\beta}_2, 2\boldsymbol{\beta}_3| = 8|\boldsymbol{\alpha}_1+\boldsymbol{\alpha}_2, \boldsymbol{\beta}_1, \boldsymbol{\beta}_2, \boldsymbol{\beta}_3| \\ &= 8(|\boldsymbol{\alpha}_1, \boldsymbol{\beta}_1, \boldsymbol{\beta}_2, \boldsymbol{\beta}_3| + |\boldsymbol{\alpha}_2, \boldsymbol{\beta}_1, \boldsymbol{\beta}_2, \boldsymbol{\beta}_3|) \\ &= 8(|\boldsymbol{A}|+|\boldsymbol{B}|) = 40.\end{aligned}$$

【2-52】 因为$\boldsymbol{B}$ 的列向量组线性无关,且

$$\begin{aligned}\boldsymbol{AB} = \boldsymbol{A}(b_1, b_2, \cdots, b_n) &= (\boldsymbol{A}b_1, \boldsymbol{A}b_2, \cdots, \boldsymbol{A}b_n) \\ &= (0, 0, \cdots, 0) = \boldsymbol{0},\end{aligned}$$

其中 b_j 是$\boldsymbol{B}$ 的第j 列($j=1,2,\cdots,n$). 因此

$$r(\boldsymbol{A}) + r(\boldsymbol{B}) \leqslant n,$$

又 $r(\boldsymbol{B})=n$,故 $r(\boldsymbol{A})=0$,即 $\boldsymbol{A}=\boldsymbol{0}$,故$|\boldsymbol{A}|=0$.

点评 本题也可用齐次线性方程组解的结构讨论.

【2-53】 利用行列式的性质,如

$$\begin{aligned}|\boldsymbol{\alpha}_1+\boldsymbol{\alpha}_2, \boldsymbol{\alpha}_2+\boldsymbol{\alpha}_3, \boldsymbol{\alpha}_3+\boldsymbol{\alpha}_1| &= |\boldsymbol{\alpha}_1-\boldsymbol{\alpha}_3, \boldsymbol{\alpha}_2+\boldsymbol{\alpha}_3, \boldsymbol{\alpha}_3+\boldsymbol{\alpha}_1| \\ &= |\boldsymbol{\alpha}_1-\boldsymbol{\alpha}_3, \boldsymbol{\alpha}_2+\boldsymbol{\alpha}_3, 2\boldsymbol{\alpha}_3| \\ &= 2|\boldsymbol{\alpha}_1, \boldsymbol{\alpha}_2, \boldsymbol{\alpha}_3| = 6.\end{aligned}$$

【2-54】 $\boldsymbol{\beta}$ 可由 $\boldsymbol{\alpha}_1, \boldsymbol{\alpha}_2, \boldsymbol{\alpha}_3$ 唯一线性表示的充分必要条件为 $\boldsymbol{\alpha}_1, \boldsymbol{\alpha}_2, \boldsymbol{\alpha}_3$ 线性无关. 由行列式

$$|\boldsymbol{\alpha}_1, \boldsymbol{\alpha}_2, \boldsymbol{\alpha}_3| = \begin{vmatrix} 1+a & 1 & 1 \\ 1 & 1+a & 1 \\ 1 & 1 & 1+a \end{vmatrix} = (3+a)a^2,$$

知 $\boldsymbol{\alpha}_1, \boldsymbol{\alpha}_2, \boldsymbol{\alpha}_3$ 线性无关的充分必要条件为 $a\neq-3$ 且 $a\neq0$.

【2-55】 $\boldsymbol{\beta}$ 不能由 $\boldsymbol{\alpha}_1, \boldsymbol{\alpha}_2, \boldsymbol{\alpha}_3$ 线性表示的充分必要条件为

$$r(\boldsymbol{\alpha}_1, \boldsymbol{\alpha}_2, \boldsymbol{\alpha}_3) \neq r(\boldsymbol{\alpha}_1, \boldsymbol{\alpha}_2, \boldsymbol{\alpha}_3, \boldsymbol{\beta})$$

由

$$(\boldsymbol{\alpha}_1, \boldsymbol{\alpha}_2, \boldsymbol{\alpha}_3, \boldsymbol{\beta}) = \begin{bmatrix} 2 & 0 & -1 & 1 \\ 2 & 4 & a & 1 \\ -1 & 8 & 3 & 2 \end{bmatrix} \xrightarrow{\text{行}} \begin{bmatrix} 2 & 0 & -1 & 1 \\ 0 & 16 & 5 & 5 \\ 0 & 0 & a-\frac{1}{4} & -\frac{5}{4} \end{bmatrix}$$

得,当 $a=\dfrac{1}{4}$时,$r(\boldsymbol{\alpha}_1, \boldsymbol{\alpha}_2, \boldsymbol{\alpha}_3)=2$,$r(\boldsymbol{\alpha}_1, \boldsymbol{\alpha}_2, \boldsymbol{\alpha}_3, \boldsymbol{\beta})=3$.

【2-56】 非齐次线性方程组 $\boldsymbol{Ax}=\boldsymbol{b}$ 的通解

$$\boldsymbol{\alpha}=\boldsymbol{\alpha}_p+\boldsymbol{\alpha}_c,$$

其中 $\boldsymbol{\alpha}_p$ 是 $\boldsymbol{Ax}=\boldsymbol{b}$ 的一个特解，$\boldsymbol{\alpha}_c$ 是 $\boldsymbol{Ax}=\boldsymbol{0}$ 的通解，因为 $r(\boldsymbol{A})=3$，$\boldsymbol{Ax}=\boldsymbol{0}$ 的任意 $4-r(\boldsymbol{A})=1$ 个线性无关的解都是其基础解系，因此

$$\boldsymbol{\eta}=-2\boldsymbol{\alpha}_1+(\boldsymbol{\alpha}_2+\boldsymbol{\alpha}_3)=-2\begin{bmatrix}1\\2\\3\\4\end{bmatrix}+\begin{bmatrix}3\\5\\7\\9\end{bmatrix}=\begin{bmatrix}1\\1\\1\\1\end{bmatrix}$$

是 $\boldsymbol{Ax}=\boldsymbol{0}$ 的基础解系，且 $\boldsymbol{\alpha}_c=c\boldsymbol{\eta}$，$c$ 为任意常数，又可取 $\boldsymbol{\alpha}_p=\boldsymbol{\alpha}_1$，所以

$$\boldsymbol{\alpha}=\boldsymbol{\alpha}_p+\boldsymbol{\alpha}_c=\begin{bmatrix}1\\2\\3\\4\end{bmatrix}+k\begin{bmatrix}1\\1\\1\\1\end{bmatrix},$$

其中 k 为任意常数.

点评 本题的答案不唯一.

【2-57】 设 $\boldsymbol{\alpha}_1=k\boldsymbol{\alpha}_1+k_2\boldsymbol{\alpha}_2+k_3\boldsymbol{\alpha}_3$，则 $\boldsymbol{\alpha}$ 是 $\boldsymbol{Ax}=\boldsymbol{b}$ 的解的充分必要条件为$k_1+k_2+k_3=1$，$\boldsymbol{\alpha}$ 是 $\boldsymbol{Ax}=\boldsymbol{0}$ 的解的充分必要条件为 $k_1+k_2+k_3=0$. 所以填：3，2.

【2-58】 因为 $\boldsymbol{AB}=\boldsymbol{0}$，因此 $r(\boldsymbol{A})+r(\boldsymbol{B})\leqslant 3$，即 $r(\boldsymbol{A})\leqslant 1$，又 $\boldsymbol{A}\neq\boldsymbol{0}$，$r(\boldsymbol{A})\geqslant 1$，故 $r(\boldsymbol{A})=1$，易得 $a=4$ 时 $r(\boldsymbol{A})=1$，$a\neq 4$ 时 $r(\boldsymbol{A})=2$. 所以 $a=4$.

【2-59】 因为 $r(\boldsymbol{A})=1<3-1$，因此 $r(\boldsymbol{A}^*)=0$，即 $\boldsymbol{A}^*=\boldsymbol{0}$. 又 $\boldsymbol{A}^*\boldsymbol{X}=\boldsymbol{B}$ 有解的充分必要条件为

$$r(\boldsymbol{A}^*)=r(\boldsymbol{A}^*,\boldsymbol{B}),$$

所以 $r(\boldsymbol{B})=0$.

【2-60】 当 $\boldsymbol{A}$ 为 $m\times n$ 矩阵时，$\boldsymbol{Ax}=\boldsymbol{b}$ 有无穷多解的充分必要条件为 $r(\boldsymbol{A})=r(\boldsymbol{A},\boldsymbol{b})<n$，此时 $\boldsymbol{Ax}=\boldsymbol{0}$ 的基础解系含 $n-r(\boldsymbol{A})$ 个解向量，$\boldsymbol{Ax}=\boldsymbol{b}$ 无解的充分必要条件是

$$r(\boldsymbol{A})\neq r(\boldsymbol{A},\boldsymbol{b}).$$

因为 $n=5$，且当 $\lambda\neq-1$ 时，$r(\boldsymbol{A})=4$，$r(\boldsymbol{A},\boldsymbol{b})=4$，当 $\lambda=-1$ 时 $r(\boldsymbol{A})=3$，$r(\boldsymbol{A},\boldsymbol{b})=4$，所以分别填入 $\lambda\neq-1$，1，$\lambda=-1$.

计算题和证明题

【2-61】 提示 归结为非齐次线性方程组

$$x_1\boldsymbol{\alpha}_1+x_2\boldsymbol{\alpha}_2+x_3\boldsymbol{\alpha}_3+x_4\boldsymbol{\alpha}_4=\boldsymbol{\beta},$$

讨论 a，b 的取值使方程组无解或有唯一解.

(1) $a=-1$，$b\neq 0$ 时，$\boldsymbol{\beta}$ 不能由 $\boldsymbol{\alpha}_1$，$\boldsymbol{\alpha}_2$，$\boldsymbol{\alpha}_3$，$\boldsymbol{\alpha}_4$ 线性表示；

(2) $a\neq -1$ 时，$\boldsymbol{\beta}$ 可由 $\boldsymbol{\alpha}_1,\boldsymbol{\alpha}_2,\boldsymbol{\alpha}_3,\boldsymbol{\alpha}_4$ 唯一线性表示，且

$$\boldsymbol{\beta}=-\frac{2b}{a+1}\boldsymbol{\alpha}_1+\frac{a+b+1}{a+1}\boldsymbol{\alpha}_2+\frac{b}{a+1}\boldsymbol{\alpha}_3+0\boldsymbol{\alpha}_4.$$

【2-62】 **提示** 归结为非齐次线性方程组

$$x_1\boldsymbol{\alpha}_1+x_2\boldsymbol{\alpha}_2+x_3\boldsymbol{\alpha}_3=\boldsymbol{\beta},$$

讨论 λ 的取值使方程组有唯一解，有无穷多解与无解.

(1) $\lambda\neq 0$，且 $\lambda=-3$ 时，$\boldsymbol{\beta}$ 可由 $\boldsymbol{\alpha}_1,\boldsymbol{\alpha}_2,\boldsymbol{\alpha}_3$ 唯一线性表示；

(2) $\lambda=0$ 时，$\boldsymbol{\beta}$ 可由 $\boldsymbol{\alpha}_1,\boldsymbol{\alpha}_2,\boldsymbol{\alpha}_3$ 线性表示，且表示式有无穷多；

(3) $\lambda=-3$ 时，$\boldsymbol{\beta}$ 不能由 $\boldsymbol{\alpha}_1,\boldsymbol{\alpha}_2,\boldsymbol{\alpha}_3$ 线性表示.

【2-63】 **提示** 此类题可有多种求法，如可用齐次线性方程组非零解的存在性与矩阵的秩，还可用行列式(对 n 个 n 维向量)，当然也可以用向量组线性相关性的定义. 下面用行列式求解.

因为行列式

$$D=|\boldsymbol{\alpha}_1,\boldsymbol{\alpha}_2,\boldsymbol{\alpha}_3|=\begin{vmatrix} t & 1 & 2\\ 1 & t & -1\\ -1 & -1 & 1\end{vmatrix}=(t-1)(t+2),$$

所以

(1) 当 $t\neq 1$ 且 $t=-2$ 时($D\neq 0$)，$\boldsymbol{\alpha}_1,\boldsymbol{\alpha}_2,\boldsymbol{\alpha}_3$ 线性无关；

(2) 当 $t=1$ 或 $t=-2$ 时($D=0$)，$\boldsymbol{\alpha}_1,\boldsymbol{\alpha}_2,\boldsymbol{\alpha}_3$ 线性相关.

【2-64】 **提示** 此类题有多种解法，常用矩阵的秩与向量组的秩的关系求解. 因为

$$(\boldsymbol{\alpha}_1,\boldsymbol{\alpha}_2,\boldsymbol{\alpha}_3,\boldsymbol{\alpha}_4)=\begin{bmatrix}1&2&3&4\\2&3&4&5\\3&4&5&6\\4&5&6&7\end{bmatrix}\xrightarrow{\text{行}}\begin{bmatrix}1&2&3&4\\0&1&2&3\\0&0&0&0\\0&0&0&0\end{bmatrix},$$

所以，$r(\boldsymbol{\alpha}_1,\boldsymbol{\alpha}_2,\boldsymbol{\alpha}_3,\boldsymbol{\alpha}_4)=2$，$\boldsymbol{\alpha}_1,\boldsymbol{\alpha}_2$ 可作为 $\boldsymbol{\alpha}_1,\boldsymbol{\alpha}_2,\boldsymbol{\alpha}_3,\boldsymbol{\alpha}_4$ 的极大线性无关组. 事实上，$\boldsymbol{\alpha}_1,\boldsymbol{\alpha}_2,\boldsymbol{\alpha}_3,\boldsymbol{\alpha}_4$ 的任意两个向量都可作为其极大线性无关组.

【2-65】 因为

$$(\boldsymbol{\alpha}_1,\boldsymbol{\alpha}_2,\boldsymbol{\alpha}_3,\boldsymbol{\alpha}_4)=\begin{bmatrix}6&1&1&2\\4&0&4&1\\1&2&-9&0\\-1&3&-16&-1\\2&-4&22&3\end{bmatrix}\xrightarrow{\text{行}}\begin{bmatrix}1&0&1&0\\0&1&-5&0\\0&0&0&1\\0&0&0&0\end{bmatrix},$$

所以，$r(\boldsymbol{\alpha}_1,\boldsymbol{\alpha}_2,\boldsymbol{\alpha}_3,\boldsymbol{\alpha}_4)=3$，$\boldsymbol{\alpha}_1,\boldsymbol{\alpha}_2,\boldsymbol{\alpha}_4$ 可作为 $\boldsymbol{\alpha}_1,\boldsymbol{\alpha}_2,\boldsymbol{\alpha}_3,\boldsymbol{\alpha}_4$ 的极大线性无关组，且

$$\boldsymbol{\alpha}_3 = \boldsymbol{\alpha}_1 - 5\boldsymbol{\alpha}_3 + 0\boldsymbol{\alpha}_4.$$

【2-66】 **提示** 可用

$$n = r(\boldsymbol{E}) = r(\boldsymbol{AB}) \leqslant r(\boldsymbol{B}) \leqslant n.$$

【2-67】 (1) 因为

$$\begin{aligned}\boldsymbol{A}^2 &= (\boldsymbol{E} - \boldsymbol{\alpha\alpha}^{\mathrm{T}})(\boldsymbol{E} - \boldsymbol{\alpha\alpha}^{\mathrm{T}}) \\ &= \boldsymbol{E} - 2\boldsymbol{\alpha\alpha}^{\mathrm{T}} + \boldsymbol{\alpha}(\boldsymbol{\alpha}^{\mathrm{T}}\boldsymbol{\alpha})\boldsymbol{\alpha}^{\mathrm{T}},\end{aligned}$$

所以 $\boldsymbol{A}^2=\boldsymbol{A}$ 的充分必要条件是 $\boldsymbol{\alpha}^{\mathrm{T}}\boldsymbol{\alpha}=1$；

(2) 由(1)，$\boldsymbol{\alpha}^{\mathrm{T}}\boldsymbol{\alpha}=1$ 时，$\boldsymbol{A}^2=\boldsymbol{A}$，若 $\boldsymbol{A}$ 为可逆矩阵，则 $\boldsymbol{A}^{-1}(\boldsymbol{A}^2)=\boldsymbol{A}^{-1}(\boldsymbol{A})$，即 $\boldsymbol{A}=\boldsymbol{E}$，这与 $\boldsymbol{A}=\boldsymbol{E}-\boldsymbol{\alpha\alpha}^{\mathrm{T}}$ 矛盾. 因此 $\boldsymbol{A}$ 为不可逆矩阵. 所以 $|\boldsymbol{A}|=0$.

【2-68】 因为 $\boldsymbol{\alpha}_1,\boldsymbol{\alpha}_2,\cdots,\boldsymbol{\alpha}_s$ 线性相关，存在不全为零的数 $x_1,x_2,\cdots,x_s$，使

$$x_1\boldsymbol{\alpha}_1 + x_2\boldsymbol{\alpha}_2 + \cdots + x_s\boldsymbol{\alpha}_s = \boldsymbol{0}.$$

考察以这不全为零的数 $x_1,x_2,\cdots,x_s$ 为系数的表示式

$$x_1(\boldsymbol{\alpha}_1 + k_1\boldsymbol{\beta}) + x_2(\boldsymbol{\alpha}_2 + k_2\boldsymbol{\beta}) + \cdots + x_s(\boldsymbol{\alpha}_s + k_s\boldsymbol{\beta}) = \boldsymbol{0},$$

即

$$x_1\boldsymbol{\alpha}_1 + x_2\boldsymbol{\alpha}_2 + \cdots + x_s\boldsymbol{\alpha}_s + (x_1k_1 + x_2k_2 + \cdots + x_sk_s)\boldsymbol{\beta} = \boldsymbol{0},$$

因为 $x_1\boldsymbol{\alpha}_1+x_2\boldsymbol{\alpha}_2+\cdots+x_s\boldsymbol{\alpha}_s=\boldsymbol{0}$，故有

$$(x_1k_1 + x_2k_2 + \cdots + x_sk_s)\boldsymbol{\beta} = \boldsymbol{0},$$

又因为 $s\geqslant 2$，方程

$$x_1k_1 + x_2k_2 + \cdots + x_sk_s = 0$$

必有非零解，即存在不全为零的数 $k_1,k_2,\cdots,k_s$，使

$$x_1k_1 + x_2k_2 + \cdots + x_sk_s = 0,$$

故存在不全为零的数 $k_1,k_2,\cdots,k_s$，使对任意向量 $\boldsymbol{\beta}$，有

$$(x_1k_2 + x_2k_2 + \cdots + x_sk_s)\boldsymbol{\beta} = \boldsymbol{0},$$

所以，存在不全为零的数 $k_1,k_2,\cdots,k_s$，使

$$x_1(\boldsymbol{\alpha}_1 + k_1\boldsymbol{\beta}) + x_2(\boldsymbol{\alpha}_2 + k_2\boldsymbol{\beta}) + \cdots + x_s(\boldsymbol{\alpha}_s + k_s\boldsymbol{\beta}) = \boldsymbol{0},$$

其中 $x_1,x_2,\cdots,x_s$ 不全为零. 因此

$$\boldsymbol{\alpha}_1 + k_1\boldsymbol{\beta},\boldsymbol{\alpha}_2 + k_2\boldsymbol{\beta},\cdots,\boldsymbol{\alpha}_s + k_s\boldsymbol{\beta}$$

线性相关.

【2-69】 **提示** 对等式中 x_i 是否取零进行讨论.

【2-70】 **提示** 用反证法.

【2-71】 **提示** 由 $s=r(\boldsymbol{\beta}_1,\boldsymbol{\beta}_2,\cdots,\boldsymbol{\beta}_s)\leqslant r(\boldsymbol{\alpha}_1,\boldsymbol{\alpha}_2,\cdots,\boldsymbol{\alpha}_s)\leqslant s$，得 $r(\boldsymbol{\alpha}_1,\boldsymbol{\alpha}_2,\cdots,\boldsymbol{\alpha}_s)=s$，故 $\boldsymbol{\alpha}_1,\boldsymbol{\alpha}_2,\cdots,\boldsymbol{\alpha}_s$ 线性无关.

【2-72】 (1) $a\neq -1$，且 $a\neq 4$ 时，有唯一解

$$x_1=\frac{a^2+2a}{a+1},x_2=\frac{a^2+2a+4}{a+1},x_3=\frac{-2a}{a+1};$$

(2) $a=-1$ 时，无解；

(3) $a=4$ 时，有无穷多解：

$$\begin{bmatrix}x_1\\x_2\\x_3\end{bmatrix}=\begin{bmatrix}0\\4\\0\end{bmatrix}+k\begin{bmatrix}-3\\-1\\1\end{bmatrix},$$

其中 k 为任意常数.

【2-73】 当 $a=1,b=3$ 时，有无穷多解，其通解为

$$\begin{bmatrix}x_1\\x_2\\x_3\\x_4\\x_5\end{bmatrix}=\begin{bmatrix}-2\\3\\0\\0\\0\end{bmatrix}+k_1\begin{bmatrix}1\\-2\\1\\0\\0\end{bmatrix}+k_2\begin{bmatrix}1\\-2\\0\\1\\0\end{bmatrix}+k_3\begin{bmatrix}5\\-6\\0\\0\\1\end{bmatrix}$$

其中 k_1,k_2,k_3 为任意常数.

【2-74】 (1)(Ⅰ)的基础解系

$$\boldsymbol{\alpha}_1=\begin{bmatrix}0\\0\\1\\0\end{bmatrix},\boldsymbol{\alpha}_2=\begin{bmatrix}-1\\1\\0\\1\end{bmatrix};$$

(2) 把(Ⅱ)的通解代入(Ⅰ)，得(Ⅰ)和(Ⅱ)的公共解为(Ⅱ)的通解中当 $k_1=-k_2$ 时的解，故其非零公共解

$$\boldsymbol{\alpha}=a\begin{bmatrix}0\\1\\1\\0\end{bmatrix}+(-a)\begin{bmatrix}-1\\2\\2\\1\end{bmatrix}=a\begin{bmatrix}1\\-1\\-1\\-1\end{bmatrix},$$

其中 a 为任意非零常数.

【2-75】 (1) 当 a_1,a_2,a_3,a_4 互不相等时，$|\bar{\mathbf{A}}|\neq0$，因此 $r(\bar{\mathbf{A}})=4$，系数矩阵 $\mathbf{A}$ 是 4×3 矩阵，$r(\mathbf{A})\leqslant3$，所以方程组无解；

(2) 将 $a,-a$ 代入线性方程组，可得 $r(\mathbf{A})=r(\bar{\mathbf{A}})=2$，因此线性方程组的通解

$$x=\begin{bmatrix}x_1\\x_2\\x_3\end{bmatrix}=\boldsymbol{\beta}_1+k(\boldsymbol{\beta}_1-\boldsymbol{\beta}_2)=\begin{bmatrix}1\\1\\1\end{bmatrix}+k\begin{bmatrix}-2\\0\\2\end{bmatrix},$$

其中 k 为任意常数.

【2-76】 **提示** 若 $r(\boldsymbol{A})<n$，则齐次线性方程组 $\boldsymbol{Ax}=\boldsymbol{0}$ 有基础解系 $\boldsymbol{\alpha}_1,\boldsymbol{\alpha}_2,\cdots,\boldsymbol{\alpha}_{n-r(\boldsymbol{A})}$. 令

$$\boldsymbol{B}=(\boldsymbol{\alpha}_1,\boldsymbol{\alpha}_2,\cdots,\boldsymbol{\alpha}_{n-r(\boldsymbol{A})},0,\cdots,0),$$

则 $\boldsymbol{AB}=\boldsymbol{0}$ 且 $r(\boldsymbol{A})+r(\boldsymbol{B})=n$.

若 $r(\boldsymbol{A})=n$，则取 $\boldsymbol{B}=\boldsymbol{0}$，有 $r(\boldsymbol{A})+r(\boldsymbol{B})=n,\boldsymbol{AB}=\boldsymbol{0}$.

【2-77】 **提示** 因为 $\boldsymbol{AB}^{\mathrm{T}}=\boldsymbol{0},r(\boldsymbol{B})=m$，而

$$\boldsymbol{A}(\boldsymbol{PB})^{\mathrm{T}}=\boldsymbol{AB}^{\mathrm{T}}\boldsymbol{P}^{\mathrm{T}}=\boldsymbol{OP}^{\mathrm{T}}=\boldsymbol{0},$$

$\boldsymbol{PB}$ 的行向量都是 $\boldsymbol{Ax}=\boldsymbol{0}$ 的解，又 $\boldsymbol{P}$ 可逆，$r(\boldsymbol{B})=r(\boldsymbol{PB})$，所以 $\boldsymbol{PB}$ 的行向量是 $\boldsymbol{Ax}=\boldsymbol{0}$ 的基础解系.

【2-78】 $r(\boldsymbol{A})=n-1$，得 $r(\boldsymbol{A}^*)=1$，因此 $\boldsymbol{A}^*=\boldsymbol{\alpha\beta}^{\mathrm{T}}$，其中 $\boldsymbol{\alpha},\boldsymbol{\beta}$ 为非零列向量，故

$$(\boldsymbol{A}^*)^2=(\boldsymbol{\alpha\beta}^{\mathrm{T}})(\boldsymbol{\alpha\beta}^{\mathrm{T}})=\boldsymbol{\alpha}(\boldsymbol{\beta}^{\mathrm{T}}\boldsymbol{\alpha})\boldsymbol{\beta}^{\mathrm{T}}=a\boldsymbol{\alpha\beta}^{\mathrm{T}}=a\boldsymbol{A}^*,$$

其中 $a=\boldsymbol{\beta}^{\mathrm{T}}\boldsymbol{\alpha}$ 为常数.

【2-79】 **提示** 易知 $r(\boldsymbol{A})=n-1$，又 $\boldsymbol{\alpha}\neq\boldsymbol{0},\boldsymbol{A\alpha}=\boldsymbol{0}$，故 $\boldsymbol{\alpha}$ 是 $\boldsymbol{Ax}=\boldsymbol{0}$ 的基础解系.

【2-80】 **提示** $\boldsymbol{BC}=\boldsymbol{0}$，故 $\boldsymbol{C}^{\mathrm{T}}\boldsymbol{B}^{\mathrm{T}}=\boldsymbol{0}$，即 $\boldsymbol{B}^{\mathrm{T}}$ 的列向量都是 $\boldsymbol{C}^{\mathrm{T}}\boldsymbol{x}=\boldsymbol{0}$ 的解. 由 $\boldsymbol{C}^{\mathrm{T}}\boldsymbol{x}=\boldsymbol{0}$ 只有零解的充分必要条件为 $r(\boldsymbol{C})=r$ 可证本题.

第三章　矩阵的相似对角化与实二次型

一、知识要点

1. 矩阵的相似对角化

1）矩阵的特征值和特征向量

设$\boldsymbol{A}$为n阶方阵，如果存在数λ及n维非零列向量$\boldsymbol{\alpha}$，使得

$$\boldsymbol{A\alpha}=\lambda\boldsymbol{\alpha} \quad 或 \quad (\lambda\boldsymbol{E}-\boldsymbol{A})\boldsymbol{\alpha}=\boldsymbol{0},$$

则称λ为$\boldsymbol{A}$的一个**特征值**，$\boldsymbol{\alpha}$为$\boldsymbol{A}$的属于特征值λ的**特征向量**.

由$(\lambda\boldsymbol{E}-\boldsymbol{A})\boldsymbol{\alpha}=\boldsymbol{0}$知，$\boldsymbol{\alpha}$是齐次线性方程组$(\lambda\boldsymbol{E}-\boldsymbol{A})\boldsymbol{x}=\boldsymbol{0}$的非零解，$\boldsymbol{A}$的特征值$\lambda$是$n$次方程$f(\lambda)=|\lambda\boldsymbol{E}-\boldsymbol{A}|=0$的根. 因此，$n$阶方阵$\boldsymbol{A}$在复数范围内有$n$个特征值，其中相同的特征值按其重数计算(如果$\lambda_i$为特征方程的单根，则称$\lambda_i$为$\boldsymbol{A}$的**单特征值**；如果$\lambda_j$为特征方程的$k$重根，则称$\lambda_j$为$\boldsymbol{A}$的$k$**重特征值**，并称$k$为$\lambda_j$的重数).

对$\boldsymbol{A}$的相异特征值中的每个特征值λ_i，属于特征值λ_i的特征向量是齐次线性方程组$(\lambda_i\boldsymbol{E}-\boldsymbol{A})\boldsymbol{x}=\boldsymbol{0}$的非零解向量.

求n阶方阵$\boldsymbol{A}$的特征值与特征向量的一般步骤如下：

第1步：计算特征多项式$f(\lambda)=|\lambda\boldsymbol{E}-\boldsymbol{A}|$；

第2步：求出特征方程$|\lambda\boldsymbol{E}-\boldsymbol{A}|=0$的全部根$\lambda_1,\lambda_2,\cdots,\lambda_n$(重根按重数计算)，则$\lambda_1,\lambda_2,\cdots,\lambda_n$就是方阵$\boldsymbol{A}$的全部特征值；

第3步：对$\boldsymbol{A}$的相异特征值中的每个特征值λ_i，求出齐次线性方程组$(\lambda_i\boldsymbol{E}-\boldsymbol{A})=\boldsymbol{0}$的一个基础解系$\boldsymbol{\xi}_{i1},\boldsymbol{\xi}_{i2},\cdots,\boldsymbol{\xi}_{ik_i}$，则$\boldsymbol{\xi}_{i1},\boldsymbol{\xi}_{i2},\cdots,\boldsymbol{\xi}_{ik_i}$就是对应于特征值$\lambda_i$的特征子空间的一个基，而$\boldsymbol{A}$的属于$\lambda_i$的全部特征向量为

$$\boldsymbol{x}=c_1\boldsymbol{\xi}_{i1}+c_2\boldsymbol{\xi}_{i2}+\cdots+c_{k_i}\boldsymbol{\xi}_{ik_i},$$

其中$c_1,c_2,\cdots,c_{k_i}$为不全为零的任意常数.

特征值和特征向量有如下基本性质：

(1) 设$\lambda_1,\lambda_2,\cdots,\lambda_n$为$n$阶方阵$\boldsymbol{A}=(a_{ij})_{n\times n}$的全部特征值，则有

$$|\boldsymbol{A}| = \lambda_1\lambda_2\cdots\lambda_n, \sum_{i=1}^{n} a_{ii} = \lambda_1 + \lambda_2 + \cdots + \lambda_n.$$

(2) $\boldsymbol{A}$ 与 $\boldsymbol{A}^{\mathrm{T}}$ 的特征值相同.

(3) 方阵 $\boldsymbol{A}$ 可逆的充要条件为 $\boldsymbol{A}$ 的特征值都不为零,且若 λ 为可逆阵 $\boldsymbol{A}$ 的一个特征值,$\boldsymbol{\alpha}$ 为对应的特征向量时,则 $\frac{1}{\lambda}$ 为 $\boldsymbol{A}^{-1}$ 的一个特征值;$\frac{|\boldsymbol{A}|}{\lambda}$ 为 $\boldsymbol{A}^*$ 的一个特征值,且 $\boldsymbol{\alpha}$ 为它们分别对应的特征向量.

(4) 设 λ 为方阵 $\boldsymbol{A}$ 的一个特征值,$\boldsymbol{\alpha}$ 为对应的特征向量,则对任何正整数 k,λ^k 为 $\boldsymbol{A}^k$ 的一个特征值,且 $\boldsymbol{\alpha}$ 为对应的特征向量. 更一般地,对于任何多项式 $f(\boldsymbol{x}) = a_m\boldsymbol{x}^m + \cdots + a_1\boldsymbol{x} + a_0$,则 $f(\lambda)$ 为方阵 $f(\boldsymbol{A}) = a_m\boldsymbol{A}^m + \cdots + a_1\boldsymbol{A} + a_0\boldsymbol{E}$ 的一个特征值,且 $\boldsymbol{\alpha}$ 为对应的特征向量.

(5) $\boldsymbol{A}$ 的属于不同特征值的特征向量线性无关,即设 $\lambda_1, \lambda_2, \cdots, \lambda_m$ 为方阵 $\boldsymbol{A}$ 的互不相同的特征值,$\boldsymbol{\alpha}_i$ 为属于 λ_i 的特征向量($i=1,2,\cdots,m$),则向量组 $\boldsymbol{\alpha}_1, \boldsymbol{\alpha}_2, \cdots, \boldsymbol{\alpha}_m$ 线性无关. 更一般地,设 $\boldsymbol{\alpha}_{i1}, \boldsymbol{\alpha}_{i2}, \cdots, \boldsymbol{\alpha}_{ik_i}$ 为属于 λ_i 的线性无关的特征向量($i=1,2,\cdots, m$),则向量组 $\boldsymbol{\alpha}_{11}, \boldsymbol{\alpha}_{12}, \cdots, \boldsymbol{\alpha}_{1k_1}, \boldsymbol{\alpha}_{21}, \boldsymbol{\alpha}_{22}, \cdots, \boldsymbol{\alpha}_{2k_2}, \cdots, \boldsymbol{\alpha}_{m1}, \boldsymbol{\alpha}_{m2}, \cdots, \boldsymbol{\alpha}_{mk_m}$ 线性无关.

(6) 设 λ_0 为方阵 $\boldsymbol{A}$ 的 k 重特征值,则属于 λ_0 的线性无关特征向量的个数不大于 k.

(7) 哈密顿-凯莱(Hamilton-cayley)定理　若 n 阶方阵 $\boldsymbol{A} = (a_{ij})_{n\times n}$ 的特征多项式为

$$f(\lambda) = |\lambda\boldsymbol{E} - \boldsymbol{A}| = \lambda^n + a_{n-1}\lambda^{n-1} + \cdots + a_1\lambda + a_0,$$

则 $\boldsymbol{A} = (a_{ij})_{n\times n}$ 的多项式 $f(\boldsymbol{A})$ 为零矩阵,即

$$f(\boldsymbol{A}) = \boldsymbol{A}^n + a_{n-1}\boldsymbol{A}^{n-1} + \cdots + a_1\boldsymbol{A} + a_0\boldsymbol{E} = \boldsymbol{0}$$

关于特征值与特征向量的结论可见下表:

	$\boldsymbol{A}$	$k\boldsymbol{A}$	$\boldsymbol{A}^m$	$f(\boldsymbol{A}) = \sum_{i=0}^{m} a_i\boldsymbol{A}^i$	$\boldsymbol{A}^{-1}$	$\boldsymbol{A}^*$	$\boldsymbol{B}=\boldsymbol{P}^{-1}\boldsymbol{A}\boldsymbol{P}$
特征值	λ	$k\lambda$	λ^m	$f(\lambda) = \sum_{i=0}^{m} a_i\lambda^i$	$\frac{1}{\lambda}$	$\frac{\lvert\boldsymbol{A}\rvert}{\lambda}$	λ
对应特征向量	$\boldsymbol{\alpha}$	$\boldsymbol{\alpha}$	$\boldsymbol{\alpha}$	$\boldsymbol{\alpha}$	$\boldsymbol{\alpha}$	$\boldsymbol{\alpha}$	$\boldsymbol{P}^{-1}\boldsymbol{\alpha}$

2) 矩阵的相似对角化

对于 n 阶方阵 $\boldsymbol{A}, \boldsymbol{B}$,若存在 n 阶可逆方阵 $\boldsymbol{P}$,使得

$$\boldsymbol{P}^{-1}\boldsymbol{A}\boldsymbol{P} = \boldsymbol{B},$$

则称 $\boldsymbol{A}$ 与 $\boldsymbol{B}$ **相似**,或 $\boldsymbol{A}$ 相似于 $\boldsymbol{B}$,并称变换:$\boldsymbol{A} \to \boldsymbol{P}^{-1}\boldsymbol{A}\boldsymbol{P}$ 为**相似变换**.

显然，方阵的相似关系具有反身性、对称性和传递性.

设$\boldsymbol{A}$为n阶方阵，若存在n阶可逆方阵$\boldsymbol{P}$，使得

$$\boldsymbol{P}^{-1}\boldsymbol{A}\boldsymbol{P}=\begin{bmatrix}\lambda_1 & & & \\ & \lambda_2 & & \\ & & \ddots & \\ & & & \lambda_n\end{bmatrix}=\boldsymbol{\Lambda},$$

则称$\boldsymbol{A}$**能相似于对角阵**（或$\boldsymbol{A}$可相似对角化），并称$\boldsymbol{\Lambda}$为$\boldsymbol{A}$的**相似对角阵**.

关于矩阵的相似关系具有以下结论：

设方阵$\boldsymbol{A}$与$\boldsymbol{B}$相似，则有：

(1) $r(\boldsymbol{A})=r(\boldsymbol{B})$.

(2) $|\boldsymbol{A}|=|\boldsymbol{B}|$.

(3) $|\lambda\boldsymbol{E}-\boldsymbol{A}|=|\lambda\boldsymbol{E}-\boldsymbol{B}|$，即$\boldsymbol{A}$与$\boldsymbol{B}$有相同的特征多项式（从而$\boldsymbol{A}$与$\boldsymbol{B}$有相同的特征值）.

(4) $\boldsymbol{A}^{\mathrm{T}}$与$\boldsymbol{B}^{\mathrm{T}}$相似，$\boldsymbol{A}^k$与$\boldsymbol{B}^k$相似.

(5) 若$\boldsymbol{A}$可逆，则$\boldsymbol{B}$也可逆，且$\boldsymbol{A}^{-1}$与$\boldsymbol{B}^{-1}$相似. $\boldsymbol{A}^*$与$\boldsymbol{B}^*$相似.

(6) 对于多项式$g(\boldsymbol{x})=a_m\boldsymbol{x}^m+\cdots+a_1\boldsymbol{x}+a_0$，则$g(\boldsymbol{A})$与$g(\boldsymbol{B})$相似.

(7)（方阵相似于对角矩阵的充分必要条件）n阶方阵$\boldsymbol{A}$相似于对角矩阵的充分必要条件是$\boldsymbol{A}$有n个线性无关的特征向量.

若$\boldsymbol{P}^{-1}\boldsymbol{A}\boldsymbol{P}=\begin{bmatrix}\lambda_1 & & & \\ & \lambda_2 & & \\ & & \ddots & \\ & & & \lambda_n\end{bmatrix}=D$，记$\boldsymbol{P}=(\boldsymbol{\alpha}_1,\boldsymbol{\alpha}_2,\cdots,\boldsymbol{\alpha}_n)$，则$\boldsymbol{A}\boldsymbol{\alpha}_i=\lambda_i\boldsymbol{\alpha}_i$，$i=1,2,\cdots,n$，即$D$的主对角线元素$\lambda_1,\lambda_2,\cdots,\lambda_n$是$\boldsymbol{A}$的全部特征值，$\boldsymbol{P}$的各列$\boldsymbol{\alpha}_1,\boldsymbol{\alpha}_2,\cdots,\boldsymbol{\alpha}_n$是$\boldsymbol{A}$的分别属于$\lambda_1,\lambda_2,\cdots,\lambda_n$的特征向量，且$\boldsymbol{\alpha}_1,\boldsymbol{\alpha}_2,\cdots,\boldsymbol{\alpha}_n$为线性无关组.

推论1　方阵$\boldsymbol{A}$相似于对角矩阵的充分必要条件是$\boldsymbol{A}$的属于每个特征值的线性无关特征向量个数恰好等于该特征值的重数.

推论2（方阵相似于对角矩阵的充分条件）　如果n阶方阵$\boldsymbol{A}$有n个互不相同的特征值（即$\boldsymbol{A}$的特征值都是单特征值），则$\boldsymbol{A}$必相似于对角矩阵.

矩阵可相似对角化的条件见下图（设$\boldsymbol{A}$是n阶方阵）.

如果n阶方阵$\boldsymbol{A}$相似于对角矩阵$\boldsymbol{\Lambda}$，则$\boldsymbol{A}$的相似对角化的一般步骤如下.

第1步：求出$\boldsymbol{A}$的全部特征值$\lambda_1,\lambda_2,\cdots,\lambda_n$；

第2步：对$\boldsymbol{A}$的相异特征值中的每个特征值λ_i，求出齐次线性方程组$(\lambda_i\boldsymbol{E}-\boldsymbol{A})\boldsymbol{x}=\boldsymbol{0}$的一个基础解系，将所有这样的基础解系中的向量合在一起，按假定，这样的向量共有n个，它们就是$\boldsymbol{A}$的n个线性无关的特征向量$\boldsymbol{\xi}_1,\boldsymbol{\xi}_2,\cdots,\boldsymbol{\xi}_n$；

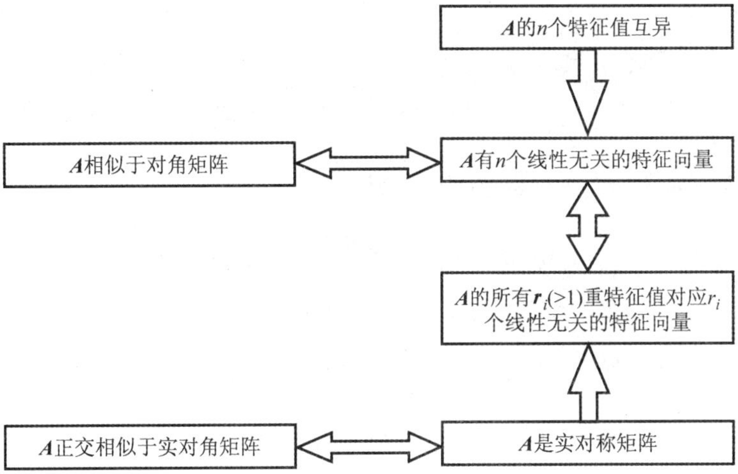

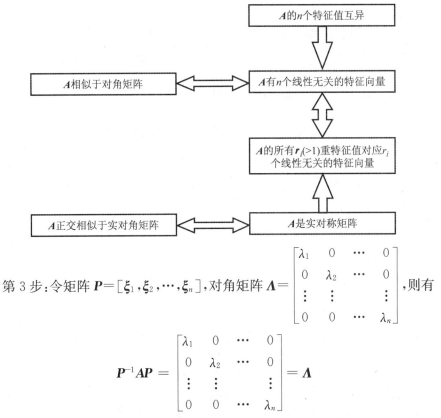

第 3 步：令矩阵 $\boldsymbol{P}=[\boldsymbol{\xi}_1,\boldsymbol{\xi}_2,\cdots,\boldsymbol{\xi}_n]$，对角矩阵 $\boldsymbol{\Lambda}=\begin{bmatrix}\lambda_1 & 0 & \cdots & 0\\ 0 & \lambda_2 & \cdots & 0\\ \vdots & \vdots & & \vdots\\ 0 & 0 & \cdots & \lambda_n\end{bmatrix}$，则有

$$\boldsymbol{P}^{-1}\boldsymbol{A}\boldsymbol{P}=\begin{bmatrix}\lambda_1 & 0 & \cdots & 0\\ 0 & \lambda_2 & \cdots & 0\\ \vdots & \vdots & & \vdots\\ 0 & 0 & \cdots & \lambda_n\end{bmatrix}=\boldsymbol{\Lambda}$$

其中 $\boldsymbol{\xi}_j$ 是属于特征值 λ_j 的特征向量 $(j=1,2,\cdots,n)$. 注意，$\boldsymbol{P}$ 的列向量的排列次序与对角矩阵 $\boldsymbol{\Lambda}$ 的主对角线元素的排列次序相一致.

下图是方阵相似对角化过程的框图.

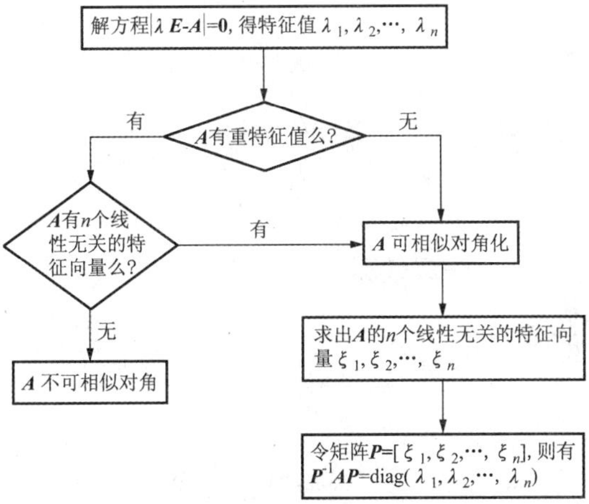

3）正交向量组

设 $\boldsymbol{\alpha}=(a_1,a_2,\cdots,a_n)^{\mathrm{T}},\boldsymbol{\beta}=(b_1,b_2,\cdots,b_n)^{\mathrm{T}}$ 为$\mathbb{R}^n$中任意两个向量，则称实数

$$\boldsymbol{\alpha}^{\mathrm{T}}\boldsymbol{\beta}=a_1b_1+a_2b_2+\cdots+a_nb_n$$

为向量 $\boldsymbol{\alpha}$ 与 $\boldsymbol{\beta}$ 的**内积**，记为$(\boldsymbol{\alpha},\boldsymbol{\beta})$，即

$$(\boldsymbol{\alpha},\boldsymbol{\beta})=\sum_{i=1}^{n}a_ib_i=\boldsymbol{\alpha}^{\mathrm{T}}\boldsymbol{\beta}=\boldsymbol{\beta}^{\mathrm{T}}\boldsymbol{\alpha}.$$

利用向量的内积可定义向量 $\boldsymbol{\alpha}$ 的长度（或模）：称非负数

$$|\boldsymbol{\alpha}|=\sqrt{(\boldsymbol{\alpha},\boldsymbol{\alpha})}=\sqrt{\sum_{i=1}^{n}a_i^2}$$

为向量 $\boldsymbol{\alpha}$ 的**长度（或模）**.

长度为1的向量称为**单位向量**. 若 $\boldsymbol{\alpha}\neq\mathbf{0}$，则由 $\boldsymbol{\alpha}$ 可得到**单位向量** $\frac{\boldsymbol{\alpha}}{|\boldsymbol{\alpha}|}$，并称由 $\boldsymbol{\alpha}$ 得到单位向量 $\frac{\boldsymbol{\alpha}}{|\boldsymbol{\alpha}|}$ 的过程为 $\boldsymbol{\alpha}$ 的**单位化**.

如果 $\boldsymbol{\alpha},\boldsymbol{\beta}$ 都是非零向量，则 $\boldsymbol{\alpha}$ 与 $\boldsymbol{\beta}$ 的夹角定义为

$$\theta=\arccos\frac{(\boldsymbol{\alpha},\boldsymbol{\beta})}{|\boldsymbol{\alpha}|\,|\boldsymbol{\beta}|}\quad(0\leqslant\theta\leqslant\pi),$$

如果$(\boldsymbol{\alpha},\boldsymbol{\beta})=0$，则称 $\boldsymbol{\alpha}$ 与 $\boldsymbol{\beta}$ **正交**（或垂直），记为 $\boldsymbol{\alpha}\perp\boldsymbol{\beta}$.

如果实向量组 $\boldsymbol{\alpha}_1,\boldsymbol{\alpha}_2,\cdots,\boldsymbol{\alpha}_m$ 中不含零向量，且 $\boldsymbol{\alpha}_1,\boldsymbol{\alpha}_2,\cdots,\boldsymbol{\alpha}_m$ 两两正交，则称 $\boldsymbol{\alpha}_1,\boldsymbol{\alpha}_2,\cdots,\boldsymbol{\alpha}_m$ 为**正交向量组**，即 $\boldsymbol{\alpha}_1,\boldsymbol{\alpha}_2,\cdots,\boldsymbol{\alpha}_m$ 为正交向量组当且仅当向量组 $\boldsymbol{\alpha}_1,\boldsymbol{\alpha}_2,\cdots,\boldsymbol{\alpha}_m$ 满足：

$$(\boldsymbol{\alpha}_i,\boldsymbol{\alpha}_j)=\begin{cases}|\boldsymbol{\alpha}_i|^2>0 & (i=j),\\ 0 & (i\neq j).\end{cases}$$

特别地，当向量组 $\boldsymbol{e}_1,\boldsymbol{e}_2,\cdots,\boldsymbol{e}_m$ 满足：$(\boldsymbol{e}_i,\boldsymbol{e}_j)=\begin{cases}1 & (i=j),\\ 0 & (i\neq j),\end{cases}$ 则称向量组 $\boldsymbol{e}_1,\boldsymbol{e}_2,\cdots,\boldsymbol{e}_m$ 为**标准正交向量组或正交单位向量组**.

关于正交向量组有以下结论：

(1) 正交向量组必是线性无关向量组.

(2) 如果 $\boldsymbol{\alpha}_1,\boldsymbol{\alpha}_2,\cdots,\boldsymbol{\alpha}_m$ 为线性无关向量组，令

$$\boldsymbol{\beta}_j=\boldsymbol{\alpha}_j-\frac{(\boldsymbol{\alpha}_j,\boldsymbol{\beta}_1)}{(\boldsymbol{\beta}_1,\boldsymbol{\beta}_1)}\boldsymbol{\beta}_1-\frac{(\boldsymbol{\alpha}_j,\boldsymbol{\beta}_2)}{(\boldsymbol{\beta}_2,\boldsymbol{\beta}_2)}\boldsymbol{\beta}_2-\cdots-\frac{(\boldsymbol{\alpha}_j,\boldsymbol{\beta}_{j-1})}{(\boldsymbol{\beta}_{j-1},\boldsymbol{\beta}_{j-1})}\boldsymbol{\beta}_{j-1}\ (j=2,3,\cdots,m);$$

$$\boldsymbol{\eta}_j=\frac{\boldsymbol{\beta}_j}{|\boldsymbol{\beta}_j|},$$

其中 $\boldsymbol{\beta}_1=\boldsymbol{\alpha}_1$，则向量组 $\boldsymbol{\eta}_1,\boldsymbol{\eta}_2,\cdots,\boldsymbol{\eta}_m$ 为与原向量组 $\boldsymbol{\alpha}_1,\boldsymbol{\alpha}_2,\cdots,\boldsymbol{\alpha}_m$ 等价的**标准正交**

向量组.

以上，由线性无关向量组 $\boldsymbol{\alpha}_1,\boldsymbol{\alpha}_2,\cdots,\boldsymbol{\alpha}_m$ 构造标准正交向量组 $\boldsymbol{\eta}_1,\boldsymbol{\eta}_2,\cdots,\boldsymbol{\eta}_m$ 的过程称为**向量组 $\boldsymbol{\alpha}_1,\boldsymbol{\alpha}_2,\cdots,\boldsymbol{\alpha}_m$** 的标准**正交化过程**，也称为**施密特正交化方法**.

如果实方阵 $\boldsymbol{A}$ 满足 $\boldsymbol{A}\boldsymbol{A}^{\mathrm{T}}=\boldsymbol{A}^{\mathrm{T}}\boldsymbol{A}=\boldsymbol{E}$，或 $\boldsymbol{A}^{-1}=\boldsymbol{A}^{\mathrm{T}}$，则称 $\boldsymbol{A}$ 为**正交矩阵**.

正交矩阵的等价定义：

$\boldsymbol{A}$是正交矩阵，即$\boldsymbol{A}^{\mathrm{T}}\boldsymbol{A}=\boldsymbol{E}$或$\boldsymbol{A}^{-1}=\boldsymbol{A}^{\mathrm{T}}$或$\boldsymbol{A}\boldsymbol{A}^{\mathrm{T}}=\boldsymbol{E}$	$\Longleftrightarrow$	$\boldsymbol{A}$的列(行)向量是两两正交的单位向量

正交矩阵有下列基本性质：

(1) 如果 $\boldsymbol{A}$ 为正交矩阵，则 $|\boldsymbol{A}|=\pm 1$.

(2) 如果 $\boldsymbol{A}$ 为正交矩阵，则 $\boldsymbol{A}^{\mathrm{T}},\boldsymbol{A}^{-1},\boldsymbol{A}^{*},-\boldsymbol{A},\boldsymbol{A}^{k}$ 都是正交矩阵.

(3) 如果 $\boldsymbol{A},\boldsymbol{B}$ 都是 n 阶正交矩阵，则乘积 $\boldsymbol{AB}$ 仍是正交矩阵.

(4) 若 $\boldsymbol{A}$ 为正交矩阵，则 $\boldsymbol{A}$ 的特征值 λ 的模为 1，特别地，当 λ 为实数时，$\lambda=1$ 或 $\lambda=-1$.

(5) 实方阵 $\boldsymbol{A}$ 为正交矩阵，当且仅当 $\boldsymbol{A}$ 的列(行)向量组为标准正交向量组.

利用上述的性质(5)，可以比较方便的检验方阵是否为正交矩阵.

(6) 若 $\boldsymbol{A}$ 为 n 阶实方阵，$\boldsymbol{\alpha}$ 为任意 n 维实的列向量，则 $\boldsymbol{A}$ 为正交矩阵时，有 $\boldsymbol{\alpha}$ 与 $\boldsymbol{A\alpha}$ 的模长相等，即 $|\boldsymbol{A\alpha}|=|\boldsymbol{\alpha}|$.

设 $\boldsymbol{A}$ 和 $\boldsymbol{B}$ 都为 n 阶实矩阵，若存在正交矩阵 $\boldsymbol{Q}$，使得 $\boldsymbol{Q}^{-1}\boldsymbol{AQ}=\boldsymbol{Q}^{\mathrm{T}}\boldsymbol{AQ}=\boldsymbol{B}$，则称 **$\boldsymbol{A}$ 正交相似于 $\boldsymbol{B}$**.

关于实对称矩阵有以下结论：

(1) 实对称矩阵的特征值都是实数.

(2) 实对称矩阵的属于不同特征值的特征向量必正交.

(3) 设 $\boldsymbol{A}$ 为实对称矩阵，则存在正交矩阵 $\boldsymbol{Q}$，使得

$$\boldsymbol{Q}^{-1}\boldsymbol{AQ}=\boldsymbol{Q}^{\mathrm{T}}\boldsymbol{AQ}=\begin{bmatrix}\lambda_1 & & & \\ & \lambda_2 & & \\ & & \ddots & \\ & & & \lambda_n\end{bmatrix}=\boldsymbol{\Lambda}\text{ 为对角矩阵.}$$

若记 $\boldsymbol{Q}=(\boldsymbol{\eta}_1,\boldsymbol{\eta}_2,\cdots,\boldsymbol{\eta}_n)$，则 $\boldsymbol{A\eta}_i=\lambda_i\boldsymbol{\eta}_i(i=1,2,\cdots,n)$，即 $\lambda_1,\lambda_2,\cdots,\lambda_n$ 是 $\boldsymbol{A}$ 的特征值，$\boldsymbol{Q}$ 的列 $\boldsymbol{\eta}_1,\boldsymbol{\eta}_2,\cdots,\boldsymbol{\eta}_n$ 是 $\boldsymbol{A}$ 的分别属于 $\lambda_1,\lambda_2,\cdots,\lambda_n$ 的特征向量，且 $\boldsymbol{\eta}_1,\boldsymbol{\eta}_2,\cdots,\boldsymbol{\eta}_n$ 为标准正交组.

(4) 若 λ_0 为实对称矩阵 $\boldsymbol{A}$ 的 k 重特征值，则 $\boldsymbol{A}$ 的属于 λ_0 的线性无关特征向量恰好有 k 个.

实对称矩阵正交相似对角化步骤：n 阶实对称矩阵 $\boldsymbol{A}$ 的每个特征值 λ_i，取齐次线性方程组 $(\lambda_i\boldsymbol{E}-\boldsymbol{A})\boldsymbol{x}=\boldsymbol{0}$ 的正交化单位化的基础解系，即属于特征值 λ_i 的正交化

单位化的特征向量，将所有这样的特征向量放在一起，此向量组共有 n 个向量，若这些特征向量为 $\boldsymbol{e}_1,\boldsymbol{e}_2,\cdots,\boldsymbol{e}_n$，则它们是 $\boldsymbol{A}$ 的正交单位化的特征向量，以它们为列向量做成正交矩阵

$$\boldsymbol{Q}=[\boldsymbol{e}_1,\boldsymbol{e}_2,\cdots,\boldsymbol{e}_n]$$

且有

$$\boldsymbol{Q}^{-1}\boldsymbol{A}\boldsymbol{Q}=\boldsymbol{Q}^{\mathrm{T}}\boldsymbol{A}\boldsymbol{Q}=\begin{bmatrix}\lambda_1 & 0 & \cdots & 0\\ 0 & \lambda_2 & \cdots & 0\\ \vdots & \vdots & & \vdots\\ 0 & 0 & \cdots & \lambda_n\end{bmatrix},$$

其中矩阵 $\boldsymbol{Q}$ 的第 j 列 $\boldsymbol{e}_j$ 是属于特征值 λ_j 的特征向量 $(j=1,2,\cdots,n)$.

下图是实对称矩阵的正交相似对角化过程的框图.

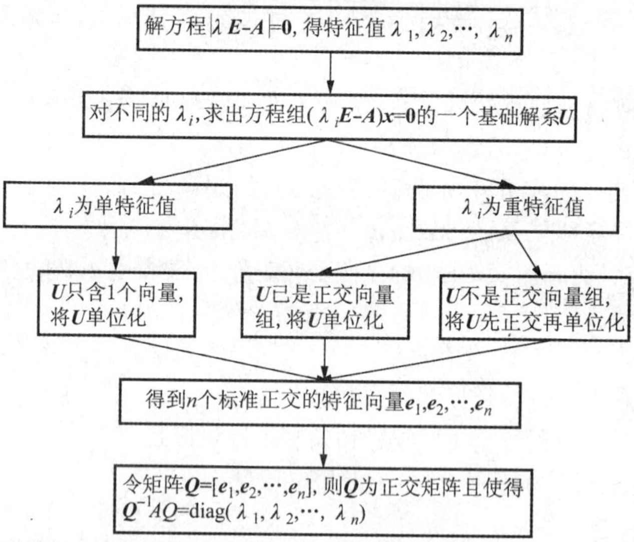

从图中可以看出，实对称矩阵的正交相似对角化过程一般有 4 个步骤：

(1) 求特征值；

(2) 求特征向量；

(3) 正交化；

(4) 单位化.

其中，只有在 λ_i 为重特征值，且对应于 λ_i 的线性无关向量组 $\boldsymbol{U}$ 不是正交向量组时，才应用施密特正交化法将向量组 $\boldsymbol{U}$ 正交化，单位化.

2. 实二次型

1) 实二次型的概念

二次型及其矩阵表示

设 $a_{ij}(i,j=1,2,\cdots,n;i\leqslant j)$ 均为实数，称关于 n 个实变量 $x_1,x_2,\cdots,x_n$ 的二次齐次多项式函数

$$\begin{aligned}f(x_1,x_2,\cdots,x_n)&=a_{11}x_1^2+2a_{12}x_1x_2+2a_{13}x_1x_3+\cdots+2a_{1n}x_1x_n+a_{22}x_2^2\\&\quad+2a_{23}x_2x_3+\cdots+2a_{2n}x_2x_n+\cdots+a_{nn}x_n^2\\&=\sum_{i=1}^{n}a_{ii}x_i^2+\sum_{\substack{i,j=1\\i<j}}^{n}2a_{ij}x_ix_j\end{aligned}$$

为一个 n **元实二次型**，简称为 n **元二次型**.

令 $a_{ij}=a_{ji}$，则 $2a_{ij}x_ix_j=a_{ij}x_ix_j+a_{ji}x_jx_i$，再令矩阵 $\boldsymbol{A}=(a_{ij})_{n\times n}$，$\boldsymbol{x}=(x_1,x_2,\cdots,x_n)^{\mathrm{T}}$，则 $\boldsymbol{A}$ 为**实对称矩阵**，且可将二次型写成

$$f(x_1,x_2,\cdots,x_n)=\sum_{i=1}^{n}\sum_{j=1}^{n}a_{ij}x_ix_j=(x_1,x_2,\cdots,x_n)\begin{bmatrix}a_{11}&a_{12}&\cdots&a_{1n}\\a_{21}&a_{22}&\cdots&a_{2n}\\\vdots&\vdots&&\vdots\\a_{n1}&a_{n2}&\cdots&a_{nn}\end{bmatrix}\begin{bmatrix}x_1\\x_2\\\vdots\\x_n\end{bmatrix},$$

或

$$f(x)=\boldsymbol{x}^{\mathrm{T}}\boldsymbol{A}\boldsymbol{x},$$

称此式右端为**二次型的矩阵表达式**，称实对称矩阵 $\boldsymbol{A}$ 为**二次型** f **的矩阵**，并称 $\boldsymbol{A}$ 的秩数为**二次型** f **的秩数**，记作 $r(f)$.

注意：二次型 f 的矩阵 $\boldsymbol{A}=(a_{ij})_{n\times n}$ 的元素：a_{ii} 为 x_i^2 的系数$(i=1,2,\cdots,n)$，$a_{ij}=a_{ji}$ 为 x_ix_j 系数的一半$(i,j=1,2,\cdots,n;i\neq j)$.

若二次型 f 只含平方项时，即

$$f=d_1x_1^2+d_2x_2^2+\cdots+d_nx_n^2$$

则称 f 为**标准二次型**，此时 f 的矩阵为**对角矩阵**

$$\boldsymbol{A}=\begin{bmatrix}d_1&&&\\&d_2&&\\&&\ddots&\\&&&d_n\end{bmatrix}.$$

特别地，当 $f=x_1^2+x_2^2+\cdots+x_p^2-x_{p+1}^2-\cdots-x_r^2$ 时，则称 f 为**规范(典法式)二次型**，**简称规范型**，其矩阵为

$$A=\begin{bmatrix} E_p & & \\ & -E_{r-p} & \\ & & 0 \end{bmatrix},$$

其中 E_p 为 p 阶单位阵，$r=r(A)=r(f)$.

2）矩阵的合同关系

设 A 和 B 为 n 阶方阵，如果存在 n 阶可逆方阵 P，使得 $P^{\mathrm{T}}AP=B$，则称 A **合同于** B（或 A 和 B **合同**），并称由 A 到 $C^{\mathrm{T}}AC=B$ 的变换为**合同变换**.

显然，矩阵的合同关系具有：

自反性：A 与 A 自身合同，因为 $E^{\mathrm{T}}AE=A$.

对称性：若 A 与 B 合同，则 B 与 A 合同.

传递性：若 A 与 B 合同，B 与 D 合同，则 A 与 D 合同.

关于矩阵的合同关系具有如下结论：

(1) 合同的矩阵必有相同的秩. 若 A 与 B 合同，则 $r(A)=r(B)$.

(2) 若 A 为对称阵，且 A 与 B 合同，则 B 也是对称阵.

(3) 若 A 与 B 合同，则 A 与 B 等价（反之不真）.

(4) 设二次型 $f(x)=x^{\mathrm{T}}Ax$，P 为可逆方阵，则 $f(x)=x^{\mathrm{T}}Ax$ 经可逆（非奇异）线性变换 $x=Py$ 化为二次型 $g(y)=y^{\mathrm{T}}By$ 的充要条件为 $P^{\mathrm{T}}AP=B$.

3）化二次型为标准形

设二次型 $f(x)=x^{\mathrm{T}}Ax$，讨论是否有可逆线性变换 $x=Py$ 化二次型 $f(x)=x^{\mathrm{T}}Ax$ 为标准二次型，此为化二次型为标准形的问题. 其等价于：实对称矩阵 A 是否合同于对角矩阵（这是由于实二次型由它的实对称矩阵唯一确定，而标准二次型的矩阵为对角矩阵，于是用满秩线性变换化 $f(x)=x^{\mathrm{T}}Ax$ 为标准形，其实质就是用合同变换化实对称矩阵 A 为对角矩阵. 由上述可知，对于任何实对称矩阵 A，必存在正交矩阵 P，使 $P^{\mathrm{T}}AP$ 成对角矩阵）.

关于化二次型为标准形有以下结论：

(1) 设二次型 $f(x)=x^{\mathrm{T}}Ax$，则存在可逆线性变换 $x=Py$，可化 f 为标准形，记为

$$f(x)=x^{\mathrm{T}}Ax \xlongequal{x=Py} d_1y_1^2+d_2y_2^2+\cdots+d_ny_n^2.$$

(2) 设二次型 $f(x)=x^{\mathrm{T}}Ax$，则存在可逆线性变换 $x=Pz$，可化 f 为规范型，记为

$$f(x)=x^{\mathrm{T}}Ax \xlongequal{x=Pz} z_1^2+z_2^2+\cdots+z_p^2-z_{p+1}^2-\cdots-z_r^2,$$

其中 $r=r(\boldsymbol{A})=r(f)$.

(3) 设二次型 $f(\boldsymbol{x})=\boldsymbol{x}^{\mathrm{T}}\boldsymbol{A}\boldsymbol{x}$,则存在正交矩阵 $\boldsymbol{Q}$,经线性变换 $\boldsymbol{x}=\boldsymbol{Q}\boldsymbol{y}$(其中 $\boldsymbol{x}=\boldsymbol{Q}\boldsymbol{y}$ 称为**正交线性变换**,),可化 f 为标准形,记为

$$f(\boldsymbol{x})=\boldsymbol{x}^{\mathrm{T}}\boldsymbol{A}\boldsymbol{x}\xlongequal{\boldsymbol{x}=\boldsymbol{Q}\boldsymbol{y}}\lambda_1 y_1^2+\lambda_2 y_2^2+\cdots+\lambda_n y_n^2,$$

其中 $\lambda_1,\lambda_2,\cdots,\lambda_n$ 为实对称矩阵 $\boldsymbol{A}$ 的全部特征值,若记 $\boldsymbol{Q}=(\boldsymbol{\eta}_1,\boldsymbol{\eta}_2,\cdots,\boldsymbol{\eta}_n)$,则 $\boldsymbol{A}\boldsymbol{\eta}_i=\lambda_i\boldsymbol{\eta}_i(i=1,2,\cdots,n)$.

注:如无特别要求,用满秩线性变换化二次型为标准形的方法有若干种,除正交变换法外,还有配方法、初等变换法.

用配方法化二次型为标准形的方法:

如果 f 中含有变量 x_1 的平方项及交叉乘积项,则把含 x_1 的所有项归并在一起,并按 x_1 配成完全平方,然后按此法再对其他的变量配方,直至将 f 配成平方和的形式;如果二次型 f 中不含变量的平方项,但含交叉乘积项 x_ix_j,则先作满秩线性变换

$$\begin{cases}x_i=y_i+y_j,\\ x_j=y_i-y_j\\ x_k=y_k\quad(k\neq i,k\neq j),\end{cases}$$

使 f 中出现平方项,再按上述方法配方.

应该注意,用配方法化 $f(\boldsymbol{x})=\boldsymbol{x}^{\mathrm{T}}\boldsymbol{A}\boldsymbol{x}$ 所成的标准形中,变量平方项的系数不一定都是 $\boldsymbol{A}$ 的特征值.

4) 惯性定律

二次型 $f(\boldsymbol{x})=\boldsymbol{x}^{\mathrm{T}}\boldsymbol{A}\boldsymbol{x}$ 经可逆线性变换 $\boldsymbol{x}=\boldsymbol{P}\boldsymbol{y}$ 化为二次型 $g(\boldsymbol{y})=\boldsymbol{y}^{\mathrm{T}}\boldsymbol{B}\boldsymbol{y}$,则 $r(f)=r(g)$,因此,当二次型经可逆线性变换化为标准形时,标准形中各平方项的系数不能唯一确定,但标准形系数中非零的个数是不变的.

惯性定律:设有二次型 $f(\boldsymbol{x})=\boldsymbol{x}^{\mathrm{T}}\boldsymbol{A}\boldsymbol{x}$,当二次型 $f(\boldsymbol{x})=\boldsymbol{x}^{\mathrm{T}}\boldsymbol{A}\boldsymbol{x}$ 经可逆线性变换化为标准形时,$f(\boldsymbol{x})=\boldsymbol{x}^{\mathrm{T}}\boldsymbol{A}\boldsymbol{x}$ 的标准形中系数为正的平方项的个数是不变的.

称 f 的标准形中系数为正的平方项的个数 p 为 f 的(或 A 的)**正惯性指数**,称 f 的标准形中系数为负的平方项的个数 q 为 f 的**负惯性指数**,称 $p-q$ 为 f 的(或 A 的)**符号差**.

由惯性定律可见,f 的标准形虽然不唯一,但 f 的正惯性指数 p 及负惯性指数 $r-p$(其中 r 为 f 的秩)却是由 f 本身唯一确定的. 它们不随满秩线性变换的不同而改变. 因此,f 的规范形中系数为 1 的平方项的个数及系数为 -1 的平方项的个数也是由 f 本身唯一确定的,从这个意义上讲,可以说二次型的规范形是唯一的.

关于二次型的惯性定律有以下结论：

(1) 若 n 元二次型 $f(\boldsymbol{x})=\boldsymbol{x}^{\mathrm{T}}\boldsymbol{A}\boldsymbol{x}$ 和 $g(\boldsymbol{y})=\boldsymbol{y}^{\mathrm{T}}\boldsymbol{B}\boldsymbol{y}$ 的秩相等且正惯性指数相同，则存在可逆线性变换 $\boldsymbol{x}=\boldsymbol{P}\boldsymbol{y}$，使得 $f(\boldsymbol{x})=\boldsymbol{x}^{\mathrm{T}}\boldsymbol{A}\boldsymbol{x}\xlongequal{\boldsymbol{x}=\boldsymbol{P}\boldsymbol{y}}\boldsymbol{y}^{\mathrm{T}}\boldsymbol{B}\boldsymbol{y}=g(\boldsymbol{y})$.

(2) 若 $\boldsymbol{A},\boldsymbol{B}$ 都是 n 阶实对称阵，则 $\boldsymbol{A}$ 与 $\boldsymbol{B}$ 合同的充要条件是 $\boldsymbol{A}$ 与 $\boldsymbol{B}$ 的秩相等且正惯性指数相同.

(3) 全体 n 阶实对称矩阵以合同关系分类，共有 $\frac{1}{2}(n+1)(n+2)$ 类.

5) 正定二次型

设有 n 元实二次型 $f(\boldsymbol{x})=\boldsymbol{x}^{\mathrm{T}}\boldsymbol{A}\boldsymbol{x}$（$\boldsymbol{A}$ 为实对称矩阵），如果对任意 n 维非零实向量 $\boldsymbol{x}\neq\boldsymbol{0}$，都有

$$f(\boldsymbol{x})=\boldsymbol{x}^{\mathrm{T}}\boldsymbol{A}\boldsymbol{x}>0,$$

则称 f 为正定二次型，并称实对称矩阵 $\boldsymbol{A}$ 为**正定矩阵**.

关于正定二次型与正定矩阵有如下结论：

(1) 若 $\boldsymbol{A}$ 为正定矩阵，则 $\boldsymbol{A}$ 为可逆矩阵，且 $\boldsymbol{A}^{-1},\boldsymbol{A}^{*}$ 都是正定矩阵.

(2) 若 $\boldsymbol{A},\boldsymbol{B}$ 为 n 阶正定矩阵，$k>0,l>0$ 为实数，则 $k\boldsymbol{A}+l\boldsymbol{B}$ 仍为正定矩阵.

(3) 若 $\boldsymbol{A},\boldsymbol{B}$ 为 n 阶正定矩阵，则 $\boldsymbol{A}\boldsymbol{B}$ 为正定矩阵的充要条件是 $\boldsymbol{A}\boldsymbol{B}=\boldsymbol{B}\boldsymbol{A}$.

(4) n 元实二次型 $f(\boldsymbol{x})=\boldsymbol{x}^{\mathrm{T}}\boldsymbol{A}\boldsymbol{x}$ 正定的充分必要条件是 f 的正惯性指数等于 n.

(5) 实对称矩阵 $\boldsymbol{A}$ 正定的充分必要条件是 $\boldsymbol{A}$ 的特征值全部大于零.

(6) 实对称矩阵 $\boldsymbol{A}$ 正定的充分必要条件是 $\boldsymbol{A}$ 合同于同阶单位矩阵 $\boldsymbol{E}$，即存在满秩方阵 $\boldsymbol{C}$，使得 $\boldsymbol{C}^{\mathrm{T}}\boldsymbol{A}\boldsymbol{C}=\boldsymbol{E}$（或存在满秩方阵 $\boldsymbol{M}$，使得 $\boldsymbol{A}=\boldsymbol{M}^{\mathrm{T}}\boldsymbol{M}$）.

(7) 实对称矩阵 $\boldsymbol{A}=(a_{ij})_{n\times n}$ 正定的充要条件是 $\boldsymbol{A}$ 的各阶顺序主子式均大于零，即

$$\Delta_1=a_{11}>0,\Delta_2=\begin{vmatrix}a_{11}&a_{12}\\a_{21}&a_{22}\end{vmatrix}>0,\cdots,\Delta_n=|\boldsymbol{A}|>0,$$

其中 Δ_k 是 $\boldsymbol{A}$ 的左上角的 k 阶子式（$k=1,2,\cdots,n$）.

(8) 实对称矩阵 $\boldsymbol{A}$ 正定的充要条件是对任意可逆矩阵 $\boldsymbol{C}$，$\boldsymbol{C}^{\mathrm{T}}\boldsymbol{A}\boldsymbol{C}$ 正定（即合同的矩阵，有相同的正定性）.

(9) 二次型 $f(\boldsymbol{x})=\boldsymbol{x}^{\mathrm{T}}\boldsymbol{A}\boldsymbol{x}$ 经过可逆线性变换后，其正定性不变.

另外，实二次型 $f(\boldsymbol{x})=\boldsymbol{x}^{\mathrm{T}}\boldsymbol{A}\boldsymbol{x}$ 正定还有下列两个必要条件：

(1) $\boldsymbol{A}$ 的主对角线元素（即 f 中各变量平方项的系数）全大于零.

(2) $\boldsymbol{A}$ 的行列式大于零（即正定矩阵的行列式必大于零）.

6) 非正定二次型

(1) 负定二次型. 设有 n 元二次型 $f(\boldsymbol{x})=\boldsymbol{x}^{\mathrm{T}}\boldsymbol{A}\boldsymbol{x}$($\boldsymbol{A}$ 为实对称矩阵),如果对任意 n 维非零实向量 $\boldsymbol{x}\neq\boldsymbol{0}$,都有 $f(\boldsymbol{x})=\boldsymbol{x}^{\mathrm{T}}\boldsymbol{A}\boldsymbol{x}<0$,则称 f 为**负定二次型**,并称实对称矩阵 $\boldsymbol{A}$ 为**负定矩阵**.

显然,二次型 $f(\boldsymbol{x})=\boldsymbol{x}^{\mathrm{T}}\boldsymbol{A}\boldsymbol{x}$ 为负定二次型的充要条件是 $-f(\boldsymbol{x})=\boldsymbol{x}^{\mathrm{T}}(-\boldsymbol{A})\boldsymbol{x}$ 为正定二次型. 相应得到如下等价条件:

① f 是负定二次型,即对 $\forall\,\boldsymbol{x}\neq\boldsymbol{0}, f=\boldsymbol{x}^{\mathrm{T}}\boldsymbol{A}\boldsymbol{x}<0$.

② f 的负惯性指数为 n.

③ $\boldsymbol{A}$ 的特征值全小于 0.

④ $\boldsymbol{A}$ 的奇数阶顺序主子式全小于 0,偶数阶顺序主子式全大于 0.

(2) 半正定二次型. 设有 n 元二次型 $f(\boldsymbol{x})=\boldsymbol{x}^{\mathrm{T}}\boldsymbol{A}\boldsymbol{x}$($\boldsymbol{A}$ 为实对称矩阵),如果对任意 n 维非零实向量 $\boldsymbol{x}\neq\boldsymbol{0}$ 都有

$$f(\boldsymbol{x})=\boldsymbol{x}^{\mathrm{T}}\boldsymbol{A}\boldsymbol{x}\geqslant 0,$$

则称 f 为**半正定二次型**,并称实对称矩阵 $\boldsymbol{A}$ 为**半正定矩阵**.

易知,$f(\boldsymbol{x})=\boldsymbol{x}^{\mathrm{T}}\boldsymbol{A}\boldsymbol{x}$ 为半正定二次型的充要条件是 f 的正惯性指数等于 f 的秩,即 $p=r(f)$,实对称矩阵 $\boldsymbol{A}$ 为半正定矩阵的充要条件是 $\boldsymbol{A}$ 的特征值全大于或等于 0.

(3) 半负定二次型. 设有 n 元二次型 $f(\boldsymbol{x})=\boldsymbol{x}^{\mathrm{T}}\boldsymbol{A}\boldsymbol{x}$($\boldsymbol{A}$ 为实对称矩阵),如果对任意 n 维非零实向量 $\boldsymbol{x}\neq\boldsymbol{0}$,都有

$$f(\boldsymbol{x})=\boldsymbol{x}^{\mathrm{T}}\boldsymbol{A}\boldsymbol{x}\leqslant 0,$$

则称 f 为**半负定二次型**,并称实对称矩阵 $\boldsymbol{A}$ 为**半负定矩阵**.

显然,二次型 $f(\boldsymbol{x})=\boldsymbol{x}^{\mathrm{T}}\boldsymbol{A}\boldsymbol{x}$ 为半负定二次型的充要条件是 $-f(\boldsymbol{x})=\boldsymbol{x}^{\mathrm{T}}(-\boldsymbol{A})\boldsymbol{x}$ 为半正定二次型.

(4) 不定二次型. 如果 f 既不是正定也不是负定二次型,则称 f 为**不定二次型**,并称实对称矩阵 $\boldsymbol{A}$ 是**不定的**.

易知,$f(\boldsymbol{x})=\boldsymbol{x}^{\mathrm{T}}\boldsymbol{A}\boldsymbol{x}$ 为不定二次型的充要条件是 f 的正惯性指数 p 小于 f 的秩,即

$$p<r(f),$$

实对称矩阵 $\boldsymbol{A}$ 为不定矩阵的充要条件是 $\boldsymbol{A}$ 的特征值有正数也有负数.

二、习题选讲

【3-1】 求矩阵 $\boldsymbol{A}=\begin{bmatrix}-3 & -1 & 2\\ 0 & -1 & 4\\ -1 & 0 & 1\end{bmatrix}$ 的实特征值及对应的特征向量.

解 A 的特征多项式为

$$|\lambda E - A| = \begin{vmatrix} \lambda+3 & 1 & -2 \\ 0 & \lambda+1 & -4 \\ 1 & 0 & \lambda-1 \end{vmatrix} \xlongequal{C_3+2C_2} \begin{vmatrix} \lambda+3 & 1 & 0 \\ 0 & \lambda+1 & 2\lambda-2 \\ 1 & 0 & \lambda-1 \end{vmatrix}$$

$$\xlongequal{r_2-2r_3} \begin{vmatrix} \lambda+3 & 1 & 0 \\ -2 & \lambda+1 & 0 \\ 1 & 0 & \lambda-1 \end{vmatrix} = (\lambda-1)\begin{vmatrix} \lambda+3 & 1 \\ -2 & \lambda+1 \end{vmatrix}$$

$$= (\lambda-1)(\lambda^2+4\lambda+5),$$

可见,A 的特征方程$(\lambda-1)(\lambda^2+4\lambda+5)=0$ 仅有一个实根 $\lambda=1$,即 $\lambda=1$ 为 A 的唯一的一个实特征值.

当 $\lambda=1$ 时,对应的齐次线性方程组$(E-A)x=0$ 的系数矩阵

$$E-A = \begin{bmatrix} 4 & 1 & -2 \\ 0 & 2 & -4 \\ 1 & 0 & 0 \end{bmatrix} \longrightarrow \begin{bmatrix} 1 & 0 & 0 \\ 0 & 1 & -2 \\ 0 & 0 & 0 \end{bmatrix},$$

得方程组$(E-A)x=0$ 的通解 $x=x_3\begin{bmatrix} 0 \\ 2 \\ 1 \end{bmatrix}$ $(x_3\in\mathbb{R})$,从而 A 的属于实特征值 $\lambda=1$ 全部特征向量为

$$x = x_3\begin{bmatrix} 0 \\ 2 \\ 1 \end{bmatrix} \quad (x_3 \neq 0).$$

点评 对于 3 阶或 3 阶以上的矩阵 A,由于 A 的特征多项式$|\lambda E-A|$为 λ 的一元 n 次多项式$(n\geqslant 3)$,为使其因式分解方便,最好先利用行列式性质分离出一个 λ 的一次多项式(使$|\lambda E-A|$的某一行(或列)只有一个 λ 的一次多项式,而将该行(或列)的其余元素化为零,然后将行列式按行(或列)展开),为后面继续进行因式分解创造出好的条件.

【3-2】 设 λ_1,λ_2 为方阵 A 的两个不同特征值,x_i 为对应于 λ_i 的特征向量$(i=1,2)$,证明:对任意非零常数 a_1,a_2,向量 $a_1x_1+a_2x_2$ 不是 A 的特征向量.

证 用反证法. 如果 $a_1x_1+a_2x_2$ 是 A 的属于特征值 μ 的特征向量,则有

$$A(a_1x_1+a_2x_2) = \mu(a_1x_1+a_2x_2),$$

即

$$a_1Ax_1+a_2Ax_2 = \mu a_1x_1+\mu a_2x_2,$$

由于 $Ax_i=\lambda_ix_i(i=1,2)$,故得

$$a_1\lambda_1x_1+a_2\lambda_2x_2 = \mu a_1x_1+\mu a_2x_2 \quad 或 \quad a_1(\lambda_1-\mu)x_1+a_2(\lambda_2-\mu)x_2 = 0,$$

由于分别属于相异特征值λ_1,λ_2的特征向量$\boldsymbol{x}_1$与$\boldsymbol{x}_2$线性无关，故由上式得

$$a_1(\lambda_1-\mu)=a_2(\lambda_2-\mu)=0,$$

由于$a_1\neq0,a_2\neq0$，故得$\lambda_1=\mu=\lambda_2$，这与已知条件$\lambda_1\neq\lambda_2$矛盾，所以$a_1\boldsymbol{x}_1+a_2\boldsymbol{x}_2$不是$\boldsymbol{A}$的特征向量.

点评 (1) 若$\boldsymbol{\alpha}_1$和$\boldsymbol{\alpha}_2$都是方阵$\boldsymbol{A}$的属于特征值λ的特征向量，对于任意常数k_1和k_2，如果$k_1\boldsymbol{\alpha}_1+k_2\boldsymbol{\alpha}_2\neq\boldsymbol{0}$，则$k_1\boldsymbol{\alpha}_1+k_2\boldsymbol{\alpha}_2$仍是$\boldsymbol{A}$的特征向量；但若$\boldsymbol{\alpha}_1$和$\boldsymbol{\alpha}_2$分别是$\boldsymbol{A}$的对应于不同特征值$\lambda_1$和$\lambda_2$的特征向量，对任意非零常数$k$和$l$，则$k\boldsymbol{\alpha}_1+l\boldsymbol{\alpha}_2$就不是方阵$\boldsymbol{A}$的特征向量了(可见该例).

(2) 本题的证明直接用到特征值与特征向量的定义及关系式$\boldsymbol{A}\boldsymbol{x}_i=\lambda_i\boldsymbol{x}_i$，并用到特征向量的性质：不同特征值对应的特征向量线性无关. 使用本题的证明方法，读者试证：如果$\lambda_1,\lambda_2,\cdots,\lambda_m$是方阵$\boldsymbol{A}$的互不相同的特征值，$\boldsymbol{x}_i$为属于$\lambda_i$的特征向量$(i=1,2,\cdots,m)$，则$\boldsymbol{x}_1+\boldsymbol{x}_2+\cdots+\boldsymbol{x}_m$不是$\boldsymbol{A}$的特征向量.

【3-3】 设$\boldsymbol{\alpha}=\begin{bmatrix}1\\k\\1\end{bmatrix}$是矩阵$\boldsymbol{A}=\begin{bmatrix}2&1&1\\1&2&1\\1&1&2\end{bmatrix}$的逆矩阵的特征向量，求常数$k$的值及矩阵$\boldsymbol{A}^{-1}$的关于$\boldsymbol{\alpha}$所对应的特征值$\lambda$.

解 **方法1** 由题设条件，有$\boldsymbol{A}^{-1}\boldsymbol{\alpha}=\lambda\boldsymbol{\alpha}$，故$\lambda\neq0$，且有$\boldsymbol{A}\boldsymbol{\alpha}=\dfrac{1}{\lambda}\boldsymbol{\alpha}$，即

$$\begin{bmatrix}2&1&1\\1&2&1\\1&1&2\end{bmatrix}\begin{bmatrix}1\\k\\1\end{bmatrix}=\frac{1}{\lambda}\begin{bmatrix}1\\k\\1\end{bmatrix},$$

得

$$\begin{cases}2+k+1=\dfrac{1}{\lambda},\\1+2k+1=\dfrac{k}{\lambda},\\1+k+2=\dfrac{1}{\lambda},\end{cases}$$

解得$k=-2,\lambda=1$或$k=1,\lambda=\dfrac{1}{4}$.

方法2 由题设条件知$\boldsymbol{\alpha}$是$\boldsymbol{A}$的逆矩阵$\boldsymbol{A}^{-1}$的特征向量，亦是$\boldsymbol{A}$的特征向量，由

$$|\lambda\boldsymbol{E}-\boldsymbol{A}|=\begin{vmatrix}\lambda-2&-1&-1\\-1&\lambda-2&-1\\-1&-1&\lambda-2\end{vmatrix}=(\lambda-1)^2(\lambda-4)=0,$$

即得 $\boldsymbol{A}$ 的全部特征值为 1,1,4,$\boldsymbol{A}^{-1}$ 的全部特征值为 $1,1,\frac{1}{4}$,由 $\boldsymbol{A\alpha}=\boldsymbol{\alpha}$,即

$$\begin{bmatrix}2&1&1\\1&2&1\\1&1&2\end{bmatrix}\begin{bmatrix}1\\k\\1\end{bmatrix}=\begin{bmatrix}1\\k\\1\end{bmatrix},$$

解得 $k=-2$,此时 $\boldsymbol{A}^{-1}$ 的特征值为 $\lambda=1$.

再由 $\boldsymbol{A\alpha}=4\boldsymbol{\alpha}$,即

$$\begin{bmatrix}2&1&1\\1&2&1\\1&1&2\end{bmatrix}\begin{bmatrix}1\\k\\1\end{bmatrix}=4\begin{bmatrix}1\\k\\1\end{bmatrix},$$

解得 $k=1$,此时 $\boldsymbol{A}^{-1}$ 的特征值为 $\lambda=\frac{1}{4}$.

点评 (1) 方阵 $\boldsymbol{A}$ 可逆的充要条件是 $\boldsymbol{A}$ 的特征值全不为零.

(2) 若 $\lambda_1,\lambda_2,\cdots,\lambda_n$ 为 n 阶可逆阵 $\boldsymbol{A}$ 的全部特征值,则 $\boldsymbol{A}^{-1}$ 的全部特征值为 $\frac{1}{\lambda_1}$, $\frac{1}{\lambda_2},\cdots,\frac{1}{\lambda_n}$,并且 $\boldsymbol{A}$ 与 $\boldsymbol{A}^{-1}$ 对应于特征值 λ_i 与 $\frac{1}{\lambda_i}$ 的特征向量不变.

【3-4】 设 3 阶方阵 $\boldsymbol{A}$ 的特征值分别为 $\frac{1}{2},\frac{1}{2},\frac{1}{3}$,方阵 $\boldsymbol{B}$ 与 $\boldsymbol{A}$ 相似,$\boldsymbol{B}^*$ 为 $\boldsymbol{B}$ 的伴随矩阵,求行列式 $D=\left|\left(\frac{1}{2}\boldsymbol{B}^2\right)^{-1}+12\boldsymbol{B}^*-\boldsymbol{E}\right|$ 的值.

解 由于相似矩阵具有相同的行列式,故 $|\boldsymbol{B}|=|\boldsymbol{A}|=\frac{1}{2}\times\frac{1}{2}\times\frac{1}{3}=\frac{1}{12}$,且 $\boldsymbol{B}^*=|\boldsymbol{B}|\boldsymbol{B}^{-1}=\frac{1}{12}\boldsymbol{B}^{-1}$,于是有

$$\begin{aligned}\left(\frac{1}{2}\boldsymbol{B}^2\right)^{-1}+12\boldsymbol{B}^*-\boldsymbol{E}&=2(\boldsymbol{B}^{-1})^2+12\,\frac{1}{12}\boldsymbol{B}^{-1}-\boldsymbol{E}\\&=2(\boldsymbol{B}^{-1})^2+\boldsymbol{B}^{-1}-\boldsymbol{E}=f(\boldsymbol{B}^{-1}),\end{aligned}$$

其中 f 为多项式 $f(\boldsymbol{x})=2x^2+x-1$.

由于相似矩阵具有相同的特征值,故 $\boldsymbol{B}$ 的全部特征值为 $\frac{1}{2},\frac{1}{2},\frac{1}{3}$,所以,$\boldsymbol{B}^{-1}$ 的全部特征值为 2,2,3,因此,$f(\boldsymbol{B}^{-1})$ 的全部特征值为

$$f(2)=2\times2^2+2-1=9,$$
$$f(2)=2\times2^2+2-1=9,$$
$$f(3)=2\times3^2+3-1=20,$$

所以,所求行列式为

$$D=\left|\left(\frac{1}{2}\boldsymbol{B}^2\right)^{-1}+12\boldsymbol{B}^*-\boldsymbol{E}\right|=|f(\boldsymbol{B}^{-1})|=9\times 9\times 20=1\,620.$$

点评 (1) 本题提供了求 n 阶方阵 $\boldsymbol{C}$ 的多项式 $f(\boldsymbol{C})$ 的全部特征值及 $f(\boldsymbol{C})$ 的行列式的方法,即先求出 $\boldsymbol{C}$ 的全部特征值,若 $\lambda_1,\lambda_2,\cdots,\lambda_n$ 为 n 阶方阵 $\boldsymbol{C}$ 的全部特征值,则 $f(\boldsymbol{C})$ 的全部特征值为 $f(\lambda_1),f(\lambda_2),\cdots,f(\lambda_n)$,且 $f(\boldsymbol{C})$ 的行列式

$$|f(\boldsymbol{C})|=f(\lambda_1)\cdot f(\lambda_2)\cdots f(\lambda_n).$$

(2) 本题涉及的有关特征值的概念很多,如相似矩阵的性质、可逆阵的特征值、矩阵多项式的特征值及矩阵的特征值与其行列式的关系等,这些概念间的关系必须弄清楚.

【3-5】 设 $\boldsymbol{A},\boldsymbol{B}$ 是 n 阶方阵,证明:$\boldsymbol{AB}$ 与 $\boldsymbol{BA}$ 具有相同的特征值.

证明 **方法** 1 若 0 是 $\boldsymbol{AB}$ 的特征值,则有

$$|0\boldsymbol{E}-\boldsymbol{AB}|=0\Rightarrow|\boldsymbol{AB}|=0\Rightarrow|\boldsymbol{BA}|=|\boldsymbol{B}||\boldsymbol{A}|=0\Rightarrow|0\boldsymbol{E}-\boldsymbol{BA}|=0,$$

因此 0 也是 $\boldsymbol{BA}$ 的特征值.

若 $\lambda_0\neq 0$ 是 $\boldsymbol{AB}$ 的一个特征值,则有 $\boldsymbol{\alpha}\neq\boldsymbol{0}$ 为属于 $\boldsymbol{AB}$ 的 λ_0 对应的特征向量,即有

$$\boldsymbol{AB\alpha}=\lambda_0\boldsymbol{\alpha},$$

用 $\boldsymbol{B}$ 左乘上式两端,得

$$(\boldsymbol{BA})(\boldsymbol{B\alpha})=\lambda_0(\boldsymbol{B\alpha}),$$

其中列向量 $\boldsymbol{B\alpha}\neq\boldsymbol{0}$(可由 $\boldsymbol{AB\alpha}=\lambda_0\boldsymbol{\alpha}\neq\boldsymbol{0}$ 知),故 λ_0 也是 $\boldsymbol{BA}$ 的一个非零特征值,$\boldsymbol{B\alpha}$ 为对应的一个特征向量.

所以 $\boldsymbol{AB}$ 的特征值都是 $\boldsymbol{BA}$ 的特征值. 同理,可证 $\boldsymbol{BA}$ 的特征值都是 $\boldsymbol{AB}$ 的特征值,故问题得证.

方法 2 考虑分块矩阵的乘法

$$\begin{bmatrix}\boldsymbol{E}_n & -\boldsymbol{A}\\ \boldsymbol{0} & \boldsymbol{E}_n\end{bmatrix}\begin{bmatrix}\lambda\boldsymbol{E}_n-\boldsymbol{AB} & \boldsymbol{0}\\ -\boldsymbol{B} & \lambda\boldsymbol{E}_n\end{bmatrix}=\begin{bmatrix}\lambda\boldsymbol{E}_n & -\lambda\boldsymbol{A}\\ -\boldsymbol{B} & \lambda\boldsymbol{E}_n\end{bmatrix},$$

$$\begin{bmatrix}\lambda\boldsymbol{E}_n & \boldsymbol{0}\\ -\boldsymbol{B} & \lambda\boldsymbol{E}_n-\boldsymbol{BA}\end{bmatrix}\begin{bmatrix}\boldsymbol{E}_n & -\boldsymbol{A}\\ \boldsymbol{0} & \boldsymbol{E}_n\end{bmatrix}=\begin{bmatrix}\lambda\boldsymbol{E}_n & -\lambda\boldsymbol{A}\\ -\boldsymbol{B} & \lambda\boldsymbol{E}_n\end{bmatrix},$$

上两式的两端取行列式,得

$$\begin{vmatrix}\lambda\boldsymbol{E}_n & -\lambda\boldsymbol{A}\\ -\boldsymbol{B} & \lambda\boldsymbol{E}_n\end{vmatrix}=|\lambda\boldsymbol{E}_n||\lambda\boldsymbol{E}_n-\boldsymbol{AB}|,\quad\begin{vmatrix}\lambda\boldsymbol{E}_n & -\lambda\boldsymbol{A}\\ -\boldsymbol{B} & \lambda\boldsymbol{E}_n\end{vmatrix}=|\lambda\boldsymbol{E}_n||\lambda\boldsymbol{E}_n-\boldsymbol{BA}|,$$

即

$$\lambda^n|\lambda\boldsymbol{E}_n-\boldsymbol{AB}|=\lambda^n|\lambda\boldsymbol{E}_n-\boldsymbol{BA}|,$$

于是得 $|\lambda\boldsymbol{E}_n-\boldsymbol{AB}|=|\lambda\boldsymbol{E}_n-\boldsymbol{BA}|$,即 $\boldsymbol{AB}$ 与 $\boldsymbol{BA}$ 具有相同的特征多项式,因此具有相同的特征值.

点评 (1) 此题常有另一种表达法：设 $\boldsymbol{A},\boldsymbol{B}$ 是 n 阶方阵，证明：$\text{tr}(\boldsymbol{AB})=\text{tr}(\boldsymbol{BA})$. 证明方法相同，即用特征值的性质：若 $\lambda_1,\lambda_2,\cdots,\lambda_n$ 是 n 阶方阵 $\boldsymbol{C}$ 的 n 个特征值，则 $\boldsymbol{C}$ 的迹 $\text{tr}(\boldsymbol{C})=\lambda_1+\lambda_2+\cdots+\lambda_n$.

(2) 要注意，虽然 $\boldsymbol{AB}$ 与 $\boldsymbol{BA}$ 具有相同的特征值，但它们的对应同一特征值的特征向量不一定相同.

【3-6】 设 $\boldsymbol{A}=(a_{ij})_{n\times n}$ 的特征值为 $\lambda_1,\lambda_2,\cdots,\lambda_n$，证明：$\sum\limits_{i=1}^{n}\lambda_i^2=\sum\limits_{i=1}^{n}\sum\limits_{k=1}^{n}a_{ik}a_{ki}$.

证明 已知 $\lambda_1,\lambda_2,\cdots,\lambda_n$ 为 $\boldsymbol{A}=(a_{ij})_{n\times n}$ 的 n 个特征值，则 $\lambda_1^2,\lambda_2^2,\cdots,\lambda_n^2$ 为矩阵 $\boldsymbol{A}^2$ 的 n 个特征值，因此

$$\text{tr}(\boldsymbol{A}^2)=\lambda_1^2+\lambda_2^2+\cdots+\lambda_n^2.$$

又由于 $\text{tr}(\boldsymbol{A}^2)$ 等于矩阵 $\boldsymbol{A}^2$ 的 n 个主对角线元素之和，故只需求出 $\boldsymbol{A}^2$ 的 n 个主对角线元素，得到它们之和为 $\sum\limits_{i=1}^{n}\sum\limits_{k=1}^{n}a_{ik}a_{ki}$，即得证.

而事实上，由矩阵的乘法规则，$\boldsymbol{A}^2$ 的第 i 个主对角线元素为 $\sum\limits_{k=1}^{n}a_{ik}a_{ki}$. 因此，有

$$\sum_{i=1}^{n}\lambda_i^2=\sum_{i=1}^{n}\sum_{k=1}^{n}a_{ik}a_{ki}.$$

【3-7】 设 $\boldsymbol{\alpha}=\begin{bmatrix}a_1\\a_2\\\vdots\\a_n\end{bmatrix},\boldsymbol{\beta}=\begin{bmatrix}b_1\\b_2\\\vdots\\b_n\end{bmatrix}(n>2)$ 是非零的正交向量，记矩阵

$$\boldsymbol{A}=\begin{bmatrix}a_1b_1 & a_1b_2 & \cdots & a_1b_n\\ a_2b_1 & a_2b_2 & \cdots & a_2b_n\\ \vdots & \vdots & & \vdots\\ a_nb_1 & a_nb_2 & \cdots & a_nb_n\end{bmatrix},$$

则 (1) 证明：$\boldsymbol{A}=\boldsymbol{\alpha}\boldsymbol{\beta}^{\mathrm{T}}$；

(2) 证明：$\boldsymbol{A}^2=\boldsymbol{0}$；

(3) 证明：$\boldsymbol{A}^*=\boldsymbol{0}$；

(4) 证明：矩阵 $\boldsymbol{A}$ 的所有特征值都为零；

(5) 证明：$\boldsymbol{A}$ 不能相似于对角阵；

(6) 求出 $\boldsymbol{A}$ 的所有特征向量.

证明 (1) 因为 $\boldsymbol{\alpha\beta}^{\mathrm{T}}=\begin{bmatrix}a_1\\a_2\\\vdots\\a_n\end{bmatrix}(b_1\quad b_2\quad\cdots\quad b_n)=\begin{bmatrix}a_1b_1&a_1b_2&\cdots&a_1b_n\\a_2b_1&a_2b_2&\cdots&a_2b_n\\\vdots&\vdots&&\vdots\\a_nb_1&a_nb_2&\cdots&a_nb_n\end{bmatrix}$,所以 $\boldsymbol{A}=\boldsymbol{\alpha\beta}^{\mathrm{T}}$.

(2) 因为 $\boldsymbol{\alpha}=\begin{bmatrix}a_1\\a_2\\\vdots\\a_n\end{bmatrix}$,$\boldsymbol{\beta}=\begin{bmatrix}b_1\\b_2\\\vdots\\b_n\end{bmatrix}$($n>2$)是正交向量,所以$(\boldsymbol{\alpha},\boldsymbol{\beta})=\boldsymbol{\alpha}^{\mathrm{T}}\boldsymbol{\beta}=\boldsymbol{\beta}^{\mathrm{T}}\boldsymbol{\alpha}=\boldsymbol{0}$,又 $\boldsymbol{A}=\boldsymbol{\alpha\beta}^{\mathrm{T}}$,故 $\boldsymbol{A}^2=(\boldsymbol{\alpha\beta}^{\mathrm{T}})(\boldsymbol{\alpha\beta}^{\mathrm{T}})=\boldsymbol{\alpha}(\boldsymbol{\beta}^{\mathrm{T}}\boldsymbol{\alpha})\boldsymbol{\beta}^{\mathrm{T}}=\boldsymbol{\alpha}\cdot 0\cdot\boldsymbol{\beta}^{\mathrm{T}}=\boldsymbol{0}$,即 $\boldsymbol{A}^2$ 是 n 阶零矩阵.

(3) 由于 $\boldsymbol{\alpha}\neq\boldsymbol{0},\boldsymbol{\beta}\neq\boldsymbol{0},\boldsymbol{A}=\boldsymbol{\alpha\beta}^{\mathrm{T}}$,故 $r(\boldsymbol{A})=1$,又由

$$r(\boldsymbol{A}^*)=\begin{cases}n & (r(\boldsymbol{A})=n),\\1 & (r(\boldsymbol{A})=n-1),\\0 & (r(\boldsymbol{A})<n-1),\end{cases}$$

因此 $\boldsymbol{A}^*=\boldsymbol{0}$.

(4) 关于求 $\boldsymbol{A}=\boldsymbol{\alpha\beta}^{\mathrm{T}}=\begin{bmatrix}a_1b_1&a_1b_2&\cdots&a_1b_n\\a_2b_1&a_2b_2&\cdots&a_2b_n\\\vdots&\vdots&&\vdots\\a_nb_1&a_nb_2&\cdots&a_nb_n\end{bmatrix}$的特征值,可有几种方法:

方法 1(用定义) 设 λ 是 $\boldsymbol{A}$ 的特征值,$\boldsymbol{x}$ 是 $\boldsymbol{A}$ 的特征值为 λ 对应的特征向量,则有

$$\boldsymbol{Ax}=\lambda\boldsymbol{x},$$

两边左乘 $\boldsymbol{A}$,得 $\boldsymbol{A}^2\boldsymbol{x}=\lambda\boldsymbol{Ax}=\lambda^2\boldsymbol{x}$,因为 $\boldsymbol{A}^2=\boldsymbol{0}$,得 $\lambda^2\boldsymbol{x}=\boldsymbol{0}$,而 $\boldsymbol{x}\neq\boldsymbol{0}$,故 $\lambda=0$,即矩阵 $\boldsymbol{A}$ 的特征值全部为 0.

方法 2(用特征多项式)

$$|\lambda\boldsymbol{E}-\boldsymbol{A}|=\begin{vmatrix}\lambda-a_1b_1&-a_1b_2&\cdots&-a_1b_n\\-a_2b_1&\lambda-a_2b_2&\cdots&-a_2b_n\\\vdots&\vdots&&\vdots\\-a_nb_1&-a_nb_2&\cdots&\lambda-a_nb_n\end{vmatrix}\quad\left(将第一行的\frac{-a_i}{a_1}倍加至第 i 行\right)$$

$$=\begin{vmatrix}\lambda-a_1b_1&-a_1b_2&\cdots&a_1b_n\\\frac{-a_2}{a_1}\lambda&\lambda&\cdots&0\\\vdots&\vdots&&\vdots\\\frac{-a_n}{a_1}\lambda&0&\cdots&\lambda\end{vmatrix}\quad\left(将第 j 列的\frac{a_j}{a_1}倍加至第 1 列\right)$$

$$
= \begin{vmatrix} \lambda - \sum_{i=1}^{n} a_i b_i & -a_1 b_2 & \cdots & -a_1 b_n \\ & \lambda & \cdots & 0 \\ & & \ddots & \vdots \\ & & & \lambda \end{vmatrix}
$$

$$
= \lambda^{n-1}\left(\lambda - \sum_{i=1}^{n} a_i b_i\right) = \lambda^n \quad \left(因为 \boldsymbol{\alpha}^{\mathrm{T}}\boldsymbol{\beta} = \sum_{i=1}^{n} a_i b_i = 0\right),
$$

故 $\lambda=0$,即矩阵 $\boldsymbol{A}$ 的特征值全部为 0.

方法 3(用特征多项式的重要公式)　由于 $\boldsymbol{A}=\boldsymbol{\alpha}\boldsymbol{\beta}^{\mathrm{T}}$ 的秩为 1 及根据 $\boldsymbol{A}$ 的特征多项式的重要公式,即有

$$
|\lambda \boldsymbol{E} - \boldsymbol{A}| = \lambda^n - \left(\sum_{i=1}^{n} a_i b_i\right)\lambda^{n-1} + \cdots + (-1)^n |\boldsymbol{A}| = \lambda^n,
$$

故 $\lambda=0$,即矩阵 $\boldsymbol{A}$ 的特征值全部为 0.

方法 4(用幂零矩阵的性质)　由本题的(2)知,$\boldsymbol{A}^2=\boldsymbol{0}$,故 $\boldsymbol{A}$ 是 n 阶幂零矩阵,若 $\boldsymbol{A}\boldsymbol{\xi}=\lambda\boldsymbol{\xi}$ 则 $\boldsymbol{A}^2\boldsymbol{\xi}=\boldsymbol{0}\boldsymbol{\xi}=\lambda^2\boldsymbol{\xi}$,故 $\lambda^2=0$,即 $\lambda=0$,从而是 $\boldsymbol{A}$ 的特征值全部为 0.

(5) 由于 $\boldsymbol{A}=\boldsymbol{\alpha}\boldsymbol{\beta}^{\mathrm{T}}\neq\boldsymbol{0}$,且秩数为 1,而对应于 n 重特征值 $\lambda=0$ 的线性无关的特征向量满足齐次线性方程组 $(0\boldsymbol{E}-\boldsymbol{A})\boldsymbol{x}=\boldsymbol{0}$,即 $\boldsymbol{A}\boldsymbol{x}=\boldsymbol{0}$,只有 $n-1$ 个,即 n 重特征值 $\lambda=0$ 不能对应 n 个线性无关的特征向量,故 $\boldsymbol{A}$ 不能相似于对角阵.

(6) 关于 $\boldsymbol{A}$ 的特征向量全体就是对应于 $\lambda=0$ 的齐次线性方程组 $(0\boldsymbol{E}-\boldsymbol{A})\boldsymbol{x}=\boldsymbol{0}$ 的非零解向量全体.

由于 $\boldsymbol{\alpha}\neq\boldsymbol{0},\boldsymbol{\beta}\neq\boldsymbol{0}$,故 $\boldsymbol{\alpha},\boldsymbol{\beta}$ 的分量不全为零,不妨设 $a_1\neq 0, b_1\neq 0$,对方程组 $(0\boldsymbol{E}-\boldsymbol{A})\boldsymbol{x}=\boldsymbol{0}$,即系数阵施行初等行变换:

$$
0\boldsymbol{E}-\boldsymbol{A} = \begin{bmatrix} -a_1 b_1 & -a_1 b_2 & \cdots & -a_1 b_n \\ -a_2 b_1 & -a_2 b_2 & \cdots & -a_2 b_n \\ \vdots & \vdots & & \vdots \\ -a_n b_1 & -a_n b_2 & \cdots & -a_n b_n \end{bmatrix} \longrightarrow \begin{bmatrix} 1 & \frac{b_2}{b_1} & \cdots & \frac{b_n}{b_1} \\ 0 & 0 & \cdots & 0 \\ \vdots & \vdots & & \vdots \\ 0 & 0 & \cdots & 0 \end{bmatrix},
$$

得基础解系

$$
\boldsymbol{\xi}_1 = \begin{bmatrix} -\frac{b_2}{b_1} \\ 1 \\ 0 \\ \vdots \\ 0 \end{bmatrix}, \boldsymbol{\xi}_2 = \begin{bmatrix} -\frac{b_3}{b_1} \\ 0 \\ 1 \\ \vdots \\ 0 \end{bmatrix}, \cdots, \boldsymbol{\xi}_{n-1} = \begin{bmatrix} -\frac{b_n}{b_1} \\ 0 \\ 0 \\ \vdots \\ 1 \end{bmatrix},
$$

因此 $\boldsymbol{A}$ 的特征向量全体为

$$\boldsymbol{x}=k_1\boldsymbol{\xi}_1+k_2\boldsymbol{\xi}_2+\cdots+k_{n-1}\boldsymbol{\xi}_{n-1},$$

其中 $k_1,k_2,\cdots,k_{n-1}$ 为不全为零的任意常数.

【3-8】 设 $\boldsymbol{A}=(a_{ij})_{n\times n}$，若任意 n 维非零列向量都是 $\boldsymbol{A}$ 的特征向量，证明：$\boldsymbol{A}$ 为数量矩阵，即存在常数 k，使 $\boldsymbol{A}=k\boldsymbol{E}$.

证明 由题设条件，任意 n 维非零列向量都是 $\boldsymbol{A}$ 的特征向量，故 n 维单位向量

$$\boldsymbol{e}_j=\begin{bmatrix}0\\ \vdots\\ 0\\ 1\\ 0\\ \vdots\\ 0\end{bmatrix}\quad(j=1,2,\cdots,n)$$

都是 $\boldsymbol{A}$ 的特征向量，因此存在常数 λ_j 为对应的特征值，使得

$$\boldsymbol{A}\boldsymbol{e}_j=\lambda_j\boldsymbol{e}_j\quad(j=1,2,\cdots,n)$$

即

$$\boldsymbol{A}\boldsymbol{e}_j=\begin{bmatrix}a_{1j}\\ a_{2j}\\ \vdots\\ a_{jj}\\ \vdots\\ a_{nj}\end{bmatrix}=\begin{bmatrix}0\\ \vdots\\ 0\\ \lambda_j\\ \vdots\\ 0\end{bmatrix}\quad(j=1,2,\cdots,n),$$

于是得 $a_{ij}=0(i\neq j;i,j=1,2,\cdots,n)$，$a_{jj}=\lambda_j(j=1,2,\cdots,n)$，即 $\boldsymbol{A}$ 为对角矩阵

$$\boldsymbol{A}=\begin{bmatrix}\lambda_1 & & & \\ & \lambda_2 & & \\ & & \ddots & \\ & & & \lambda_n\end{bmatrix};$$

又由于 $i\neq j$ 时，$\boldsymbol{e}_i+\boldsymbol{e}_j=\begin{bmatrix}0\\ \vdots\\ 1\\ 0\\ \vdots\\ 1\\ \vdots\\ 0\end{bmatrix}$ 也是 $\boldsymbol{A}$ 的特征向量，故存在常数 k 为对应的特征值，使得

$$\boldsymbol{A}(\boldsymbol{e}_i+\boldsymbol{e}_j)=k(\boldsymbol{e}_i+\boldsymbol{e}_j),$$

即

$$\boldsymbol{A}\boldsymbol{e}_i+\boldsymbol{A}\boldsymbol{e}_j=k\boldsymbol{e}_i+k\boldsymbol{e}_j,$$

于是由

$\boldsymbol{A}\boldsymbol{e}_j=\lambda_j\boldsymbol{e}_j(j=1,2,\cdots,n)$，$\lambda_i\boldsymbol{e}_i+\lambda_j\boldsymbol{e}_j=k\boldsymbol{e}_i+k\boldsymbol{e}_j\Rightarrow(\lambda_i-k)\boldsymbol{e}_i+(\lambda_j-k)\boldsymbol{e}_j=0$，而 $\boldsymbol{e}_i,\boldsymbol{e}_j$ 线性无关，得 $\lambda_i=k(i=1,2,\cdots,n)$，故得

$$\boldsymbol{A}=\begin{bmatrix}k&&&\\&k&&\\&&\ddots&\\&&&k\end{bmatrix},$$

即 $\boldsymbol{A}$ 为数量矩阵.

点评　一般地，凡涉及任意 n 维向量的问题，都可以取 n 维单位向量组 $\boldsymbol{e}_1$，$\boldsymbol{e}_2,\cdots,\boldsymbol{e}_n$. 来加以讨论.

【3-9】　设矩阵 $\boldsymbol{A}=\begin{bmatrix}1&&&\\a&1&&\\2&b&2&\\2&3&c&2\end{bmatrix}$，问 a,b,c 取何值时，$\boldsymbol{A}$ 可相似对角阵，并求出相似的对角阵.

解　$|\lambda\boldsymbol{E}-\boldsymbol{A}|=\begin{vmatrix}\lambda-1&&&\\-a&\lambda-1&&\\-2&-b&\lambda-2&\\-2&-3&-c&\lambda-2\end{vmatrix}=(\lambda-1)^2(\lambda-2)^2$，$\boldsymbol{A}$ 的特征值为 $\lambda_1=\lambda_2=1,\lambda_3=\lambda_4=2$，为使 $\boldsymbol{A}$ 可相似对角阵，必有 $n-r(\lambda_i\boldsymbol{E}-\boldsymbol{A})=k_i$，即 $4-r(\lambda_i\boldsymbol{E}-\boldsymbol{A})=2$，而 $\lambda_1=\lambda_2=1$ 时，使

$$r(\boldsymbol{E}-\boldsymbol{A})=r\begin{bmatrix}0 & & & \\ -a & 0 & & \\ -2 & -b & -1 & \\ -2 & -3 & -c & -1\end{bmatrix}=2\Leftrightarrow a=0,b,c\text{ 任意}.$$

同样，$\lambda_3=\lambda_4=2$ 时，使

$$r(2\boldsymbol{E}-\boldsymbol{A})=r\begin{bmatrix}1 & & & \\ -a & 1 & & \\ -2 & -b & 0 & \\ -2 & -3 & -c & 0\end{bmatrix}=2\Leftrightarrow c=0,a,b\text{ 任意}.$$

从而，当 $a=c=0$，b 任意时，$\boldsymbol{A}$ 可相似对角阵，且相似的对角阵为

$$\boldsymbol{\Lambda}=\begin{bmatrix}1 & & & \\ & 1 & & \\ & & 2 & \\ & & & 2\end{bmatrix}.$$

点评 由上面例子可知，当矩阵可对角化时，常常利用式子 $n-r(\lambda_i\boldsymbol{E}-\boldsymbol{A})=k_i(\lambda_i$ 的重数)来确定 $\boldsymbol{A}$ 中的参数及其所满足的条件.

【3-10】 证明：3 阶方阵 $\boldsymbol{A}=(a_{ij})_{3\times3}$ 的特征多项式为

$$|\lambda\boldsymbol{E}-\boldsymbol{A}|=\lambda^3-\mathrm{tr}(\boldsymbol{A})\lambda^2+\mathrm{tr}(\boldsymbol{A}^*)\lambda-|\boldsymbol{A}|.$$

证明 由于 $\boldsymbol{A}$ 的特征多项式

$$f(\lambda)=|\lambda\boldsymbol{E}-\boldsymbol{A}|=\begin{bmatrix}\lambda-a_{11} & -a_{12} & -a_{13}\\ -a_{21} & \lambda-a_{22} & -a_{23}\\ -a_{31} & -a_{32} & \lambda-a_{33}\end{bmatrix}$$

为 λ 的首系数为 1 的 3 次多项式，其 3 次项及 2 次项只在行列式的主对角线上 3 元素的乘积项中出现，且 $\boldsymbol{A}$ 的特征多项式的 3 次项为 λ^3，2 次项为 $-(a_{11}+a_{22}+a_{33})\lambda^2=-\mathrm{tr}(\boldsymbol{A})\lambda^2$，常数项为 $f(0)=|-\boldsymbol{A}|=(-1)^3|\boldsymbol{A}|=-|\boldsymbol{A}|$. 经计算可得 $f(\lambda)$的 1 次项为

$$\left[\begin{vmatrix}a_{22} & a_{23}\\ a_{32} & a_{33}\end{vmatrix}+\begin{vmatrix}a_{11} & a_{13}\\ a_{31} & a_{33}\end{vmatrix}+\begin{vmatrix}a_{11} & a_{12}\\ a_{21} & a_{22}\end{vmatrix}\right]\lambda=(\boldsymbol{A}_{11}+\boldsymbol{A}_{22}+\boldsymbol{A}_{33})\lambda=\mathrm{tr}(\boldsymbol{A}^*)\lambda,$$

于是得

$$f(\lambda)=|\lambda\boldsymbol{E}-\boldsymbol{A}|=\lambda^3-\mathrm{tr}(\boldsymbol{A})\lambda^2+\mathrm{tr}(\boldsymbol{A}^*)\lambda-|\boldsymbol{A}|.$$

点评 由此可证明：任意 n 阶方阵 $\boldsymbol{A}=(a_{ij})_{n\times n}$ 的特征多项式为一个 n 次多项式

$$|\lambda\boldsymbol{E}-\boldsymbol{A}|=\lambda^n-\mathrm{tr}(\boldsymbol{A})\lambda^{n-1}+\cdots+(-1)^k\boldsymbol{S}_k\lambda^{n-k}+\cdots+(-1)^n|\boldsymbol{A}|,$$

其中 $\boldsymbol{S}_k$ 为 $\boldsymbol{A}$ 的全体 k 阶主子式($\boldsymbol{A}$ 的含有主对角线的 k 阶子式)之和

$(k=1,2,\cdots,n)$.

【3-11】 已知方阵 $\boldsymbol{A}=\begin{bmatrix}1 & -3\\ 3 & -1\end{bmatrix}$，求方阵 $\boldsymbol{B}=\boldsymbol{A}^4-2\boldsymbol{A}^3+11\boldsymbol{A}^2-15\boldsymbol{A}+29\boldsymbol{E}$ 的逆矩阵.

解 由于 $f(\lambda)=|\lambda\boldsymbol{E}-\boldsymbol{A}|=\begin{vmatrix}\lambda-1 & 3\\ -3 & \lambda+1\end{vmatrix}=\lambda^2+8$，故由哈密顿-凯莱定理(Hamilton-Cayley)有

$$f(\boldsymbol{A})=\boldsymbol{A}^2+8\boldsymbol{E}=\boldsymbol{0},$$

令多项式 $F(\lambda)=\lambda^4-2\lambda^3+11\lambda^2-15\lambda+29$，则有

$$F(\lambda)=\lambda^4-2\lambda^3+11\lambda^2-15\lambda+29=(\lambda^2-2\lambda+3)(\lambda^2+8)+\lambda+5.$$

由于 $\boldsymbol{B}=\boldsymbol{A}^4-2\boldsymbol{A}^3+11\boldsymbol{A}^2-15\boldsymbol{A}+29\boldsymbol{E}=F(\boldsymbol{A})$，所以

$$\begin{aligned}\boldsymbol{B}=F(\boldsymbol{A})&=(\boldsymbol{A}^2-2\boldsymbol{A}+3\boldsymbol{E})(\boldsymbol{A}^2+8\boldsymbol{E})+\boldsymbol{A}+5\boldsymbol{E}\\&=(\boldsymbol{A}^2-2\boldsymbol{A}+3\boldsymbol{E})\boldsymbol{0}+\boldsymbol{A}+5\boldsymbol{E},\end{aligned}$$

故

$$\boldsymbol{B}=\boldsymbol{A}+5\boldsymbol{E}=\begin{bmatrix}6 & -3\\ 3 & 4\end{bmatrix},$$

因此

$$\boldsymbol{B}^{-1}=\begin{bmatrix}6 & -3\\ 3 & 4\end{bmatrix}^{-1}=\frac{1}{33}\begin{bmatrix}4 & 3\\ -3 & 6\end{bmatrix}.$$

点评 (1) 此题目用到哈密顿-凯莱定理. 一般地，常常利用它来处理有关方阵的高次多项式的问题.

(2) 该题是先利用多项式 $f(\lambda)$ 去除 $F(\lambda)$ 得商 $q(\lambda)$ 及余式 $p(\lambda)$，于是有

$$F(\lambda)=q(\lambda)f(\lambda)+p(\lambda),$$

从而有

$$F(\boldsymbol{A})=q(\boldsymbol{A})f(\boldsymbol{A})+p(\boldsymbol{A}),$$

再根据 $f(\boldsymbol{A})=\boldsymbol{0}$，于是将 $\boldsymbol{B}=F(\boldsymbol{A})$ 降幂为余式 $p(\boldsymbol{A})$.

【3-12】 (1) 设矩阵 $\boldsymbol{A}=\begin{bmatrix}1 & -1 & 1\\ x & 4 & y\\ -3 & -3 & 5\end{bmatrix}$ 有 3 个线性无关的特征向量，$\lambda=2$ 为 $\boldsymbol{A}$ 的二重特征值，试求可逆阵 $\boldsymbol{P}$，使得 $\boldsymbol{P}^{-1}\boldsymbol{A}\boldsymbol{P}$ 为对角矩阵；

(2) 已知矩阵 $\boldsymbol{A}=\begin{bmatrix}1 & a & -3\\ -1 & 4 & -3\\ 1 & -2 & 5\end{bmatrix}$ 的特征值有重根，试判别 $\boldsymbol{A}$ 能否对角化.

解 (1) 由于 $\boldsymbol{A}$ 有 3 个线性无关的特征向量，$\lambda=2$ 为 $\boldsymbol{A}$ 的二重特征值，故 $\lambda=$

2 对应的线性无关的特征向量有 2 个，所以 $r(2\boldsymbol{E}-\boldsymbol{A})=1$，而

$$2\boldsymbol{E}-\boldsymbol{A}=\begin{bmatrix}1 & 1 & -1\\ -x & -2 & -y\\ 3 & 3 & -3\end{bmatrix}\longrightarrow\begin{bmatrix}1 & 1 & -1\\ 0 & x-2 & -x-y\\ 0 & 0 & 0\end{bmatrix},r(2\boldsymbol{E}-\boldsymbol{A})=1,$$

故必有 $x=2,y=-2$，即

$$\boldsymbol{A}=\begin{bmatrix}1 & -1 & 1\\ 2 & 4 & -2\\ -3 & -3 & 5\end{bmatrix},$$

由 $f(\lambda)=|\lambda\boldsymbol{E}-\boldsymbol{A}|=\begin{vmatrix}\lambda-1 & 1 & -1\\ -2 & \lambda-4 & 2\\ 3 & 3 & \lambda-5\end{vmatrix}=(\lambda-2)^2(\lambda-6)=0$，得 $\boldsymbol{A}$ 的 3 个特征值

$$\lambda_1=\lambda_2=2,\lambda_3=6.$$

当 $\lambda_1=\lambda_2=2$ 时，对应的齐次线性方程组 $(2\boldsymbol{E}-\boldsymbol{A})\boldsymbol{x}=\boldsymbol{0}$ 的系数矩阵

$$2\boldsymbol{E}-\boldsymbol{A}=\begin{bmatrix}1 & 1 & -1\\ -2 & -2 & 2\\ 3 & 3 & -3\end{bmatrix}\longrightarrow\begin{bmatrix}1 & 1 & -1\\ 0 & 0 & 0\\ 0 & 0 & 0\end{bmatrix},$$

得方程组 $(2\boldsymbol{E}-\boldsymbol{A})\boldsymbol{x}=\boldsymbol{0}$ 的通解

$$\boldsymbol{x}=\begin{bmatrix}-1\\ 1\\ 0\end{bmatrix}\boldsymbol{x}_2+\begin{bmatrix}1\\ 0\\ 1\end{bmatrix}\boldsymbol{x}_3,$$

即 $\boldsymbol{A}$ 的属于特征值 $\lambda_1=\lambda_2=2$ 全部特征向量为

$$\boldsymbol{x}=\begin{bmatrix}-1\\ 1\\ 0\end{bmatrix}\boldsymbol{x}_2+\begin{bmatrix}1\\ 0\\ 1\end{bmatrix}\boldsymbol{x}_3\quad(\boldsymbol{x}_2,\boldsymbol{x}_3\text{ 不同时为零}),$$

故 $\boldsymbol{A}$ 的属于特征值 $\lambda_1=\lambda_2=2$ 两个线性无关的特征向量可取为

$$\boldsymbol{\alpha}_1=\begin{bmatrix}-1\\ 1\\ 0\end{bmatrix},\boldsymbol{\alpha}_2=\begin{bmatrix}1\\ 0\\ 1\end{bmatrix}.$$

当 $\lambda_3=6$ 时，对应的齐次线性方程组 $(6\boldsymbol{E}-\boldsymbol{A})\boldsymbol{x}=\boldsymbol{0}$ 的系数矩阵

$$2\boldsymbol{E}-\boldsymbol{A}=\begin{bmatrix}5 & 1 & -1\\ -2 & 2 & 2\\ 3 & 3 & 1\end{bmatrix}\longrightarrow\begin{bmatrix}1 & 0 & -\frac{1}{3}\\ 0 & 1 & \frac{2}{3}\\ 0 & 0 & 0\end{bmatrix},$$

得方程组$(6\boldsymbol{E}-\boldsymbol{A})\boldsymbol{x}=\boldsymbol{0}$的通解

$$\boldsymbol{x}=\frac{1}{3}\begin{bmatrix}1\\-2\\3\end{bmatrix}x_3,$$

故$\boldsymbol{A}$的属于特征值$\lambda_3=6$线性无关的特征向量可取为

$$\boldsymbol{\alpha}_3=\begin{bmatrix}1\\-2\\3\end{bmatrix},$$

令可逆阵$\boldsymbol{P}=(\boldsymbol{\alpha}_1,\boldsymbol{\alpha}_2,\boldsymbol{\alpha}_3)=\begin{bmatrix}-1&1&1\\1&0&-2\\0&1&3\end{bmatrix}$,则

$$\boldsymbol{P}^{-1}\boldsymbol{A}\boldsymbol{P}=\begin{bmatrix}2&&\\&2&\\&&6\end{bmatrix}.$$

(2) $\boldsymbol{A}$的特征多项式为

$$|\lambda\boldsymbol{E}-\boldsymbol{A}|=\begin{vmatrix}\lambda-1&-a&3\\1&\lambda-4&3\\-1&-2&\lambda-5\end{vmatrix}=\begin{vmatrix}\lambda-1&-a&3\\1&\lambda-4&3\\0&\lambda-2&\lambda-2\end{vmatrix}$$
$$=(\lambda-2)(\lambda^2-8\lambda+10+a),$$

由于$\boldsymbol{A}$的特征值有重根,故可有如下两种情形:

(i) 若$\lambda=2$是重根,则$\lambda^2-8\lambda+10+a$含有$\lambda-2$的因式,令$g(\lambda)=\lambda^2-8\lambda+10+a$,既有$g(2)=2^2-16+10+a=0$,解得$a=2$,此时

$$|\lambda\boldsymbol{E}-\boldsymbol{A}|=(\lambda-2)^2(\lambda-6),$$

得$\boldsymbol{A}$的3个特征值为$\lambda_1=\lambda_2=2,\lambda_3=6$,由于$\lambda_1=\lambda_2=2$时,对应的齐次线性方程组$(2\boldsymbol{E}-\boldsymbol{A})\boldsymbol{x}=\boldsymbol{0}$的系数矩阵

$$2\boldsymbol{E}-\boldsymbol{A}=\begin{bmatrix}1&-2&3\\1&-2&3\\-1&2&-3\end{bmatrix}\longrightarrow\begin{bmatrix}1&-2&3\\0&0&0\\0&0&0\end{bmatrix},$$

即秩$r(2\boldsymbol{E}-\boldsymbol{A})=1$,故$\boldsymbol{A}$的属于特征值$\lambda_1=\lambda_2=2$的线性无关的特征向量有2个,因此$\boldsymbol{A}$可对角化.

(ii) 若$\lambda=2$不是重特征值,则$\lambda^2-8\lambda+10+a$是完全平方式,则有$\Delta=0,\Rightarrow 64-4(10+a)=0$,解得$a=6$. 此时

$$|\lambda\boldsymbol{E}-\boldsymbol{A}|=(\lambda-2)(\lambda-4)^2,$$

得$\boldsymbol{A}$的3个特征值为$\lambda_1=\lambda_2=4,\lambda_3=2$,由于$\lambda_1=\lambda_2=4$时,对应的齐次线性方程组

$(4\boldsymbol{E}-\boldsymbol{A})\boldsymbol{x}=\boldsymbol{0}$ 的系数矩阵

$$4\boldsymbol{E}-\boldsymbol{A}=\begin{bmatrix}3&-6&3\\1&0&3\\-1&2&-1\end{bmatrix}\longrightarrow\begin{bmatrix}1&0&3\\0&1&1\\0&0&0\end{bmatrix},$$

即秩 $r(4\boldsymbol{E}-\boldsymbol{A})=2$,故 $\boldsymbol{A}$ 的属于特征值 $\lambda_1=\lambda_2=4$ 的线性无关的特征向量只有 1 个,因此 $\boldsymbol{A}$ 不可对角化.

点评 方阵 $\boldsymbol{A}$ 相似于对角矩阵的充分必要条件是 $\boldsymbol{A}$ 的属于每个特征值的线性无关特征向量个数正好等于该特征值的重数.若 $\boldsymbol{A}$ 有某个特征值,其对应的线性无关特征向量个数不等于该特征值的重数,则 $\boldsymbol{A}$ 不相似于对角矩阵.

【3-13】 (1) 设 3 阶方阵 $\boldsymbol{A}$ 的特征值为 $\lambda_1=1,\lambda_2=-1,\lambda_3=3$,证明:$\boldsymbol{B}=(3\boldsymbol{E}+\boldsymbol{A}^*)^2$ 可相似对角化,并求与 $\boldsymbol{B}$ 相似的对角阵;

(2) 方阵 $\boldsymbol{A}=\begin{bmatrix}4&2&-5\\6&4&-9\\5&3&-7\end{bmatrix}$ 是否相似于对角矩阵?

证明 (1) 由于 $|\boldsymbol{A}|=\lambda_1\lambda_2\lambda_3=-3$,$\boldsymbol{A}^*$ 的特征值为

$$\mu_i=\frac{|\boldsymbol{A}|}{\lambda_i},$$

即

$$\frac{-3}{1}=-3,\frac{-3}{-1}=3,\frac{-3}{3}=-1,$$

$3\boldsymbol{E}+\boldsymbol{A}^*$ 的特征值为 $\gamma_i=3+\mu_i$,即 $3-3=0,3+3=6,3-1=2$,$\boldsymbol{B}=(3\boldsymbol{E}+\boldsymbol{A}^*)^2$ 的特征值为 γ_i^2,即 0,36,4 为 $\boldsymbol{B}$ 的 3 个不同的特征值,因此,$\boldsymbol{B}=(3\boldsymbol{E}+\boldsymbol{A}^*)^2$ 可对角化,且 $\boldsymbol{B}$ 相似的对角阵可取

$$\boldsymbol{\Lambda}=\begin{bmatrix}0&&\\&36&\\&&4\end{bmatrix}.$$

解 (2) $\boldsymbol{A}$ 的特征多项式为

$$|\lambda\boldsymbol{E}-\boldsymbol{A}|=\begin{vmatrix}\lambda-4&-2&5\\-6&\lambda-4&9\\-5&-3&\lambda+7\end{vmatrix}=\lambda^2(\lambda-1),$$

得 $\boldsymbol{A}$ 的特征值 $\lambda_1=\lambda_2=0,\lambda_3=1$.

由于 $\lambda_1=\lambda_2=0$ 时,对应的齐次线性方程组 $(0\boldsymbol{E}-\boldsymbol{A})\boldsymbol{x}=\boldsymbol{0}$ 的系数矩阵 $0\boldsymbol{E}-\boldsymbol{A}=\begin{bmatrix}-4&-2&5\\-6&-4&9\\-5&-3&7\end{bmatrix}$ 的秩为 2,故 $\boldsymbol{A}$ 的属于特征值 $\lambda_1=\lambda_2=0$ 的线性无关的特征向

量只有1个，因此 $\boldsymbol{A}$ 不相似于对角矩阵.

【3-14】 设 $\boldsymbol{A}=(a_{ij})_{n\times n}$ 的秩数为 $r(\boldsymbol{A})=n-1$，求 $\boldsymbol{A}$ 的伴随矩阵 $\boldsymbol{A}^*$ 的特征值与特征向量.

解 由 $r(\boldsymbol{A})=n-1$ 可知 $|\boldsymbol{A}|=0$，且 $\boldsymbol{A}$ 的列向量中有 $n-1$ 个是线性无关的.

又由于 $\boldsymbol{A}^*\boldsymbol{A}=|\boldsymbol{A}|\boldsymbol{E}=\boldsymbol{0}$，知 $\boldsymbol{A}$ 的 $n-1$ 个线性无关的列向量都是齐次方程组 $(0\boldsymbol{E}-\boldsymbol{A}^*)\boldsymbol{x}=\boldsymbol{0}$ 的解向量，故说明 $\lambda=0$ 至少是 $\boldsymbol{A}^*$ 的 $n-1$ 重特征值，而 $\boldsymbol{A}$ 的 $n-1$ 个线性无关的列向量即为 $\boldsymbol{A}^*$ 的特征值 $\lambda=0$ 对应的特征向量.

另外，由于 $\boldsymbol{A}^*$ 的全部特征值之和等于 $\boldsymbol{A}^*$ 的主对角元素之和 $\boldsymbol{A}_{11}+\boldsymbol{A}_{22}+\cdots+\boldsymbol{A}_{nn}$（其中 $\boldsymbol{A}_{ii}$ 为 $\boldsymbol{A}$ 的元素 a_{ii} 的代数余子式)，可推得 $\boldsymbol{A}^*$ 的另一个特征值为 $\lambda_n=\boldsymbol{A}_{11}+\boldsymbol{A}_{22}+\cdots+\boldsymbol{A}_{nn}$. 所以 $\lambda=0$ 是 $\boldsymbol{A}^*$ 的 $n-1$ 重特征值时.

由 $r(\boldsymbol{A})=n-1$，有 $r(\boldsymbol{A}^*)=1$，不妨设 $\boldsymbol{A}^*$ 的列向量组的极大线性无关组为第一列 $\begin{bmatrix}\boldsymbol{A}_{11}\\ \boldsymbol{A}_{12}\\ \vdots\\ \boldsymbol{A}_{1n}\end{bmatrix}$，则 $\boldsymbol{A}^*$ 的其他列向量可由 $\begin{bmatrix}\boldsymbol{A}_{11}\\ \boldsymbol{A}_{12}\\ \vdots\\ \boldsymbol{A}_{1n}\end{bmatrix}$ 线性表示，即存在常数 $k_2,k_3,\cdots,k_n$，使得

$$\boldsymbol{A}^*=\begin{bmatrix}\boldsymbol{A}_{11} & \boldsymbol{A}_{21} & \cdots & \boldsymbol{A}_{n1}\\ A_{12} & A_{22} & \cdots & A_{n2}\\ \vdots & \vdots & & \vdots\\ \boldsymbol{A}_{1n} & \boldsymbol{A}_{2n} & \cdots & \boldsymbol{A}_{nn}\end{bmatrix}=\begin{bmatrix}\boldsymbol{A}_{11} & k_2\boldsymbol{A}_{11} & \cdots & k_n\boldsymbol{A}_{11}\\ \boldsymbol{A}_{12} & k_2\boldsymbol{A}_{12} & \cdots & k_n\boldsymbol{A}_{12}\\ \vdots & \vdots & & \vdots\\ \boldsymbol{A}_{1n} & k_2\boldsymbol{A}_{1n} & \cdots & k_n\boldsymbol{A}_{1n}\end{bmatrix}$$

$$=\begin{bmatrix}\boldsymbol{A}_{11}\\ \boldsymbol{A}_{12}\\ \vdots\\ \boldsymbol{A}_{1n}\end{bmatrix}(1\quad k_2\quad \cdots\quad k_n),$$

上面等式两边的主对角元素之和相等，于是有

$$\boldsymbol{A}_{11}+k_2\boldsymbol{A}_{12}+\cdots+k_n\boldsymbol{A}_{1n}=\boldsymbol{A}_{11}+\boldsymbol{A}_{22}+\cdots+\boldsymbol{A}_{nn},$$

且

$$\boldsymbol{A}^*\begin{bmatrix}\boldsymbol{A}_{11}\\ \boldsymbol{A}_{12}\\ \vdots\\ \boldsymbol{A}_{1n}\end{bmatrix}=\begin{bmatrix}\boldsymbol{A}_{11}\\ \boldsymbol{A}_{12}\\ \vdots\\ \boldsymbol{A}_{1n}\end{bmatrix}(1\quad k_2\quad \cdots\quad k_n)\begin{bmatrix}\boldsymbol{A}_{11}\\ \boldsymbol{A}_{12}\\ \vdots\\ \boldsymbol{A}_{1n}\end{bmatrix}$$

$$=\begin{bmatrix}\boldsymbol{A}_{11}\\ \boldsymbol{A}_{12}\\ \vdots\\ \boldsymbol{A}_{1n}\end{bmatrix}(\boldsymbol{A}_{11}+k_2\boldsymbol{A}_{12}+\cdots+k_n\boldsymbol{A}_{1n})$$

$$=\begin{bmatrix}\boldsymbol{A}_{11}\\ \boldsymbol{A}_{12}\\ \vdots\\ \boldsymbol{A}_{1n}\end{bmatrix}\left(\sum_{i=1}^{n}\boldsymbol{A}_{ii}\right)=\left(\sum_{i=1}^{n}\boldsymbol{A}_{ii}\right)\begin{bmatrix}\boldsymbol{A}_{11}\\ \boldsymbol{A}_{12}\\ \vdots\\ \boldsymbol{A}_{1n}\end{bmatrix}.$$

因此,向量$\begin{bmatrix}\boldsymbol{A}_{11}\\ \boldsymbol{A}_{12}\\ \vdots\\ \boldsymbol{A}_{1n}\end{bmatrix}$为$\boldsymbol{A}^*$的属于特征值$\lambda_n=\boldsymbol{A}_{11}+\boldsymbol{A}_{22}+\cdots+\boldsymbol{A}_{nn}$的特征向量.

【3-15】 已知向量$\boldsymbol{\xi}_1=\begin{bmatrix}1\\2\\2\end{bmatrix}$,$\boldsymbol{\xi}_2=\begin{bmatrix}0\\1\\-1\end{bmatrix}$,$\boldsymbol{\xi}_3=\begin{bmatrix}0\\0\\1\end{bmatrix}$,3 阶方阵$\boldsymbol{A}$满足$\boldsymbol{A\xi}_1=\boldsymbol{\xi}_1$,$\boldsymbol{A\xi}_2=0$,$\boldsymbol{A\xi}_3=-\boldsymbol{\xi}_3$,求$\boldsymbol{A}$及$\boldsymbol{A}^n$.

解 由$\boldsymbol{A\xi}_1=\boldsymbol{\xi}_1$,$\boldsymbol{A\xi}_2=0$,$\boldsymbol{A\xi}_3=-\boldsymbol{\xi}_3$,可知 3 阶方阵$\boldsymbol{A}$有 3 个不同的特征值 1,0,−1,对应的特征向量分别为$\boldsymbol{\xi}_1$,$\boldsymbol{\xi}_2$,$\boldsymbol{\xi}_3$且线性无关,故$\boldsymbol{A}$相似于对角矩阵,令可逆阵

$$\boldsymbol{P}=(\boldsymbol{\xi}_1,\boldsymbol{\xi}_2,\boldsymbol{\xi}_3)=\begin{bmatrix}1&0&0\\2&-1&0\\2&1&1\end{bmatrix},$$

对角矩阵

$$\boldsymbol{\Lambda}=\begin{bmatrix}1&&\\&0&\\&&-1\end{bmatrix},$$

则有$\boldsymbol{P}^{-1}\boldsymbol{AP}=\boldsymbol{\Lambda}$,故

$$\boldsymbol{A}=\boldsymbol{P\Lambda P}^{-1}=\begin{bmatrix}1&0&0\\2&-1&0\\2&1&1\end{bmatrix}\begin{bmatrix}1&&\\&0&\\&&-1\end{bmatrix}\begin{bmatrix}1&0&0\\2&-1&0\\-4&1&1\end{bmatrix}$$

$$=\begin{bmatrix}1&0&0\\2&0&0\\6&-1&-1\end{bmatrix},$$

$$\boldsymbol{A}^n=(\boldsymbol{P\Lambda P}^{-1})(\boldsymbol{P\Lambda P}^{-1})\cdots(\boldsymbol{P\Lambda P}^{-1})=\boldsymbol{P\Lambda}^n\boldsymbol{P}^{-1}$$

$$=\begin{bmatrix}1&0&0\\2&-1&0\\2&1&1\end{bmatrix}\begin{bmatrix}1&&\\&0&\\&&-1\end{bmatrix}^n\begin{bmatrix}1&0&0\\2&-1&0\\-4&1&1\end{bmatrix}$$

$$=\begin{bmatrix}1&0&0\\2&-1&0\\2&1&1\end{bmatrix}\begin{bmatrix}1&&\\&0&\\&&(-1)^n\end{bmatrix}\begin{bmatrix}1&0&0\\2&-1&0\\-4&1&1\end{bmatrix}$$

$$=\begin{bmatrix}1&0&0\\2&0&0\\2+4(-1)^{n+1}&(-1)^n&(-1)^n\end{bmatrix}.$$

点评 这是常用的求方阵 $\boldsymbol{A}$ 及 $\boldsymbol{A}^n$ 的方法，但前提是 $\boldsymbol{A}$ 可相似对角化. 此时由 $\boldsymbol{P}^{-1}\boldsymbol{AP}=\boldsymbol{\Lambda}$，便有

$$\boldsymbol{A}^m=\boldsymbol{P\Lambda}^m\boldsymbol{P}^{-1}.$$

【3-16】 设 n 阶方阵 $\boldsymbol{A}\neq\boldsymbol{0}$，满足 $\boldsymbol{A}^m=\boldsymbol{0}$（$m$ 为正整数，并称这样的矩阵 $\boldsymbol{A}$ 为幂零矩阵）.

(1) 求 $\boldsymbol{A}$ 的特征值；

(2) 证明：$\boldsymbol{A}$ 不相似于对角阵；

(3) 证明：$|\boldsymbol{E}+\boldsymbol{A}|=1$；

(4) 若方阵 $\boldsymbol{B}$ 满足 $\boldsymbol{AB}=\boldsymbol{BA}$，证明：$|\boldsymbol{A}+\boldsymbol{B}|=|\boldsymbol{B}|$；

(5) 证明：当 $\boldsymbol{A}^k=\boldsymbol{E}$ 时，则 $\boldsymbol{A}$ 可相似于对角阵.

解 (1) 设 λ 为 $\boldsymbol{A}$ 的任意特征值，则 λ^m 为 $\boldsymbol{A}^m$ 的特征值，且由 $\boldsymbol{A}^m=\boldsymbol{0}$，有 $\lambda^m=0$，推出 $\lambda=0$，即幂零矩阵 $\boldsymbol{A}$ 的特征值 λ_i 全部为零.

(2) **方法 1** $\boldsymbol{A}$ 的对应于 $\lambda_i=0$ 的特征向量为方程组 $(0\boldsymbol{E}-\boldsymbol{A})\boldsymbol{x}=\boldsymbol{0}$ 的非零解向量，因为 $\boldsymbol{A}\neq\boldsymbol{0}$，故有 $r(0\boldsymbol{E}-\boldsymbol{A})=r(\boldsymbol{A})>1$，$\boldsymbol{A}$ 的对应于 $\lambda=0$ 的线性无关的特征向量个数为 $n-r(\boldsymbol{A})\leqslant n-1<n$，即 $\boldsymbol{A}$ 没有 n 个线性无关的特征向量，因此 $\boldsymbol{A}$ 不相似于对角阵.

方法 2 **用反证法** 假定 $\boldsymbol{A}^k=\boldsymbol{0}$ 时，$\boldsymbol{A}$ 可相似于对角阵，即存在可逆阵 $\boldsymbol{P}$，使得

$$\boldsymbol{P}^{-1}\boldsymbol{AP}=\begin{bmatrix}\lambda_1&&&\\&\lambda_2&&\\&&\ddots&\\&&&\lambda_n\end{bmatrix}=\boldsymbol{\Lambda},$$

则

$$(\boldsymbol{P}^{-1}\boldsymbol{AP})^k = \boldsymbol{P}^{-1}\boldsymbol{A}^k\boldsymbol{P} = \begin{bmatrix} \lambda_1^k & & & \\ & \lambda_2^k & & \\ & & \ddots & \\ & & & \lambda_n^k \end{bmatrix},$$

由于 $\boldsymbol{A}^k=\boldsymbol{0}$，所以 $(\boldsymbol{P}^{-1}\boldsymbol{AP})^k=\boldsymbol{0}\Rightarrow\lambda_i=0(i=1,2,\cdots,n)$，从而

$$\boldsymbol{P}^{-1}\boldsymbol{AP} = \begin{bmatrix} \lambda_1 & & & \\ & \lambda_2 & & \\ & & \ddots & \\ & & & \lambda_n \end{bmatrix} = 0,$$

得 $\boldsymbol{A}=\boldsymbol{0}$，与条件相矛盾，故 $\boldsymbol{A}$ 不能相似于对角阵.

(3) 由于 $\boldsymbol{A}$ 的全部特征值 λ_i 均为零，故 $\boldsymbol{A}+\boldsymbol{E}$ 的特征值全部为 $\mu_i=\lambda_i+1=1$，因此

$$|\boldsymbol{E}+\boldsymbol{A}| = \mu_1\mu_2\cdots\mu_n = 1.$$

(4) 分两种情况证明：

当 $\boldsymbol{B}$ 可逆时，欲证的等式为

$$|\boldsymbol{A}+\boldsymbol{B}| = |\boldsymbol{B}| \Leftrightarrow |\boldsymbol{B}^{-1}|\,|\boldsymbol{A}+\boldsymbol{B}| = 1 \Leftrightarrow |\boldsymbol{B}^{-1}\boldsymbol{A}+\boldsymbol{E}| = 1,$$

利用本题(3)的结果，只要证明 $\boldsymbol{B}^{-1}\boldsymbol{A}$ 为幂零矩阵，就有 $|\boldsymbol{B}^{-1}\boldsymbol{A}+\boldsymbol{E}|=1$，从而问题便可得证.

由已知，$\boldsymbol{AB}=\boldsymbol{BA}$，将两端左乘 $\boldsymbol{B}^{-1}$，得 $\boldsymbol{B}^{-1}\boldsymbol{AB}=\boldsymbol{A}$ 再将两端右乘 $\boldsymbol{B}^{-1}$，$\boldsymbol{B}^{-1}\boldsymbol{A}=\boldsymbol{AB}^{-1}$，即 $\boldsymbol{B}^{-1}$ 与 $\boldsymbol{A}$ 可交换. 此时，由 $\boldsymbol{A}^m=\boldsymbol{0}$，得到

$$(\boldsymbol{B}^{-1}\boldsymbol{A})^m = (\boldsymbol{B}^{-1}\boldsymbol{A})(\boldsymbol{B}^{-1}\boldsymbol{A})\cdots(\boldsymbol{B}^{-1}\boldsymbol{A}) = (\boldsymbol{B}^{-1})^m\boldsymbol{A}^m = \boldsymbol{0},$$

因此 $\boldsymbol{B}^{-1}\boldsymbol{A}$ 为幂零矩阵，故有 $|\boldsymbol{B}^{-1}\boldsymbol{A}+\boldsymbol{E}|=1$.

当 $\boldsymbol{B}$ 不可逆时，有 $|\boldsymbol{B}|=0$，此时欲证的等式为

$$|\boldsymbol{A}+\boldsymbol{B}| = |\boldsymbol{B}| \Leftrightarrow |\boldsymbol{A}+\boldsymbol{B}| = 0,$$

由于 $|\boldsymbol{B}|=0$，故 $\boldsymbol{B}$ 有特征值 0，即存在非零列向量 $\boldsymbol{\alpha}$，使得 $\boldsymbol{B\alpha}=0\boldsymbol{\alpha}=\boldsymbol{0}$，故对任意正整数 k，有 $\boldsymbol{B}^k\boldsymbol{\alpha}=\boldsymbol{0}$，由于 $\boldsymbol{A}$，$\boldsymbol{B}$ 可交换，故有

$$\begin{aligned}(\boldsymbol{A}+\boldsymbol{B})^m\boldsymbol{\alpha} &= \left[\boldsymbol{A}^m + m\boldsymbol{A}^{m-1}\boldsymbol{B} + \frac{m(m-1)}{2!}\boldsymbol{A}^{m-2}\boldsymbol{B}^2 + \cdots + \boldsymbol{B}^m\right]\boldsymbol{\alpha} \\ &= \boldsymbol{A}^m\boldsymbol{\alpha} + m\boldsymbol{A}^{m-1}\boldsymbol{B\alpha} + \frac{m(m-1)}{2!}\boldsymbol{A}^{m-2}\boldsymbol{B}^2\boldsymbol{\alpha} + \cdots + \boldsymbol{B}^m\boldsymbol{\alpha} = \boldsymbol{0},\end{aligned}$$

即齐次方程组 $(\boldsymbol{A}+\boldsymbol{B})^m\boldsymbol{x}=\boldsymbol{0}$ 有非零解 $\boldsymbol{x}=\boldsymbol{\alpha}$，故该方程组的系数行列式为零，即有 $|(\boldsymbol{A}+\boldsymbol{B})^m|=|\boldsymbol{A}+\boldsymbol{B}|^m=0$，所以 $|\boldsymbol{A}+\boldsymbol{B}|=0$，故当 $\boldsymbol{B}$ 不可逆时，结论也成立.

综上所述，有

$$|\boldsymbol{A}+\boldsymbol{B}| = |\boldsymbol{B}|.$$

(5) 可以证明 $\boldsymbol{A}^k=\boldsymbol{E}$ 时，$\boldsymbol{A}$ 有 n 个不同的特征值.

事实上，设 $\boldsymbol{A}$ 的特征值为 $\lambda_1,\lambda_2,\cdots,\lambda_n$，则 $\boldsymbol{A}^k$ 的特征值为 $\lambda_1^k,\lambda_2^k,\cdots,\lambda_n^k$，又 $\boldsymbol{A}^k=\boldsymbol{E}$，故 $\boldsymbol{A}^k$ 特征值均为 1，即 $\lambda_i^k=1$，故 $\lambda_1,\lambda_2,\cdots,\lambda_n$ 是多项式 $f(\boldsymbol{x})=x^n-1$ 的 n 个根，由于此多项式无重根，因此，$\lambda_1,\lambda_2,\cdots,\lambda_n$ 两两互异，从而 $\boldsymbol{A}$ 可相似于对角阵.

点评 需注意，若 n 阶方阵 $\boldsymbol{A}$ 的 n 个特征值全为零，矩阵 $\boldsymbol{A}$ 不一定为零矩阵. 例如 $\boldsymbol{A}=\begin{bmatrix}0&1&0\\0&0&1\\0&0&0\end{bmatrix}$，易见 $\boldsymbol{A}$ 的特征值全为零，但 $\boldsymbol{A}$ 不为零矩阵.

【3-17】 设 3 阶方阵 $\boldsymbol{A}$ 的特征值 $\lambda_1=1,\lambda_2=2,\lambda_3=3$，它们对应的特征向量分别为

$$\boldsymbol{\xi}_1=\begin{bmatrix}1\\1\\1\end{bmatrix},\boldsymbol{\xi}_2=\begin{bmatrix}1\\2\\4\end{bmatrix},\boldsymbol{\xi}_3=\begin{bmatrix}1\\3\\9\end{bmatrix},$$

又向量 $\boldsymbol{\beta}=\begin{bmatrix}1\\1\\3\end{bmatrix}$.

(1) 将 $\boldsymbol{\beta}$ 用 $\boldsymbol{\xi}_1,\boldsymbol{\xi}_2,\boldsymbol{\xi}_3$ 线性表示；

(2) 求 $\boldsymbol{A}^n\boldsymbol{\beta}$.

解 (1) 设有 x_1,x_2,x_3，使得

$$x_1\boldsymbol{\xi}_1+x_2\boldsymbol{\xi}_2+x_3\boldsymbol{\xi}_3=\boldsymbol{\beta},$$

即

$$\begin{aligned}x_1+x_2+x_3&=1,\\x_1+2x_2+3x_3&=1,\\x_1+4x_2+9x_3&=3,\end{aligned}$$

解此方程组，得

$$\begin{aligned}x_1&=2,\\x_2&=-2,\\x_3&=1,\end{aligned}$$

故 $\boldsymbol{\beta}=2\boldsymbol{\xi}_1-2\boldsymbol{\xi}_2+\boldsymbol{\xi}_3$.

(2) **方法 1** 由于 3 阶方阵 $\boldsymbol{A}$ 有 3 个互异的特征值，故 $\boldsymbol{A}$ 相似于对角矩阵，令可逆矩阵

$$\boldsymbol{P}=(\boldsymbol{\xi}_1,\boldsymbol{\xi}_2,\boldsymbol{\xi}_3)=\begin{bmatrix}1&1&1\\1&2&3\\1&4&9\end{bmatrix},\boldsymbol{\Lambda}=\begin{bmatrix}1&&\\&2&\\&&3\end{bmatrix},$$

则有 $\boldsymbol{P}^{-1}\boldsymbol{A}\boldsymbol{P}=\boldsymbol{\Lambda}$，故

$$\boldsymbol{A}=\boldsymbol{P}\boldsymbol{\Lambda}\boldsymbol{P}^{-1}=\begin{bmatrix}1&1&1\\1&2&3\\1&4&9\end{bmatrix}\begin{bmatrix}1&&\\&2&\\&&3\end{bmatrix}\begin{bmatrix}1&1&1\\1&2&3\\1&4&9\end{bmatrix}^{-1},$$

$$\boldsymbol{A}^n=\boldsymbol{P}\boldsymbol{\Lambda}^n\boldsymbol{P}^{-1}.$$

由(1)，有

$$\boldsymbol{\beta}=2\boldsymbol{\xi}_1-2\boldsymbol{\xi}_2+\boldsymbol{\xi}_3=(\boldsymbol{\xi}_1,\boldsymbol{\xi}_2,\boldsymbol{\xi}_3)\begin{bmatrix}2\\-2\\1\end{bmatrix}=\boldsymbol{P}\begin{bmatrix}2\\-2\\1\end{bmatrix},$$

所以

$$\begin{aligned}\boldsymbol{A}^n\boldsymbol{\beta}&=(\boldsymbol{P}\boldsymbol{\Lambda}^n\boldsymbol{P}^{-1})\boldsymbol{P}\begin{bmatrix}2\\-2\\1\end{bmatrix}=\boldsymbol{P}\boldsymbol{\Lambda}^n\begin{bmatrix}2\\-2\\1\end{bmatrix}\\&=\begin{bmatrix}1&1&1\\1&2&3\\1&4&9\end{bmatrix}\begin{bmatrix}1&&\\&2&\\&&3\end{bmatrix}^n\begin{bmatrix}2\\-2\\1\end{bmatrix}\\&=\begin{bmatrix}2-2^{n+1}+3^n\\2-2^{n+2}+3^{n+1}\\2-2^{n+3}+3^{n+2}\end{bmatrix}.\end{aligned}$$

方法 2 由题设条件有 $\boldsymbol{A}\boldsymbol{\xi}_j=\lambda_j\boldsymbol{\xi}_j\,(j=1,2,3)$，故由 $\boldsymbol{\beta}=2\boldsymbol{\xi}_1-2\boldsymbol{\xi}_2+\boldsymbol{\xi}_3$，得

$$\begin{aligned}\boldsymbol{A}^n\boldsymbol{\beta}&=2\boldsymbol{A}^n\boldsymbol{\xi}_1-2\boldsymbol{A}^n\boldsymbol{\xi}_2+\boldsymbol{A}^n\boldsymbol{\xi}_3=2\lambda_1^n\boldsymbol{\xi}_1-2\lambda_2^n\boldsymbol{\xi}_2+\lambda_3^n\boldsymbol{\xi}_3\\&=2\times1^n\boldsymbol{\xi}_1-2\times2^n\boldsymbol{\xi}_2+3^n\boldsymbol{\xi}_3\\&=2\begin{bmatrix}1\\1\\1\end{bmatrix}-2^{n+1}\begin{bmatrix}1\\2\\4\end{bmatrix}+3^n\begin{bmatrix}1\\3\\9\end{bmatrix}=\begin{bmatrix}2-2^{n+1}+3^n\\2-2^{n+2}+3^{n+1}\\2-2^{n+3}+3^{n+2}\end{bmatrix}.\end{aligned}$$

【3-18】 设 $\boldsymbol{A}$ 为 n 阶实方阵，若 $\boldsymbol{A}^2=k\boldsymbol{A}\,(k\neq0)$，证明：$\boldsymbol{A}$ 必能相似于对角矩阵.

证明 **方法 1** 先求出 $\boldsymbol{A}$ 的特征值. 设 $\boldsymbol{A}$ 的特征值为 λ，则由 $\boldsymbol{A}^2=k\boldsymbol{A}\,(k\neq0)$ 有 $\lambda^2=k\lambda$，得 $\boldsymbol{A}$ 的特征值为 $\lambda=0$ 或 $\lambda=k$.

再证：$r(\boldsymbol{A})+r(k\boldsymbol{E}-\boldsymbol{A})=n$. 由于 $\boldsymbol{A}^2=k\boldsymbol{A}\Leftrightarrow\boldsymbol{A}(k\boldsymbol{E}-\boldsymbol{A})=\boldsymbol{0}$，故

$$r(\boldsymbol{A})+r(k\boldsymbol{E}-\boldsymbol{A})\leqslant n,$$

又由于 $r(\boldsymbol{A})+r(k\boldsymbol{E}-\boldsymbol{A})\geqslant r(\boldsymbol{A}+k\boldsymbol{E}-\boldsymbol{A})=r(k\boldsymbol{E})=n$，因此有

$$r(\boldsymbol{A})+r(k\boldsymbol{E}-\boldsymbol{A})=n.$$

设 $r(\mathbf{A})=r$，则 $r(k\mathbf{E}-\mathbf{A})=n-r$，则当 $\lambda=0$ 时，由 $\mathbf{A}(k\mathbf{E}-\mathbf{A})=\mathbf{0}$，知 $(k\mathbf{E}-\mathbf{A})$ 的各非零列都是齐次方程组

$$(0\mathbf{E}-\mathbf{A})\mathbf{x}=\mathbf{0}\Leftrightarrow\mathbf{A}\mathbf{x}=\mathbf{0}$$

的非零解，故

$$(0\mathbf{E}-\mathbf{A})\mathbf{x}=\mathbf{0}\Leftrightarrow\mathbf{A}\mathbf{x}=\mathbf{0}$$

的基础解系共含有 $r(k\mathbf{E}-\mathbf{A})=n-r$ 个向量，此 $n-r$ 个向量即为 $\lambda=0$ 的线性无关的特征向量.

同理，当 $\lambda=k$ 时，由 $(k\mathbf{E}-\mathbf{A})\mathbf{A}=\mathbf{0}$，知 $\mathbf{A}$ 的各非零列都是齐次方程组 $(k\mathbf{E}-\mathbf{A})\mathbf{x}=\mathbf{0}$ 的非零解，故 $(k\mathbf{E}-\mathbf{A})\mathbf{x}=\mathbf{0}$ 的基础解系含有 $r(\mathbf{A})=r$ 个向量，此 r 个向量即为 $\lambda=k$ 的线性无关的特征向量. 所以，$\mathbf{A}$ 共有 n 个线性无关的特征向量，因此 $\mathbf{A}$ 可与对角矩阵相似，即

$$\mathbf{A}\sim\begin{bmatrix}k&&&&&&&\\&k&&&&&&\\&&\ddots&&&&&\\&&&k&&&&\\&&&&0&&&\\&&&&&0&&\\&&&&&&\ddots&\\&&&&&&&0\end{bmatrix}.$$

方法 2 设 $r(\mathbf{A})=R$，则 $\mathbf{A}$ 的列向量组的极大无关组含 R 个向量，不妨设 $\mathbf{A}$ 的前 R 列线性无关，设 $\mathbf{A}$ 按列分块为

$$\mathbf{A}=(\boldsymbol{\xi}_1,\boldsymbol{\xi}_2,\cdots,\boldsymbol{\xi}_n),$$

则由 $\mathbf{A}^2=k\mathbf{A}$，得

$$\mathbf{A}(\boldsymbol{\xi}_1,\boldsymbol{\xi}_2,\cdots,\boldsymbol{\xi}_n)=k(\boldsymbol{\xi}_1,\boldsymbol{\xi}_2,\cdots,\boldsymbol{\xi}_n),$$

即

$$(\mathbf{A}\boldsymbol{\xi}_1,\mathbf{A}\boldsymbol{\xi}_2,\cdots,\mathbf{A}\boldsymbol{\xi}_n)=(k\boldsymbol{\xi}_1,k\boldsymbol{\xi}_2,\cdots,k\boldsymbol{\xi}_n),$$

所以有

$$\mathbf{A}\boldsymbol{\xi}_i=k\boldsymbol{\xi}_i\quad(i=1,2,\cdots,R),$$

且 $\boldsymbol{\xi}_1,\boldsymbol{\xi}_2,\cdots,\boldsymbol{\xi}_R$ 线性无关，故 $\lambda=k$ 至少是 R 重特征值，且 $\mathbf{A}$ 的前 R 列 $\boldsymbol{\xi}_1,\boldsymbol{\xi}_2,\cdots,\boldsymbol{\xi}_R$ 为 $\mathbf{A}$ 的对应于特征值 k 的 R 个线性无关的特征向量.

再由 $r(\mathbf{A})=R$ 可知齐次线性方程组 $\mathbf{A}\mathbf{x}=\mathbf{0}$（即 $(0\mathbf{E}-\mathbf{A})\mathbf{x}=\mathbf{0}$）基础解系含 $r=n-R$ 个向量：$\boldsymbol{\eta}_1,\boldsymbol{\eta}_2,\cdots,\boldsymbol{\eta}_{n-R}$，即 $\boldsymbol{\eta}_1,\boldsymbol{\eta}_2,\cdots,\boldsymbol{\eta}_{n-R}$ 是 $\mathbf{A}$ 的对应于特征值 0 的 $n-R$ 个线性无关的特征向量.

因为属于不同特征值的特征向量线性无关，所以

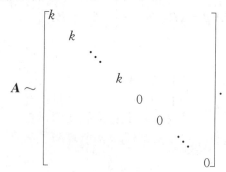

$$\boldsymbol{\xi}_1,\boldsymbol{\xi}_2,\cdots,\boldsymbol{\xi}_R,\boldsymbol{\eta}_1,\boldsymbol{\eta}_2,\cdots,\boldsymbol{\eta}_{n-R}$$

为 $\boldsymbol{A}$ 的 n 个线性无关的特征向量，因此 $\boldsymbol{A}$ 可与对角矩阵相似.

令矩阵

$$\boldsymbol{P}=(\boldsymbol{\xi}_1,\boldsymbol{\xi}_2,\cdots,\boldsymbol{\xi}_R,\boldsymbol{\eta}_1,\boldsymbol{\eta}_2,\cdots,\boldsymbol{\eta}_{n-R}),$$

则 $\boldsymbol{P}$ 可逆，且

$$\boldsymbol{P}^{-1}\boldsymbol{A}\boldsymbol{P}=\begin{bmatrix} k & & & & & & \\ & k & & & & & \\ & & \ddots & & & & \\ & & & k & & & \\ & & & & 0 & & \\ & & & & & 0 & \\ & & & & & & \ddots & \\ & & & & & & & 0 \end{bmatrix}=\begin{bmatrix} k\boldsymbol{E}_R & \boldsymbol{0} \\ \boldsymbol{0} & \boldsymbol{0} \end{bmatrix}\text{为对角矩阵.}$$

点评 类似可证：若 n 阶方阵 $\boldsymbol{A}$ 满足 $(\boldsymbol{A}-a\boldsymbol{E})(\boldsymbol{A}-b\boldsymbol{E})=\boldsymbol{0}$，其中 $a\neq b$，则 $\boldsymbol{A}$ 必可对角化.

【3-19】 n 阶方阵 $\boldsymbol{A}$ 与 $\boldsymbol{B}$ 可交换，即 $\boldsymbol{AB}=\boldsymbol{BA}$，且 $\boldsymbol{A}$ 有 n 个互不相同的特征值，证明：

(1) $\boldsymbol{A}$ 与 $\boldsymbol{B}$ 有相同的特征向量；

(2) $\boldsymbol{B}$ 相似于对角矩阵.

证明 (1) 设 λ 为 $\boldsymbol{A}$ 的任意特征值，λ 对应的任意特征向量为 $\boldsymbol{\alpha}$，则有 $\boldsymbol{A\alpha}=\lambda\boldsymbol{\alpha}$，两边左乘 $\boldsymbol{B}$，即 $\boldsymbol{BA\alpha}=\lambda\boldsymbol{B\alpha}$，又 $\boldsymbol{AB}=\boldsymbol{BA}$，得

$$\boldsymbol{A}(\boldsymbol{B\alpha})=\lambda(\boldsymbol{B\alpha}).$$

若 $\boldsymbol{B\alpha}\neq\boldsymbol{0}$，$\boldsymbol{B\alpha}$ 亦为 $\boldsymbol{A}$ 的特征值 λ 对应的特征向量，由已知 λ 为单特征值，故特征值 λ 对应的线性无关的特征向量只有一个，因此，$\boldsymbol{B\alpha}$ 与 $\boldsymbol{\alpha}$ 成比例，即存在数 μ，使得 $\boldsymbol{B\alpha}=\mu\boldsymbol{\alpha}$，则 $\boldsymbol{\alpha}$ 是 $\boldsymbol{B}$ 的对应于 μ 的特征向量，因此 $\boldsymbol{\alpha}$ 也为 $\boldsymbol{B}$ 的特征向量.

若 $\boldsymbol{B\alpha}=\boldsymbol{0}$，则 $\boldsymbol{B\alpha}=0\boldsymbol{\alpha}$，即 $\boldsymbol{\alpha}$ 是 $\boldsymbol{B}$ 的对应于 0 的特征向量，因此 $\boldsymbol{\alpha}$ 也为 $\boldsymbol{B}$ 的特征向量.

综上所述，$\boldsymbol{A}$ 的特征向量都是 $\boldsymbol{B}$ 的特征向量. 同理可证，$\boldsymbol{B}$ 的特征向量都是 $\boldsymbol{A}$ 的特征向量. 所以 $\boldsymbol{A}$ 与 $\boldsymbol{B}$ 有相同的特征向量.

(2) 由于 $\boldsymbol{B}$ 与 $\boldsymbol{A}$ 有相同的特征向量，而 $\boldsymbol{A}$ 的 n 个互不相同的特征值对应有 n 个线性无关的特征向量，故 $\boldsymbol{B}$ 也有 n 个线性无关的特征向量. 因此，$\boldsymbol{B}$ 相似于对角矩阵.

点评 本题的证明中主要用到特征值与特征向量的性质：若 λ 为方阵 $\boldsymbol{A}$ 的 k 重特征值，则对应于 λ 的线性无关特征向量的个数不大于 k.

【3-20】 问 a,b,c 为何值时，矩阵 $\boldsymbol{A}=\begin{bmatrix}\frac{1}{2} & a & \frac{1}{2}\\ \frac{1}{2} & -\frac{1}{\sqrt{2}} & b\\ \frac{1}{\sqrt{2}} & c & -\frac{1}{\sqrt{2}}\end{bmatrix}$ 为正交矩阵，并求解 $\boldsymbol{Ax}=\boldsymbol{\beta}$，其中 $\boldsymbol{\beta}=(1,1,1)^{\mathrm{T}}$.

解 由于 $\boldsymbol{A}$ 为正交矩阵，$\boldsymbol{A}$ 的行(列)向量组是两两正交的单位向量，可得

$$a=\frac{1}{\sqrt{2}},\quad b=\frac{1}{2},\quad c=0,$$

再由 $\boldsymbol{Ax}=\boldsymbol{\beta}$ 知

$$\boldsymbol{x}=\boldsymbol{A}^{-1}\boldsymbol{\beta}=\boldsymbol{A}^{\mathrm{T}}\boldsymbol{\beta}=\begin{bmatrix}\frac{1}{2} & \frac{1}{2} & \frac{1}{\sqrt{2}}\\ \frac{1}{\sqrt{2}} & -\frac{1}{\sqrt{2}} & 0\\ \frac{1}{2} & \frac{1}{2} & -\frac{1}{\sqrt{2}}\end{bmatrix}\begin{bmatrix}1\\1\\1\end{bmatrix}=\begin{bmatrix}1+\frac{1}{\sqrt{2}}\\ 0\\ 1-\frac{1}{\sqrt{2}}\end{bmatrix}.$$

【3-21】 证明：上三角的正交阵必为对角矩阵，且对角线上的元素是 $+1$ 或 -1.

证明 设 $\boldsymbol{A}$ 为上三角的正交阵，则可设 $\boldsymbol{A}=\begin{bmatrix}a_{11} & a_{12} & \cdots & a_{1n}\\ 0 & a_{22} & \cdots & a_{2n}\\ \vdots & \vdots & & \vdots\\ 0 & 0 & \cdots & a_{nn}\end{bmatrix}$，且满足 $\boldsymbol{A}^{\mathrm{T}}\boldsymbol{A}=\boldsymbol{E}$，即

$$\boldsymbol{A}^{\mathrm{T}}\boldsymbol{A}=\begin{bmatrix}a_{11} & 0 & \cdots & 0\\ a_{12} & a_{22} & \cdots & 0\\ \vdots & \vdots & & \vdots\\ a_{1n} & a_{2n} & \cdots & a_{nn}\end{bmatrix}\begin{bmatrix}a_{11} & a_{12} & \cdots & a_{1n}\\ 0 & a_{22} & \cdots & a_{2n}\\ \vdots & \vdots & & \vdots\\ 0 & 0 & \cdots & a_{nn}\end{bmatrix}=\begin{bmatrix}1 & & & \\ & 1 & & \\ & & \ddots & \\ & & & 1\end{bmatrix},$$

用矩阵乘法得 $a_{ii}^2=1$，故 $a_{ii}=\pm 1, a_{ij}=0(i\neq j;i,j=1,2,\cdots,n)$，即 $\boldsymbol{A}$ 为对角矩阵，且对角线上的元素是 $+1$ 或 -1.

【3-22】 设 k 为实常数，矩阵

$$\boldsymbol{A}=\begin{bmatrix}1 & 0 & 1\\ 0 & 2 & 0\\ 1 & 0 & 1\end{bmatrix},\boldsymbol{B}=(k\boldsymbol{E}+\boldsymbol{A})^2,$$

其中 $\boldsymbol{E}$ 是 3 阶单位矩阵，求对角矩阵 $\boldsymbol{D}$，使 $\boldsymbol{B}$ 与 $\boldsymbol{D}$ 相似.

解　方法 1　因为当 $\boldsymbol{B}$ 与对角矩阵 $\boldsymbol{D}$ 相似时，$\boldsymbol{D}$ 的主对角线元素就是 $\boldsymbol{B}$ 的全部特征值，所以要求 $\boldsymbol{B}$ 的相似对角矩阵 $\boldsymbol{D}$（注意 $\boldsymbol{A}$ 为实对称矩阵，故 $\boldsymbol{B}^{\mathrm{T}}=[(k\boldsymbol{E}+\boldsymbol{A})^{\mathrm{T}}]^2=(k\boldsymbol{E}+\boldsymbol{A})^2=\boldsymbol{B}$，即 $\boldsymbol{B}$ 也是实对称矩阵，因此 $\boldsymbol{B}$ 必相似于对角矩阵），只要求 $\boldsymbol{B}$ 的全部特征值即可.

易得 $\boldsymbol{A}$ 的全部特征值为 $\lambda_1=\lambda_2=2,\lambda_3=0$.

由于 $\boldsymbol{B}=(k\boldsymbol{E}+\boldsymbol{A})^2$ 为 $\boldsymbol{A}$ 的多项式，故 $\boldsymbol{B}$ 的全部特征值为 $(k+2)^2,(k+2)^2,k^2$，所以 $\boldsymbol{B}$ 与对角矩阵 $\boldsymbol{D}=\mathrm{diag}((k+2)^2,(k+2)^2,k^2)$ 相似.

方法 2　因为 $\boldsymbol{A}$ 为实对称矩阵，故 $\boldsymbol{A}$ 相似于对角矩阵，其中对角矩阵的主对角线元素为 $\boldsymbol{A}$ 的特征值 2,2,0，即存在可逆矩阵 $\boldsymbol{P}$，使得

$$\boldsymbol{P}^{-1}\boldsymbol{A}\boldsymbol{P}=\begin{bmatrix}2&0&0\\0&2&0\\0&0&0\end{bmatrix},$$

故有 $\boldsymbol{P}^{-1}\boldsymbol{B}\boldsymbol{P}=\boldsymbol{P}^{-1}(k\boldsymbol{E}+\boldsymbol{A})^2\boldsymbol{P}=[\boldsymbol{P}^{-1}(k\boldsymbol{E}+\boldsymbol{A})\boldsymbol{P}][\boldsymbol{P}^{-1}(k\boldsymbol{E}+\boldsymbol{A})\boldsymbol{P}]$

$$=(k\boldsymbol{E}+\boldsymbol{P}^{-1}\boldsymbol{A}\boldsymbol{P})^2=\begin{bmatrix}2+k&0&0\\0&2+k&0\\0&0&k\end{bmatrix}^2=\begin{bmatrix}(2+k)^2&0&0\\0&(2+k)^2&0\\0&0&k^2\end{bmatrix},$$

即 $\boldsymbol{B}$ 与对角矩阵 $\boldsymbol{D}=\mathrm{diag}((2+k)^2,(2+k)^2,k^2)$ 相似.

点评　若存在可逆矩阵 $\boldsymbol{P}$，使 $\boldsymbol{P}^{-1}\boldsymbol{A}\boldsymbol{P}=\boldsymbol{D}$ 为对角矩阵，则对于任何多项式 f，有 $\boldsymbol{P}^{-1}f(\boldsymbol{A})\boldsymbol{P}=f(\boldsymbol{D})$ 为对角矩阵，即当 $\boldsymbol{A}$ 相似对角矩阵 $\boldsymbol{D}$ 时，$f(\boldsymbol{A})$ 相似于对角矩阵 $f(\boldsymbol{D})$，且所用相似变换 $\boldsymbol{P}$ 可取同一矩阵.

【3-23】　设 3 阶实对称矩阵 $\boldsymbol{A}$ 的全部特征值为 $\lambda_1=1,\lambda_2=\lambda_3=-1$；$\boldsymbol{\xi}_1=(1,2,-2)^{\mathrm{T}}$ 为 $\boldsymbol{A}$ 的属于 λ_1 的特征向量，求矩阵 $\boldsymbol{A}$.

解　方法 1　设 $\boldsymbol{x}=(x_1,x_2,x_3)^{\mathrm{T}}$ 为属于特征值 $\lambda_2=\lambda_3=-1$ 的特征向量，则由实对称矩阵的性质，有 $(\boldsymbol{\xi}_1,\boldsymbol{x})=\boldsymbol{0}$，即

$$x_1+2x_2-2x_3=0,$$

解得上述齐次线性方程组的基础解系 $\boldsymbol{\xi}_2=(-2,1,0)^{\mathrm{T}},\boldsymbol{\xi}_3=(2,0,1)^{\mathrm{T}}$，则 $\boldsymbol{\xi}_1,\boldsymbol{\xi}_2,\boldsymbol{\xi}_3$ 为 $\boldsymbol{A}$ 的线性无关特征向量（分别属于特征值 $1,-1,-1$）. 令矩阵

$$\boldsymbol{P}=[\boldsymbol{\xi}_1,\boldsymbol{\xi}_2,\boldsymbol{\xi}_3]=\begin{bmatrix}1&-2&2\\2&1&0\\-2&0&1\end{bmatrix},\quad \boldsymbol{D}=\begin{bmatrix}1&0&0\\0&-1&0\\0&0&-1\end{bmatrix},$$

则有

$$\boldsymbol{P}^{-1}\boldsymbol{A}\boldsymbol{P}=\boldsymbol{D},$$

于是有

$$A = PDP^{-1} = \begin{bmatrix} 1 & -2 & 2 \\ 2 & 1 & 0 \\ -2 & 0 & 1 \end{bmatrix} \begin{bmatrix} 1 & 0 & 0 \\ 0 & -1 & 0 \\ 0 & 0 & -1 \end{bmatrix} \frac{1}{9} \begin{bmatrix} 1 & 2 & -2 \\ -2 & 5 & 4 \\ 2 & 4 & 5 \end{bmatrix}$$

$$= \frac{1}{9} \begin{bmatrix} -7 & 4 & -4 \\ 4 & -1 & -8 \\ -4 & -8 & -1 \end{bmatrix}.$$

方法 2 从式(1)可取属于 $\lambda_2 = \lambda_3 = -1$ 的相互正交的特征向量

$$\boldsymbol{\xi}_2 = (0,1,1)^{\mathrm{T}}, \boldsymbol{\xi}_3 = (4,-1,1)^{\mathrm{T}},$$

于是得正交矩阵

$$\boldsymbol{Q} = \left[\frac{\boldsymbol{\xi}_1}{|\boldsymbol{\xi}_1|}, \frac{\boldsymbol{\xi}_2}{|\boldsymbol{\xi}_2|}, \frac{\boldsymbol{\xi}_3}{|\boldsymbol{\xi}_3|} \right] = \begin{bmatrix} 1/3 & 0 & 4/3\sqrt{2} \\ 2/3 & 1/\sqrt{2} & -1/3\sqrt{2} \\ -2/3 & 1/\sqrt{2} & 1 \end{bmatrix}$$

使得

$$\boldsymbol{Q}^{-1} \boldsymbol{A} \boldsymbol{Q} = \boldsymbol{Q}^{\mathrm{T}} \boldsymbol{A} \boldsymbol{Q} = \begin{bmatrix} 1 & 0 & 0 \\ 0 & -1 & 0 \\ 0 & 0 & -1 \end{bmatrix}$$

故有

$$\boldsymbol{A} = \boldsymbol{Q} \begin{bmatrix} 1 & 0 & 0 \\ 0 & -1 & 0 \\ 0 & 0 & -1 \end{bmatrix} \boldsymbol{Q}^{\mathrm{T}}$$

$$= \begin{bmatrix} 1/3 & 0 & 4/3\sqrt{2} \\ 2/3 & 1/\sqrt{2} & -1/3\sqrt{2} \\ -2/3 & 1/\sqrt{2} & 1 \end{bmatrix} \begin{bmatrix} 1 & 0 & 0 \\ 0 & -1 & 0 \\ 0 & 0 & -1 \end{bmatrix} \begin{bmatrix} 1/3 & 2/3 & -2/3 \\ 0 & 1/\sqrt{2} & 1/\sqrt{2} \\ 4/3\sqrt{2} & -1/3\sqrt{2} & 1 \end{bmatrix}$$

$$= \frac{1}{9} \begin{bmatrix} -7 & 4 & -4 \\ 4 & -1 & -8 \\ -4 & -8 & -1 \end{bmatrix}.$$

【3-24】 设实向量 $\boldsymbol{\alpha}$ 为方阵 $\boldsymbol{A}$ 的属于特征值 λ_1 的特征向量，实向量 $\boldsymbol{\beta}$ 为方阵 $\boldsymbol{A}^{\mathrm{T}}$ 的属于特征值 λ_2 的特征向量，且 $\lambda_1 \neq \lambda_2$. 证明：$\boldsymbol{\alpha}$ 与 $\boldsymbol{\beta}$ 正交.

证明 即要证 $(\boldsymbol{\alpha}, \boldsymbol{\beta}) = \boldsymbol{\beta}^{\mathrm{T}} \boldsymbol{\alpha} = \boldsymbol{0}$（或 $\boldsymbol{\alpha}^{\mathrm{T}} \boldsymbol{\beta} = \boldsymbol{0}$）. 由题设条件有

$$\boldsymbol{A}\boldsymbol{\alpha} = \lambda_1 \boldsymbol{\alpha}, \tag{1}$$

$$\boldsymbol{A}^{\mathrm{T}} \boldsymbol{\beta} = \lambda_2 \boldsymbol{\beta}, \tag{2}$$

将式(2) 转置，得

$$\boldsymbol{\beta}^{\mathrm{T}} \boldsymbol{A} = \lambda_2 \boldsymbol{\beta}^{\mathrm{T}}, \tag{3}$$

用 $\boldsymbol{\beta}^{\mathrm{T}}$ 左乘式(1) 两端，得

$$\boldsymbol{\beta}^{\mathrm{T}} \boldsymbol{A} \boldsymbol{\alpha} = \lambda_1 \boldsymbol{\beta}^{\mathrm{T}} \boldsymbol{\alpha}, \tag{4}$$

用 $\boldsymbol{\alpha}$ 右乘式(3) 两端,得 $$\boldsymbol{\beta}^{\mathrm{T}}\boldsymbol{A}\boldsymbol{\alpha}=\lambda_2\boldsymbol{\beta}^{\mathrm{T}}\boldsymbol{\alpha}, \tag{5}$$
式(5)减去式(6),得$(\lambda_1-\lambda_2)\boldsymbol{\beta}^{\mathrm{T}}\boldsymbol{\alpha}=\boldsymbol{0}$,因为 $\lambda_1-\lambda_2\neq 0$,故 $\boldsymbol{\beta}^{\mathrm{T}}\boldsymbol{\alpha}=\boldsymbol{0}$,即 $\boldsymbol{\alpha}$ 与 $\boldsymbol{\beta}$ 正交.

【3-25】 设方阵 $\boldsymbol{A}=\boldsymbol{E}-\dfrac{2\boldsymbol{\alpha}\boldsymbol{\alpha}^{\mathrm{T}}}{\boldsymbol{\alpha}^{\mathrm{T}}\boldsymbol{\alpha}}$,其中 $\boldsymbol{\alpha}$ 为非零的 n 维列向量,$\boldsymbol{E}$ 为 n 阶单位矩阵,证明:$\boldsymbol{A}$ 为对称的正交矩阵.

证明 由于 $\boldsymbol{\alpha}^{\mathrm{T}}\boldsymbol{\alpha}$ 是一个数,故有

$$\boldsymbol{A}^{\mathrm{T}}=\boldsymbol{E}-\left(\frac{2\boldsymbol{\alpha}\boldsymbol{\alpha}^{\mathrm{T}}}{\boldsymbol{\alpha}^{\mathrm{T}}\boldsymbol{\alpha}}\right)^{\mathrm{T}}=\boldsymbol{E}-\frac{2\boldsymbol{\alpha}\boldsymbol{\alpha}^{\mathrm{T}}}{\boldsymbol{\alpha}^{\mathrm{T}}\boldsymbol{\alpha}}=\boldsymbol{A},$$

所以 $\boldsymbol{A}$ 为对称的矩阵. 又由于

$$\begin{aligned}\boldsymbol{A}^{\mathrm{T}}\boldsymbol{A}&=\left(\boldsymbol{E}-\frac{2\boldsymbol{\alpha}\boldsymbol{\alpha}^{\mathrm{T}}}{\boldsymbol{\alpha}^{\mathrm{T}}\boldsymbol{\alpha}}\right)\left(\boldsymbol{E}-\frac{2\boldsymbol{\alpha}\boldsymbol{\alpha}^{\mathrm{T}}}{\boldsymbol{\alpha}^{\mathrm{T}}\boldsymbol{\alpha}}\right)=\boldsymbol{E}-\frac{2\boldsymbol{\alpha}\boldsymbol{\alpha}^{\mathrm{T}}}{\boldsymbol{\alpha}^{\mathrm{T}}\boldsymbol{\alpha}}-\frac{2\boldsymbol{\alpha}\boldsymbol{\alpha}^{\mathrm{T}}}{\boldsymbol{\alpha}^{\mathrm{T}}\boldsymbol{\alpha}}+\frac{2\boldsymbol{\alpha}\boldsymbol{\alpha}^{\mathrm{T}}}{\boldsymbol{\alpha}^{\mathrm{T}}\boldsymbol{\alpha}}\cdot\frac{2\boldsymbol{\alpha}\boldsymbol{\alpha}^{\mathrm{T}}}{\boldsymbol{\alpha}^{\mathrm{T}}\boldsymbol{\alpha}}\\&=\boldsymbol{E}-\frac{4\boldsymbol{\alpha}\boldsymbol{\alpha}^{\mathrm{T}}}{\boldsymbol{\alpha}^{\mathrm{T}}\boldsymbol{\alpha}}+\frac{4\boldsymbol{\alpha}(\boldsymbol{\alpha}^{\mathrm{T}}\boldsymbol{\alpha})\boldsymbol{\alpha}^{\mathrm{T}}}{(\boldsymbol{\alpha}^{\mathrm{T}}\boldsymbol{\alpha})^2}=\boldsymbol{E}-\frac{4\boldsymbol{\alpha}\boldsymbol{\alpha}^{\mathrm{T}}}{\boldsymbol{\alpha}^{\mathrm{T}}\boldsymbol{\alpha}}+\frac{4\boldsymbol{\alpha}\boldsymbol{\alpha}^{\mathrm{T}}}{\boldsymbol{\alpha}^{\mathrm{T}}\boldsymbol{\alpha}}=\boldsymbol{E},\end{aligned}$$

即 $\boldsymbol{A}$ 为正交矩阵. 因此 $\boldsymbol{A}$ 为对称的正交矩阵.

【3-26】 设 $\boldsymbol{A}$ 为 n 阶实反对称矩阵,证明:

(1) $\boldsymbol{E}+\boldsymbol{A}$ 为可逆矩阵;

(2) $\boldsymbol{B}=(\boldsymbol{E}-\boldsymbol{A})(\boldsymbol{E}+\boldsymbol{A})^{-1}$ 为正交矩阵.

证明 (1) 只需证明 $|\boldsymbol{E}+\boldsymbol{A}|\neq 0$. 由题设,$\boldsymbol{A}$ 为 n 阶实反对称矩阵,故

$$\overline{\boldsymbol{A}}=\boldsymbol{A},\quad \boldsymbol{A}^{\mathrm{T}}=-\boldsymbol{A},\text{所以 }\overline{\boldsymbol{A}}^{\mathrm{T}}=-\boldsymbol{A}.$$

设 λ 为 $\boldsymbol{A}$ 的特征值,$\boldsymbol{\alpha}$ 为对应的特征向量,则有

$$\boldsymbol{A}\boldsymbol{\alpha}=\lambda\boldsymbol{\alpha},$$

两边取其共轭矩阵,则

$$\overline{\boldsymbol{A}\boldsymbol{\alpha}}=\overline{\lambda\boldsymbol{\alpha}},$$

因而

$$\overline{\boldsymbol{\alpha}}^{\mathrm{T}}(\boldsymbol{A}\boldsymbol{\alpha})=\overline{\boldsymbol{\alpha}}^{\mathrm{T}}(-\overline{\boldsymbol{A}}^{\mathrm{T}}\boldsymbol{\alpha})=-(\overline{\boldsymbol{A}\boldsymbol{\alpha}})^{\mathrm{T}}\boldsymbol{\alpha}=-\overline{\lambda\boldsymbol{\alpha}}^{\mathrm{T}}\boldsymbol{\alpha},$$

又

$$\overline{\boldsymbol{\alpha}}^{\mathrm{T}}(\boldsymbol{A}\boldsymbol{\alpha})=\overline{\boldsymbol{\alpha}}^{\mathrm{T}}(\lambda\boldsymbol{\alpha})=-(\overline{\boldsymbol{A}\boldsymbol{\alpha}})^{\mathrm{T}}\boldsymbol{\alpha}=\lambda\overline{\boldsymbol{\alpha}}^{\mathrm{T}}\boldsymbol{\alpha},$$

所以

$$\overline{\lambda\boldsymbol{\alpha}}^{\mathrm{T}}\boldsymbol{\alpha}=-\lambda\overline{\boldsymbol{\alpha}}^{\mathrm{T}}\boldsymbol{\alpha},$$

即

$$(\overline{\lambda}+\lambda)\overline{\boldsymbol{\alpha}}^{\mathrm{T}}\boldsymbol{\alpha}=0.$$

设 $\boldsymbol{\alpha}=\begin{bmatrix}a_1\\a_2\\\vdots\\a_n\end{bmatrix}$ 则 $\overline{\boldsymbol{\alpha}}^{\mathrm{T}}\boldsymbol{\alpha}=\sum\limits_{i=1}^{n}|a_i|^2>0$,故有 $\overline{\lambda}+\lambda=0$,故 $\lambda=0$ 或 λ 为纯虚数.

因此,n 阶实反对称矩阵 $\boldsymbol{A}$ 的特征值为 0 或纯虚数,故 -1 不是 $\boldsymbol{A}$ 的特征值,于是

$$|\boldsymbol{E}+\boldsymbol{A}|=(-1)^n|-\boldsymbol{E}-\boldsymbol{A}|\neq 0,$$

故 $\boldsymbol{E}+\boldsymbol{A}$ 为可逆矩阵.

(2) $\boldsymbol{BB}^{\mathrm{T}}=(\boldsymbol{E}-\boldsymbol{A})(\boldsymbol{E}+\boldsymbol{A})^{-1}[(\boldsymbol{E}-\boldsymbol{A})(\boldsymbol{E}+\boldsymbol{A})^{-1}]^{\mathrm{T}}$

$=(\boldsymbol{E}-\boldsymbol{A})(\boldsymbol{E}+\boldsymbol{A})^{-1}[(\boldsymbol{E}+\boldsymbol{A})^{-1}]^{\mathrm{T}}[(\boldsymbol{E}-\boldsymbol{A})]^{\mathrm{T}}$

$=(\boldsymbol{E}-\boldsymbol{A})(\boldsymbol{E}+\boldsymbol{A})^{-1}[(\boldsymbol{E}+\boldsymbol{A})^{\mathrm{T}}]^{-1}[(\boldsymbol{E}-\boldsymbol{A})^{\mathrm{T}}]$

$=(\boldsymbol{E}-\boldsymbol{A})(\boldsymbol{E}+\boldsymbol{A})^{-1}(\boldsymbol{E}-\boldsymbol{A})^{-1}(\boldsymbol{E}+\boldsymbol{A})$

$=(\boldsymbol{E}-\boldsymbol{A})[(\boldsymbol{E}-\boldsymbol{A})(\boldsymbol{E}+\boldsymbol{A})]^{-1}(\boldsymbol{E}+\boldsymbol{A})$

(因为$(\boldsymbol{E}-\boldsymbol{A})(\boldsymbol{E}+\boldsymbol{A})=(\boldsymbol{E}+\boldsymbol{A})(\boldsymbol{E}-\boldsymbol{A})$)

$=(\boldsymbol{E}-\boldsymbol{A})[(\boldsymbol{E}+\boldsymbol{A})(\boldsymbol{E}-\boldsymbol{A})]^{-1}(\boldsymbol{E}+\boldsymbol{A})$

$=(\boldsymbol{E}-\boldsymbol{A})[(\boldsymbol{E}-\boldsymbol{A})]^{-1}(\boldsymbol{E}+\boldsymbol{A})^{-1}(\boldsymbol{E}+\boldsymbol{A})$

$=\boldsymbol{E},$

于是有 $\boldsymbol{BB}^{\mathrm{T}}=\boldsymbol{E}$,$\boldsymbol{B}$ 为正交矩阵.

点评 应该记住:**实对称矩阵的特征值为实数;实反对称矩阵的特征值为 0 或纯虚数.**

【3-27】 实对称矩阵 $\boldsymbol{A}=\begin{bmatrix}1&-2&2\\-2&-2&4\\2&4&-2\end{bmatrix}$,求一个正交阵 $\boldsymbol{P}$,使得 $\boldsymbol{P}^{\mathrm{T}}\boldsymbol{AP}$ 为对角阵.

解 先求 $\boldsymbol{A}$ 的特征值,由 $\boldsymbol{A}$ 的特征方程

$$|\lambda\boldsymbol{E}-\boldsymbol{A}|=\begin{vmatrix}\lambda-1&2&-2\\2&\lambda+2&-4\\-2&-4&\lambda+2\end{vmatrix}=\begin{vmatrix}\lambda-1&2&-2\\2&\lambda+2&-4\\0&\lambda-2&\lambda-2\end{vmatrix}$$

$$=(\lambda-2)\begin{vmatrix}\lambda-1&2&-2\\2&\lambda+2&-4\\0&1&1\end{vmatrix}=(\lambda-2)\begin{vmatrix}\lambda-1&4&-2\\2&\lambda+6&-4\\0&0&1\end{vmatrix}$$

$$=(\lambda-2)^2(\lambda+7)=0,$$

得 $\boldsymbol{A}$ 的全部特征值为 $\lambda_1=\lambda_2=2$,$\lambda_3=-7$. 当 $\lambda_3=-7$ 时,由方程组$(-7\boldsymbol{E}-\boldsymbol{A})\boldsymbol{x}=\boldsymbol{0}$,得 $\lambda_3=-7$ 对应的特征向量为

$$\boldsymbol{\alpha}_3=\begin{bmatrix}1\\2\\-2\end{bmatrix}.$$

单位化,得 $\lambda_3=-7$ 对应的单位特征向量为

$$\boldsymbol{\gamma}_3 = \begin{bmatrix} \frac{1}{3} \\ \frac{2}{3} \\ \frac{-2}{3} \end{bmatrix}.$$

当 $\lambda_1=\lambda_2=2$ 时,求对应的标准正交的特征向量有以下几种解法:

方法 1 求方程组 $(2\boldsymbol{E}-\boldsymbol{A})\boldsymbol{x}=\boldsymbol{0}$ 的基础解系,再将其标准正交化. 方程组 $(2\boldsymbol{E}-\boldsymbol{A})\boldsymbol{x}=\boldsymbol{0}$ 的系数矩阵

$$2\boldsymbol{E}-\boldsymbol{A} = \begin{bmatrix} 1 & 2 & -2 \\ 2 & 4 & -4 \\ -2 & -4 & 4 \end{bmatrix} \longrightarrow \begin{bmatrix} 1 & 2 & -2 \\ 0 & 0 & 0 \\ 0 & 0 & 0 \end{bmatrix},$$

即

$$x_1 + 2x_2 - 2x_3 = 0,$$

得基础解系 $\boldsymbol{\alpha}_1 = \begin{bmatrix} -2 \\ 1 \\ 0 \end{bmatrix}, \boldsymbol{\alpha}_2 = \begin{bmatrix} 2 \\ 0 \\ 1 \end{bmatrix}$,此为 $\lambda_1=\lambda_2=2$ 对应的线性无关的特征向量,将其正交化. 令

$$\boldsymbol{\beta}_1 = \boldsymbol{\alpha}_1 = \begin{bmatrix} -2 \\ 1 \\ 0 \end{bmatrix},$$

$$\boldsymbol{\beta}_2 = \boldsymbol{\alpha}_2 - \frac{(\boldsymbol{\beta}_1,\boldsymbol{\alpha}_2)}{(\boldsymbol{\beta}_1,\boldsymbol{\beta}_1)}\boldsymbol{\beta}_1 = \begin{bmatrix} 2 \\ 0 \\ 1 \end{bmatrix} - \frac{-4}{5}\begin{bmatrix} -2 \\ 1 \\ 0 \end{bmatrix} = \frac{1}{5}\begin{bmatrix} 2 \\ 4 \\ 5 \end{bmatrix},$$

再单位化,即令

$$\boldsymbol{\gamma}_1 = \frac{\boldsymbol{\beta}_1}{|\boldsymbol{\beta}_1|} = \frac{1}{\sqrt{5}}\begin{bmatrix} -2 \\ 1 \\ 0 \end{bmatrix},$$

$$\boldsymbol{\gamma}_2 = \frac{\boldsymbol{\beta}_2}{|\boldsymbol{\beta}_2|} = \frac{1}{3\sqrt{5}}\begin{bmatrix} 2 \\ 4 \\ 5 \end{bmatrix},$$

于是得正交阵

$$P=(\gamma_1,\gamma_2,\gamma_3)=\begin{bmatrix}-\frac{2}{\sqrt5} & \frac{2}{3\sqrt5} & \frac{1}{3}\\ \frac{1}{\sqrt5} & \frac{4}{3\sqrt5} & \frac{2}{3}\\ 0 & \frac{5}{3\sqrt5} & -\frac{2}{3}\end{bmatrix},$$

从而有

$$P^{-1}AP=P^{\mathrm T}AP=\begin{bmatrix}2 & & \\ & 2 & \\ & & -7\end{bmatrix}.$$

方法 2 先求出方程组$(2\boldsymbol{E}-\boldsymbol{A})\boldsymbol{x}=\boldsymbol{0}$的一个非零解，再求一个与其正交的另一个解. 由方法 1 中得到同解方程 $x_1+2x_2-2x_3=0$，由此任取一个解，可取

$$\boldsymbol{\alpha}_1=\begin{bmatrix}0\\1\\1\end{bmatrix}$$

作为 $\lambda_1=\lambda_2=2$ 对应的一个特征向量，再取特征向量

$$\boldsymbol{\alpha}_2=\begin{bmatrix}x_1\\x_2\\x_3\end{bmatrix},$$

且使 $\boldsymbol{\alpha}_1,\boldsymbol{\alpha}_2$ 正交，即$(\boldsymbol{\alpha}_1,\boldsymbol{\alpha}_2)=\boldsymbol{0}$，于是

$$\boldsymbol{\alpha}_2=\begin{bmatrix}x_1\\x_2\\x_3\end{bmatrix}$$

是方程组

$$\begin{cases}x_1+2x_2-2x_3=0,\\ \qquad\qquad x_2+x_3=0\end{cases}$$

的非零解，显然可取

$$\boldsymbol{\alpha}_2=\begin{bmatrix}4\\-1\\1\end{bmatrix},$$

则 $\boldsymbol{\alpha}_1,\boldsymbol{\alpha}_2$ 为 $\lambda_1=\lambda_2=2$ 对应的相互正交的特征向量，将其单位化. 令

$$\boldsymbol{\gamma}_1=\frac{\boldsymbol{\alpha}_1}{|\boldsymbol{\alpha}_1|}=\frac{1}{\sqrt2}\begin{bmatrix}0\\1\\1\end{bmatrix},$$

$$\boldsymbol{\gamma}_2 = \frac{\boldsymbol{\alpha}_2}{|\boldsymbol{\alpha}_2|} = \frac{1}{3\sqrt{2}}\begin{bmatrix} 4 \\ -1 \\ 1 \end{bmatrix},$$

于是得正交阵

$$\boldsymbol{P} = (\boldsymbol{\gamma}_1, \boldsymbol{\gamma}_2, \boldsymbol{\gamma}_3) = \begin{bmatrix} 0 & \frac{4}{3\sqrt{2}} & \frac{1}{3} \\ \frac{1}{\sqrt{2}} & \frac{-1}{3\sqrt{2}} & \frac{2}{3} \\ \frac{1}{\sqrt{2}} & \frac{1}{3\sqrt{2}} & -\frac{2}{3} \end{bmatrix},$$

从而有

$$\boldsymbol{P}^{-1}\boldsymbol{AP} = \boldsymbol{P}^{\mathrm{T}}\boldsymbol{AP} = \begin{bmatrix} 2 & & \\ & 2 & \\ & & -7 \end{bmatrix}.$$

方法 3　在方程组$(2\boldsymbol{E}-\boldsymbol{A})\boldsymbol{x}=\boldsymbol{0}$的用基础解系表示的通解中，适当选取通解中的参数值，以得出两个相互正交的特征向量，即解方程组$(2\boldsymbol{E}-\boldsymbol{A})\boldsymbol{x}=\boldsymbol{0}$，得

$$\begin{cases} x_1 = -2x_2 + 2x_3, \\ x_2 = x_2, \\ x_3 = x_3, \end{cases}$$

即通解

$$k_1\begin{bmatrix} -2 \\ 1 \\ 0 \end{bmatrix} + k_2\begin{bmatrix} 2 \\ 0 \\ 1 \end{bmatrix} \quad (k_1, k_2 \text{ 为任意常数}).$$

取 $\boldsymbol{\alpha}_1 = \begin{bmatrix} -2 \\ 1 \\ 0 \end{bmatrix}$，再取 $\boldsymbol{\alpha}_2 = k_1\begin{bmatrix} -2 \\ 1 \\ 0 \end{bmatrix} + k_2\begin{bmatrix} 2 \\ 0 \\ 1 \end{bmatrix}$

$= \begin{bmatrix} -2k_1 + 2k_2 \\ k_1 \\ k_2 \end{bmatrix}$（$k_1, k_2$ 不全为零，使得 $\boldsymbol{\alpha}_1, \boldsymbol{\alpha}_2$ 为相互正交的特征向量），

即由$(\boldsymbol{\alpha}_1, \boldsymbol{\alpha}_2)=\boldsymbol{0}$有

$$-2(-2k_1 + 2k_2) + k_1 = 5k_1 - 4k_2 = 0,$$

取 $k_1=4, k_2=5$，从而

$$\boldsymbol{\alpha}_2=\begin{bmatrix}2\\4\\5\end{bmatrix},$$

此时 $\boldsymbol{\alpha}_1,\boldsymbol{\alpha}_2$ 为 $\lambda_1=\lambda_2=2$ 对应的相互正交的特征向量.

再单位化,得

$$\boldsymbol{\gamma}_1=\frac{\boldsymbol{\alpha}_1}{|\boldsymbol{\alpha}_1|}=\frac{1}{\sqrt{5}}\begin{bmatrix}-2\\1\\0\end{bmatrix},$$

$$\boldsymbol{\gamma}_2=\frac{\boldsymbol{\alpha}_2}{|\boldsymbol{\alpha}_2|}=\frac{1}{3\sqrt{5}}\begin{bmatrix}2\\4\\5\end{bmatrix},$$

于是得正交阵

$$\boldsymbol{P}=(\boldsymbol{\gamma}_1,\boldsymbol{\gamma}_2,\boldsymbol{\gamma}_3)=\begin{bmatrix}-\frac{2}{\sqrt{5}} & \frac{2}{3\sqrt{5}} & \frac{1}{3}\\ \frac{1}{\sqrt{5}} & \frac{4}{3\sqrt{5}} & \frac{2}{3}\\ 0 & \frac{5}{3\sqrt{5}} & -\frac{2}{3}\end{bmatrix},$$

从而有

$$\boldsymbol{P}^{-1}\boldsymbol{AP}=\boldsymbol{P}^{\mathrm{T}}\boldsymbol{AP}=\begin{bmatrix}2 & & \\ & 2 & \\ & & -7\end{bmatrix}.$$

点评　正交变换阵不唯一.

【3-28】 设 $\boldsymbol{A}$ 为 n 阶是实对称矩阵,$\boldsymbol{\alpha}_1,\boldsymbol{\alpha}_2,\cdots,\boldsymbol{\alpha}_n$ 是 $\boldsymbol{A}$ 的 n 个相互正交的单位特征向量,依次对应于特征值 $\lambda_1,\lambda_2,\cdots,\lambda_n$,则 $\boldsymbol{A}=\lambda_1\boldsymbol{\alpha}_1\boldsymbol{\alpha}_1^{\mathrm{T}}+\lambda_2\boldsymbol{\alpha}_2\boldsymbol{\alpha}_2^{\mathrm{T}}+\cdots+\lambda_n\boldsymbol{\alpha}_n\boldsymbol{\alpha}_n^{\mathrm{T}}$.

证明　令 $\boldsymbol{Q}=(\boldsymbol{\alpha}_1,\boldsymbol{\alpha}_2,\cdots,\boldsymbol{\alpha}_n)$则 $\boldsymbol{Q}$ 为正交阵,且有

$$\boldsymbol{Q}^{-1}\boldsymbol{AQ}=\boldsymbol{Q}^{\mathrm{T}}\boldsymbol{AQ}=\begin{bmatrix}\lambda_1 & & & \\ & \lambda_2 & & \\ & & \ddots & \\ & & & \lambda_n\end{bmatrix},$$

于是

$$A=Q\begin{bmatrix}\lambda_1 & & & \\ & \lambda_2 & & \\ & & \ddots & \\ & & & \lambda_n\end{bmatrix}Q^{\mathrm{T}}$$

$$=(\boldsymbol{\alpha}_1,\boldsymbol{\alpha}_2,\cdots,\boldsymbol{\alpha}_n)\begin{bmatrix}\lambda_1 & & & \\ & \lambda_2 & & \\ & & \ddots & \\ & & & \lambda_n\end{bmatrix}\begin{bmatrix}\boldsymbol{\alpha}_1^{\mathrm{T}}\\ \boldsymbol{\alpha}_2^{\mathrm{T}}\\ \vdots \\ \boldsymbol{\alpha}_n^{\mathrm{T}}\end{bmatrix}$$

$$=\lambda_1\boldsymbol{\alpha}_1\boldsymbol{\alpha}_1^{\mathrm{T}}+\lambda_2\boldsymbol{\alpha}_2\boldsymbol{\alpha}_2^{\mathrm{T}}+\cdots+\lambda_n\boldsymbol{\alpha}_n\boldsymbol{\alpha}_n^{\mathrm{T}},$$

得证.

点评 此题提供了“已知实对称矩阵 **A** 的 n 个特征值及依次对应的特征向量，求 **A**”的另一种方法. 如已知 3 阶方阵 **A** 的 3 个特征值为 $\lambda_1=-2,\lambda_2=\lambda_3=2$，且 $\lambda_1=-2$对应的特征向量为 $\boldsymbol{\alpha}_1=\begin{bmatrix}1\\1\\1\end{bmatrix}$，那么可求出与 $\boldsymbol{\alpha}_1$ 正交的 $\lambda_2=\lambda_3=2$ 对应的相互正交的特征向量为 $\boldsymbol{\alpha}_2=\begin{bmatrix}-1\\1\\0\end{bmatrix}$，$\boldsymbol{\alpha}_3=\begin{bmatrix}1\\1\\-2\end{bmatrix}$，于是 **A** 的 3 个单位正交特征向量为

$$\boldsymbol{\varepsilon}_1=\frac{1}{\sqrt{3}}\begin{bmatrix}1\\1\\1\end{bmatrix},\quad \boldsymbol{\varepsilon}_2=\frac{1}{\sqrt{2}}\begin{bmatrix}-1\\1\\0\end{bmatrix},\quad \boldsymbol{\varepsilon}_3=\frac{1}{\sqrt{6}}\begin{bmatrix}1\\1\\-2\end{bmatrix},$$

因而

$$\boldsymbol{A}=\lambda_1\boldsymbol{\varepsilon}_1\boldsymbol{\varepsilon}_1^{\mathrm{T}}+\lambda_2\boldsymbol{\varepsilon}_2\boldsymbol{\varepsilon}_2^{\mathrm{T}}+\lambda_3\boldsymbol{\varepsilon}_3\boldsymbol{\varepsilon}_3^{\mathrm{T}}$$

$$=-2\frac{1}{\sqrt{3}}\begin{bmatrix}1\\1\\1\end{bmatrix}\frac{1}{\sqrt{3}}(1\quad 1\quad 1)+2\frac{1}{\sqrt{2}}\begin{bmatrix}-1\\1\\0\end{bmatrix}\frac{1}{\sqrt{2}}(-1\quad 1\quad 0)+$$

$$2\frac{1}{\sqrt{6}}\begin{bmatrix}1\\1\\-2\end{bmatrix}\frac{1}{\sqrt{6}}(1\quad 1\quad -2)$$

$$=\frac{1}{3}\begin{bmatrix}2 & -4 & -4\\ -4 & 2 & -4\\ -4 & -4 & 2\end{bmatrix}.$$

【3-29】 n 阶实对称矩阵 **A** 的非零特征值的个数必为 $r(\boldsymbol{A})$.

证明 由于 $\boldsymbol{A}$ 为 n 阶实对称矩阵，故 $\boldsymbol{A}$ 必相似于对角矩阵，即存在可逆矩阵 $\boldsymbol{P}$，使得

$$\boldsymbol{P}^{-1}\boldsymbol{AP}=\begin{bmatrix}\lambda_1 & & & \\ & \lambda_2 & & \\ & & \ddots & \\ & & & \lambda_n\end{bmatrix}\quad(\text{其中 }\lambda_1,\lambda_2,\cdots,\lambda_n\text{ 为 }\boldsymbol{A}\text{ 的 }n\text{ 个特征值}),$$

由于相似矩阵具有相同的秩数，故有

$$r(\boldsymbol{A})=r\begin{bmatrix}\lambda_1 & & & \\ & \lambda_2 & & \\ & & \ddots & \\ & & & \lambda_n\end{bmatrix},$$

因为对角矩阵的秩数等于其主对角线上非零元素的个数，而这些非零元素即是 $\boldsymbol{A}$ 的非零特征值，由此证出 n 阶实对称矩阵 $\boldsymbol{A}$ 的非零特征值的个数必为 $r(\boldsymbol{A})$.

点评 (1) 非对称矩阵就不具备此性质，这是由于非对称矩阵不一定可相似于对角矩阵，如 $\boldsymbol{A}=\begin{bmatrix}4 & 2 & -5\\ 6 & 4 & -9\\ 5 & 3 & -7\end{bmatrix}$ 的特征值分别为 $\lambda_1=\lambda_2=0,\lambda_3=1$，$\boldsymbol{A}$ 的非零特征值的个数为 1 个，但是 $r(\boldsymbol{A})=2$. 显然有 $\boldsymbol{A}$ 的非零特征值的个数不等于 $r(\boldsymbol{A})=2$.

(2) 此题可叙述为：若方阵 $\boldsymbol{A}$ 可相似于对角矩阵，则 $\boldsymbol{A}$ 的非零特征值的个数必等于 $r(\boldsymbol{A})$.

【3-30】 设 $a_0,a_2,\cdots,a_{n-1}$ 为 n 个实数，方阵

$$\boldsymbol{A}=\begin{bmatrix}0 & 1 & 0 & 0 & \cdots & 0 & 0\\ 0 & 0 & 1 & 0 & \cdots & 0 & 0\\ \vdots & \vdots & \vdots & \vdots & & \vdots & \vdots\\ 0 & 0 & 0 & 0 & \cdots & 0 & 1\\ -a_0 & -a_1 & -a_2 & -a_3 & \cdots & -a_{n-2} & -a_{n-1}\end{bmatrix}.$$

(1) 若 λ 是 $\boldsymbol{A}$ 的一个特征值，证明：$\boldsymbol{\alpha}=(1\quad\lambda\quad\lambda^2\quad\cdots\quad\lambda^{n-1})^{\mathrm{T}}$ 是 $\boldsymbol{A}$ 的对应于 λ 的特征向量；

(2) 若 $\boldsymbol{A}$ 的特征值两两互异，则求一可逆阵 $\boldsymbol{P}$，使得 $\boldsymbol{P}^{-1}\boldsymbol{AP}$ 为对角阵.

证明 (1) $\boldsymbol{A}$ 的特征多项式

$$|\lambda \boldsymbol{E}-\boldsymbol{A}|=\begin{vmatrix}\lambda & -1 & 0 & 0 & \cdots & 0 & 0 \\ 0 & \lambda & -1 & 0 & \cdots & 0 & 0 \\ \vdots & \vdots & \vdots & \vdots & & \vdots & \vdots \\ 0 & 0 & 0 & 0 & \cdots & \lambda & -1 \\ a_0 & a_1 & a_2 & a_3 & \cdots & a_{n-2} & \lambda+a_{n-1}\end{vmatrix}$$

$$=\lambda^n+a_{n-1}\lambda^{n-1}+\cdots+a_1\lambda+a_0,$$

因 λ 是 $\boldsymbol{A}$ 的特征值，故

$$|\lambda \boldsymbol{E}-\boldsymbol{A}|=\lambda^n+a_{n-1}\lambda^{n-1}+\cdots+a_1\lambda+a_0=0,$$

于是得到

$$|\lambda \boldsymbol{E}-\boldsymbol{A}|=\lambda^n=-(a_{n-1}\lambda^{n-1}+\cdots+a_1\lambda+a_0),$$

而

$$\boldsymbol{A\alpha}=\begin{bmatrix}0 & 1 & 0 & 0 & \cdots & 0 & 0 \\ 0 & 0 & 1 & 0 & \cdots & 0 & 0 \\ \vdots & \vdots & \vdots & \vdots & & \vdots & \vdots \\ 0 & 0 & 0 & 0 & \cdots & 0 & 1 \\ -a_0 & -a_1 & -a_2 & -a_3 & \cdots & -a_{n-2} & -a_{n-1}\end{bmatrix}\begin{bmatrix}1 \\ \lambda \\ \lambda_2 \\ \vdots \\ \lambda^{n-1}\end{bmatrix}$$

$$=\begin{bmatrix}\lambda \\ \lambda^2 \\ \lambda^3 \\ \vdots \\ \lambda^{n-1} \\ -(a_0+a_1\lambda+\cdots+a_{n-1}\lambda^{n-1})\end{bmatrix}=\begin{bmatrix}\lambda \\ \lambda^2 \\ \lambda^3 \\ \vdots \\ \lambda^{n-1} \\ \lambda^n\end{bmatrix}=\lambda\begin{bmatrix}1 \\ \lambda \\ \lambda^2 \\ \vdots \\ \lambda^{n-1}\end{bmatrix}=\lambda\boldsymbol{\alpha},$$

因而，$\boldsymbol{\alpha}=(1\quad \lambda\quad \lambda^2\quad \cdots\quad \lambda^{n-1})^{\mathrm{T}}$ 是 $\boldsymbol{A}$ 的对应于 λ 的特征向量，故 $\boldsymbol{\alpha}_i=(1\quad \lambda_i\quad \lambda_i^2\quad \cdots\quad \lambda_i^{n-1})^{\mathrm{T}}$ 是 $\boldsymbol{A}$ 的对应于 λ_i 的特征向量 $(i=1,2,\cdots,n)$.

(2) 由于 $\boldsymbol{A}$ 的特征值 $\lambda_1,\lambda_2,\cdots,\lambda_n$ 两两互异，故依次对应的特征向量：$\boldsymbol{\alpha}_1,\boldsymbol{\alpha}_2,\cdots,\boldsymbol{\alpha}_n$ 线性无关，因为 $\boldsymbol{A\alpha}_i=\lambda_i\boldsymbol{\alpha}_i\,(i=1,2,\cdots,n)$，令 $\boldsymbol{P}=(\boldsymbol{\alpha}_1,\boldsymbol{\alpha}_2,\cdots,\boldsymbol{\alpha}_n)$，则有

$$\boldsymbol{AP}=\boldsymbol{P}\begin{bmatrix}\lambda_1 & & & \\ & \lambda_2 & & \\ & & \ddots & \\ & & & \lambda_n\end{bmatrix},$$

故有

$$P^{-1}AP = \begin{bmatrix} \lambda_1 & & & \\ & \lambda_2 & & \\ & & \ddots & \\ & & & \lambda_n \end{bmatrix},$$

从而 $\boldsymbol{P}$ 即为所求.

【3-31】 已知 $f(x_1,x_2,x_3)=\boldsymbol{x}^{\mathrm{T}}\boldsymbol{B}\boldsymbol{x}$,其中 $\boldsymbol{B}=\begin{bmatrix} 1 & 3 & 5 \\ 2 & 4 & 6 \\ 7 & 8 & 5 \end{bmatrix}$, $\boldsymbol{x}=\begin{bmatrix} x_1 \\ x_2 \\ x_3 \end{bmatrix}$,问 $f(x_1,x_2,x_3)=\boldsymbol{x}^{\mathrm{T}}\boldsymbol{B}\boldsymbol{x}$ 是否是关于 x_1,x_2,x_3 的二次型? $\boldsymbol{B}$ 是否是二次型的矩阵? 写出 f 的矩阵表达式.

解 f 是关于 x_1,x_2,x_3 的二次型,但 $\boldsymbol{B}$ 不是 f 的矩阵. 求 f 的矩阵有以下两种方法.

方法 1 由于

$$\begin{aligned} f(x_1,x_2,x_3) &= (x_1x_2x_3)\begin{bmatrix} 1 & 3 & 5 \\ 2 & 4 & 6 \\ 7 & 8 & 5 \end{bmatrix}\begin{bmatrix} x_1 \\ x_2 \\ x_3 \end{bmatrix} \\ &= x_1^2+4x_2^2+5x_3^2+5x_1x_2+12x_1x_3+14x_2x_3, \end{aligned}$$

所以二次型 f 的矩阵

$$\boldsymbol{A} = \begin{bmatrix} 1 & \frac{5}{2} & 6 \\ \frac{5}{2} & 4 & 7 \\ 6 & 7 & 5 \end{bmatrix},$$

f 的矩阵表达式为

$$f(x_1,x_2,x_3) = \boldsymbol{x}^{\mathrm{T}}\boldsymbol{A}\boldsymbol{x}.$$

方法 2 注意到 $\boldsymbol{x}^{\mathrm{T}}\boldsymbol{B}\boldsymbol{x}$ 是 1×1 矩阵,故其转置不变,因而有

$$\begin{aligned} f &= \boldsymbol{x}^{\mathrm{T}}\boldsymbol{B}\boldsymbol{x} = (\boldsymbol{x}^{\mathrm{T}}\boldsymbol{B}\boldsymbol{x})^{\mathrm{T}} = \frac{1}{2}[\boldsymbol{x}^{\mathrm{T}}\boldsymbol{B}\boldsymbol{x}+(\boldsymbol{x}^{\mathrm{T}}\boldsymbol{B}\boldsymbol{x})^{\mathrm{T}}] \\ &= \frac{1}{2}(\boldsymbol{x}^{\mathrm{T}}\boldsymbol{B}\boldsymbol{x}+\boldsymbol{x}^{\mathrm{T}}\boldsymbol{B}^{\mathrm{T}}\boldsymbol{x}) = \frac{1}{2}\boldsymbol{x}^{\mathrm{T}}(\boldsymbol{B}+\boldsymbol{B}^{\mathrm{T}})\boldsymbol{x} = \boldsymbol{x}^{\mathrm{T}}\,\frac{\boldsymbol{B}+\boldsymbol{B}^{\mathrm{T}}}{2}\boldsymbol{x}, \end{aligned}$$

此时 $\frac{1}{2}(\boldsymbol{B}+\boldsymbol{B}^{\mathrm{T}})$ 是对称矩阵,故 f 的矩阵

$$A=\frac{B+B^{T}}{2}=\frac{1}{2}\left[\begin{bmatrix}1&3&5\\2&4&6\\7&8&5\end{bmatrix}+\begin{bmatrix}1&2&7\\3&4&8\\5&6&5\end{bmatrix}\right]=\begin{bmatrix}1&\frac{5}{2}&6\\\frac{5}{2}&4&7\\6&7&5\end{bmatrix},$$

因此

$$f=\boldsymbol{x}^{T}A\boldsymbol{x}.$$

点评 注意二次型矩阵表达式定义中的规定，二次型 f 的矩阵必须是对称矩阵.

【3-32】 设 $\boldsymbol{A}$ 为 n 阶实对称矩阵，$r(\boldsymbol{A})=n$，$\boldsymbol{A}_{ij}$ 是 $\boldsymbol{A}=(a_{ij})_{n\times n}$ 中元素 $a_{ij}(i,j=1,2,\cdots,n)$ 的代数余子式. 二次型 $f(x_1,x_2,\cdots,x_n)=\sum\limits_{i=1}^{n}\sum\limits_{j=1}^{n}\frac{\boldsymbol{A}_{ij}}{|\boldsymbol{A}|}x_ix_j$.

(1) 记 $\boldsymbol{x}=(x_1,x_2,\cdots,x_n)^{T}$，把 $f(x_1,x_2,\cdots,x_n)$ 写成矩阵表达式，并证明二次型 $f(\boldsymbol{x})$ 的矩阵为 $\boldsymbol{A}^{-1}$；

(2) 二次型 $g(\boldsymbol{x})=\boldsymbol{x}^{T}\boldsymbol{A}\boldsymbol{x}$ 与 $f(\boldsymbol{x})$ 的规范形是否相同，说明理由.

解 (1) 将题设二次型写成矩阵表达式

$$f(x_1,x_2,\cdots,x_n)=(x_1,x_2,\cdots,x_n)\frac{1}{|\boldsymbol{A}|}\begin{bmatrix}\boldsymbol{A}_{11}&\boldsymbol{A}_{12}&\cdots&\boldsymbol{A}_{1n}\\\boldsymbol{A}_{21}&\boldsymbol{A}_{22}&\cdots&\boldsymbol{A}_{2n}\\\vdots&\vdots&&\vdots\\\boldsymbol{A}_{n1}&\boldsymbol{A}_{n2}&\cdots&\boldsymbol{A}_{nn}\end{bmatrix}\begin{bmatrix}x_1\\x_2\\\vdots\\x_n\end{bmatrix},$$

由于 $\boldsymbol{A}^{T}=\boldsymbol{A}$，$r(\boldsymbol{A})=n$，故 $\boldsymbol{A}$ 为可逆矩阵，所以 $(\boldsymbol{A}^{-1})^{T}=(\boldsymbol{A}^{T})^{-1}=\boldsymbol{A}^{-1}$，即 $\boldsymbol{A}^{-1}$ 也是对称矩阵，于是对于 $\boldsymbol{A}$ 的伴随矩阵 $\boldsymbol{A}^{*}$，有

$$(\boldsymbol{A}^{*})^{T}=(|\boldsymbol{A}|\boldsymbol{A}^{-1})^{T}=|\boldsymbol{A}|(\boldsymbol{A}^{-1})^{T}=|\boldsymbol{A}|\boldsymbol{A}^{-1}=\boldsymbol{A}^{*},$$

即 $\boldsymbol{A}^{*}$ 也是实对称矩阵，故 $\boldsymbol{A}^{*}$ 的元素有 $\boldsymbol{A}_{ij}=\boldsymbol{A}_{ji}(i,j=1,2,\cdots,n)$，因此二次型的矩阵是

$$\frac{1}{|\boldsymbol{A}|}\boldsymbol{A}^{*},$$

即

$$\frac{1}{|\boldsymbol{A}|}\boldsymbol{A}^{*}=\boldsymbol{A}^{-1},$$

二次型的矩阵表达式为 $f(\boldsymbol{x})=\boldsymbol{x}^{T}\boldsymbol{A}^{-1}\boldsymbol{x}$.

(2) 由于 $\boldsymbol{A}$ 与 $\boldsymbol{A}^{-1}$ 的特征值按“倒数”关系成一一对应，得知二次型 $g(\boldsymbol{x})=\boldsymbol{x}^{T}\boldsymbol{A}\boldsymbol{x}$ 与 $f(\boldsymbol{x})=\boldsymbol{x}^{T}\boldsymbol{A}^{-1}\boldsymbol{x}$ 有相同的正、负惯性指数，从而有相同的规范形.

点评 合同的实对称矩阵所对应的二次型有同一规范形. 此题也可由 $(\boldsymbol{A}^{-1})^{T}\boldsymbol{A}\boldsymbol{A}^{-1}=(\boldsymbol{A}^{T})^{-1}\boldsymbol{E}=\boldsymbol{A}^{-1}$ 知 $\boldsymbol{A}$ 与 $\boldsymbol{A}^{-1}$ 合同，因此二次型 $g(\boldsymbol{x})=\boldsymbol{x}^{T}\boldsymbol{A}\boldsymbol{x}$ 与

$f(\boldsymbol{x})=\boldsymbol{x}^{\mathrm{T}}\boldsymbol{A}^{-1}\boldsymbol{x}$ 有相同的规范形.

【3-33】 设 $f(x_1,x_2,x_3)=(x_1+x_2)^2+x_3^2+2ax_1x_3+2bx_2x_3$,经正交变换后化二次型为标准形 $f=y_2^2+2y_3^2$,求参数 a,b,的值,并求出该正交变换 $\boldsymbol{x}=\boldsymbol{Q}\boldsymbol{y}$.

解 二次型 f 的矩阵及标准形矩阵分别为

$$\boldsymbol{A}=\begin{bmatrix}1&1&a\\1&1&b\\a&b&1\end{bmatrix},\boldsymbol{\Lambda}=\begin{bmatrix}0&&\\&1&\\&&2\end{bmatrix},$$

又 f 经正交变换化为标准形,故 $\boldsymbol{A}$ 的特征值为 0,1,2,于是有

$$|0\boldsymbol{E}-\boldsymbol{A}|=\begin{vmatrix}-1&-1&-a\\-1&-1&-b\\-a&-b&-1\end{vmatrix}=(a-b)^2=0,$$

得

$$a=b,$$

又由

$$|1\boldsymbol{E}-\boldsymbol{A}|=\begin{vmatrix}0&-1&-a\\-1&0&-a\\-a&-a&0\end{vmatrix}=-2a^2=0,$$

由此得

$$a=b=0.$$

当特征值 $\lambda_1=0$ 时,由方程组 $(0\boldsymbol{E}-\boldsymbol{A})\boldsymbol{x}=\boldsymbol{0}$,求出对应于特征值 $\lambda_1=0$ 的特征向量

$$\boldsymbol{\alpha}_1=\begin{bmatrix}-1\\1\\0\end{bmatrix},$$

同理,求出对应于特征值 $\lambda_2=1$ 的特征向量

$$\boldsymbol{\alpha}_2=\begin{bmatrix}0\\0\\1\end{bmatrix},$$

以及对应于特征值 $\lambda_3=2$ 的特征向量

$$\boldsymbol{\alpha}_3=\begin{bmatrix}1\\1\\0\end{bmatrix},$$

由于 $\boldsymbol{A}$ 是实对称矩阵,故不同的特征值对应的特征向量 $\boldsymbol{\alpha}_1,\boldsymbol{\alpha}_2,\boldsymbol{\alpha}_3$ 两两正交.

将其单位化:

$$\boldsymbol{q}_1=\begin{bmatrix}-\frac{1}{\sqrt{2}}\\ \frac{1}{\sqrt{2}}\\ 0\end{bmatrix},\boldsymbol{q}_2=\begin{bmatrix}0\\0\\1\end{bmatrix},\boldsymbol{q}_3=\begin{bmatrix}\frac{1}{\sqrt{2}}\\ \frac{1}{\sqrt{2}}\\ 0\end{bmatrix},$$

故该正交变换 $\boldsymbol{x}=\boldsymbol{Q}\boldsymbol{y}$，即

$$\begin{bmatrix}x_1\\x_2\\x_3\end{bmatrix}=\begin{bmatrix}-\frac{1}{\sqrt{2}} & 0 & \frac{1}{\sqrt{2}}\\ \frac{1}{\sqrt{2}} & 0 & \frac{1}{\sqrt{2}}\\ 0 & 1 & 0\end{bmatrix}\begin{bmatrix}y_1\\y_2\\y_3\end{bmatrix}.$$

点评　本题二次型的标准形已给定，故二次型矩阵 $\boldsymbol{A}$ 的相似对角矩阵 $\boldsymbol{\Lambda}$ 已确定，所以在求相似变换矩阵时，必须注意特征向量的排列顺序，即对角矩阵 $\boldsymbol{\Lambda}$ 主对角线上的元素即 $\boldsymbol{A}$ 的特征值的顺序，决定相似变换矩阵的列向量，即对应的特征向量的顺序，两者必须一致.

【3-34】　已知 $\boldsymbol{A}$ 是 n 阶实对称可逆矩阵，$\lambda_1,\lambda_2,\cdots,\lambda_n$ 是其特征值，求二次型

$$\boldsymbol{P}^{\mathrm{T}}\boldsymbol{B}\boldsymbol{P}=\boldsymbol{P}^{\mathrm{T}}\begin{bmatrix}\boldsymbol{0} & \boldsymbol{A}\\ \boldsymbol{A} & \boldsymbol{0}\end{bmatrix}\boldsymbol{P}$$

的标准形及正负惯性指数.

解　$\boldsymbol{B}=\begin{bmatrix}\boldsymbol{0} & \boldsymbol{A}\\ \boldsymbol{A} & \boldsymbol{0}\end{bmatrix}$，显然，$\boldsymbol{B}$ 为实对称矩阵，$\boldsymbol{B}$ 的特征值就是二次型的标准形的系数.

$$\begin{aligned}|\lambda\boldsymbol{E}-\boldsymbol{B}|&=\begin{vmatrix}\lambda\boldsymbol{E} & -\boldsymbol{A}\\ -\boldsymbol{A} & \lambda\boldsymbol{E}\end{vmatrix}=\begin{vmatrix}\lambda\boldsymbol{E}-\boldsymbol{A} & \lambda\boldsymbol{E}-\boldsymbol{A}\\ -\boldsymbol{A} & \lambda\boldsymbol{E}\end{vmatrix}\\&=\begin{vmatrix}\lambda\boldsymbol{E}-\boldsymbol{A} & \boldsymbol{0}\\ -\boldsymbol{A} & \lambda\boldsymbol{E}+\boldsymbol{A}\end{vmatrix}=|\lambda\boldsymbol{E}-\boldsymbol{A}|\,|\lambda\boldsymbol{E}+\boldsymbol{A}|,\end{aligned}$$

又由于 $\boldsymbol{A}$ 的特征值为 $\lambda_1,\lambda_2,\cdots,\lambda_n$，故 $-\boldsymbol{A}$ 的特征值为 $-\lambda_1,-\lambda_2,\cdots,-\lambda_n$，因而 $\boldsymbol{B}$ 的特征值为 $\pm\lambda_1,\pm\lambda_2,\cdots,\pm\lambda_n$，故经正交变换，可得标准形

$$\boldsymbol{P}^{\mathrm{T}}\boldsymbol{B}\boldsymbol{P}=\lambda_1y_1^2+\lambda_2y_2^2+\cdots+\lambda_ny_n^2-\lambda_1y_{n+1}^2-\lambda_2y_{n+2}^2-\cdots-\lambda_ny_{2n}^2.$$

$\boldsymbol{A}$ 为可逆矩阵，故 $\lambda_1,\lambda_2,\cdots,\lambda_n$ 全不为 0，因而 $\pm\lambda_1,\pm\lambda_2,\cdots,\pm\lambda_n$ 中必有 n 个正数，n 个负数，即 $\boldsymbol{P}^{\mathrm{T}}\boldsymbol{B}\boldsymbol{P}$ 的正惯性指数和负惯性指数相等，均为 n.

点评　**二次型的标准形并不唯一**，这是由于所用的非退化变换的不同所致，只有正交变换所得的标准形的系数是二次型的矩阵 $\boldsymbol{A}$ 的特征值，但**二次型的规范标准形是唯一的**，从而正惯性指数和负惯性指数是不变的.

【3-35】 (1) 证明:矩阵 $\begin{bmatrix} a_1+a_2+a_3 & a_2+a_3 & a_3 \\ a_2+a_3 & a_2+a_3 & a_3 \\ a_3 & a_3 & a_3 \end{bmatrix}$ 与 $\begin{bmatrix} k_3a_3 & & \\ & k_2a_3 & \\ & & k_1a_1 \end{bmatrix}$ 合同,其中 k_1,k_2,k_3 为大于 0 的常数;

(2) 把 n 阶实二次型按其矩阵的合同关系分类(即矩阵合同的二次型都归为同一类),共分几类?

解 (1) 记 $\boldsymbol{A}=\begin{bmatrix} a_1+a_2+a_3 & a_2+a_3 & a_3 \\ a_2+a_3 & a_2+a_3 & a_3 \\ a_3 & a_3 & a_3 \end{bmatrix}$,$\boldsymbol{A}$ 为对称阵,则

$$\begin{aligned} f(x_1,x_2,x_3) &= (a_1+a_2+a_3)x_1^2+2(a_2+a_3)x_1x_2+2a_3x_1x_3+ \\ &\quad (a_2+a_3)x_2^2+2a_3x_2x_3+a_3x_3^2 \\ &= a_3(x_1^2+2x_1x_2+x_2^2+2x_1x_3+2x_2x_3+x_3^2)+ \\ &\quad a_2(x_1^2+2x_1x_2+x_2^2)+a_1x_1^2, \\ &= a_1x_1^2+a_2(x_1+x_2)^2+a_3(x_1+x_2+x_3)^2 \end{aligned}$$

令 $\begin{cases} y_1=x_1, \\ y_2=x_1+x_2, \\ y_3=x_1+x_2+x_3, \end{cases}$ 即 $\begin{cases} x_1=y_1, \\ x_2=y_2-y_1, \\ x_3=y_3-y_2, \end{cases}$ 亦即

$$\begin{bmatrix} x_1 \\ x_2 \\ x_3 \end{bmatrix}=\begin{bmatrix} 1 & 0 & 0 \\ -1 & 1 & 0 \\ 0 & -1 & 1 \end{bmatrix}\begin{bmatrix} y_1 \\ y_2 \\ y_3 \end{bmatrix},$$

令 $\boldsymbol{P}_1=\begin{bmatrix} 1 & 0 & 0 \\ -1 & 1 & 0 \\ 0 & -1 & 1 \end{bmatrix}$,$\boldsymbol{P}_1$ 可逆,则 $\boldsymbol{x}=\boldsymbol{P}_1\boldsymbol{y}$ 为非退化线性变换. 二次型可化为标准形

$$f(y_1,y_2,y_3)=a_1y_1^2+a_2y_2^2+a_3y_3^2,$$

即

$$f=\boldsymbol{x}^{\mathrm{T}}\boldsymbol{A}\boldsymbol{x}=(\boldsymbol{P}_1\boldsymbol{y})^{\mathrm{T}}\boldsymbol{A}\boldsymbol{P}_1\boldsymbol{y}=\boldsymbol{y}^{\mathrm{T}}(\boldsymbol{P}_1^{\mathrm{T}}\boldsymbol{A}\boldsymbol{P}_1)\boldsymbol{y}=\boldsymbol{y}^{\mathrm{T}}\boldsymbol{\Lambda}\boldsymbol{y},$$

其中 $\boldsymbol{P}_1^{\mathrm{T}}\boldsymbol{A}\boldsymbol{P}_1=\boldsymbol{\Lambda}$,故 $\boldsymbol{A}$ 与 $\boldsymbol{\Lambda}=\begin{bmatrix} a_1 & & \\ & a_2 & \\ & & a_3 \end{bmatrix}$ 合同.

再令

$$\boldsymbol{P}_2=\begin{bmatrix} & & \sqrt{k_1} \\ & \sqrt{k_2} & \\ \sqrt{k_3} & & \end{bmatrix},$$

则 $\boldsymbol{P}_2$ 可逆，且 $\boldsymbol{P}_2^{\mathrm{T}}=\begin{bmatrix} & & \sqrt{k_3} \\ & \sqrt{k_2} & \\ \sqrt{k_1} & & \end{bmatrix}$，有

$$\boldsymbol{P}_2^{\mathrm{T}}\begin{bmatrix} a_1 & & \\ & a_2 & \\ & & a_3 \end{bmatrix}\boldsymbol{P}_2=\begin{bmatrix} k_3a_3 & & \\ & k_2a_2 & \\ & & k_1a_1 \end{bmatrix}.$$

令 $\boldsymbol{P}=\boldsymbol{P}_1\boldsymbol{P}_2=\begin{bmatrix} 0 & 0 & \sqrt{k_1} \\ 0 & \sqrt{k_2} & -\sqrt{k_1} \\ \sqrt{k_3} & -\sqrt{k_2} & 0 \end{bmatrix}$，$\boldsymbol{P}$ 为可逆阵，且有

$$\boldsymbol{P}^{\mathrm{T}}\boldsymbol{A}\boldsymbol{P}=(\boldsymbol{P}_1\boldsymbol{P}_2)^{\mathrm{T}}\boldsymbol{A}(\boldsymbol{P}_1\boldsymbol{P}_2)=\boldsymbol{P}_2^{\mathrm{T}}(\boldsymbol{P}_1^{\mathrm{T}}\boldsymbol{A}\boldsymbol{P}_1)\boldsymbol{P}_2$$

$$=\boldsymbol{P}_2^{\mathrm{T}}\begin{bmatrix} a_1 & & \\ & a_2 & \\ & & a_3 \end{bmatrix}\boldsymbol{P}_2=\begin{bmatrix} k_3a_3 & & \\ & k_2a_2 & \\ & & k_1a_1 \end{bmatrix},$$

故 $\boldsymbol{A}$ 与 $\begin{bmatrix} k_3a_3 & & \\ & k_2a_2 & \\ & & k_1a_1 \end{bmatrix}$ 合同.

(2) 设 n 阶实二次型对应的矩阵为 $\boldsymbol{A}$，则存在可逆矩阵 $\boldsymbol{P}$，使

$$\boldsymbol{P}^{\mathrm{T}}\boldsymbol{A}\boldsymbol{P}=\boldsymbol{D}=\begin{bmatrix} d_1 & & & & & & \\ & d_2 & & & & & \\ & & \ddots & & & & \\ & & & d_r & & & \\ & & & & 0 & & \\ & & & & & \ddots & \\ & & & & & & 0 \end{bmatrix},$$

其中 $d_i=\pm1(i=1,2,\cdots,r)$，$r=r(\boldsymbol{A})$，且记 1 的个数为 p，-1 的个数为 q，有 $p+q=r$. 这里，数 r 所有可能取的值为 $0,1,2,\cdots,n$，对同一个 r，p 可取的值为 $0,1,2,\cdots,r$，共 $r+1$ 种可能，故形式如 $\boldsymbol{D}$ 的矩阵共有的种数为 $1+2+3+\cdots+n+(n+1)$，即矩阵的合同关系共有 $\dfrac{(n+1)(n+2)}{2}$ 类.

点评 二次型的矩阵 $\boldsymbol{A}$ 与其标准形 $\boldsymbol{\Lambda}$ 为合同矩阵，即存在可逆矩阵 $\boldsymbol{P}$，使得 $\boldsymbol{P}^{\mathrm{T}}\boldsymbol{A}\boldsymbol{P}=\boldsymbol{\Lambda}$.

若将二次型化为规范标准形，即 $\boldsymbol{A}$ 与矩阵

$$\boldsymbol{D}=\begin{bmatrix} d_1 & & & & & & \\ & d_2 & & & & & \\ & & \ddots & & & & \\ & & & d_R & & & \\ & & & & 0 & & \\ & & & & & \ddots & \\ & & & & & & 0 \end{bmatrix}$$

合同，其中 $d_i=\pm 1(i=1,2,\cdots,r)$，$r=r(\boldsymbol{A})$.

【3-36】 设 $\boldsymbol{A}$ 是秩数为 r 的 n 阶实对称矩阵，证明：$\boldsymbol{A}$ 可表示成 r 个秩数为 1 的实对称矩阵之和.

证明 由于 $\boldsymbol{A}$ 是秩数为 r 的实对称矩阵，故 $\boldsymbol{A}$ 合同于一个秩数为 r 的对角形矩阵，即存在适当的可逆矩阵 $\boldsymbol{P}$，使得

$$\boldsymbol{A}=\boldsymbol{P}\begin{bmatrix} d_1 & & & & & \\ & \ddots & & & & \\ & & d_R & & & \\ & & & 0 & & \\ & & & & \ddots & \\ & & & & & 0 \end{bmatrix}\boldsymbol{P}^{\mathrm{T}},$$

其中 $d_1,\cdots,d_r$ 为非零常数.

令可逆矩阵 $\boldsymbol{P}$ 按列分块为 $\boldsymbol{P}=(\boldsymbol{\alpha}_1,\boldsymbol{\alpha}_2,\cdots,\boldsymbol{\alpha}_n)$，则

$$\boldsymbol{A}=(\boldsymbol{\alpha}_1,\boldsymbol{\alpha}_2,\cdots,\boldsymbol{\alpha}_n)\begin{bmatrix} d_1 & & & & & \\ & \ddots & & & & \\ & & d_r & & & \\ & & & 0 & & \\ & & & & \ddots & \\ & & & & & 0 \end{bmatrix}\begin{bmatrix}\boldsymbol{\alpha}_1^{\mathrm{T}} \\ \vdots \\ \boldsymbol{\alpha}_r^{\mathrm{T}} \\ \vdots \\ \boldsymbol{\alpha}_n^{\mathrm{T}}\end{bmatrix}$$

$$=(\boldsymbol{\alpha}_1,\boldsymbol{\alpha}_2,\cdots,\boldsymbol{\alpha}_n)\begin{bmatrix} d_1\boldsymbol{\alpha}_1^{\mathrm{T}} \\ \vdots \\ d_r\boldsymbol{\alpha}_r^{\mathrm{T}} \\ \vdots \\ \boldsymbol{\alpha}_n^{\mathrm{T}}\end{bmatrix}=d_1\boldsymbol{\alpha}_1\boldsymbol{\alpha}_1^{\mathrm{T}}+d_2\boldsymbol{\alpha}_2\boldsymbol{\alpha}_2^{\mathrm{T}}+\cdots+d_r\boldsymbol{\alpha}_r\boldsymbol{\alpha}_r^{\mathrm{T}},$$

由于可逆矩阵 $\boldsymbol{P}$ 的每个列向量都是非零向量，即 $\boldsymbol{\alpha}_1,\cdots,\boldsymbol{\alpha}_r$ 均为非零向量，故 $\boldsymbol{\alpha}_i\boldsymbol{\alpha}_i^{\mathrm{T}}$ $(i=1,2,\cdots,r)$ 为秩数为 1 的实对称矩阵. 又 $d_i\neq 0(i=1,2,\cdots,r)$，故 $d_i\boldsymbol{\alpha}_i\boldsymbol{\alpha}_i^{\mathrm{T}}$ 为秩数为 1 的实对称矩阵$(i=1,2,\cdots,r)$，所以 $\boldsymbol{A}$ 可表示成 r 个秩数为 1 的实对称矩阵之和.

点评 若此题中的 $\boldsymbol{P}$ 为正交矩阵，此时 $d_1,d_2,\cdots,d_n$（当 $i>r$ 时，$d_i=0$）就是 $\boldsymbol{A}$ 的全部特征值，而 $\boldsymbol{\alpha}_1,\boldsymbol{\alpha}_2,\cdots,\boldsymbol{\alpha}_n$ 为标准正交向量组，此时 $\boldsymbol{A}=d_1\boldsymbol{\alpha}_1\boldsymbol{\alpha}_1^{\mathrm{T}}+d_2\boldsymbol{\alpha}_2\boldsymbol{\alpha}_2^{\mathrm{T}}+\cdots+d_r\boldsymbol{\alpha}_r\boldsymbol{\alpha}_r^{\mathrm{T}}$.

【3-37】 证明：n 元实二次型 $f=\boldsymbol{x}^{\mathrm{T}}\boldsymbol{A}\boldsymbol{x}$ 在 $|\boldsymbol{x}|=1$ 时的最大值不大于矩阵 $\boldsymbol{A}$ 的最大特征值.

证明 由于 n 元实二次型 $f=\boldsymbol{x}^{\mathrm{T}}\boldsymbol{A}\boldsymbol{x}$ 必存在正交变换 $\boldsymbol{x}=\boldsymbol{Q}\boldsymbol{y}$，使二次型化为标准形，即

$$f=\boldsymbol{x}^{\mathrm{T}}\boldsymbol{A}\boldsymbol{x}=(\boldsymbol{Q}\boldsymbol{y})^{\mathrm{T}}\boldsymbol{A}(\boldsymbol{Q}\boldsymbol{y})=\boldsymbol{y}^{\mathrm{T}}\boldsymbol{Q}^{\mathrm{T}}\boldsymbol{A}\boldsymbol{Q}\boldsymbol{y}=\boldsymbol{y}^{\mathrm{T}}\boldsymbol{\Lambda}\boldsymbol{y}=\lambda_1\boldsymbol{y}_1^2+\lambda_2\boldsymbol{y}_2^2+\cdots+\lambda_n\boldsymbol{y}_n^2,$$

其中 $\lambda_1,\lambda_2,\cdots,\lambda_n$ 是 $\boldsymbol{A}$ 的特征值. 又因为 $|\boldsymbol{x}|=1$，即有

$$|\boldsymbol{x}|=\sqrt{\boldsymbol{x}^{\mathrm{T}}\boldsymbol{x}}=\sqrt{(\boldsymbol{Q}\boldsymbol{y})^{\mathrm{T}}(\boldsymbol{Q}\boldsymbol{y})}=\sqrt{\boldsymbol{y}^{\mathrm{T}}\boldsymbol{Q}^{\mathrm{T}}\boldsymbol{Q}\boldsymbol{y}}=\sqrt{\boldsymbol{y}^{\mathrm{T}}\boldsymbol{y}}=|\boldsymbol{y}|=1,$$

因此有

$$|\boldsymbol{y}|^2=y_1^2+y_2^2+\cdots+y_n^2=1,$$

取 $\lambda=\max\{\lambda_1,\lambda_2,\cdots,\lambda_n\}$，因而

$$f=\lambda_1y_1^2+\lambda_2y_2^2+\cdots+\lambda_ny_n^2\leqslant\lambda(y_1^2+y_2^2+\cdots+y_n^2)=\lambda,$$

得证.

点评 由此题看到，正交变换的一个重要性质：**正交变换不改变向量的模长**，即当 $\boldsymbol{x}=\boldsymbol{Q}\boldsymbol{y}$ 时，有 $|\boldsymbol{x}|=|\boldsymbol{y}|$，因此二次型经正交变换化为标准形，也就是**二次曲面经旋转变换时，不改变图形的大小和形状**.

【3-38】 设 $f(x_1,x_2,\cdots,x_n)=\boldsymbol{x}^{\mathrm{T}}\boldsymbol{A}\boldsymbol{x}$ 是 n 元实二次型，$\lambda_1,\lambda_2,\cdots,\lambda_n$ 是 $\boldsymbol{A}$ 的特征值，且 $\lambda_1\leqslant\lambda_2\leqslant\cdots\leqslant\lambda_n$，证明：对于任一实 n 维列向量 $\boldsymbol{x}$，有 $\lambda_1\boldsymbol{x}^{\mathrm{T}}\boldsymbol{x}\leqslant\boldsymbol{x}^{\mathrm{T}}\boldsymbol{A}\boldsymbol{x}\leqslant\lambda_n\boldsymbol{x}^{\mathrm{T}}\boldsymbol{x}$.

证明 对于实二次型 $f=\boldsymbol{x}^{\mathrm{T}}\boldsymbol{A}\boldsymbol{x}$，必有适当的正交变换 $\boldsymbol{x}=\boldsymbol{Q}\boldsymbol{y}$，使得

$$f=\boldsymbol{x}^{\mathrm{T}}\boldsymbol{A}\boldsymbol{x}=\lambda_1y_1^2+\lambda_2y_2^2+\cdots+\lambda_ny_n^2,$$

由于 λ_1,λ_n 分别是 $\boldsymbol{A}$ 的最小和最大特征值，故有

$$\lambda_1y_1^2+\lambda_1y_2^2+\cdots+\lambda_1y_n^2\leqslant\boldsymbol{x}^{\mathrm{T}}\boldsymbol{A}\boldsymbol{x}\leqslant\lambda_ny_1^2+\lambda_ny_2^2+\cdots+\lambda_ny_n^2,$$

即

$$\lambda_1\boldsymbol{y}^{\mathrm{T}}\boldsymbol{y}\leqslant\boldsymbol{x}^{\mathrm{T}}\boldsymbol{A}\boldsymbol{x}\leqslant\lambda_n\boldsymbol{y}^{\mathrm{T}}\boldsymbol{y}.$$

又因为 $\boldsymbol{Q}$ 为正交矩阵，于是有

$$\boldsymbol{x}^{\mathrm{T}}\boldsymbol{x}=(\boldsymbol{Q}\boldsymbol{y})^{\mathrm{T}}(\boldsymbol{Q}\boldsymbol{y})=\boldsymbol{y}^{\mathrm{T}}\boldsymbol{Q}^{\mathrm{T}}\boldsymbol{Q}\boldsymbol{y}=\boldsymbol{y}^{\mathrm{T}}\boldsymbol{y},$$

故得到

$$\lambda_1 \boldsymbol{x}^{\mathrm{T}}\boldsymbol{x} \leqslant \boldsymbol{x}^{\mathrm{T}}\boldsymbol{A}\boldsymbol{x} \leqslant \lambda_n \boldsymbol{x}^{\mathrm{T}}\boldsymbol{x}.$$

点评 可将上式写成$\lambda_1 \leqslant \dfrac{\boldsymbol{x}^{\mathrm{T}}\boldsymbol{A}\boldsymbol{x}}{\boldsymbol{x}^{\mathrm{T}}\boldsymbol{x}} \leqslant \lambda_n$，其中$\dfrac{\boldsymbol{x}^{\mathrm{T}}\boldsymbol{A}\boldsymbol{x}}{\boldsymbol{x}^{\mathrm{T}}\boldsymbol{x}} = \dfrac{\boldsymbol{x}^{\mathrm{T}}\boldsymbol{A}\boldsymbol{x}}{|\boldsymbol{x}|^2} = \left(\dfrac{\boldsymbol{x}}{|\boldsymbol{x}|}\right)^{\mathrm{T}} \boldsymbol{A} \left(\dfrac{\boldsymbol{x}}{|\boldsymbol{x}|}\right)$，由于当$\boldsymbol{x} \neq \boldsymbol{0}$时$\left(\dfrac{\boldsymbol{x}}{|\boldsymbol{x}|}\right)$为单位向量，所以有结论：二次型$f = \boldsymbol{x}^{\mathrm{T}}\boldsymbol{A}\boldsymbol{x}$在$|\boldsymbol{x}| = 1$时的最大值等于矩阵$\boldsymbol{A}$的最大特征值，最小值为矩阵$\boldsymbol{A}$的最小特征值.

【3-39】 求函数$f(x,y,z) = \dfrac{2x^2 + y^2 - 4xy - 4yz}{x^2 + y^2 + z^2}$ $(x^2 + y^2 + z^2 \neq 0)$的最大值，并求出一个最大值点.

解 二次型$2x^2 + y^2 - 4xy - 4yz$的矩阵$\boldsymbol{A} = \begin{bmatrix} 2 & -2 & 0 \\ -2 & 1 & -2 \\ 0 & -2 & 0 \end{bmatrix}$，令$\boldsymbol{x} = (x,y,z)^{\mathrm{T}}$，则可将函数$f$写成$f = \dfrac{\boldsymbol{x}^{\mathrm{T}}\boldsymbol{A}\boldsymbol{x}}{\boldsymbol{x}^{\mathrm{T}}\boldsymbol{x}} (\boldsymbol{x} \neq \boldsymbol{0})$，此时函数$f$的最大值为矩阵$\boldsymbol{A}$的最大特征值，由$|\lambda \boldsymbol{E} - \boldsymbol{A}| = 0$，求出矩阵$\boldsymbol{A}$的特征值为$-2,1,4$，故4为$f$的最大值.

求最大值点，即是求$\boldsymbol{\xi} = (x_0, y_0, z_0)^{\mathrm{T}}$，使$f_{\max}(\boldsymbol{\xi}) = 4$. 设$\boldsymbol{\xi}$是矩阵$\boldsymbol{A}$对应于特征值4的特征向量，故有$\boldsymbol{A}\boldsymbol{\xi} = 4\boldsymbol{\xi}$，因而$f(\boldsymbol{\xi}) = \dfrac{\boldsymbol{\xi}^{\mathrm{T}}\boldsymbol{A}\boldsymbol{\xi}}{\boldsymbol{\xi}^{\mathrm{T}}\boldsymbol{\xi}} = \dfrac{\boldsymbol{\xi}^{\mathrm{T}} 4\boldsymbol{\xi}}{\boldsymbol{\xi}^{\mathrm{T}}\boldsymbol{\xi}} = \dfrac{4\boldsymbol{\xi}^{\mathrm{T}}\boldsymbol{\xi}}{\boldsymbol{\xi}^{\mathrm{T}}\boldsymbol{\xi}} = 4$，即使函数$f$取得最大值4的向量$\boldsymbol{\xi}$，就是矩阵$\boldsymbol{A}$对应于特征值4的特征向量，求出当特征值$\lambda = 4$时对应的特征向量$\boldsymbol{\xi} = \begin{bmatrix} 2 \\ -2 \\ 1 \end{bmatrix}$，知$x = -2, y = 2, z = 1$是唯一的一个极大值点，有函数的最大值为$f(2,-2,1) = 4$.

点评 此题亦为求函数$\varphi(x,y,z) = 2x^2 + y^2 - 4xy - 4yz$在$x^2 + y^2 + z^2 = 1$条件下的极大值，一般会用求条件极值的拉格朗日乘数法去求，即令

$$F(x,y,z) = 2x^2 + y^2 - 4xy - 4yz + \lambda(1 - x^2 - y^2 - z^2),$$

则有

$$\begin{cases} F_x = 4x - 4y - 2\lambda x = 0, \\ F_y = 2y - 4x - 4z - 2\lambda y = 0, \\ F_z = -4y - 2\lambda z = 0, \end{cases}$$

即

$$\begin{bmatrix} 2 & -2 & 0 \\ -2 & 1 & -2 \\ 0 & -2 & 0 \end{bmatrix} \begin{bmatrix} x \\ y \\ z \end{bmatrix} = \lambda \begin{bmatrix} x \\ y \\ z \end{bmatrix},$$

将上面 3 个方程分别乘 x,y,z 后相加，且由 $x^2+y^2+z^2=1$ 可得 $2x^2+y^2-4xy-4yz=\lambda$. 由此可清楚地看到函数 $\varphi(x,y,z)$ 在 $x^2+y^2+z^2=1$ 条件下的极大值为 λ，即使二次型 $\varphi(x,y,z)$ 的矩阵 $\boldsymbol{A}=\begin{bmatrix}2&-2&0\\-2&1&-2\\0&-2&0\end{bmatrix}$ 的特征值 λ 对应的特征向量 $\boldsymbol{\xi}=\begin{bmatrix}x\\y\\z\end{bmatrix}$ 的坐标.

【3-40】 设 $\boldsymbol{A}$ 是 n 阶实对称矩阵，证明：存在实数 c，使对一切 $\boldsymbol{x}\in\mathbb{R}^n$，有 $|\boldsymbol{x}^{\mathrm{T}}\boldsymbol{A}\boldsymbol{x}|\leqslant c\boldsymbol{x}^{\mathrm{T}}\boldsymbol{x}$.

证明 设 $\lambda_1,\lambda_2,\cdots,\lambda_n$ 是 $\boldsymbol{A}$ 的特征值，令

$$c=\max\{|\lambda_1|,|\lambda_2|,\cdots,|\lambda_n|\},$$

由于 $\boldsymbol{A}$ 为实对称矩阵，故存在正交变换 $\boldsymbol{x}=\boldsymbol{Q}\boldsymbol{y}$，使

$$\boldsymbol{x}^{\mathrm{T}}\boldsymbol{A}\boldsymbol{x}=\lambda_1y_1^2+\lambda_2y_2^2+\cdots+\lambda_ny_n^2=\sum_{i=1}^{n}\lambda_iy_i^2,$$

又由于正交变换不改变向量长度，即 $\boldsymbol{y}^{\mathrm{T}}\boldsymbol{y}=\boldsymbol{x}^{\mathrm{T}}\boldsymbol{x}$，故有

$$|\boldsymbol{x}^{\mathrm{T}}\boldsymbol{A}\boldsymbol{x}|=\sum_{i=1}^{n}|\lambda_iy_i^2|=\sum_{i=1}^{n}|\lambda_i|y_i^2\leqslant c\sum_{i=1}^{n}y_i^2=c\boldsymbol{y}^{\mathrm{T}}\boldsymbol{y}=c\boldsymbol{x}^{\mathrm{T}}\boldsymbol{x}.$$

【3-41】 判定二次型 $f(x_1,x_2,x_3)=5x_1^2+4x_2^2+x_3^2-2x_1x_2-4x_1x_3$ 的正定性.

解 **方法** 1(顺序主子式法) f 的矩阵

$$\boldsymbol{A}=\begin{bmatrix}5&-1&-2\\-1&4&0\\-2&0&1\end{bmatrix},$$

$\boldsymbol{A}$ 的各阶顺序主子式

$$\boldsymbol{D}_1=5>0,\boldsymbol{D}_2=\begin{vmatrix}5&-1\\-1&4\end{vmatrix}=19>0,\boldsymbol{D}_3=|\boldsymbol{A}|=3>0,$$

由于 $\boldsymbol{A}$ 的各阶顺序主子式全大于零，故 f 是正定二次型.

方法 2(配方法)
$$\begin{aligned}f&=5x_1^2+4x_2^2+x_3^2-2x_1x_2-4x_1x_3\\&=x_3^2-4x_1x_3+4x_1^2+x_1^2-2x_1x_2+x_2^2+3x_2^2\\&=(x_3-2x_1)^2+3x_2^2+(2x_1-x_3)^2,\end{aligned}$$

令

$$\begin{cases}y_1=x_1-2x_2,\\y_2=x_2,\\y_3=2x_1-x_3,\end{cases}$$

即$\begin{cases}x_1=y_1+y_2,\\x_2=y_2,\\x_3=2y_1+4y_2-y_3,\end{cases}$ $\boldsymbol{P}=\begin{bmatrix}1&1&0\\0&1&0\\2&4&-1\end{bmatrix}$为可逆阵，故 $\boldsymbol{x}=\boldsymbol{P}\boldsymbol{y}$ 为非退化变换，得 f 的标准形

$$f=y_1^2+3y_2^2+y_3^2,$$

由于 f 的正惯性指数为 3，故 f 是正定二次型.

方法 3(特征值法)　由于 f 的矩阵 $\boldsymbol{A}$ 的特征多项式

$$|\lambda\boldsymbol{E}-\boldsymbol{A}|=\begin{vmatrix}\lambda-5&1&2\\1&\lambda-4&0\\2&0&\lambda-1\end{vmatrix}=\lambda^3-10\lambda^2+24\lambda-3=f(\lambda),$$

因为

$$f(0)=-3,\quad f(1)=12,\quad f(3)=6,\quad f(4)=-3,\quad f(10)=237,$$

根据闭区间上连续函数的零点定理，可知方程 $f(\lambda)=0$ 的根（即 $\boldsymbol{A}$ 的特征值）λ_1，λ_2，λ_3 的存在区间 $\lambda_1\in(0,1)$，$\lambda_2\in(3,4)$，$\lambda_3\in(4,10)$，可见 $\boldsymbol{A}$ 的特征值全部大于零，故 f 是正定二次型.

点评　判断二次型是否正定，由以上几种方法看出，以求顺序主子式的方法最为简便. 另外，本题的矩阵 $\boldsymbol{A}$ 的特征值不易求出，但由于我们只需要知道特征值为正还是负，所以只要讨论特征方程的根的存在区间即可.

【3-42】　已知二次型 $f(x_1,x_2,x_3)=tx_1^2+x_2^2+5x_3^2-4x_1x_2-2tx_1x_3+4x_2x_3$，讨论参数 t 满足什么条件时二次型正定?

解　f 的矩阵

$$\boldsymbol{A}=\begin{bmatrix}t&-2&-t\\-2&1&2\\-t&2&5\end{bmatrix},$$

令其顺序主子式

$$\boldsymbol{D}_1=t>0,\boldsymbol{D}_2=\begin{vmatrix}t&-2\\-2&1\end{vmatrix}=t-4>0,$$

$$\boldsymbol{D}_3=|\boldsymbol{A}|=\begin{vmatrix}t&-2&-t\\-2&1&2\\-t&2&5\end{vmatrix}=-(t-4)(t-5)>0.$$

即 $4<t<5$，由此，当 $4<t<5$ 时 $\boldsymbol{A}$ 的顺序主子式全大于零，此时二次型为正定二次型.

【3-43】　已知 $\boldsymbol{A}$，$\boldsymbol{B}$ 均为 n 阶正定矩阵.

(1) $\boldsymbol{A}+\boldsymbol{B}$，$\boldsymbol{A}-\boldsymbol{B}$，$\boldsymbol{AB}$ 是否为正定矩阵? 为什么?

(2) 证明:$\boldsymbol{AB}$ 的特征值全大于零.

(3) 若 $\boldsymbol{AB}=\boldsymbol{BA}$,则 $\boldsymbol{AB}$ 是正定矩阵.

解 (1) 由 $\boldsymbol{A},\boldsymbol{B}$ 为 n 阶正定矩阵,故对于 $\boldsymbol{x}\in\mathbb{R}^n,\boldsymbol{x}\neq\boldsymbol{0}$,有 $\boldsymbol{x}^{\mathrm{T}}\boldsymbol{Ax}>0,\boldsymbol{x}^{\mathrm{T}}\boldsymbol{Bx}>0$,又因为$(\boldsymbol{A}+\boldsymbol{B})^{\mathrm{T}}=\boldsymbol{A}^{\mathrm{T}}+\boldsymbol{B}^{\mathrm{T}}=\boldsymbol{A}+\boldsymbol{B}$,故 $\boldsymbol{A}+\boldsymbol{B}$ 是对称矩阵,且有

$$\boldsymbol{x}^{\mathrm{T}}(\boldsymbol{A}+\boldsymbol{B})\boldsymbol{x}=\boldsymbol{x}^{\mathrm{T}}\boldsymbol{Ax}+\boldsymbol{x}^{\mathrm{T}}\boldsymbol{Bx}>0,$$

因此 $\boldsymbol{A}+\boldsymbol{B}$ 为正定矩阵.

对于 $\boldsymbol{A}-\boldsymbol{B}$,若 $\boldsymbol{A}=\boldsymbol{B}$ 时,$\boldsymbol{A}-\boldsymbol{B}$ 为零矩阵,显然不是正定矩阵.

又$(\boldsymbol{AB})^{\mathrm{T}}=\boldsymbol{B}^{\mathrm{T}}\boldsymbol{A}=\boldsymbol{BA}$,由于 $\boldsymbol{AB}=\boldsymbol{BA}$ 一般不成立,即不能保证 $\boldsymbol{AB}$ 是实对称矩阵,因此 $\boldsymbol{AB}$ 也不一定是正定矩阵.

(2) 由于 $\boldsymbol{A},\boldsymbol{B}$ 均为正定矩阵,则存在可逆矩阵 $\boldsymbol{P}$ 和 $\boldsymbol{Q}$,使得

$$\boldsymbol{A}=\boldsymbol{P}^{\mathrm{T}}\boldsymbol{P},\boldsymbol{B}=\boldsymbol{Q}^{\mathrm{T}}\boldsymbol{Q},$$

于是

$$\boldsymbol{Q}(\boldsymbol{AB})\boldsymbol{Q}^{-1}=\boldsymbol{Q}(\boldsymbol{P}^{\mathrm{T}}\boldsymbol{P})(\boldsymbol{Q}^{\mathrm{T}}\boldsymbol{Q})\boldsymbol{Q}^{-1}=\boldsymbol{QP}^{\mathrm{T}}\boldsymbol{PQ}^{\mathrm{T}}=(\boldsymbol{PQ}^{\mathrm{T}})^{\mathrm{T}}\boldsymbol{PQ}^{\mathrm{T}},$$

又 $\boldsymbol{PQ}^{\mathrm{T}}$ 是可逆矩阵,从而$(\boldsymbol{PQ}^{\mathrm{T}})^{\mathrm{T}}\boldsymbol{PQ}^{\mathrm{T}}$ 是正定矩阵,它的所有特征值都大于零,且由上式知,$\boldsymbol{AB}$ 与该矩阵$(\boldsymbol{PQ}^{\mathrm{T}})^{\mathrm{T}}\boldsymbol{PQ}^{\mathrm{T}}$ 相似,故 $\boldsymbol{AB}$ 的特征值全大于零.

(3) **方法 1** 因为$(\boldsymbol{AB})^{\mathrm{T}}=\boldsymbol{B}^{\mathrm{T}}\boldsymbol{A}^{\mathrm{T}}=\boldsymbol{BA}=\boldsymbol{AB}$,则 $\boldsymbol{AB}$ 为实对称矩阵,又由(2)知,$\boldsymbol{AB}$ 的特征值全大于零,故 $\boldsymbol{AB}$ 为正定矩阵.

方法 2 由于 $\boldsymbol{A},\boldsymbol{B}$ 均为 n 阶正定矩阵,故存在可逆阵 $\boldsymbol{P},\boldsymbol{Q}$,使得

$$\boldsymbol{A}=\boldsymbol{P}^{\mathrm{T}}\boldsymbol{P},\boldsymbol{B}=\boldsymbol{Q}^{\mathrm{T}}\boldsymbol{Q},$$

于是令 $\boldsymbol{M}=\boldsymbol{Q}(\boldsymbol{AB})\boldsymbol{Q}^{-1}$,又

$$\boldsymbol{M}=\boldsymbol{Q}(\boldsymbol{P}^{\mathrm{T}}\boldsymbol{P})(\boldsymbol{Q}^{\mathrm{T}}\boldsymbol{Q})\boldsymbol{Q}^{-1}=\boldsymbol{QP}^{\mathrm{T}}\boldsymbol{PQ}^{\mathrm{T}}=(\boldsymbol{PQ}^{\mathrm{T}})^{\mathrm{T}}\boldsymbol{PQ}^{\mathrm{T}},$$

而 $\boldsymbol{PQ}^{\mathrm{T}}$ 是可逆矩阵,且 $\boldsymbol{M}$ 为实对称的,故 $\boldsymbol{M}$ 为正定矩阵,其特征值必全大于零,因为

$$\boldsymbol{M}=\boldsymbol{Q}(\boldsymbol{AB})\boldsymbol{Q}^{-1},$$

显然,$\boldsymbol{AB}$ 与 $\boldsymbol{M}$ 相似,故 $\boldsymbol{AB}$ 的特征值全大于零. 又

$$(\boldsymbol{AB})^{\mathrm{T}}=\boldsymbol{B}^{\mathrm{T}}\boldsymbol{A}^{\mathrm{T}}=\boldsymbol{BA},$$

由于 $\boldsymbol{AB}=\boldsymbol{BA}$ 成立,即 $\boldsymbol{AB}$ 是实对称矩阵. 因此. $\boldsymbol{AB}$ 为正定矩阵.

点评 (1) 进一步地,显然有 $\boldsymbol{A},\boldsymbol{B}$ 是正定矩阵,则 $\boldsymbol{AB}$ 为正定矩阵的充要条件是 $\boldsymbol{AB}=\boldsymbol{BA}$.

(2) 若 $\boldsymbol{A},\boldsymbol{B}$ 是正定矩阵,则对于任意正常数 $k_1,k_2,k_1\boldsymbol{A}+k_2\boldsymbol{B}$ 为正定矩阵. 这里注意要求 $k_1>0,k_2>0$.

(3) 应记住结论:**若 $\boldsymbol{A},\boldsymbol{B}$ 是正定矩阵,则 $\boldsymbol{AB}$ 的特征值全大于零,但 $\boldsymbol{AB}$ 不一定是正定矩阵,因为未必是对称矩阵.**

【3-44】 设 $\boldsymbol{A}$ 是 n 阶实矩阵,则 $\boldsymbol{A}$ 为正定矩阵的充要条件是存在 n 阶正定矩

阵 $\boldsymbol{B}$,使得 $\boldsymbol{A}=\boldsymbol{B}^2$.

证明　必要性　由于 $\boldsymbol{A}$ 正定,则 $\boldsymbol{A}$ 为实对称矩阵,从而存在正交矩阵 $\boldsymbol{Q}$,使

$$\boldsymbol{Q}^{-1}\boldsymbol{A}\boldsymbol{Q}=\boldsymbol{Q}^{\mathrm{T}}\boldsymbol{A}\boldsymbol{Q}=\begin{bmatrix}\lambda_1 & & & \\ & \lambda_2 & & \\ & & \ddots & \\ & & & \lambda_n\end{bmatrix},$$

其中 $\lambda_1,\lambda_2,\cdots,\lambda_n$ 为 $\boldsymbol{A}$ 的全部特征值,且有 $\lambda_i>0(i=1,2,\cdots,n)$,则

$$\boldsymbol{A}=\boldsymbol{Q}\begin{bmatrix}\lambda_1 & & & \\ & \lambda_2 & & \\ & & \ddots & \\ & & & \lambda_n\end{bmatrix}\boldsymbol{Q}^{\mathrm{T}}$$

$$=\boldsymbol{Q}\begin{bmatrix}\sqrt{\lambda_1} & & & \\ & \sqrt{\lambda_2} & & \\ & & \ddots & \\ & & & \sqrt{\lambda_n}\end{bmatrix}\boldsymbol{Q}^{\mathrm{T}}\boldsymbol{Q}\begin{bmatrix}\sqrt{\lambda_1} & & & \\ & \sqrt{\lambda_2} & & \\ & & \ddots & \\ & & & \sqrt{\lambda_n}\end{bmatrix}\boldsymbol{Q}^{\mathrm{T}}.$$

记矩阵 $\boldsymbol{B}=\boldsymbol{Q}\begin{bmatrix}\sqrt{\lambda_1} & & & \\ & \sqrt{\lambda_2} & & \\ & & \ddots & \\ & & & \sqrt{\lambda_n}\end{bmatrix}\boldsymbol{Q}^{\mathrm{T}}$,则 $\boldsymbol{B}$ 与正定矩阵

$$\begin{bmatrix}\sqrt{\lambda_1} & & & \\ & \sqrt{\lambda_2} & & \\ & & \ddots & \\ & & & \sqrt{\lambda_n}\end{bmatrix}$$

合同,故 $\boldsymbol{B}$ 也是正定矩阵,且 $\boldsymbol{A}=\boldsymbol{B}^2$.

充分性　已知 $\boldsymbol{B}$ 是正定矩阵,显然 $\boldsymbol{B}$ 是实对称矩阵,从而 $\boldsymbol{A}$ 也是实对称矩阵,且

$$\boldsymbol{A}=\boldsymbol{B}^2=\boldsymbol{B}^{\mathrm{T}}\boldsymbol{B}=\boldsymbol{B}^{\mathrm{T}}\boldsymbol{E}\boldsymbol{B},$$

故 $\boldsymbol{A}$ 与单位阵合同,则 $\boldsymbol{A}$ 为正定矩阵.

点评　此题可推广为:$\boldsymbol{A}$ 是 n 阶实矩阵,则 $\boldsymbol{A}$ 为正定矩阵的充要条件是对于任意正整数 k,存在正定矩阵 $\boldsymbol{B}$,使得 $\boldsymbol{A}=\boldsymbol{B}^k$. 此时,可令

$$\boldsymbol{\Lambda}=\begin{bmatrix}\sqrt[k]{\lambda_1}&&&\\&\sqrt[k]{\lambda_2}&&\\&&\ddots&\\&&&\sqrt[k]{\lambda_n}\end{bmatrix},$$

则

$$\boldsymbol{A}=(\boldsymbol{Q\Lambda Q}^{\mathrm{T}})(\boldsymbol{Q\Lambda Q}^{\mathrm{T}})\cdots(\boldsymbol{Q\Lambda Q}^{\mathrm{T}}),$$

令 $\boldsymbol{B}=\boldsymbol{Q\Lambda Q}^{\mathrm{T}}$，则有 $\boldsymbol{A}=\boldsymbol{B}^k$.

【3-45】 设 $\boldsymbol{A}$ 为 n 阶正定矩阵，$\boldsymbol{E}$ 为 n 阶单位矩阵，证明：行列式 $|\boldsymbol{A}+\boldsymbol{E}|>1$.

证明　方法 1　设 $\boldsymbol{A}$ 的全部特征值为 $\lambda_1,\lambda_2,\cdots,\lambda_n$，由 $\boldsymbol{A}$ 正定知 $\lambda_i>0(i=1,2,\cdots,n)$，故 $\boldsymbol{A}+\boldsymbol{E}$ 的全部特征值为 $\lambda_1+1,\lambda_2+1,\cdots,\lambda_n+1$，因此

$$|\boldsymbol{A}+\boldsymbol{E}|=(\lambda_1+1)(\lambda_2+1)\cdots(\lambda_n+1)>1.$$

方法 2　$\boldsymbol{A}$ 正定，故 $\boldsymbol{A}$ 必为实对称矩阵，所以存在正交矩阵 $\boldsymbol{Q}$，使得

$$\boldsymbol{Q}^{-1}\boldsymbol{AQ}=\begin{bmatrix}\lambda_1&&&\\&\lambda_2&&\\&&\ddots&\\&&&\lambda_n\end{bmatrix},\text{且 }\lambda_i>0(i=1,2,\cdots,n),$$

故有

$$\boldsymbol{Q}^{-1}(\boldsymbol{A}+\boldsymbol{E})\boldsymbol{Q}=\boldsymbol{Q}^{-1}\boldsymbol{AQ}+\boldsymbol{E}=\begin{bmatrix}\lambda_1+1&&&\\&\lambda_2+1&&\\&&\ddots&\\&&&\lambda_n+1\end{bmatrix},$$

两边取行列式，且由 $|\boldsymbol{Q}^{-1}||\boldsymbol{Q}|=1$，可得

$$|\boldsymbol{A}+\boldsymbol{E}|=(\lambda_1+1)(\lambda_2+1)\cdots(\lambda_n+1)>1.$$

点评　对于方阵 $\boldsymbol{A}$ 的多项式 $f(\boldsymbol{A})$ 的特征值，总可以利用 $\boldsymbol{A}$ 的特征值的多项式 $f(\lambda)$ 去求，而且十分简便，然后利用特征值的性质，$f(\boldsymbol{A})$ 的行列式等于它的全部特征值的连乘积.

【3-46】 设有 n 元二次型

$$f(x_1,x_2,\cdots,x_n)=(x_1+a_1x_2)^2+(x_2+a_2x_3)^2+\cdots+(x_{n-1}+a_{n-1}x_n)^2+(x_n+a_nx_1)^2,$$

其中 $a_i(i=1,2,\cdots,n)$ 为实数. 问当 $a_1,a_2,\cdots,a_n$ 满足什么条件时，二次型 f 为正定二次型？

解　方法 1　由 f 的表达式看出，对任意的 $x_1,x_2,\cdots,x_n$，有

$$f(x_1,x_2,\cdots,x_n)\geqslant 0,$$

其中等号当且仅当

$$\begin{cases} x_1 + a_1x_2 = 0, \\ x_2 + a_2x_3 = 0, \\ \cdots\cdots\cdots\cdots\cdots\cdots \\ x_{n-1} + a_{n-1}x_n = 0, \\ x_n + a_nx_1 = 0 \end{cases}$$

时成立，此齐次线性方程组仅有零解的充分必要条件是其系数行列式不为零，即，

$$\begin{vmatrix} 1 & a_1 & 0 & \cdots & 0 & 0 \\ 0 & 1 & a_2 & \cdots & 0 & 0 \\ \vdots & \vdots & \vdots & & \vdots & \vdots \\ 0 & 0 & 0 & \cdots & 1 & a_{n-1} \\ a_n & 0 & 0 & \cdots & 0 & 1 \end{vmatrix} = 1 + (-1)^{n+1}a_1a_2\cdots a_n \neq 0.$$

若 $1+(-1)^n a_1a_2\cdots a_n\neq 0$，则仅当 $x_1=x_2=\cdots=x_n=0$ 时，才有 $f(x_1,x_2,\cdots,x_n)=0$，亦即当 $1+(-1)^{n+1}a_1a_2\cdots a_n\neq 0$ 时，对任意不全为零的 $x_1,x_2,\cdots,x_n$ 都有 $f(x_1,x_2,\cdots,x_n)>0$，故当 $1+(-1)^{n+1}a_1a_2\cdots a_n\neq 0$ 时，二次型 f 为正定二次型.

方法 2 对于二次型 f，令线性变换为

$$\begin{cases} y_1 = x_1 + a_1x_2, \\ y_2 = x_2 + a_2x_3, \\ \cdots\cdots\cdots\cdots\cdots\cdots \\ y_{n-1} = x_{n-1} + a_{n-1}x_n, \\ y_n = x_n + a_nx_1, \end{cases}$$

即

$$\begin{bmatrix} y_1 \\ y_2 \\ \vdots \\ y_{n-1} \\ y \end{bmatrix} = \begin{bmatrix} 1 & a_1 & 0 & \cdots & 0 & 0 \\ 0 & 1 & a_2 & \cdots & 0 & 0 \\ \vdots & \vdots & \vdots & & \vdots & \vdots \\ 0 & 0 & 0 & \cdots & 1 & a_{n-1} \\ a_n & 0 & 0 & \cdots & 0 & 1 \end{bmatrix} \begin{bmatrix} x_1 \\ x_2 \\ \vdots \\ x_{n-1} \\ x_n \end{bmatrix} = \boldsymbol{P} \begin{bmatrix} x_1 \\ x_2 \\ \vdots \\ x_{n-1} \\ x_n \end{bmatrix},$$

当 $|\boldsymbol{P}|=1+(-1)^{n+1}a_1a_2\cdots a_n\neq 0$，$\boldsymbol{P}$ 为可逆矩阵，由

$$\begin{bmatrix} y_1 \\ y_2 \\ \vdots \\ y_{n-1} \\ y \end{bmatrix} = \boldsymbol{P} \begin{bmatrix} x_1 \\ x_2 \\ \vdots \\ x_{n-1} \\ x_n \end{bmatrix},$$

得到

$$\begin{bmatrix} x_1 \\ x_2 \\ \vdots \\ x_{n-1} \\ x_n \end{bmatrix} = \boldsymbol{P}^{-1} \begin{bmatrix} y_1 \\ y_2 \\ \vdots \\ y_{n-1} \\ y \end{bmatrix},$$

此非退化线性变换，将二次型化为标准形，亦即规范形 $f = y_1^2 + y_2^2 + \cdots + y_n^2$，故 f 的正惯性指数为 n，从而 f 正定，所以当 $1+(-1)^{n+1}a_1a_2\cdots a_n \neq 0$ 时，二次型 f 为正定二次型.

【3-47】 设 $\boldsymbol{A}$ 为 m 阶正定矩阵，$\boldsymbol{B}$ 为 $m\times n$ 实矩阵，证明：$\boldsymbol{B}^{\mathrm{T}}\boldsymbol{A}\boldsymbol{B}$ 为正定矩阵的充分必要条件是矩阵 $\boldsymbol{B}$ 的秩数 $r(\boldsymbol{B})=n$.

证明　必要性 若 $\boldsymbol{B}^{\mathrm{T}}\boldsymbol{A}\boldsymbol{B}$ 为正定矩阵，则对于任意的 $\boldsymbol{x}\in\mathbb{R}^n$，$\boldsymbol{x}\neq 0$，有

$$\boldsymbol{x}^{\mathrm{T}}(\boldsymbol{B}^{\mathrm{T}}\boldsymbol{A}\boldsymbol{B})\boldsymbol{x} > \boldsymbol{0},$$

即

$$(\boldsymbol{Bx})^{\mathrm{T}}\boldsymbol{A}(\boldsymbol{Bx}) > \boldsymbol{0},$$

于是有 $\boldsymbol{Bx}\neq\boldsymbol{0}$. 否则 $\boldsymbol{Bx}=\boldsymbol{0}$，则有 $(\boldsymbol{Bx})^{\mathrm{T}}\boldsymbol{A}(\boldsymbol{Bx})=\boldsymbol{0}$ 不满足二次型正定的条件. 这样，对于 $\boldsymbol{x}\neq\boldsymbol{0}$ 使 $\boldsymbol{Bx}\neq\boldsymbol{0}$，故齐次线性方程组 $\boldsymbol{Bx}=\boldsymbol{0}$ 只有零解，因此 $r(\boldsymbol{B})=n$.

充分性 由于 $(\boldsymbol{B}^{\mathrm{T}}\boldsymbol{A}\boldsymbol{B})^{\mathrm{T}}=\boldsymbol{B}^{\mathrm{T}}\boldsymbol{A}^{\mathrm{T}}\boldsymbol{B}=\boldsymbol{B}^{\mathrm{T}}\boldsymbol{A}\boldsymbol{B}$，故 $\boldsymbol{B}^{\mathrm{T}}\boldsymbol{A}\boldsymbol{B}$ 为实对称矩阵，即可为二次型的矩阵，有 $f=\boldsymbol{x}^{\mathrm{T}}(\boldsymbol{B}^{\mathrm{T}}\boldsymbol{A}\boldsymbol{B})\boldsymbol{x}$，由已知 $r(\boldsymbol{B})=n$，知齐次线性方程组 $\boldsymbol{Bx}=\boldsymbol{0}$ 只有零解，故对于任意的 $\boldsymbol{x}\in\mathbb{R}^n$，$x\neq 0$，均有 $\boldsymbol{Bx}\neq\boldsymbol{0}$，从而由 $\boldsymbol{A}$ 的正定性有 $(\boldsymbol{Bx})^{\mathrm{T}}\boldsymbol{A}(\boldsymbol{Bx})>\boldsymbol{0}$，即对于任意的 $\boldsymbol{x}\in\mathbb{R}^n$，$\boldsymbol{x}\neq 0$，均有 $f=\boldsymbol{x}^{\mathrm{T}}(\boldsymbol{B}^{\mathrm{T}}\boldsymbol{A}\boldsymbol{B})\boldsymbol{x}=(\boldsymbol{Bx})^{\mathrm{T}}\boldsymbol{A}(\boldsymbol{Bx})>\boldsymbol{0}$，故二次型为正定二次型，二次型的矩阵 $\boldsymbol{B}^{\mathrm{T}}\boldsymbol{A}\boldsymbol{B}$ 为正定矩阵.

点评 作为本题的特例，若取 $\boldsymbol{A}=\boldsymbol{E}_m$，则命题为：对于 $m\times n$ 实矩阵 $\boldsymbol{B}$，$\boldsymbol{B}^{\mathrm{T}}\boldsymbol{B}$ 为正定矩阵的充分必要条件是 $r(\boldsymbol{B})=n$. 再进一步，若 $\boldsymbol{B}$ 为 n 阶方阵，则常用命题为：$\boldsymbol{B}$ 为 n 阶可逆矩阵的充要条件为 $\boldsymbol{B}^{\mathrm{T}}\boldsymbol{B}$ 为正定矩阵.

【3-48】 设 $\boldsymbol{A}$，$\boldsymbol{B}$ 分别为 m，n 阶正定矩阵，矩阵 $\boldsymbol{C}=\begin{bmatrix}\boldsymbol{A} & \boldsymbol{0}\\ \boldsymbol{0} & \boldsymbol{B}\end{bmatrix}$，证明：$\boldsymbol{C}$ 为正定矩阵.

证明　方法 1 记 $\boldsymbol{A}$ 的顺序主子式为

$$|\boldsymbol{A}_1|,|\boldsymbol{A}_2|,\cdots,|\boldsymbol{A}_{m-1}|,|\boldsymbol{A}_m|=|\boldsymbol{A}|,$$

且 $\boldsymbol{B}$ 的顺序主子式为

$$|\boldsymbol{B}_1|,|\boldsymbol{B}_2|,\cdots,|\boldsymbol{B}_{n-1}|,|\boldsymbol{B}_n|=|\boldsymbol{B}|,$$

则 $\boldsymbol{C}$ 的顺序主子式为

$$|\boldsymbol{C}_1|=|\boldsymbol{A}_1|,|\boldsymbol{C}_2|=|\boldsymbol{A}_2|,\cdots,|\boldsymbol{C}_m|=|\boldsymbol{A}|,$$

$$|\boldsymbol{C}_{m+1}| = |\boldsymbol{A}||\boldsymbol{B}_1|, |\boldsymbol{C}_{m+2}| = |\boldsymbol{A}||\boldsymbol{B}_2|, \cdots, |\boldsymbol{C}_m| = |\boldsymbol{A}||\boldsymbol{B}|,$$

因为$\boldsymbol{A},\boldsymbol{B}$均为正定矩阵,故$|\boldsymbol{A}_i|>0(i=1,2,\cdots,m)$,$|\boldsymbol{B}_j|>0(j=1,2,\cdots,n)$,于是$|\boldsymbol{C}_k|>0(k=1,2,\cdots,m+n)$,即$\boldsymbol{C}$的顺序主子式全大于零,且

$$\boldsymbol{C}^{\mathrm{T}} = \begin{bmatrix} \boldsymbol{A} & \boldsymbol{0} \\ \boldsymbol{0} & \boldsymbol{B} \end{bmatrix}^{\mathrm{T}} = \begin{bmatrix} \boldsymbol{A}^{\mathrm{T}} & \boldsymbol{0}^{\mathrm{T}} \\ \boldsymbol{0}^{\mathrm{T}} & \boldsymbol{B}^{\mathrm{T}} \end{bmatrix} = \begin{bmatrix} \boldsymbol{A} & \boldsymbol{0} \\ \boldsymbol{0} & \boldsymbol{B} \end{bmatrix} = \boldsymbol{C},$$

即$\boldsymbol{C}$为实对称矩阵,所以$\boldsymbol{C}$为正定矩阵.

方法 2　设$m+n$维非零列向量$z=\begin{bmatrix} \boldsymbol{x} \\ \boldsymbol{y} \end{bmatrix}$,其中$\boldsymbol{x}=(x_1,x_2,\cdots,x_m)^{\mathrm{T}}$,$\boldsymbol{y}=(y_1,y_2,\cdots,y_n)^{\mathrm{T}}$,由于$\boldsymbol{z}\neq\boldsymbol{0}$,故$\boldsymbol{x},\boldsymbol{y}$不全为零,不妨设$\boldsymbol{x}\neq\boldsymbol{0}$,因为$\boldsymbol{A}$正定,所以$\boldsymbol{x}^{\mathrm{T}}\boldsymbol{A}\boldsymbol{x}>\boldsymbol{0}$,又因为$\boldsymbol{B}$正定,所以$\boldsymbol{y}^{\mathrm{T}}\boldsymbol{B}\boldsymbol{y}\geqslant 0$,又如方法1所证,$\boldsymbol{C}$为实对称矩阵,故对任意$\boldsymbol{z}\in\mathbb{R}^{m+n}$,$\boldsymbol{z}\neq\boldsymbol{0}$,有

$$\boldsymbol{z}^{\mathrm{T}}\boldsymbol{C}\boldsymbol{z} = (\boldsymbol{x}^{\mathrm{T}}, \boldsymbol{y}^{\mathrm{T}})\begin{bmatrix} \boldsymbol{A} & \boldsymbol{0} \\ \boldsymbol{0} & \boldsymbol{B} \end{bmatrix}\begin{bmatrix} \boldsymbol{x} \\ \boldsymbol{y} \end{bmatrix} = \boldsymbol{x}^{\mathrm{T}}\boldsymbol{A}\boldsymbol{x} + \boldsymbol{y}^{\mathrm{T}}\boldsymbol{B}\boldsymbol{y} > \boldsymbol{0},$$

即知二次型$\boldsymbol{z}^{\mathrm{T}}\boldsymbol{C}\boldsymbol{z}$正定,故矩阵$\boldsymbol{C}$为正定矩阵.

方法 3　设$\boldsymbol{A}$的特征值为$\lambda_1,\lambda_2,\cdots,\lambda_m$,$\boldsymbol{B}$的特征值为$\mu_1,\mu_2,\cdots,\mu_n$,因$\boldsymbol{A},\boldsymbol{B}$均为正定矩阵,可知$\lambda_i>0(i=1,2,\cdots,m)$,$\mu_j>0(j=1,2,\cdots,n)$,且已证$\boldsymbol{C}$为实对称矩阵,则由

$$|\lambda\boldsymbol{E}-\boldsymbol{C}| = \begin{vmatrix} \lambda\boldsymbol{E}_m-\boldsymbol{A} & \boldsymbol{0} \\ \boldsymbol{0} & \lambda\boldsymbol{E}_n-\boldsymbol{B} \end{vmatrix} = |\lambda\boldsymbol{E}_m-\boldsymbol{A}||\lambda\boldsymbol{E}_n-\boldsymbol{B}| = 0,$$

得$\boldsymbol{C}$的特征值为$\lambda_1,\lambda_2,\cdots,\lambda_m$和$\mu_1,\mu_2,\cdots,\mu_n$均大于零,故矩阵$\boldsymbol{C}$为正定矩阵.

方法 4　因为$\boldsymbol{A},\boldsymbol{B}$均为正定矩阵,故存在$m$阶可逆矩阵$\boldsymbol{M}$,$n$阶可逆矩阵$\boldsymbol{N}$,使得

$$\boldsymbol{A} = \boldsymbol{M}^{\mathrm{T}}\boldsymbol{M}, \quad \boldsymbol{B} = \boldsymbol{N}^{\mathrm{T}}\boldsymbol{N},$$

故

$$\boldsymbol{C} = \begin{bmatrix} \boldsymbol{A} & \boldsymbol{0} \\ \boldsymbol{0} & \boldsymbol{B} \end{bmatrix} = \begin{bmatrix} \boldsymbol{M}^{\mathrm{T}}\boldsymbol{M} & \boldsymbol{0} \\ \boldsymbol{0} & \boldsymbol{N}^{\mathrm{T}}\boldsymbol{N} \end{bmatrix} = \begin{bmatrix} \boldsymbol{M}^{\mathrm{T}} & \boldsymbol{0} \\ \boldsymbol{0} & \boldsymbol{N}^{\mathrm{T}} \end{bmatrix}\begin{bmatrix} \boldsymbol{M} & \boldsymbol{0} \\ \boldsymbol{0} & \boldsymbol{N} \end{bmatrix} = \begin{bmatrix} \boldsymbol{M} & \boldsymbol{0} \\ \boldsymbol{0} & \boldsymbol{N} \end{bmatrix}^{\mathrm{T}}\begin{bmatrix} \boldsymbol{M} & \boldsymbol{0} \\ \boldsymbol{0} & \boldsymbol{N} \end{bmatrix},$$

显然矩阵$\begin{bmatrix} \boldsymbol{M} & \boldsymbol{0} \\ \boldsymbol{0} & \boldsymbol{N} \end{bmatrix}$是可逆矩阵,所以矩阵$\boldsymbol{C}$为正定矩阵.

点评　由正定矩阵的定义及等价命题,导致了证明正定矩阵的不同方法.另外还可把本题结论推广为:若$\boldsymbol{A}_1,\boldsymbol{A}_2,\cdots,\boldsymbol{A}_k$均为正定矩阵,则分块对角矩阵

$$\begin{bmatrix} \boldsymbol{A}_1 & & & \\ & \boldsymbol{A}_2 & & \\ & & \ddots & \\ & & & \boldsymbol{A}_k \end{bmatrix}$$

也为正定矩阵.

【3-49】 设 $f(x_1,x_2,\cdots,x_n)=\boldsymbol{x}^{\mathrm{T}}\boldsymbol{A}\boldsymbol{x}$ 是一实二次型,若有实 n 维向量 $\boldsymbol{x}_1,\boldsymbol{x}_2$,使 $f(\boldsymbol{x}_1)=\boldsymbol{x}_1^{\mathrm{T}}\boldsymbol{A}\boldsymbol{x}_1>0$,$f(\boldsymbol{x}_2)=\boldsymbol{x}_2^{\mathrm{T}}\boldsymbol{A}\boldsymbol{x}_2<0$,证明:存在 n 维实向量 $\boldsymbol{x}_0\neq\boldsymbol{0}$,使 $f(\boldsymbol{x}_0)=\boldsymbol{x}_0^{\mathrm{T}}\boldsymbol{A}\boldsymbol{x}_0=0$.

证明 **方法1** 由于有实 n 维向量 $\boldsymbol{x}_1,\boldsymbol{x}_2$,使

$$\boldsymbol{x}_1^{\mathrm{T}}\boldsymbol{A}\boldsymbol{x}_1>\boldsymbol{0},\boldsymbol{x}_2^{\mathrm{T}}\boldsymbol{A}\boldsymbol{x}_2<\boldsymbol{0},$$

所以 $f(x_1,x_2,\cdots,x_n)=\boldsymbol{x}^{\mathrm{T}}\boldsymbol{A}\boldsymbol{x}$ 是不定二次型,故存在非退化线性变换 $\boldsymbol{x}=\boldsymbol{P}\boldsymbol{y}$,使

$$f(x_1,x_2,\cdots,x_n)=\boldsymbol{x}^{\mathrm{T}}\boldsymbol{A}\boldsymbol{x}=\boldsymbol{y}^{\mathrm{T}}(\boldsymbol{P}^{\mathrm{T}}\boldsymbol{A}\boldsymbol{P})\boldsymbol{y}=y_1^2+\cdots+y_p^2-y_{p+1}^2-\cdots-y_r^2,$$

其中 $1\leqslant p<r\leqslant n$,取

$$y_0=\begin{bmatrix}0\\ \vdots\\ 0\\ 1\\ 1\\ 0\\ \vdots\\ 0\end{bmatrix}\begin{matrix}\\ \\ \\ \leftarrow p\text{ 行}\\ \leftarrow p+1\text{ 行}\\ \\ \\ \\ \end{matrix},$$

令 $\boldsymbol{x}_0=\boldsymbol{P}\boldsymbol{y}_0$,则 $\boldsymbol{x}_0\neq\boldsymbol{0}$,且有

$$f(\boldsymbol{x}_0)=\boldsymbol{x}_0^{\mathrm{T}}\boldsymbol{A}\boldsymbol{x}_0=\boldsymbol{y}_0^{\mathrm{T}}\boldsymbol{P}^{\mathrm{T}}\boldsymbol{A}\boldsymbol{P}\boldsymbol{y}_0=0+\cdots+0+1^2-1^2-0-\cdots-0=0.$$

方法2 可先令向量 $\boldsymbol{x}_0=t\boldsymbol{x}_1+\boldsymbol{x}_2$ 使 $f(\boldsymbol{x}_0)=\boldsymbol{0}$ 来确定 t,证明存在使 $f(\boldsymbol{x}_0)=\boldsymbol{0}$ 的向量 $\boldsymbol{x}_0$,即令

$$\begin{aligned}f(\boldsymbol{x}_0)&=\boldsymbol{x}_0^{\mathrm{T}}\boldsymbol{A}\boldsymbol{x}_0=(t\boldsymbol{x}_1+\boldsymbol{x}_2)^{\mathrm{T}}\boldsymbol{A}(t\boldsymbol{x}_1+\boldsymbol{x}_2)=(t\boldsymbol{x}_1^{\mathrm{T}}+\boldsymbol{x}_2^{\mathrm{T}})\boldsymbol{A}(t\boldsymbol{x}_1+\boldsymbol{x}_2)\\&=t^2\boldsymbol{x}_1^{\mathrm{T}}\boldsymbol{A}\boldsymbol{x}_1+2t\boldsymbol{x}_1^{\mathrm{T}}\boldsymbol{A}\boldsymbol{x}_2+\boldsymbol{x}_2^{\mathrm{T}}\boldsymbol{A}\boldsymbol{x}_2=\boldsymbol{0},\end{aligned}$$

不妨记

$$a=\boldsymbol{x}_1^{\mathrm{T}}\boldsymbol{A}\boldsymbol{x}_1,b=\boldsymbol{x}_1^{\mathrm{T}}\boldsymbol{A}\boldsymbol{x}_2,c=\boldsymbol{x}_2^{\mathrm{T}}\boldsymbol{A}\boldsymbol{x}_2,$$

由已知有 $a>0,c<0$,于是上式为 $at^2+2bt+c=0$,其判别式 $\Delta=b^2-4ac>0$,故必存在实根 $t_0\neq0$,即有向量 $\boldsymbol{x}_0=t_0\boldsymbol{x}_1+\boldsymbol{x}_2\neq\boldsymbol{0}$,否则 $t_0\boldsymbol{x}_1+\boldsymbol{x}_2=\boldsymbol{0}$,则 $\boldsymbol{x}_2=-t_0\boldsymbol{x}_1$,于是

$$f(\boldsymbol{x}_2)=\boldsymbol{x}_2^{\mathrm{T}}\boldsymbol{A}\boldsymbol{x}_2=(-t_0\boldsymbol{x}_1)^{\mathrm{T}}\boldsymbol{A}(-t_0\boldsymbol{x}_1)=t_0^2\boldsymbol{x}_1^{\mathrm{T}}\boldsymbol{A}\boldsymbol{x}_1>0,$$

与题设 $f(\boldsymbol{x}_2)<0$ 矛盾.

所以,存在 $\boldsymbol{x}_0=t_0\boldsymbol{x}_1+\boldsymbol{x}_2\neq\boldsymbol{0}$,使 $f(\boldsymbol{x}_0)=\boldsymbol{x}_0^{\mathrm{T}}\boldsymbol{A}\boldsymbol{x}_0=at_0^2+bt_0+c=0$.

点评 方法2是证明此题的另一种较好的办法.

【3-50】 已知三元二次型 $\boldsymbol{x}^{\mathrm{T}}\boldsymbol{A}\boldsymbol{x}$ 的矩阵 $\boldsymbol{A}$ 的特征值为 2,3,0,且其中对应于

$\lambda_1=2$与$\lambda_2=3$的特征向量分别是$\boldsymbol{\alpha}_1=\begin{bmatrix}1\\1\\0\end{bmatrix}$和$\boldsymbol{\alpha}_2=\begin{bmatrix}1\\-1\\1\end{bmatrix}$,求此二次型的表达式.

解 由于$\boldsymbol{A}$是二次型的矩阵,所以$\boldsymbol{A}$为实对称矩阵,设$\lambda_3=0$所对应的特征向量$\boldsymbol{\alpha}_3=\begin{bmatrix}x_1\\x_2\\x_3\end{bmatrix}$,由于实对称阵的不同的特征值对应的特征向量为相互正交的,则有$\boldsymbol{\alpha}_3$与$\boldsymbol{\alpha}_1$正交,$\boldsymbol{\alpha}_3$与$\boldsymbol{\alpha}_2$正交,即

$$\boldsymbol{\alpha}_1^{\mathrm{T}}\boldsymbol{\alpha}_3=x_1+x_2=0,$$
$$\boldsymbol{\alpha}_2^{T}\boldsymbol{\alpha}_3=x_1-x_2+x_3=0,$$

解得$\boldsymbol{\alpha}_3=\begin{bmatrix}-1\\1\\2\end{bmatrix}$. 由于$\boldsymbol{A\alpha}_1=2\boldsymbol{\alpha}_1$,$\boldsymbol{A\alpha}_2=3\boldsymbol{\alpha}_2$,$\boldsymbol{A\alpha}_3=0\boldsymbol{\alpha}_3$,故有

$$\boldsymbol{A}(\boldsymbol{\alpha}_1\boldsymbol{\alpha}_2\boldsymbol{\alpha}_3)=(2\boldsymbol{\alpha}_1 3\boldsymbol{\alpha}_2\boldsymbol{0}),$$

因此,二次型f的矩阵为

$$\begin{aligned}\boldsymbol{A}&=(2\boldsymbol{\alpha}_1 3\boldsymbol{\alpha}_2\boldsymbol{0})(\boldsymbol{\alpha}_1\boldsymbol{\alpha}_2\boldsymbol{\alpha}_3)^{-1}\\&=\begin{bmatrix}2&3&0\\2&-3&0\\0&3&0\end{bmatrix}\begin{bmatrix}1&1&-1\\1&-1&1\\0&1&2\end{bmatrix}^{-1}\\&=\begin{bmatrix}2&3&0\\2&-3&0\\0&3&0\end{bmatrix}\cdot\frac{1}{6}\begin{bmatrix}3&3&0\\2&-2&2\\-1&1&2\end{bmatrix}=\begin{bmatrix}2&0&1\\0&2&-1\\1&-1&1\end{bmatrix},\end{aligned}$$

故,二次型$f(x_1x_2x_3)=2x_1^2+2x_2^2+x_3^2+2x_1x_3-2x_2x_3$.

【3-51】 用正交变换将二次型$f(x_1,x_2,x_3)=5x_1^2+5x_2^2+3x_3^2+2x_1x_2+6x_1x_3-6x_2x_3$化为标准形,并指出$f(x_1,x_2,x_3)=1$表示何种二次曲面.

解 二次型的矩阵

$$\boldsymbol{A}=\begin{bmatrix}5&-1&3\\-1&5&-3\\3&-3&3\end{bmatrix},$$

由$\boldsymbol{A}$的特征方程$|\lambda\boldsymbol{E}-\boldsymbol{A}|=\lambda(\lambda-4)(\lambda-9)=0$,得$\boldsymbol{A}$的特征值$\lambda_1=0,\lambda_2=4,\lambda_3=9$,并由齐次线性方程组$(0\boldsymbol{E}-\boldsymbol{A})\boldsymbol{x}=\boldsymbol{0}$,$(4\boldsymbol{E}-\boldsymbol{A})\boldsymbol{x}=\boldsymbol{0}$,$(9\boldsymbol{E}-\boldsymbol{A})\boldsymbol{x}=\boldsymbol{0}$,得出分别对应于3个特征值的特征向量

$$\boldsymbol{\xi}_1=\begin{bmatrix}-1\\1\\2\end{bmatrix},\boldsymbol{\xi}_2=\begin{bmatrix}1\\1\\0\end{bmatrix},\boldsymbol{\xi}_3=\begin{bmatrix}1\\-1\\1\end{bmatrix},$$

由于实对称矩阵的 3 个特征值互异，故 $\boldsymbol{\xi}_1,\boldsymbol{\xi}_2,\boldsymbol{\xi}_3$ 两两正交，再将其单位化，得到正交变换

$$\begin{bmatrix}x_1\\x_2\\x_3\end{bmatrix}=\begin{bmatrix}-\frac{1}{\sqrt{6}}&\frac{1}{\sqrt{2}}&\frac{1}{\sqrt{3}}\\\frac{1}{\sqrt{6}}&\frac{1}{\sqrt{2}}&-\frac{1}{\sqrt{3}}\\\frac{2}{\sqrt{6}}&0&\frac{1}{\sqrt{3}}\end{bmatrix}\begin{bmatrix}y_1\\y_2\\y_3\end{bmatrix},$$

化二次型为标准形 $f=4y_2^2+9y_3^2$，且 $f(x_1,x_2,x_3)=1$ 表示椭圆柱面.

【3-52】 一个实二次型可分解为两个实系数的一次齐次多项式的乘积的充分必要条件是该二次型的秩为 2，且符号差为 0，或秩数等于 1.

证明　必要性 设 $f(x_1,x_2,\cdots,x_n)=(a_1x_1+a_2x_2+\cdots+a_nx_n)(b_1x_1+b_2x_2+\cdots+b_nx_n)=f_1\cdot f_2$. 若 f_1 与 f_2 线性相关，则有 $f_2=kf_1$，不妨设 $a_1\neq 0$，令

$$\begin{cases}y_1=a_1x_1+a_2x_2+\cdots+a_nx_n\\y_2=x_2,\\\cdots\ \cdots\ \cdots\ \cdots\ \cdots\ \cdots\\y_n=x_n,\end{cases}$$

即

$$\begin{bmatrix}y_1\\y_2\\\vdots\\y_n\end{bmatrix}=\begin{bmatrix}a_1&a_2&\cdots&a_n\\0&1&\cdots&0\\\vdots&\vdots&&\vdots\\0&0&\cdots&1\end{bmatrix}\begin{bmatrix}x_1\\x_2\\\vdots\\x_n\end{bmatrix},$$

令

$$\boldsymbol{P}=\begin{bmatrix}a_1&a_2&\cdots&a_n\\0&1&\cdots&0\\\vdots&\vdots&&\vdots\\0&0&\cdots&1\end{bmatrix},$$

$\boldsymbol{P}$ 为可逆矩阵，所以 $\boldsymbol{x}=\boldsymbol{P}^{-1}\boldsymbol{y}$ 是非退化变换，从而 $f=ky_1^2$，其秩等于 1.

若 f_1 与 f_2 线性无关，不妨设 $\begin{vmatrix}a_1&a_2\\b_1&b_2\end{vmatrix}\neq 0$. 令

$$\begin{cases} y_1 = a_1x_1 + a_2x_2 + \cdots + a_nx_n, \\ y_2 = b_1x_1 + b_2x_2 + \cdots + b_nx_n, \\ y_3 = x_3, \\ \cdots\cdots\cdots\cdots\cdots\cdots \\ y_n = x_n, \end{cases}$$

即

$$\begin{bmatrix} y_1 \\ y_2 \\ y_3 \\ \vdots \\ y_n \end{bmatrix} = \begin{bmatrix} a_1 & a_2 & a_3 & \cdots & a_n \\ b_1 & b_2 & b_3 & \cdots & b_n \\ 0 & 0 & 1 & \cdots & 0 \\ \vdots & \vdots & \vdots & & \vdots \\ 0 & 0 & 0 & \cdots & 1 \end{bmatrix} \begin{bmatrix} x_1 \\ x_2 \\ x_3 \\ \vdots \\ x_n \end{bmatrix},$$

令

$$\boldsymbol{R} = \begin{bmatrix} a_1 & a_2 & a_3 & \cdots & a_n \\ b_1 & b_2 & b_3 & \cdots & b_n \\ 0 & 0 & 1 & \cdots & 0 \\ \vdots & \vdots & \vdots & & \vdots \\ 0 & 0 & 0 & \cdots & 1 \end{bmatrix},$$

故 $\boldsymbol{R}$ 为可逆矩阵，所以 $\boldsymbol{x}=\boldsymbol{R}^{-1}\boldsymbol{y}$ 是非退化变换，则 $f=y_1y_2$.
再令

$$\begin{cases} y_1 = z_1 + z_2, \\ y_2 = z_1 - z_2, \\ y_3 = z_3 \\ \cdots\cdots\cdots\cdots \\ y_n = z_n, \end{cases}$$

即

$$\begin{bmatrix} y_1 \\ y_2 \\ y_3 \\ \vdots \\ y_n \end{bmatrix} = \begin{bmatrix} 1 & 1 & 0 & \cdots & 0 \\ 1 & -1 & 0 & \cdots & 0 \\ 0 & 0 & 1 & \cdots & 0 \\ \vdots & \vdots & \vdots & & \vdots \\ 0 & 0 & 0 & \cdots & 1 \end{bmatrix} \begin{bmatrix} z_1 \\ z_2 \\ z_3 \\ \vdots \\ z_n \end{bmatrix},$$

令

$$T=\begin{bmatrix}1 & 1 & 0 & \cdots & 0\\ 1 & -1 & 0 & \cdots & 0\\ 0 & 0 & 1 & \cdots & 0\\ \vdots & \vdots & \vdots & & \vdots\\ 0 & 0 & 0 & \cdots & 1\end{bmatrix},$$

$\boldsymbol{T}$ 为可逆矩阵，故 $\boldsymbol{y}=\boldsymbol{T}\boldsymbol{z}$ 是非退化变换，从而得到 $f=z_1^2-z_2^2$，故秩为 2，符号差为 0.

充分性 f 经非退化线性变换化为标准形，不妨设 $f=x_1^2-x_2^2$，即其秩数为 2，符号差为 0，则 $f=(x_1+x_2)(x_1-x_2)$，即 f 可分解为两个一次多项式的乘积.

另外，设 $f=x_1^2$，其秩为 1，则 $f=x_1\cdot x_1$，即 f 可分解为两个一次多项式的乘积. 命题得证.

【3-53】 设二维向量 $\boldsymbol{\alpha}_1=\begin{bmatrix}1\\2\end{bmatrix}$，$\boldsymbol{\alpha}_2=\begin{bmatrix}t\\1\end{bmatrix}$，$\boldsymbol{x}=\begin{bmatrix}x_1\\x_2\end{bmatrix}$，试写出二次型 $f(x_1,x_2)=\sum\limits_{i=1}^{2}(\boldsymbol{\alpha}_i,\boldsymbol{x})^2$ 所对应的矩阵，求 t 为何值时此二次型是正定的?

解 由题意，二次型

$$\begin{aligned}f(x_1,x_2)&=(\boldsymbol{\alpha}_1,\boldsymbol{x})^2+(\boldsymbol{\alpha}_2,\boldsymbol{x})^2\\&=(\boldsymbol{x},\boldsymbol{\alpha}_1)(\boldsymbol{\alpha}_1,\boldsymbol{x})+(\boldsymbol{x},\boldsymbol{\alpha}_2)(\boldsymbol{\alpha}_2,\boldsymbol{x})\\&=\boldsymbol{x}^{\mathrm{T}}\boldsymbol{\alpha}_1\boldsymbol{\alpha}_1^{\mathrm{T}}\boldsymbol{x}+\boldsymbol{x}^{\mathrm{T}}\boldsymbol{\alpha}_2\boldsymbol{\alpha}_2^{\mathrm{T}}\boldsymbol{x}\\&=(x_1,x_2)\begin{bmatrix}1\\2\end{bmatrix}(1\quad 2)\begin{bmatrix}x_1\\x_2\end{bmatrix}+(x_1,x_2)\begin{bmatrix}t\\1\end{bmatrix}(t\quad 1)\begin{bmatrix}x_1\\x_2\end{bmatrix}\\&=(x_1,x_2)\begin{bmatrix}1+t^2 & 2+t\\ 2+t & 5\end{bmatrix}\begin{bmatrix}x_1\\x_2\end{bmatrix},\end{aligned}$$

故二次型 f 对应的矩阵 $\boldsymbol{A}=\begin{bmatrix}1+t^2 & 2+t\\ 2+t & 5\end{bmatrix}$，要使二次型为正定二次型，只需矩阵 $\boldsymbol{A}$ 的顺序主子式全大于零，即 $\boldsymbol{D}_1=t^2+1>0$，$\boldsymbol{D}_2=|\boldsymbol{A}|=(2t-1)^2>0$，即 $t\neq\frac{1}{2}$ 时 f 为正定二次型.

【3-54】 设 $\boldsymbol{A}$ 为 n 阶正定矩阵，$\boldsymbol{\alpha}$ 为 n 维实向量，b 为实数，$\boldsymbol{B}=\begin{bmatrix}\boldsymbol{A} & \boldsymbol{\alpha}\\ \boldsymbol{\alpha}^{\mathrm{T}} & b\end{bmatrix}$，证明：$\boldsymbol{B}$ 为正定矩阵的充要条件是 $b>\boldsymbol{\alpha}^{\mathrm{T}}\boldsymbol{A}^{-1}\boldsymbol{\alpha}$.

证明 由于 $\boldsymbol{A}$ 正定，故 $\boldsymbol{A}$ 必为可逆实对称矩阵，从而 $\boldsymbol{A}^{-1}$ 存在，且 $\boldsymbol{A}^{\mathrm{T}}=\boldsymbol{A}$. 构造矩阵 $\boldsymbol{P}=\begin{bmatrix}\boldsymbol{E} & \boldsymbol{0}\\ -\boldsymbol{\alpha}^{\mathrm{T}}\boldsymbol{A}^{-1} & 1\end{bmatrix}$，显然 $\boldsymbol{P}$ 为可逆矩阵，且 $\boldsymbol{P}^{\mathrm{T}}=\begin{bmatrix}\boldsymbol{E} & -\boldsymbol{A}^{-1}\boldsymbol{\alpha}\\ \boldsymbol{0}^{\mathrm{T}} & 1\end{bmatrix}$，从而

$$\boldsymbol{PBP}^{\mathrm{T}}=\begin{bmatrix}\boldsymbol{E} & \boldsymbol{0}\\ -\boldsymbol{\alpha}^{\mathrm{T}}\boldsymbol{A}^{-1} & 1\end{bmatrix}\begin{bmatrix}\boldsymbol{A} & \boldsymbol{\alpha}\\ \boldsymbol{\alpha}^{\mathrm{T}} & b\end{bmatrix}\begin{bmatrix}\boldsymbol{E} & -\boldsymbol{A}^{-1}\boldsymbol{\alpha}\\ \boldsymbol{0} & 1\end{bmatrix}$$

$$=\begin{bmatrix}\boldsymbol{A} & \boldsymbol{\alpha}\\ \boldsymbol{0} & -\boldsymbol{\alpha}^{\mathrm{T}}\boldsymbol{A}^{-1}\boldsymbol{\alpha}+b\end{bmatrix}\begin{bmatrix}\boldsymbol{E} & -\boldsymbol{A}^{-1}\boldsymbol{\alpha}\\ \boldsymbol{0} & 1\end{bmatrix}$$

$$=\begin{bmatrix}\boldsymbol{A} & \boldsymbol{0}\\ \boldsymbol{0} & b-\boldsymbol{\alpha}^{\mathrm{T}}\boldsymbol{A}^{-1}\boldsymbol{\alpha}\end{bmatrix}=\boldsymbol{C},$$

显然$\boldsymbol{B}$与$\boldsymbol{C}$合同. 这样,$\boldsymbol{B}$为正定的充要条件是$\boldsymbol{C}$为正定. 而$\boldsymbol{C}$为对称矩阵,其正定的充要条件为$b-\boldsymbol{\alpha}^{\mathrm{T}}\boldsymbol{A}^{-1}\boldsymbol{\alpha}>0$,即$b>\boldsymbol{\alpha}^{\mathrm{T}}\boldsymbol{A}^{-1}\boldsymbol{\alpha}$,从而$\boldsymbol{B}$为正定矩阵的充要条件是$b>\boldsymbol{\alpha}^{\mathrm{T}}\boldsymbol{A}^{-1}\boldsymbol{\alpha}$.

点评 本题运用了一个命题,即合同的实对称矩阵有相同的正定性. 这是由于n元二次型$f=\boldsymbol{x}^{\mathrm{T}}\boldsymbol{A}\boldsymbol{x}$经非退化变换$\boldsymbol{x}=\boldsymbol{P}\boldsymbol{y}$可化为$f=\boldsymbol{x}^{\mathrm{T}}\boldsymbol{A}\boldsymbol{x}=\boldsymbol{y}^{\mathrm{T}}(\boldsymbol{P}^{\mathrm{T}}\boldsymbol{A}\boldsymbol{P})\boldsymbol{y}=\boldsymbol{y}^{\mathrm{T}}\boldsymbol{B}\boldsymbol{y}$. 现设$\boldsymbol{x}^{\mathrm{T}}\boldsymbol{A}\boldsymbol{x}$是正定二次型,即对于$\mathbb{R}^n$中任意非零向量$\boldsymbol{y}_0\neq\boldsymbol{0}$,由于$\boldsymbol{P}$可逆,有$\boldsymbol{x}_0=\boldsymbol{P}\boldsymbol{y}_0\neq\boldsymbol{0}$,从而有$\boldsymbol{y}_0^{\mathrm{T}}\boldsymbol{B}\boldsymbol{y}_0=\boldsymbol{y}_0^{\mathrm{T}}(\boldsymbol{P}^{\mathrm{T}}\boldsymbol{A}\boldsymbol{P})\boldsymbol{y}_0=(\boldsymbol{P}\boldsymbol{y}_0)^{\mathrm{T}}\boldsymbol{A}(\boldsymbol{P}\boldsymbol{y}_0)=\boldsymbol{x}_0^{\mathrm{T}}\boldsymbol{A}\boldsymbol{x}_0>\boldsymbol{0}$,所以二次型$\boldsymbol{y}^{\mathrm{T}}\boldsymbol{B}\boldsymbol{y}$正定. 同理,可证当$\boldsymbol{y}^{\mathrm{T}}\boldsymbol{B}\boldsymbol{y}$正定时$\boldsymbol{x}^{\mathrm{T}}\boldsymbol{A}\boldsymbol{x}$也正定,故二次型$\boldsymbol{x}^{\mathrm{T}}\boldsymbol{A}\boldsymbol{x}$与$\boldsymbol{y}^{\mathrm{T}}\boldsymbol{B}\boldsymbol{y}$有相同的正定性,其中由于$\boldsymbol{P}^{\mathrm{T}}\boldsymbol{A}\boldsymbol{P}=\boldsymbol{B}$,故$\boldsymbol{A}$与$\boldsymbol{B}$合同,且具有相同的正定性.

【3-55】 证明下列二次型$f(x_1,x_2,\cdots,x_n)=n\sum\limits_{i=1}^{n}x_i^2-\left(\sum\limits_{i=1}^{n}x_i\right)^2$是半正定的.

证明 **方法**1 用定义证明. 对任意$\boldsymbol{x}\in\mathbb{R}^n,\boldsymbol{x}\neq\boldsymbol{0}$有

$$f(x_1,x_2,\cdots,x_n)\geqslant 0,$$

由于
$$f(x_1,x_2,\cdots,x_n)=n\sum_{i=1}^{n}x_i^2-\left(\sum_{i=1}^{n}x_i\right)^2=\sum_{1\leqslant i<j\leqslant n}(x_i-x_j)^2,$$

显然,对于任意的$\boldsymbol{x}=(x_1,x_2,\cdots,x_n)$,其中$x_1,x_2,\cdots,x_n$不全为零,有

$$f(x_1,x_2,\cdots,x_n)=\sum_{1\leqslant i<j\leqslant n}(x_i-x_j)^2\geqslant 0,$$

故二次型是半正定的.

方法2 证明$\boldsymbol{A}$的各阶主子式全大于零或等于零. 由于二次型f的矩阵为

$$\boldsymbol{A}=\begin{bmatrix}n-1 & -1 & \cdots & -1\\ -1 & n-1 & \cdots & -1\\ \vdots & \vdots & & \vdots\\ -1 & -1 & \cdots & n-1\end{bmatrix}$$

它的所有k阶主子式都为

$$|\boldsymbol{A}_k|=\begin{vmatrix}n-1 & -1 & \cdots & -1\\ -1 & n-1 & \cdots & -1\\ \vdots & \vdots & & \vdots\\ -1 & -1 & \cdots & n-1\end{vmatrix}_{k\times k}$$

$$=(n-k)\begin{vmatrix}1 & -1 & \cdots & -1\\ 1 & n-1 & \cdots & -1\\ \vdots & \vdots & & \vdots\\ 1 & -1 & \cdots & n-1\end{vmatrix}_{k\times k}$$

$$=(n-k)\begin{vmatrix}1 & 0 & \cdots & 0\\ 1 & n & \cdots & 0\\ \vdots & \vdots & & \vdots\\ 1 & 0 & \cdots & n\end{vmatrix}_{k\times k}=(n-k)n^{k-1},$$

而 $n\geqslant k\geqslant 1$,故 $|\boldsymbol{A}_k|\geqslant 0$,从而 $\boldsymbol{A}$ 是半正定矩阵,二次型是半正定二次型.

点评 注意半正定二次型的定义. n 元二次型 $f(\boldsymbol{x})=\boldsymbol{x}^{\mathrm{T}}\boldsymbol{A}\boldsymbol{x}$ 半正定(实对称矩阵 $\boldsymbol{A}$ 半正定)的充分必要条件:

(1) f 的正惯性指数等于 f 的秩;

(2) $\boldsymbol{A}$ 的特征值都大于或等于零,但至少有一个等于零;

(3) 存在非满秩实方阵 $\boldsymbol{B}$,使得 $\boldsymbol{A}=\boldsymbol{B}^{\mathrm{T}}\boldsymbol{B}$;

(4) $\boldsymbol{A}$ 合同于矩阵 $\begin{bmatrix}\boldsymbol{E}_r & \boldsymbol{0}\\ \boldsymbol{0} & \boldsymbol{0}\end{bmatrix}$,其中 r 为 f 的秩.

可将这些条件与正定二次型(正定矩阵)的条件作比较.

另外,对于半正定性有如下的判别法:二次型 $f(\boldsymbol{x})=\boldsymbol{x}^{\mathrm{T}}\boldsymbol{A}\boldsymbol{x}$ 半正定的充要条件是 $\boldsymbol{A}$ 的主子式全大于零或等于零. $\boldsymbol{A}$ 的主子式指:行指标与列指标相同的子式,即由 $\boldsymbol{A}$ 的第 $i_1,i_2,\cdots,i_k$ 行与 $\boldsymbol{A}$ 的第 $i_1,i_2,\cdots,i_k$ 列交叉点上的元素按原来的次序所构成的 k 阶子式. 对于半正定性,不具有类似判定正定性的顺序主子式法. 例如: $f(x_1,x_2,x_3)=x_1^2-x_3^2$,其矩阵

$$\boldsymbol{A}=\begin{bmatrix}1 & 0 & 0\\ 0 & 0 & 0\\ 0 & 0 & -1\end{bmatrix}$$

的各阶顺序主子式均非负,但 f 并非半正定,因为 $f(0,0,1)=-1<0$.

【3-56】 设 $\boldsymbol{A}=(a_{ij})_{n\times n}$,$\boldsymbol{B}=(b_{ij})_{n\times n}$ 均为正定矩阵,证明:$\boldsymbol{C}=(a_{ij}b_{ij})_{n\times n}$ 也是正定矩阵.

证明 由于 $c_{ij}=a_{ij}b_{ij}$,$c_{ji}=a_{ji}b_{ji}$,由 $\boldsymbol{A},\boldsymbol{B}$ 正定可知,$\boldsymbol{A},\boldsymbol{B}$ 为实对称矩阵,故 $a_{ij}=a_{ji}$,$b_{ij}=b_{ji}(i,j=1,2,\cdots,n)$,因此 $c_{ij}=c_{ji}(i,j=1,2,\cdots,n)$,故 $\boldsymbol{C}$ 为实对称矩阵. 因为 $\boldsymbol{B}$ 正定,所以存在可逆矩阵 $\boldsymbol{P}=(p_{ij})_{n\times n}$,使 $\boldsymbol{B}=\boldsymbol{P}^{\mathrm{T}}\boldsymbol{P}$,即

$$b_{ij}=\sum_{k=1}^{n}p_{ki}p_{kj}\quad(i,j=1,2,\cdots,n),$$

对任意 $\boldsymbol{x}=(x_1,x_2,\cdots,x_n)\neq 0$,有

$$\boldsymbol{x}^{\mathrm{T}}\boldsymbol{C}\boldsymbol{x}=\sum_{i=1}^{n}\sum_{j=1}^{n}a_{ij}b_{ij}x_ix_j=\sum_{i=1}^{n}\sum_{j=1}^{n}a_{ij}\left(\sum_{k=1}^{n}p_{ki}p_{kj}\right)x_ix_j$$

$$=\sum_{k=1}^{n}\left[\sum_{i=1}^{n}\sum_{j=1}^{n}a_{ij}(p_{ki}x_i)(p_{kj}x_j)\right]=\sum_{k=1}^{n}\boldsymbol{y}_k^{\mathrm{T}}\boldsymbol{A}\boldsymbol{y}_k,$$

其中 $\boldsymbol{y}_k=(p_{k1}x_1,p_{k2}x_2,\cdots,p_{kn}x_n)^{\mathrm{T}}$,即

$$\boldsymbol{x}^{\mathrm{T}}\boldsymbol{C}\boldsymbol{x}=\boldsymbol{y}_1^{\mathrm{T}}\boldsymbol{A}\boldsymbol{y}_1+\boldsymbol{y}_2^{\mathrm{T}}\boldsymbol{A}\boldsymbol{y}_2+\cdots+\boldsymbol{y}_i^{\mathrm{T}}\boldsymbol{A}\boldsymbol{y}_i+\cdots+\boldsymbol{y}_n^{\mathrm{T}}\boldsymbol{A}\boldsymbol{y}_n,$$

而

$$(\boldsymbol{y}_1,\cdots,\boldsymbol{y}_i,\cdots,\boldsymbol{y}_n)=\begin{bmatrix}p_{11}x_1 & \cdots & p_{i1}x_1 & \cdots & p_{n1}x_1\\ p_{12}x_2 & \cdots & p_{i2}x_2 & \cdots & p_{n2}x_2\\ \vdots & & \vdots & & \vdots\\ p_{1j}x_j & \cdots & p_{ij}x_j & \cdots & p_{nj}x_j\\ \vdots & & \vdots & & \vdots\\ p_{1n}x_n & \cdots & p_{in}x_n & \cdots & p_{nn}x_n\end{bmatrix}$$

$$=\left[\begin{bmatrix}p_{11} & p_{12} & \cdots & p_{1j} & \cdots & p_{1n}\\ \vdots & \vdots & & \vdots & & \vdots\\ p_{i1} & p_{i2} & \cdots & p_{ij} & \cdots & p_{in}\\ \vdots & \vdots & & \vdots & & \vdots\\ p_{n1} & p_{n2} & \cdots & p_{nj} & \cdots & p_{nn}\end{bmatrix}\begin{bmatrix}x_1 & & & & & \\ & x_2 & & & & \\ & & \ddots & & & \\ & & & x_j & & \\ & & & & \ddots & \\ & & & & & x_n\end{bmatrix}\right]^{\mathrm{T}}$$

$$=\begin{bmatrix}x_1 & & & \\ & x_2 & & \\ & & \ddots & \\ & & & x_n\end{bmatrix}\boldsymbol{P}^{\mathrm{T}},$$

由于 $x_1,x_2,\cdots,x_n$ 不全为零,不妨设 $\boldsymbol{x}_j\neq0$,而可逆矩阵 $\boldsymbol{P}$ 中的第 j 列元素必不全为零,若 $p_{ij}\neq0$,则 $\boldsymbol{y}_i=(p_{i1}x_1,p_{i2}x_2,\cdots,p_{in}x_n)^{\mathrm{T}}\neq0$,由于 $\boldsymbol{A}$ 为正定矩阵,故有 $\boldsymbol{y}_i^{\mathrm{T}}\boldsymbol{A}\boldsymbol{y}_i>\boldsymbol{0}$,而当 $k\neq i$,使 $\boldsymbol{y}_k^{\mathrm{T}}\boldsymbol{A}\boldsymbol{y}_k\geqslant\boldsymbol{0}$,故当 $\boldsymbol{x}\neq0$ 时,有

$$\boldsymbol{x}^{\mathrm{T}}\boldsymbol{C}\boldsymbol{x}=\sum_{k=1}^{n}\boldsymbol{y}_k^{\mathrm{T}}\boldsymbol{A}\boldsymbol{y}_k\geqslant\boldsymbol{y}_i^{\mathrm{T}}\boldsymbol{A}\boldsymbol{y}_j>\boldsymbol{0},$$

由此证得 $\boldsymbol{C}$ 为正定矩阵.

点评 此题证明中运用的二次型表达式为 $f=\sum_{i=1}^{n}\sum_{j=1}^{n}a_{ij}x_ix_j$ 形式,在前面诸例中不常用到.此题将二次型 $\boldsymbol{x}^{\mathrm{T}}\boldsymbol{C}\boldsymbol{x}$ 写成 n 个以 $\boldsymbol{A}$ 为矩阵的二次型 $\sum_{k=1}^{n}\boldsymbol{y}_k^{\mathrm{T}}\boldsymbol{A}\boldsymbol{y}_k(k=1,2,\cdots,n)$,由 $\boldsymbol{A}$ 正定知,对任意的 $\boldsymbol{y}_k$ 有 $\boldsymbol{y}_k^{\mathrm{T}}\boldsymbol{A}\boldsymbol{y}_k\geqslant\boldsymbol{0}$,而若 $\boldsymbol{y}_i\neq\boldsymbol{0}$,则有 $\boldsymbol{y}_i^{\mathrm{T}}\boldsymbol{A}\boldsymbol{y}_i>\boldsymbol{0}$,再

证 $\boldsymbol{x}\neq\mathbf{0}$,至少有一个 $y_i\neq 0$,从而得到 $\boldsymbol{x}^{\mathrm{T}}\boldsymbol{C}\boldsymbol{x}>0$.

【3-57】 设 $\boldsymbol{A}=(a_{ij})_{n\times n}$ 是正定矩阵,$\boldsymbol{A}_k$ 表示 $\boldsymbol{A}$ 左上角 k 阶子方阵($k=1,2,\cdots,n-1$,并称 $\boldsymbol{A}_k$ 为 $\boldsymbol{A}$ 的 k 阶主子阵),证明:

(1) $|\boldsymbol{A}|\leqslant a_{nn}|\boldsymbol{A}_{n-1}|$;

(2) $|\boldsymbol{A}|\leqslant a_{11}a_{22}\cdots a_{nn}$.

证明 (1) 令向量 $\boldsymbol{\alpha}=(a_{1n},a_{2n},\cdots,a_{n-1,n})^{\mathrm{T}}$,则 $\boldsymbol{A}=\begin{bmatrix}\boldsymbol{A}_{n-1} & \boldsymbol{\alpha}\\ \boldsymbol{\alpha}^{\mathrm{T}} & a_{nn}\end{bmatrix}$,由于 $\boldsymbol{A}$ 为正定矩阵,故其各阶顺序主子式均大于零,当然 $|\boldsymbol{A}_{n-1}|>0$,故 $\boldsymbol{A}_{n-1}$ 可逆,利用分块矩阵乘法,可有

$$\begin{bmatrix}\boldsymbol{E}_{n-1} & \mathbf{0}\\ -\boldsymbol{\alpha}^{\mathrm{T}}\boldsymbol{A}_{n-1}^{-1} & 1\end{bmatrix}\begin{bmatrix}\boldsymbol{A}_{n-1} & \boldsymbol{\alpha}\\ \boldsymbol{\alpha}^{\mathrm{T}} & a_{nn}\end{bmatrix}=\begin{bmatrix}\boldsymbol{A}_{n-1} & \boldsymbol{\alpha}\\ \mathbf{0} & a_{nn}-\boldsymbol{\alpha}^{\mathrm{T}}\boldsymbol{A}_{n-1}^{-1}\boldsymbol{\alpha}\end{bmatrix},$$

两边取行列式,可得

$$|\boldsymbol{A}|=(a_{nn}-\boldsymbol{\alpha}^{\mathrm{T}}\boldsymbol{A}_{n-1}^{-1}\boldsymbol{\alpha})|\boldsymbol{A}_{n-1}|,$$

由于正定矩阵的各阶顺序主子阵均为正定矩阵(因其对称且各阶顺序主子式大于零),故有 $\boldsymbol{A}_{n-1}$ 正定,因而 $\boldsymbol{A}_{n-1}^{-1}$ 正定,故 $\boldsymbol{\alpha}^{\mathrm{T}}\boldsymbol{A}_{n-1}^{-1}\boldsymbol{\alpha}>\mathbf{0}$,又 $|\boldsymbol{A}_{n-1}|>0$ 及 $a_{nn}>0$,且知 $a_{nn}>\boldsymbol{\alpha}^{\mathrm{T}}\boldsymbol{A}_{n-1}^{-1}\boldsymbol{\alpha}$,故有 $|\boldsymbol{A}|\leqslant a_{nn}|\boldsymbol{A}_{n-1}|$.

(2) 因 A_{n-1} 正定,故由(1)有 $|\boldsymbol{A}_{n-1}|\leqslant a_{n-1,n-1}|\boldsymbol{A}_{n-2}|$,其中 $\boldsymbol{A}_{n-2}$ 为 $\boldsymbol{A}$ 的 $n-2$ 阶顺序主子阵,故有 $|\boldsymbol{A}|\leqslant a_{nn}a_{n-1,n-1}|\boldsymbol{A}_{n-2}|$. 依此类推,即得 $|\boldsymbol{A}|\leqslant a_{11}a_{22}\cdots a_{nn}$.

【3-58】 证明:可逆实矩阵 $\boldsymbol{A}$ 可表示为一个正定矩阵与一个正交矩阵之积,且表示法唯一.

证明 因为 $\boldsymbol{A}$ 可逆,则 $\boldsymbol{A}^{\mathrm{T}}\boldsymbol{A}$ 为正定矩阵,故存在正定矩阵 $\boldsymbol{B}_1$,使 $\boldsymbol{A}^{\mathrm{T}}\boldsymbol{A}=\boldsymbol{B}_1^2$. 令 $\boldsymbol{Q}_1=\boldsymbol{A}\boldsymbol{B}_1^{-1}$,有

$$\boldsymbol{Q}_1^{\mathrm{T}}\boldsymbol{Q}_1=(\boldsymbol{A}\boldsymbol{B}_1^{-1})^{\mathrm{T}}(\boldsymbol{A}\boldsymbol{B}_1^{-1})=(\boldsymbol{B}_1^{-1})^{\mathrm{T}}\boldsymbol{A}^{\mathrm{T}}\boldsymbol{A}\boldsymbol{B}_1^{-1}=(\boldsymbol{B}_1^{-1})^{\mathrm{T}}\boldsymbol{B}_1^2\boldsymbol{B}_1^{-1}=\boldsymbol{E},$$

故 $\boldsymbol{Q}_1$ 为正交矩阵,所以有

$$\boldsymbol{A}=\boldsymbol{Q}_1\boldsymbol{B}_1,$$

即 $\boldsymbol{A}$ 表示为正交矩阵与正定矩阵的乘积.

同理,存在正定矩阵 $\boldsymbol{B}_2$,使 $\boldsymbol{A}^{\mathrm{T}}\boldsymbol{A}=\boldsymbol{B}_2^2$. 令 $\boldsymbol{Q}_2=\boldsymbol{B}_2^{-1}\boldsymbol{A}$,则有 $\boldsymbol{Q}_2\boldsymbol{Q}_2^{\mathrm{T}}=\boldsymbol{E}$,故 $\boldsymbol{Q}_2$ 是正交矩阵,此时 $\boldsymbol{A}=\boldsymbol{B}_2\boldsymbol{Q}_2$,即 $\boldsymbol{A}$ 表示为正交矩阵与正定矩阵的乘积,也就是 $\boldsymbol{A}=\boldsymbol{Q}_1\boldsymbol{B}_1=\boldsymbol{B}_2\boldsymbol{Q}_2$.

再证表示式唯一. 若 $\boldsymbol{A}=\boldsymbol{Q}_1\boldsymbol{B}_1=\boldsymbol{P}\boldsymbol{C}$,$\boldsymbol{P}$ 为正交矩阵,$\boldsymbol{C}$ 为正定矩阵,则

$$(\boldsymbol{Q}_1\boldsymbol{B}_1)^{\mathrm{T}}(\boldsymbol{Q}_1\boldsymbol{B}_1)=(\boldsymbol{P}\boldsymbol{C})^{\mathrm{T}}(\boldsymbol{P}\boldsymbol{C}),$$

即 $\boldsymbol{B}_1^{\mathrm{T}}\boldsymbol{Q}_1^{\mathrm{T}}\boldsymbol{Q}_1\boldsymbol{B}_1=\boldsymbol{C}^{\mathrm{T}}\boldsymbol{P}^{\mathrm{T}}\boldsymbol{P}\boldsymbol{C}$,则有 $\boldsymbol{B}_1^2=\boldsymbol{C}^2$. 下面证明:

$$\boldsymbol{B}_1=\boldsymbol{C}.$$

由于 $\boldsymbol{B}_1,\boldsymbol{C}$ 均为实对称矩阵，故存在正交矩阵 $\boldsymbol{R}$ 和 $\boldsymbol{S}$，使得

$$\boldsymbol{C}=\boldsymbol{R}\begin{bmatrix}\lambda_1 & & & \\ & \lambda_2 & & \\ & & \ddots & \\ & & & \lambda_n\end{bmatrix}\boldsymbol{R}^{-1},\boldsymbol{B}_1=\boldsymbol{S}\begin{bmatrix}\mu_1 & & & \\ & \mu_2 & & \\ & & \ddots & \\ & & & \mu_n\end{bmatrix}\boldsymbol{S}^{-1}$$

$$\lambda_1\geqslant\lambda_2\geqslant\cdots\geqslant\lambda_n>0,\mu_1\geqslant\mu_2\geqslant\cdots\geqslant\mu_n>0,$$

由于 $\boldsymbol{B}_1^2=\boldsymbol{C}^2$，则有

$$\boldsymbol{R}\begin{bmatrix}\lambda_1^2 & & & \\ & \lambda_2^2 & & \\ & & \ddots & \\ & & & \lambda_n^2\end{bmatrix}\boldsymbol{R}^{-1}=\boldsymbol{S}\begin{bmatrix}\mu_1^2 & & & \\ & \mu_2^2 & & \\ & & \ddots & \\ & & & \mu_n^2\end{bmatrix}\boldsymbol{S}^{-1},$$

由相似矩阵的特征值相同，有

$$\lambda_i^2=\mu_i^2,$$

从而 $\lambda_i=\mu_i(i=1,2,\cdots,n)$，由上式可得

$$\boldsymbol{S}^{-1}\boldsymbol{R}\begin{bmatrix}\lambda_1^2 & & & \\ & \lambda_2^2 & & \\ & & \ddots & \\ & & & \lambda_n^2\end{bmatrix}=\begin{bmatrix}\mu_1^2 & & & \\ & \mu_2^2 & & \\ & & \ddots & \\ & & & \mu_n^2\end{bmatrix}\boldsymbol{S}^{-1}\boldsymbol{R},$$

令 $\boldsymbol{D}=\boldsymbol{S}^{-1}\boldsymbol{R}=(d_{ij})$，即有

$$\begin{bmatrix}d_{11}\lambda_1^2 & d_{12}\lambda_2^2 & \cdots & d_{1n}\lambda_n^2\\ d_{21}\lambda_1^2 & d_{22}\lambda_2^2 & \cdots & d_{2n}\lambda_n^2\\ \vdots & \vdots & & \vdots\\ d_{n1}\lambda_1^2 & d_{n2}\lambda_2^2 & \cdots & d_{nn}\lambda_n^2\end{bmatrix}=\begin{bmatrix}d_{11}\mu_1^2 & d_{12}\mu_1^2 & \cdots & d_{1n}\mu_1^2\\ d_{21}\mu_2^2 & d_{22}\mu_2^2 & \cdots & d_{2n}\mu_2^2\\ \vdots & \vdots & & \vdots\\ d_{n1}\mu_n^2 & d_{n2}\mu_n^2 & \cdots & d_{nn}\mu_n^2\end{bmatrix},$$

$d_{ij}\lambda_j^2=d_{ij}\mu_i^2=d_{ij}\lambda_i^2$（因为 $\lambda_i^2=\mu_i^2$），从而有 $d_{ij}\lambda_j=d_{ij}\mu_i=d_{ij}\lambda_i$，比较上式，有

$$\boldsymbol{D}\begin{bmatrix}\lambda_1 & & & \\ & \lambda_2 & & \\ & & \ddots & \\ & & & \lambda_n\end{bmatrix}=\begin{bmatrix}\mu_1 & & & \\ & \mu_2 & & \\ & & \ddots & \\ & & & \mu_n\end{bmatrix}\boldsymbol{D},$$

$$\boldsymbol{S}^{-1}\boldsymbol{R}\begin{bmatrix}\lambda_1 & & & \\ & \lambda_2 & & \\ & & \ddots & \\ & & & \lambda_n\end{bmatrix}=\begin{bmatrix}\mu_1 & & & \\ & \mu_2 & & \\ & & \ddots & \\ & & & \mu_n\end{bmatrix}\boldsymbol{S}^{-1}\boldsymbol{R},$$

即有

$$\boldsymbol{R}\begin{bmatrix}\lambda_1 & & & \\ & \lambda_2 & & \\ & & \ddots & \\ & & & \lambda_n\end{bmatrix}\boldsymbol{R}^{-1}=\boldsymbol{S}\begin{bmatrix}\mu_1 & & & \\ & \mu_2 & & \\ & & \ddots & \\ & & & \mu_n\end{bmatrix}\boldsymbol{S}^{-1},$$

即

$$\boldsymbol{C}=\boldsymbol{B}_1.$$

另外,$\boldsymbol{Q}_1=\boldsymbol{A}\boldsymbol{B}_1^{-1}=\boldsymbol{A}\boldsymbol{C}^{-1}=\boldsymbol{P}$,故 $\boldsymbol{A}$ 的分解唯一.

【3-59】 设 $\boldsymbol{A}=(a_{ij})_{n\times n}$ 为正定矩阵,证明:

(1) $a_{ii}>0(i=1,2,\cdots,n)$;

(2) $\boldsymbol{A}^{-1}$ 为正定矩阵;

(3) $\boldsymbol{A}^*$ 为正定矩阵;

(4) 对任意正整数 k,$\boldsymbol{A}^k$ 为正定矩阵.

证明 (1) 因为 $\boldsymbol{A}$ 正定,所以对于任意的非零向量 $\boldsymbol{x}$,都有 $\boldsymbol{x}^{\mathrm{T}}\boldsymbol{A}\boldsymbol{x}>0$,取 $\boldsymbol{x}_i=(0,\cdots,0,1,0,\cdots,0)^{\mathrm{T}}\neq 0$,即第 i 个分量为 1,其余分量为 0,则

$$\boldsymbol{x}_i{}^{\mathrm{T}}\boldsymbol{A}\boldsymbol{x}_i=a_{ii}>0(i=1,2,\cdots,n),$$

故正定矩阵主对角线元素全大于零.

(2) 由于 $\boldsymbol{A}$ 正定,故 $\boldsymbol{A}^{\mathrm{T}}=\boldsymbol{A}$,所以 $(\boldsymbol{A}^{-1})^{\mathrm{T}}=(\boldsymbol{A}^{\mathrm{T}})^{-1}=\boldsymbol{A}^{-1}$,故 $\boldsymbol{A}^{-1}$ 亦为对称矩阵.

对 $\boldsymbol{A}^{-1}$ 的正定理有如下几种证法:

方法 1 由 $\boldsymbol{A}$ 正定,故 $\boldsymbol{A}$ 与单位矩阵合同,即存在可逆矩阵 $\boldsymbol{M}$,使 $\boldsymbol{A}=\boldsymbol{M}^{\mathrm{T}}\boldsymbol{M}$. 于是有

$$\boldsymbol{A}^{-1}=\boldsymbol{M}^{-1}(\boldsymbol{M}^{\mathrm{T}})^{-1}=\boldsymbol{M}^{-1}(\boldsymbol{M}^{-1})^{\mathrm{T}},$$

令矩阵 $\boldsymbol{Q}=(\boldsymbol{M}^{-1})^{\mathrm{T}}$,则 $\boldsymbol{Q}$ 可逆,且使

$$\boldsymbol{A}^{-1}=\boldsymbol{Q}^{\mathrm{T}}\boldsymbol{Q},$$

即 $\boldsymbol{A}^{-1}$ 与单位矩阵 $\boldsymbol{E}$ 合同,故 $\boldsymbol{A}^{-1}$ 为正定矩阵.

方法 2 由于 $\boldsymbol{A}$ 正定,则 $\boldsymbol{A}$ 的特征值全大于零. 设 λ 为 $\boldsymbol{A}$ 的任一特征值,则 $\dfrac{1}{\lambda}$ 为 $\boldsymbol{A}^{-1}$ 的特征值,且 $\dfrac{1}{\lambda}>0$. 因此,对称矩阵 $\boldsymbol{A}^{-1}$ 的特征值全大于 0,故 $\boldsymbol{A}^{-1}$ 为正定矩阵.

(3) 由于 $\boldsymbol{A}^*=|\boldsymbol{A}|\boldsymbol{A}^{-1}$,$\boldsymbol{A}^{-1}$ 是对称矩阵,故 $\boldsymbol{A}^*$ 为对称矩阵. 因此,也有两种证法:

方法 1 由于已证 $\boldsymbol{A}^{-1}$ 正定,故对于 $\boldsymbol{x}\in\mathbb{R}^n$,$\boldsymbol{x}\neq\boldsymbol{0}$,均有 $\boldsymbol{x}^{\mathrm{T}}\boldsymbol{A}^{-1}\boldsymbol{x}>0$. 又由 $\boldsymbol{A}$ 正定,有 $|\boldsymbol{A}|>0$,故对于 $\boldsymbol{x}\in\mathbb{R}^n$,$\boldsymbol{x}\neq\boldsymbol{0}$,均有 $\boldsymbol{x}^{\mathrm{T}}\boldsymbol{A}^*\boldsymbol{x}=\boldsymbol{x}^{\mathrm{T}}|\boldsymbol{A}|\boldsymbol{A}^{-1}\boldsymbol{x}=|\boldsymbol{A}|\boldsymbol{x}^{\mathrm{T}}\boldsymbol{A}^{-1}\boldsymbol{x}>\boldsymbol{0}$,即二次型 $\boldsymbol{x}^{\mathrm{T}}\boldsymbol{A}^*\boldsymbol{x}>\boldsymbol{0}$,所以 $\boldsymbol{A}^*$ 正定.

方法2 由于$\boldsymbol{A}$正定,则$\boldsymbol{A}$的特征值全大于零.设λ为$\boldsymbol{A}$的任一特征值,有$\lambda>0$,又因为$|\boldsymbol{A}|>0$,故$\boldsymbol{A}^*$的特征值$\frac{|\boldsymbol{A}|}{\lambda}>0$.因此,对称矩阵$\boldsymbol{A}^*$的特征值全大于零,所以$\boldsymbol{A}^*$正定.

(4) 由$\boldsymbol{A}$为对称矩阵,故$(\boldsymbol{A}^k)^{\mathrm{T}}=(\boldsymbol{A}^{\mathrm{T}})^k=\boldsymbol{A}^k$,即$\boldsymbol{A}^k$为对称矩阵,又由于$\boldsymbol{A}$的全部特征值$\lambda_i>0(i=1,2,\cdots,n)$,因此$\boldsymbol{A}^k$得全部特征值$\lambda_i^k>0(i=1,2,\cdots,n)$,故$\boldsymbol{A}^k$正定.

点评 注意命题:**正定矩阵主对角线元全大于零,其逆不真.如果矩阵$\boldsymbol{A}$的主对角线元全大于零,若$\boldsymbol{A}$不是对称矩阵,则$\boldsymbol{A}$不是正定矩阵.**

【3-60】 设$\boldsymbol{A},\boldsymbol{B}$是同阶正定矩阵,且$|x\boldsymbol{A}-\boldsymbol{B}|=0$的根全为1,证明:$\boldsymbol{A}=\boldsymbol{B}$.

证明 由$\boldsymbol{A}$为正定阵,存在可逆阵$\boldsymbol{C}$,使得

$$\boldsymbol{C}^{\mathrm{T}}\boldsymbol{A}\boldsymbol{C}=\boldsymbol{E}_n,$$

令$\boldsymbol{B}_1=\boldsymbol{C}^{\mathrm{T}}\boldsymbol{B}\boldsymbol{C}$,则$\boldsymbol{B}_1$为实对称阵,可化为对角阵,即存在正交阵$\boldsymbol{T}$,使得

$$\boldsymbol{T}^{\mathrm{T}}\boldsymbol{B}_1\boldsymbol{T}=\boldsymbol{\Lambda}=\mathrm{diag}(\lambda_1,\lambda_2,\cdots,\lambda_n)\quad(\lambda_i>0\text{ 为 }\boldsymbol{B}_1\text{ 的特征值}).$$

令$\boldsymbol{P}=\boldsymbol{C}\boldsymbol{T}$,则

$$\begin{aligned}\boldsymbol{P}^{\mathrm{T}}\boldsymbol{A}\boldsymbol{P}&=(\boldsymbol{C}\boldsymbol{T})^{\mathrm{T}}\boldsymbol{A}(\boldsymbol{C}\boldsymbol{T})=\boldsymbol{T}^{\mathrm{T}}(\boldsymbol{C}^{\mathrm{T}}\boldsymbol{A}\boldsymbol{C})\boldsymbol{T}\\&=\boldsymbol{T}^{\mathrm{T}}(\boldsymbol{E}_n)\boldsymbol{T}=\boldsymbol{T}^{\mathrm{T}}\boldsymbol{T}=\boldsymbol{E}_n,\end{aligned}$$

且

$$\begin{aligned}\boldsymbol{P}^{\mathrm{T}}\boldsymbol{B}\boldsymbol{P}&=(\boldsymbol{C}\boldsymbol{T})^{\mathrm{T}}\boldsymbol{B}(\boldsymbol{C}\boldsymbol{T})=\boldsymbol{T}^{\mathrm{T}}(\boldsymbol{C}^{\mathrm{T}}\boldsymbol{B}\boldsymbol{C})\boldsymbol{T}\\&=\boldsymbol{T}^{\mathrm{T}}\boldsymbol{B}_1\boldsymbol{T}=\boldsymbol{\Lambda},\end{aligned}$$

故

$$\boldsymbol{P}^{\mathrm{T}}(x\boldsymbol{A}-\boldsymbol{B})\boldsymbol{P}=x\boldsymbol{E}-\boldsymbol{\Lambda},$$

则由$|x\boldsymbol{A}-\boldsymbol{B}|=|\boldsymbol{P}^{\mathrm{T}}(x\boldsymbol{A}-\boldsymbol{B})\boldsymbol{P}|=|x\boldsymbol{E}-\boldsymbol{\Lambda}|$,知

$$|x\boldsymbol{A}-\boldsymbol{B}|=0\Leftrightarrow|\boldsymbol{P}^{\mathrm{T}}(x\boldsymbol{A}-\boldsymbol{B})\boldsymbol{P}|=\prod_{i=1}^{n}(x-\lambda_i)=0\Rightarrow x=\lambda_i>0,$$

若$|x\boldsymbol{A}-\boldsymbol{B}|=0$的根全为1,则$\boldsymbol{B}_1=\boldsymbol{C}^{\mathrm{T}}\boldsymbol{B}\boldsymbol{C}$的特征值全为1,故$\boldsymbol{T}^{\mathrm{T}}\boldsymbol{B}_1\boldsymbol{T}=\boldsymbol{\Lambda}=\boldsymbol{E}_n$,即$\boldsymbol{B}_1=\boldsymbol{E}_n$,因此有

$$\boldsymbol{B}=(\boldsymbol{C}^{\mathrm{T}})^{-1}\boldsymbol{B}_1\boldsymbol{C}^{-1}=(\boldsymbol{C}^{\mathrm{T}})^{-1}\boldsymbol{C}^{-1}=\boldsymbol{A}.$$

三、自测与提高

选择题

【3-61】 (1) 已知$\boldsymbol{P}^{-1}\boldsymbol{A}\boldsymbol{P}=\begin{bmatrix}1&0&0\\0&1&0\\0&0&0\end{bmatrix}$,$\boldsymbol{\alpha}_1=\begin{bmatrix}2\\0\\1\end{bmatrix}$,$\boldsymbol{\alpha}_2=\begin{bmatrix}1\\2\\0\end{bmatrix}$是矩阵$\boldsymbol{A}$对应于特

征值$\lambda=1$的特征向量$\boldsymbol{\alpha}_3=\begin{bmatrix}1\\1\\1\end{bmatrix}$是对应于$\lambda=0$的特征向量，则矩阵$\boldsymbol{P}$不能为(　).

(A) $(-\boldsymbol{\alpha}_1,-\boldsymbol{\alpha}_2,\boldsymbol{\alpha}_3)$　　(B) $(\boldsymbol{\alpha}_2,\boldsymbol{\alpha}_1,\boldsymbol{\alpha}_3)$

(C) $(\boldsymbol{\alpha}_1+\boldsymbol{\alpha}_2,\boldsymbol{\alpha}_2,\boldsymbol{\alpha}_3)$　　(D) $(\boldsymbol{\alpha}_1,\boldsymbol{\alpha}_2,\boldsymbol{\alpha}_2+\boldsymbol{\alpha}_3)$

(2) 已知3阶矩阵$\boldsymbol{A}$的特征值为$0,+2,-2$，则下列结论不正确的是(　).

(A) 矩阵$\boldsymbol{A}$是不可逆矩阵

(B) 矩阵$\boldsymbol{A}$的主对角线元素之和为0

(C) 特征值2和-2所对应的特征向量是正交的

(D) $\boldsymbol{Ax}=\boldsymbol{0}$的基础解系由一个向量组成

(3) 设$\boldsymbol{A},\boldsymbol{B}$为$n$阶矩阵，且$\boldsymbol{A}$与$\boldsymbol{B}$相似，$\boldsymbol{E}$为$n$阶单位阵，则(　).

(A) $\lambda\boldsymbol{E}-\boldsymbol{A}=\lambda\boldsymbol{E}-\boldsymbol{B}$　　(B) $\boldsymbol{A}$与$\boldsymbol{B}$有相同的特征值和特征向量

(C) $\boldsymbol{A}$与$\boldsymbol{B}$都相似于一个对角矩阵　　(D) 对任意常数t，$t\boldsymbol{E}-\boldsymbol{A}$与$t\boldsymbol{E}-\boldsymbol{B}$相似

(4) 设$\lambda=2$是非奇异矩阵$\boldsymbol{A}$的一个特征值，则$\left[\frac{1}{3}\boldsymbol{A}^2\right]^{-1}$有一特征值为(　).

(A) $\frac{4}{3}$　　(B) $\frac{3}{4}$

(C) $\frac{1}{2}$　　(D) $\frac{1}{4}$

(5) n阶方阵$\boldsymbol{A}$具有n个不同的特征值是$\boldsymbol{A}$与对角矩阵相似的(　).

(A) 充分必要条件　　(B) 充分而非必要条件

(C) 必要而非充分条件　　(D) 既非充分也非必要条件

(6) 设$\boldsymbol{A}$为n阶可逆矩阵，λ是$\boldsymbol{A}$的一个特征值，则$\boldsymbol{A}$的伴随矩阵$\boldsymbol{A}^*$的特征值之一是(　).

(A) $\lambda^{-1}|\boldsymbol{A}|^n$　　(B) $\lambda^{-1}|\boldsymbol{A}|$

(C) $\lambda|\boldsymbol{A}|$　　(D) $\lambda|\boldsymbol{A}|^n$

(7) 设$\boldsymbol{A}$为n阶方阵，则下列结论正确的是(　).

(A) 若$\boldsymbol{A}$可逆，则$\boldsymbol{A}$的对应于λ的特征向量也是$\boldsymbol{A}^*$的对应于特征值$\frac{|\boldsymbol{A}|}{\lambda}$的特征向量

(B) $\boldsymbol{A}$的特征向量就是方程组$(\lambda\boldsymbol{E}-\boldsymbol{A})\boldsymbol{x}=\boldsymbol{0}$的全部解向量

(C) $\boldsymbol{A}$的特征向量的任一线性组合仍为$\boldsymbol{A}$的特征向量

(D) $\boldsymbol{A}$与$\boldsymbol{A}^{\mathrm{T}}$具有相同的特征向量

(8) 设$\boldsymbol{A}$为3阶矩阵，且$\boldsymbol{E}-\boldsymbol{A},2\boldsymbol{E}-\boldsymbol{A},-3\boldsymbol{E}-\boldsymbol{A}$均不可逆，则下列结论不正确的是(　).

(A) $\boldsymbol{A}$ 可对角化　　　　　　　　(B) $\boldsymbol{A}$ 为可逆矩阵

(C) $\boldsymbol{A}+\boldsymbol{E}$ 不可逆　　　　　　　　(D) $|\boldsymbol{A}|=-6$

(9) 与对角矩阵 $\boldsymbol{A}=\begin{bmatrix}1&0&0\\0&1&0\\0&0&2\end{bmatrix}$ 相似的矩阵是(　).

(A) $\begin{bmatrix}1&1&0\\0&1&0\\0&0&2\end{bmatrix}$　　　　(B) $\begin{bmatrix}1&1&1\\0&1&0\\0&0&2\end{bmatrix}$

(C) $\begin{bmatrix}1&0&1\\0&1&0\\0&0&2\end{bmatrix}$　　　　(D) $\begin{bmatrix}1&0&1\\0&1&1\\0&0&2\end{bmatrix}$

(10) 已知 2 阶实对称矩阵 $\boldsymbol{A}$ 的一个特征向量为 $\begin{bmatrix}2\\-5\end{bmatrix}$,并且 $|\boldsymbol{A}|<0$,则以下选项中一定不为 $\boldsymbol{A}$ 的特征向量的是(　).

(A) $k\begin{bmatrix}2\\-5\end{bmatrix}(k\neq 0)$　　　　(B) $k\begin{bmatrix}5\\2\end{bmatrix}(k\neq 0)$

(C) $k_1\begin{bmatrix}2\\-5\end{bmatrix}+k_2\begin{bmatrix}5\\2\end{bmatrix}$　　　　(D) $k_1\begin{bmatrix}2\\-5\end{bmatrix}+k_2\begin{bmatrix}5\\2\end{bmatrix}$($k_1,k_2$ 不同时为零)

填空题

【3-62】 (1) 设 4 阶矩阵 $\boldsymbol{A}$ 满足 $|2\boldsymbol{E}+\boldsymbol{A}|=0$,$\boldsymbol{A}\boldsymbol{A}^{\mathrm{T}}=-3\boldsymbol{E}$,$|\boldsymbol{A}|<0$,其中 $\boldsymbol{E}$ 为 4 阶单位矩阵,则伴随矩阵 $\boldsymbol{A}^*$ 必有一个特征值为______.

(2) n 阶实矩阵 $\boldsymbol{A}$ 的秩为 r,则 $\boldsymbol{A}^{\mathrm{T}}\boldsymbol{A}$ 的零特征值有______个.

(3) 设 n 阶方阵 $\boldsymbol{A}$ 的元素全是 1,则 $\boldsymbol{A}$ 的 n 个特征值是______.

(4) 若 n 阶可逆矩阵 $\boldsymbol{A}$ 的每行元素之和为 $a(a\neq 0)$,则矩阵 $\boldsymbol{B}=2\boldsymbol{A}^3-\boldsymbol{A}+\boldsymbol{E}$ 的一个特征值为______.

(5) 设 $\boldsymbol{A}$ 为 n 阶反对称矩阵,λ 是 $\boldsymbol{A}$ 的一个特征值,则除 λ 之外必有另一特征值为______.

(6) 设 $\boldsymbol{\alpha}$ 是 n 阶对称矩阵 $\boldsymbol{A}$ 的对应于特征值 λ 的特征向量,则矩阵 $(\boldsymbol{P}^{-1}\boldsymbol{A}\boldsymbol{P})^{\mathrm{T}}$ 的对应于其特征值 λ 的特征向量为______.

(7) 设实对称矩阵 $\boldsymbol{A}$ 满足 $\boldsymbol{A}^3+3\boldsymbol{A}^2+\boldsymbol{A}=5\boldsymbol{E}$,则 $\boldsymbol{A}=$______.

(8) 设 $\boldsymbol{A}$ 为 n 阶可逆矩阵,且 $r(\boldsymbol{A}-\boldsymbol{E})<n$,则 $\boldsymbol{A}$ 必有特征值______,且重数至少是______.

(9) 设 n 阶方阵 $\boldsymbol{A}$ 的特征值为 $2,4,\cdots,2n$,则行列式 $|\boldsymbol{A}-3\boldsymbol{E}|=$______.

(10) 已知 $A=(a_{ij})_{4\times4}$，且 $\lambda=1$ 是 A 的二重特征值，$\lambda=-2$ 是 A 的一重特征值，则 A 的特征多项式为______.

计算题和证明题

【3-63】 设矩阵 $A=\begin{bmatrix}0&1&0&0\\1&0&0&0\\0&0&y&1\\0&0&1&2\end{bmatrix}$.

(1) 已知 A 的一个特征值为 3，求 y 值；

(2) 求矩阵 P 使 $(AP)^{\mathrm{T}}(AP)$ 为对角矩阵.

【3-64】 设方阵 $A=(a_{ij})_{n\times n}$ 的元素全大于 0，且 A 的每行元素之和均等于 1，证明：

(1) A 有特征值 1；

(2) 对于 A 的任一特征值 λ，有 $|\lambda|\leqslant1$；

(3) 若 A 可逆，试求 A^{-1} 的各行元素之和.

【3-65】 设矩阵 A 与 B 相似，其中 $A=\begin{bmatrix}-2&0&0\\2&x&2\\3&1&1\end{bmatrix}$，$B=\begin{bmatrix}-1&0&0\\0&2&0\\0&0&y\end{bmatrix}$.

(1) 求 x 和 y 的值；

(2) 求可逆矩阵 P，使得 $P^{-1}AP=B$.

【3-66】 设 A 为 $m\times n$ 矩阵，B 为 $n\times m$ 矩阵，证明：AB 与 BA 有相同的非零特征值.

【3-67】 设 3 阶方阵 A 与对角矩阵 $\Lambda=\begin{bmatrix}\lambda_1&&\\&\lambda_2&\\&&\lambda_3\end{bmatrix}$ 相似，矩阵 $B=(A-\lambda_1E)(A-\lambda_2E)(A-\lambda_3E)$，证明：$B=0$.

【3-68】 设矩阵 $A=\begin{bmatrix}3&2&-2\\-k&-1&k\\4&2&-3\end{bmatrix}$，问当 k 为何值时，存在可逆矩阵 P，使 $P^{-1}AP$ 为对角矩阵？并求出 P 和相应的对角矩阵 Λ.

【3-69】 已知 $A=\begin{bmatrix}1&2\\4&3\end{bmatrix}$，求 A^{100}.

【3-70】 设 A 为 n 阶矩阵，证明：A 有零特征值的充分必要条件是齐次线性方程组 $Ax=0$ 有非零解.

【3-71】 设 n 阶矩阵 $\boldsymbol{A}$ 有 n 个不同的特征值，n 阶矩阵 $\boldsymbol{B}$ 与 $\boldsymbol{A}$ 的特征值完全相同，证明：存在可逆矩阵 $\boldsymbol{P}$ 和 $\boldsymbol{Q}$ 使得 $\boldsymbol{A}=\boldsymbol{PQ}$，$\boldsymbol{B}=\boldsymbol{QP}$.

【3-72】 设 λ 是方阵 $\boldsymbol{A}$ 的特征值，$\boldsymbol{\alpha}$ 是对应的特征向量，μ 是 $\boldsymbol{A}^{\mathrm{T}}$ 的特征值，$\boldsymbol{\beta}$ 是对应的特征向量，若 $\lambda\neq\mu$，证明：$\boldsymbol{\alpha}^{\mathrm{T}}\boldsymbol{\beta}=\boldsymbol{0}$.

【3-73】 设 n 阶实矩阵 $\boldsymbol{A}$ 有 n 个两两正交的特征向量 $\boldsymbol{\xi}_1,\boldsymbol{\xi}_2,\cdots,\boldsymbol{\xi}_n$，证明：$\boldsymbol{A}$ 为对称矩阵.

【3-74】 设 $\boldsymbol{A}$ 为 n 阶实对称矩阵，且存在正整数 k，使 $\boldsymbol{A}^k=0$，证明：$\boldsymbol{A}=\boldsymbol{0}$.

【3-75】 设 3 阶实对称矩阵 $\boldsymbol{A}$ 的特征值为 $\lambda_1=6$，$\lambda_2=\lambda_3=3$，$\boldsymbol{\alpha}_1=\begin{bmatrix}1\\1\\1\end{bmatrix}$ 是对应于 $\lambda_1=6$ 的特征向量.

(1) 求对应于 $\lambda_2=\lambda_3=3$ 的标准正交的特征向量；

(2) 求矩阵 $\boldsymbol{A}$.

【3-76】 已知实对称矩阵 $\boldsymbol{A}=\begin{bmatrix}3&-2&-4\\-2&6&-2\\-4&-2&3\end{bmatrix}$，求正交矩阵 $\boldsymbol{Q}$ 和对角矩阵 $\boldsymbol{\Lambda}$，使 $\boldsymbol{Q}^{-1}\boldsymbol{AQ}=\boldsymbol{\Lambda}$.

【3-77】 已知矩阵 $\boldsymbol{A}=\begin{bmatrix}13&14&4\\14&24&18\\4&18&29\end{bmatrix}$，求满足关系式 $\boldsymbol{X}^2=\boldsymbol{A}$ 的实对称矩阵 $\boldsymbol{X}$.

【3-78】 证明：若 n 阶矩阵 $\boldsymbol{A}$ 有 n 个互不相同的特征值，则 $\boldsymbol{AB}=\boldsymbol{BA}$ 的充要条件是 $\boldsymbol{A}$ 的特征向量也是 $\boldsymbol{B}$ 的特征向量.

【3-79】 设实对称矩阵 $\boldsymbol{A}=\begin{bmatrix}a&1&1\\1&a&-1\\1&-1&a\end{bmatrix}$，求可逆矩阵 $\boldsymbol{P}$，使 $\boldsymbol{P}^{-1}\boldsymbol{AP}$ 为对角矩阵，并计算行列式 $|\boldsymbol{A}-\boldsymbol{E}|$ 的值.

【3-80】 设 $\boldsymbol{A}$ 是 3 阶实对称矩阵，且满足条件 $\boldsymbol{A}^2+2\boldsymbol{A}=\boldsymbol{0}$，已知 $\boldsymbol{A}$ 的秩 $r(\boldsymbol{A})=2$，求与矩阵 $\boldsymbol{A}$ 相似的对角矩阵 $\boldsymbol{\Lambda}$.

【3-81】 设 $\boldsymbol{A}$ 为 n 阶方阵，满足方程 $\boldsymbol{A}^2-2\boldsymbol{A}-3\boldsymbol{E}=\boldsymbol{0}$，证明：矩阵 $\boldsymbol{A}$ 能相似于对角矩阵，并求出它的相似对角矩阵.

【3-82】 已知矩阵 $\boldsymbol{A}=\begin{bmatrix}1&0&2\\0&-1&1\\0&1&0\end{bmatrix}$，计算 $2\boldsymbol{A}^8-3\boldsymbol{A}^5+\boldsymbol{A}^4+\boldsymbol{A}^2-4\boldsymbol{E}$.

答案与提示

选择题

【3-61】 (1) D (2) C (3) D (4) B (5) B (6) B (7) A (8) C (9) C (10) C

填空题

【3-62】 (1) $\frac{9}{2}$. 由知 $\boldsymbol{A}\boldsymbol{A}^{\mathrm{T}}=3\boldsymbol{E}$, $|\boldsymbol{A}|<0$ 知 $|\boldsymbol{A}|=-9$, 且 $\lambda=-2$ 是 $\boldsymbol{A}$ 的一个特征值, 故 $\frac{|\boldsymbol{A}|}{\lambda}=\frac{9}{2}$ 为 $\boldsymbol{A}^*$ 的一个特征值.

(2) $n-r$. 因为 $\boldsymbol{A}^{\mathrm{T}}\boldsymbol{A}$ 是秩为 r 的实对称矩阵, 所以有 $n-r$ 个零特征值.

(3) $\lambda_1=n, \lambda_2=\cdots=\lambda_n=0$. $r(\boldsymbol{A})=1$, 故有 $n-1$ 个零特征值, 且有 $\boldsymbol{A}\begin{bmatrix}1\\1\\\vdots\\1\end{bmatrix}=n\begin{bmatrix}1\\1\\\vdots\\1\end{bmatrix}$, 此时特征值为 n, 对应的特征向量为元素全为 1 的 n 维向量.

(4) $2a^3-a+1$. 由 $A\begin{bmatrix}1\\1\\\vdots\\1\end{bmatrix}=a\begin{bmatrix}1\\1\\\vdots\\1\end{bmatrix}$ 得 a 为 $\boldsymbol{A}$ 的一个特征值.

(5) $-\lambda$. 由 $\boldsymbol{A}^{\mathrm{T}}=-\boldsymbol{A}$, 有

$|\lambda\boldsymbol{E}-\boldsymbol{A}|=|\lambda\boldsymbol{E}+\boldsymbol{A}^{\mathrm{T}}|=|(\lambda\boldsymbol{E}+\boldsymbol{A})^{\mathrm{T}}|=|\lambda\boldsymbol{E}+\boldsymbol{A}|=(-1)^n|-\lambda\boldsymbol{E}-\boldsymbol{A}|=0$, 故有 $|-\lambda\boldsymbol{E}-\boldsymbol{A}|=0$.

(6) $\boldsymbol{P}^{\mathrm{T}}\boldsymbol{\alpha}$. 令 $\boldsymbol{B}=(\boldsymbol{P}^{-1}\boldsymbol{A}\boldsymbol{P})^{\mathrm{T}}=\boldsymbol{P}^{\mathrm{T}}\boldsymbol{A}(\boldsymbol{P}^{\mathrm{T}})^{-1}$, 得 $\boldsymbol{B}\boldsymbol{P}^{\mathrm{T}}=\boldsymbol{P}^{\mathrm{T}}\boldsymbol{A}$, 故有

$$\boldsymbol{B}\boldsymbol{P}^{\mathrm{T}}\boldsymbol{\alpha}=\boldsymbol{P}^{\mathrm{T}}\boldsymbol{A}\boldsymbol{\alpha}=\boldsymbol{P}^{\mathrm{T}}\lambda\boldsymbol{\alpha}=\lambda(\boldsymbol{P}^{\mathrm{T}}\boldsymbol{\alpha}),$$

即 $(\boldsymbol{P}^{-1}\boldsymbol{A}\boldsymbol{P})^{\mathrm{T}}(\boldsymbol{P}^{\mathrm{T}}\boldsymbol{\alpha})=\lambda(\boldsymbol{P}^{\mathrm{T}}\boldsymbol{\alpha})$. 由于 $\boldsymbol{P}$ 为可逆矩阵, $\boldsymbol{\alpha}$ 是 $\boldsymbol{A}$ 的特征向量 $\boldsymbol{\alpha}\neq 0$, 故 $\boldsymbol{P}^{\mathrm{T}}\boldsymbol{\alpha}\neq\boldsymbol{0}$.

(7) $\boldsymbol{E}$. 由 $\boldsymbol{A}^3+3\boldsymbol{A}^2+\boldsymbol{A}=5\boldsymbol{E}$, 有 $\lambda^3+3\lambda^2+\lambda=5$, λ 为 $\boldsymbol{A}$ 的特征值, 即 $(\lambda-1)(\lambda^2+4\lambda+5)=0$, 由于 $\boldsymbol{A}$ 是实对称矩阵, 故 λ 必为实数, 即 $\boldsymbol{A}$ 的特征值只能为 1.

(8) 1,$n-r(\boldsymbol{A}-\boldsymbol{E})$. 由 $r(\boldsymbol{A}-\boldsymbol{E})<n$,故 $|\boldsymbol{A}-\boldsymbol{E}|=0$,则知 $\boldsymbol{A}$ 有特征值 1. 由 $(\boldsymbol{E}-\boldsymbol{A})\boldsymbol{x}=\boldsymbol{0}$,基础解系为 $n-r(\boldsymbol{A}-\boldsymbol{E})$ 个向量,故知特征值 1 对应 $n-r(\boldsymbol{A}-\boldsymbol{E})$ 个线性无关的特征向量,故 1 的重数至少是 $n-r(\boldsymbol{A}-\boldsymbol{E})$.

(9) $-1\times3\times5\times\cdots\times(2n-3)$. 由 $\boldsymbol{A}-3\boldsymbol{E}$ 的特征值为 $\lambda-3$ 可知.

(10) $(\lambda-1)^2(\lambda+2)(\lambda-\sum\limits_{i=1}^{4}a_{ii})$. 设未知特征值为 λ_1,则 $\lambda_1+(-1)+(-1)+2=\sum\limits_{i=1}^{4}a_{ii}$,故 $\lambda_1=\sum\limits_{i=1}^{4}a_{ii}$.

计算题和证明题

【3-63】 (1) $y=2$;

(2) $\boldsymbol{P}=\begin{bmatrix}1 & 0 & 0 & 0\\ 0 & 1 & 0 & 0\\ 0 & 0 & -\frac{1}{\sqrt{2}} & \frac{1}{\sqrt{2}}\\ 0 & 0 & \frac{1}{\sqrt{2}} & \frac{1}{\sqrt{2}}\end{bmatrix}$.

【3-64】 (1) 令 $\boldsymbol{x}=\begin{bmatrix}1\\1\\\vdots\\1\end{bmatrix}$,则有 $\boldsymbol{A}\boldsymbol{x}=\boldsymbol{x}$,故 $\lambda=1$ 为 $\boldsymbol{A}$ 的一个特征值;

(2) 设 λ 为 $\boldsymbol{A}$ 的任一特征值,$\boldsymbol{x}=\begin{bmatrix}x_1\\x_2\\\vdots\\x_n\end{bmatrix}$ 为对应的特征向量,则 $\boldsymbol{A}\boldsymbol{x}=\lambda\boldsymbol{x}$,即 $\sum\limits_{j=1}^{n}a_{ij}x_j=\lambda x_i$,设 $|x_k|=\max\{|x_i|\}$,则由 $\sum\limits_{j=1}^{n}a_{kj}x_j=\lambda x_k$ 两边取绝对值,得

$$|\lambda||x_k|=\left|\sum_{j=1}^{n}a_{kj}x_j\right|\leqslant\sum_{j=1}^{n}|a_{kj}||x_j|\leqslant|x_k|\sum_{j=1}^{n}a_{kj}=|x_k|,$$

由于 $|x_k|>0$,即得 $|\lambda|\leqslant1$;

(3) 由(1)已有 $\boldsymbol{A}\boldsymbol{x}=\boldsymbol{x}$,其中 $\boldsymbol{x}=\begin{bmatrix}1\\1\\\vdots\\1\end{bmatrix}$,当 $\boldsymbol{A}$ 可逆时,得 $\boldsymbol{A}^{-1}\boldsymbol{x}=\boldsymbol{x}$,故 $\boldsymbol{A}^{-1}$ 每行元

素之和也为1.

【3-65】 (1) $x=0, y=-2$. 由$|\lambda E-A|=|\lambda E-B|$,得关于$\lambda$的多项式,再令$\lambda=0,\lambda=1$,可得结果;

(2) $P=\begin{bmatrix}0&0&1\\2&1&0\\-1&1&-1\end{bmatrix}$.

【3-66】 令λ是BA的一个非零特征值,$\boldsymbol{\alpha}$是对应的特征向量,则$(AB)A\boldsymbol{\alpha}=A(BA\boldsymbol{\alpha})=A(\lambda\boldsymbol{\alpha})=\lambda A\boldsymbol{\alpha}$,由$\lambda\neq0$,$\boldsymbol{\alpha}\neq\mathbf{0}\Rightarrow B(A\boldsymbol{\alpha})\neq\mathbf{0}\Rightarrow A\boldsymbol{\alpha}\neq\mathbf{0}$,故$A\boldsymbol{\alpha}$是$AB$对应于特征值$\lambda$的特征向量,$\lambda$也是$AB$的一个特征值. 同理,$AB$的非零特征值也是$BA$的特征值.

【3-67】 由$P^{-1}AP=\Lambda$,得

$$\begin{aligned}P^{-1}BP&=P^{-1}(A-\lambda_1E)PP^{-1}(A-\lambda_2E)PP^{-1}(A-\lambda_3E)P\\&=(P^{-1}AP-\lambda_1E)(P^{-1}AP-\lambda_2E)(P^{-1}AP-\lambda_3E)\\&=\begin{bmatrix}0&&\\&\lambda_2-\lambda_1&\\&&\lambda_3-\lambda_1\end{bmatrix}\begin{bmatrix}\lambda_1-\lambda_2&&\\&0&\\&&\lambda_3-\lambda_2\end{bmatrix}\begin{bmatrix}\lambda_1-\lambda_3&&\\&\lambda_2-\lambda_3&\\&&0\end{bmatrix}\\&=0,\end{aligned}$$

由此得$B=\mathbf{0}$.

【3-68】 $k=0$时,$P=\begin{bmatrix}-1&1&1\\2&0&0\\0&2&1\end{bmatrix}$,使$P^{-1}AP=\begin{bmatrix}-1&&\\&-1&\\&&1\end{bmatrix}$;当$k\neq0$时,$r(-A-E)=2$,即$\lambda_1=\lambda_2=-1$只对应于一个特征向量,则$A$不能对角化.

【3-69】 $\dfrac{1}{3}\begin{bmatrix}5^{100}+2&5^{100}-1\\2\times5^{100}-2&2\times5^{100}+1\end{bmatrix}$. 由于$P^{-1}AP=\begin{bmatrix}5&0\\0&-1\end{bmatrix}$,其中$P=\begin{bmatrix}1&-1\\2&1\end{bmatrix}$,$P^{-1}=\dfrac{1}{3}\begin{bmatrix}1&1\\-2&1\end{bmatrix}$,故由$A^{100}=P\begin{bmatrix}5&\\&-1\end{bmatrix}^{100}P^{-1}$所得.

【3-70】 **必要性** 因$Ax=\mathbf{0}$有非零解,所以$|A|=0$,于是$|0E-A|=|-A|=(-1)^n|A|=0$,因此A有一个特征值0.

充分性 因0是A的特征值,设属于0的特征向量$\boldsymbol{\xi}\neq\mathbf{0}$,则$A\boldsymbol{\xi}=\lambda\boldsymbol{\xi}=\mathbf{0}$,说明$Ax=\mathbf{0}$有非零解.

【3-71】 由于A与B有n个不同的特征值,故均与对角阵相似,且A与B的特征值完全相同,则A与B与同一对角阵相似,故A与B相似,从而存在可逆阵P,使$P^{-1}AP=B$,即$P^{-1}A=BP^{-1}$. 令$Q=P^{-1}A=BP^{-1}$,故有$A=PQ$,$B=QP$.

【3-72】 $\boldsymbol{\alpha}^{\mathrm T}A^{\mathrm T}\boldsymbol{\beta}=(A\boldsymbol{\alpha})^{\mathrm T}\boldsymbol{\beta}=\lambda\boldsymbol{\alpha}^{\mathrm T}\boldsymbol{\beta}$,即$\mu\boldsymbol{\alpha}^{\mathrm T}\boldsymbol{\beta}=\lambda\boldsymbol{\alpha}^{\mathrm T}\boldsymbol{\beta}$,由$\mu\neq\lambda$知$\boldsymbol{\alpha}^{\mathrm T}\boldsymbol{\beta}=0$.

【3-73】 令向量 $\boldsymbol{q}_j=\frac{\boldsymbol{\xi}_j}{|\boldsymbol{\xi}_j|}(j=1,2,\cdots,n)$，则 $\boldsymbol{Q}=(\boldsymbol{q}_1,\boldsymbol{q}_2,\cdots,\boldsymbol{q}_n)$ 为正交阵，且 $\boldsymbol{Q}^{-1}\boldsymbol{A}\boldsymbol{Q}=\boldsymbol{Q}^{\mathrm{T}}\boldsymbol{A}\boldsymbol{Q}=\begin{bmatrix}\lambda_1 & & & \\ & \lambda_2 & & \\ & & \ddots & \\ & & & \lambda_n\end{bmatrix}$，于是有 $\boldsymbol{A}=\boldsymbol{Q}\begin{bmatrix}\lambda_1 & & & \\ & \lambda_2 & & \\ & & \ddots & \\ & & & \lambda_n\end{bmatrix}\boldsymbol{Q}^{\mathrm{T}}$，由此可知 $\boldsymbol{A}^{\mathrm{T}}=\boldsymbol{A}$.

【3-74】 由于幂零阵的特征值全是 0，又 $\boldsymbol{A}$ 为实对称矩阵，故 $\boldsymbol{A}$ 相似于对角阵，即有可逆矩阵 $\boldsymbol{P}$，使 $\boldsymbol{P}^{-1}\boldsymbol{A}\boldsymbol{P}=\boldsymbol{0}$，故 $\boldsymbol{A}=\boldsymbol{0}$.

【3-75】 (1) $\boldsymbol{q}_2=\begin{bmatrix}\frac{1}{\sqrt{2}}\\ -\frac{1}{\sqrt{2}}\\ 0\end{bmatrix}$，$\boldsymbol{q}_3=\begin{bmatrix}\frac{1}{\sqrt{6}}\\ \frac{1}{\sqrt{6}}\\ -\frac{2}{\sqrt{6}}\end{bmatrix}$.

(2) $\boldsymbol{A}=\begin{bmatrix}4 & 1 & 1\\ 1 & 4 & 1\\ 1 & 1 & 4\end{bmatrix}$.

【3-76】 $\boldsymbol{Q}=\begin{bmatrix}\frac{1}{\sqrt{2}} & \frac{1}{3\sqrt{2}} & \frac{2}{3}\\ 0 & -\frac{4}{3\sqrt{2}} & \frac{1}{3}\\ -\frac{1}{\sqrt{2}} & \frac{1}{3\sqrt{2}} & \frac{2}{3}\end{bmatrix}$，$\boldsymbol{\Lambda}=\begin{bmatrix}7 & & \\ & 7 & \\ & & -2\end{bmatrix}$.

【3-77】 $\boldsymbol{X}=\begin{bmatrix}3 & 2 & 0\\ 2 & 4 & 2\\ 0 & 2 & 5\end{bmatrix}$. 由 $|\lambda\boldsymbol{E}-\boldsymbol{A}|=0$，得到 $\boldsymbol{A}$ 的特征值为 1，16，49. 对应的特征向量必正交，经单位化，得正交变换矩阵

$$\boldsymbol{Q}=\begin{bmatrix}\frac{2}{3} & \frac{2}{3} & \frac{1}{3}\\ -\frac{2}{3} & \frac{1}{3} & \frac{2}{3}\\ \frac{1}{3} & -\frac{2}{3} & \frac{2}{3}\end{bmatrix},$$

且 $\boldsymbol{Q}^{-1}\boldsymbol{A}\boldsymbol{Q}=\boldsymbol{Q}^{\mathrm{T}}\boldsymbol{A}\boldsymbol{Q}=\begin{bmatrix}1 & & \\ & 16 & \\ & & 49\end{bmatrix}$，因而

$$A=Q\begin{bmatrix}1 & & \\ & 16 & \\ & & 49\end{bmatrix}Q^{T}=Q\begin{bmatrix}1 & & \\ & 4 & \\ & & 7\end{bmatrix}QQ^{T}\begin{bmatrix}1 & & \\ & 4 & \\ & & 7\end{bmatrix}Q^{T},$$

令 $X=Q\begin{bmatrix}1 & & \\ & 4 & \\ & & 7\end{bmatrix}Q^{T}$，故有 $X^2=A$.

【3-78】 **必要性** 由 $A\xi=\lambda\xi$，由 $BA\xi=AB\xi=\lambda B\xi$，故 $B\xi$ 和 ξ 都是 A 的对应于特征值 λ 的特征向量，因 A 的特征值互不相同，故对应于同一特征值 λ 的特征向量对应成比例，故有 $B\xi=\mu\xi$.

充分性 $A=(\xi_1,\xi_2,\cdots,\xi_n)\Lambda_1(\xi_1,\xi_2,\cdots,\xi_n)^{-1}$，且 $B=(\xi_1,\xi_2,\cdots,\xi_n)\Lambda_2(\xi_1,\xi_2,\cdots,\xi_n)^{-1}$. 记 $P=(\xi_1,\xi_2,\cdots,\xi_n)$，则

$$AB=P\Lambda_1P^{-1}P\Lambda_2P^{-1}=P\Lambda_1\Lambda_2P^{-1}=P\Lambda_2\Lambda_1P^{-1}=P\Lambda_2P^{-1}P\Lambda_1P^{-1}=BA.$$

【3-79】 $P=\begin{bmatrix}1 & 1 & -1\\ 1 & 0 & 1\\ 0 & 1 & 1\end{bmatrix}$ 使 $P^{-1}AP=\begin{bmatrix}a+1 & & \\ & a+1 & \\ & & a-2\end{bmatrix}$，$|A-E|=a^2(a-3)$.

【3-80】 $A=\begin{bmatrix}-2 & & \\ & -2 & \\ & & 0\end{bmatrix}$.

【3-81】 设 A 的特征值为 λ，则由 $A^2-2A-3E=0$ 知，特征值满足 $\lambda^2-2\lambda-3=0$，$\lambda=-1,3$. $\lambda=-1$ 对应的特征子空间的维数为 $n-r(-E-A)$，$\lambda=3$ 对应的特征子空间的维数为 $n-r(3E-A)$，且 $r(-E-A)=r(E+A)$，$r(3E-A)=r(A-3E)$，并可证明 $r(A+E)+r(A-3E)=n$，故知 $\lambda=-1$ 对应 $r(A-3E)$ 个线性无关的特征向量，$\lambda=3$ 对应 $r(A+E)$ 个线性无关的特征向量，故 A 有 n 个线性无关的特征向量，所以 A 可相似于对角阵，其相似矩阵为

$$\begin{bmatrix}\overbrace{\begin{matrix}-1 & & & \\ & -1 & & \\ & & \ddots & \\ & & & -1\end{matrix}}^{r(A-3E)\text{个}} & \\ & \begin{matrix}3 & & & \\ & 3 & & \\ & & \ddots & \\ & & & 3\end{matrix}\end{bmatrix},$$

【3-82】 令 $|\lambda E-A|=\lambda^3-2\lambda+1=f(\lambda)$，则 $f(A)=0$，再令 $g(\lambda)=2\lambda^8-3\lambda^5+\lambda^4+\lambda^2-4$，则

$$g(\lambda)=(2\lambda^5+4\lambda^3-5\lambda^2+9\lambda-14)f(\lambda)+(24\lambda^2-37\lambda+10),$$

故有

$$g(\boldsymbol{A}) = 24\boldsymbol{A}^2 - 37\boldsymbol{A} + 10\boldsymbol{E} = \begin{bmatrix} -3 & 48 & -26 \\ 0 & 95 & -61 \\ 0 & -61 & 34 \end{bmatrix}.$$

二次型自测题

选择题

【3-83】 (1) 已知 $\boldsymbol{A}=\begin{bmatrix} 1 & 2 & -1 \\ a+b & 5 & 0 \\ -1 & 0 & c \end{bmatrix}$ 是正定矩阵,则( ).

(A) $a=1,b=2,c=1$　　(B) $a=1,b=1,c=-1$

(C) $a=3,b=-1,c=2$　　(D) $a=-1,b=3,c=8$

(2) 实二次型 $f(x_1,x_2,\cdots,x_n)=\boldsymbol{x}^{\mathrm{T}}\boldsymbol{A}\boldsymbol{x}$ 是正定二次型的充要条件是( ).

(A) 负惯性指数为 0

(B) 对任意向量 $\boldsymbol{x}=(x_1,x_2,\cdots,x_n)^{\mathrm{T}}\neq\boldsymbol{0}$,均有 $\boldsymbol{x}^{\mathrm{T}}\boldsymbol{A}\boldsymbol{x}>\boldsymbol{0}$

(C) $|\boldsymbol{A}|>0$

(D) 存在 n 阶方阵 $\boldsymbol{P}$,使得 $\boldsymbol{A}=\boldsymbol{P}^{\mathrm{T}}\boldsymbol{P}$

(3) 设 $\boldsymbol{A}=\begin{bmatrix} 1 & 0 & 2 \\ 0 & 2 & 0 \\ 2 & 0 & 1 \end{bmatrix}$,要使 $\boldsymbol{A}+k\boldsymbol{E}$ 为正定,则数 k 满足:( ).

(A) $k>-2$　　(B) $k>-3$

(C) $k>1$　　(D) $k>-1$

(4) n 阶实对称阵 $\boldsymbol{A}$ 正定的充要条件是( ).

(A) $r(\boldsymbol{A})=n$　　(B) $\boldsymbol{A}$ 的所有特征值为非负

(C) $\boldsymbol{A}^*$ 是正定的　　(D) $\boldsymbol{A}^{-1}$ 是正定的

(5) 设 $\boldsymbol{A}=\begin{bmatrix} 1 & 1 & 0 \\ 1 & 1 & 0 \\ 0 & 0 & 2 \end{bmatrix}$,那么与 $\boldsymbol{A}$ 既相似又合同的矩阵是:

(A) $\begin{bmatrix} 1 & & \\ & 2 & \\ & & 2 \end{bmatrix}$　　(B) $\begin{bmatrix} 2 & & \\ & 1 & \\ & & 0 \end{bmatrix}$

(C) $\begin{bmatrix}1 & & \\ & 1 & \\ & & 0\end{bmatrix}$ (D) $\begin{bmatrix}2 & & \\ & 2 & \\ & & 0\end{bmatrix}$

填空题

【3-84】 (1) 若实对称矩阵 $\boldsymbol{A}$ 与矩阵 $\boldsymbol{B}=\begin{bmatrix}2 & 0 & 0\\ 0 & 0 & 1\\ 0 & 1 & 0\end{bmatrix}$ 合同,则二次型 $\boldsymbol{x}^{\mathrm{T}}\boldsymbol{A}\boldsymbol{x}$ 的规范形为______.

(2) 3 阶矩阵 $\boldsymbol{A}$ 是实对称矩阵,且 $\boldsymbol{A}^3+7\boldsymbol{A}^2+16\boldsymbol{A}+10\boldsymbol{E}=\boldsymbol{0}$,则二次型 $\boldsymbol{x}^{\mathrm{T}}\boldsymbol{A}\boldsymbol{x}$ 经正交变换化为标准形是______.

(3) 设 $\boldsymbol{A}=\begin{bmatrix}a_1 & & & \\ & a_2 & & \\ & & a_3 & \\ & & & a_4\end{bmatrix}$,$\boldsymbol{B}=\begin{bmatrix}a_4 & & & \\ & a_3 & & \\ & & a_2 & \\ & & & a_1\end{bmatrix}$,则 $\boldsymbol{A}$ 与 $\boldsymbol{B}$ 合同,令 $\boldsymbol{C}=$______,就有 $\boldsymbol{C}^{\mathrm{T}}\boldsymbol{A}\boldsymbol{C}=\boldsymbol{B}$.

(4) 设二次型 $f(x_1,x_2,x_3)=x_1^2+ax_2^2+x_3^2+2x_1x_2-2x_2x_3-2ax_1x_3$ 的正惯性指数和负惯性指数全为 1,则 $a=$______.

(5) 若二次型 $f(x_1,x_2,x_3)=2x_1^2+x_2^2+x_3^2+2x_1x_2+tx_2x_3$ 是正定的,则 t 的取值范围是______.

【3-85】 若对于任意的 $x_1\neq0,x_2\neq0,\cdots,x_n\neq0$,二次型 $f(x_1,x_2,\cdots,x_n)$ 的值恒大于零,问二次型 f 是否正定?

【3-86】 已知二次型 $f(x_1,x_2,x_3)=2x_1^2+3x_2^2+3x_3^2+2ax_2x_3(a>0)$,通过正交变换化为标准形 $f=y_1^2+2y_2^2+5y_3^2$,求参数 a 及所用正交变换的矩阵.

【3-87】 对于二次型 $f(x_1,x_2,x_3)=x_1^2+x_2^2+2x_3^2+2x_1x_2-4x_1x_3+4x_2x_3$.

(1) 用正交变换化为标准形,并写出所用的正交变换;

(2) 用配方法化为标准形,并写出所用的非退化变换.

【3-88】 已知 $\boldsymbol{A}$ 为 n 阶实对称矩阵,$\boldsymbol{B}$,$\boldsymbol{C}$ 为 n 阶矩阵,已知

$$(\boldsymbol{A}-\boldsymbol{E})\boldsymbol{B}=\boldsymbol{0},(\boldsymbol{A}+2\boldsymbol{E})\boldsymbol{C}=\boldsymbol{0},r(\boldsymbol{B})+r(\boldsymbol{C})=n,$$

且 $r(\boldsymbol{B})=r$,写出二次型 $f=\boldsymbol{X}^{\mathrm{T}}\boldsymbol{A}\boldsymbol{X}$ 的标准形.

【3-89】 已知齐次线性方程组

$$(a+3)x_1+x_2+2x_3=0,$$
$$2ax_1+(a-1)x_2+x_3=0,$$

$$(a-3)x_1-3x_2+ax_3=0$$

有非零解，且 $A=\begin{bmatrix}3 & 1 & 2\\ 1 & a & -2\\ 2 & -2 & 9\end{bmatrix}$ 是正定矩阵，求参数 a，并求当 $\boldsymbol{x}^{\mathrm{T}}\boldsymbol{x}=3$ 时，$\boldsymbol{x}^{\mathrm{T}}\boldsymbol{A}\boldsymbol{x}$ 的最大值.

【3-90】 用正交变换将下列二次曲面方程化为标准方程，指出曲面的名称，并写出所用的正交变换.

(1) $3x^2+2y^2+2z^2+2xy+2zx=4$;

(2) $x^2+y^2+2xy-4yz-4xz=4$.

【3-91】 将二次曲面方程 $x^2+y^2+5z^2-6xy+2xz-2yz-4x+8y-12z+14=0$化为标准方程，并写出所用的变换.

【3-92】 设矩阵 $\boldsymbol{A}$ 是正交矩阵又是正定矩阵，证明：$\boldsymbol{A}$ 为单位矩阵.

【3-93】 已知 $\boldsymbol{A}$ 是反对称矩阵，证明：$\boldsymbol{E}-\boldsymbol{A}^2$ 是正定矩阵，其中 $\boldsymbol{E}$ 是单位矩阵.

【3-94】 已知实对称矩阵 $\boldsymbol{A}$ 满足 $\boldsymbol{A}^3-6\boldsymbol{A}^2+11\boldsymbol{A}-6\boldsymbol{E}=\boldsymbol{0}$，证明：$\boldsymbol{A}$ 为正定矩阵.

【3-95】 设 $\boldsymbol{A}$ 为 $m\times n$ 实矩阵，$\boldsymbol{E}$ 为 n 阶单位阵，且 $\boldsymbol{B}=\lambda\boldsymbol{E}+\boldsymbol{A}^{\mathrm{T}}\boldsymbol{A}$，证明：当 $\lambda>0$ 时，$\boldsymbol{B}$ 为正定矩阵.

【3-96】 设 $\boldsymbol{\alpha}_1,\boldsymbol{\alpha}_2,\cdots,\boldsymbol{\alpha}_m$ 均为 m 维实列向量，令矩阵 $\boldsymbol{A}=\begin{bmatrix}\boldsymbol{\alpha}_1^{\mathrm{T}}\boldsymbol{\alpha}_1 & \boldsymbol{\alpha}_1^{\mathrm{T}}\boldsymbol{\alpha}_2 & \cdots & \boldsymbol{\alpha}_1^{\mathrm{T}}\boldsymbol{\alpha}_m\\ \boldsymbol{\alpha}_2^{\mathrm{T}}\boldsymbol{\alpha}_1 & \boldsymbol{\alpha}_2^{\mathrm{T}}\boldsymbol{\alpha}_2 & \cdots & \boldsymbol{\alpha}_2^{\mathrm{T}}\boldsymbol{\alpha}_m\\ \vdots & \vdots & & \vdots\\ \boldsymbol{\alpha}_m^{\mathrm{T}}\boldsymbol{\alpha}_1 & \boldsymbol{\alpha}_m^{\mathrm{T}}\boldsymbol{\alpha}_2 & \cdots & \boldsymbol{\alpha}_m^{\mathrm{T}}\boldsymbol{\alpha}_m\end{bmatrix}$，证明：$\boldsymbol{A}$ 为正定矩阵的充分必要条件是向量组 $\boldsymbol{\alpha}_1,\boldsymbol{\alpha}_2,\cdots,\boldsymbol{\alpha}_m$ 线性无关.

【3-97】 设 $\boldsymbol{A},\boldsymbol{B}$ 均为 n 阶实对称矩阵，且 $\boldsymbol{A}$ 正定，证明：存在正交矩阵 $\boldsymbol{Q}$，使 $\boldsymbol{Q}^{\mathrm{T}}\boldsymbol{A}\boldsymbol{Q}=\boldsymbol{E}$ 及 $\boldsymbol{Q}^{\mathrm{T}}\boldsymbol{B}\boldsymbol{Q}=\boldsymbol{\Lambda}$（$\boldsymbol{\Lambda}$ 为对角矩阵）.

【3-98】 设 $\boldsymbol{A},\boldsymbol{C}$ 为正定矩阵，$\boldsymbol{B}$ 是满足方程 $\boldsymbol{A}\boldsymbol{X}+\boldsymbol{X}\boldsymbol{A}^{\mathrm{T}}=\boldsymbol{C}$ 的唯一解，证明：$\boldsymbol{B}$ 是正定矩阵.

【3-99】 设 $\boldsymbol{A}$ 为 n 阶正定矩阵，$\boldsymbol{\xi}_1,\boldsymbol{\xi}_2,\cdots,\boldsymbol{\xi}_n$ 是非零 n 维实列向量，且满足 $\boldsymbol{\xi}_i^{\mathrm{T}}\boldsymbol{A}\boldsymbol{\xi}_j=\boldsymbol{0}(i\neq j;i,j=1,2,\cdots,n)$，证明：向量组 $\boldsymbol{\xi}_1,\boldsymbol{\xi}_2,\cdots,\boldsymbol{\xi}_n$ 线性无关.

【3-100】 已知二次型 $f(x_1,x_2,x_3)=5x_1^2+5x_2^2+cx_3^2-2x_1x_2+6x_1x_3-6x_2x_3$ 的秩为 2，求参数 c.

答案与提示

【3-83】 (1) D. 由 $\boldsymbol{A}$ 正定，必为对称矩阵，有 $a+b=2$，可排除(A). 正定矩阵

必 $a_{ii}>0$，故 $c>0$，可排除(B). 由顺序主子式全大于零，得 $|\boldsymbol{A}|=c-5>0$，故 $c>5$，又可排除(C).

(2) B. 负惯性指数为 0 不能保证正惯性指数为 n，故排除(A)，只有 $|\boldsymbol{A}|>0$ 不保证顺序主子式全大于零，故排除(C). (D)中应明确是可逆矩阵 $\boldsymbol{P}$.

(3) C. $\boldsymbol{A}$ 的特征值为 $-1,2,3$，$\boldsymbol{A}+k\boldsymbol{E}$ 为对称矩阵，求出满足其特征值 $-1+k>0$，$2+k>0$，$3+k>0$ 的 k 值.

(4) D. $r(\boldsymbol{A})=n$，$\boldsymbol{A}^*$ 是 $\boldsymbol{A}$ 为正定的必要条件而非充分条件. (B)中应是 $\boldsymbol{A}$ 的所有特征值大于零.

(5) D. 两个实对称矩阵如果相似必然合同，因存在正交矩阵 $\boldsymbol{Q}$，使 $\boldsymbol{Q}^{-1}\boldsymbol{A}\boldsymbol{Q}=\boldsymbol{Q}^{\mathrm{T}}\boldsymbol{A}\boldsymbol{Q}=\boldsymbol{\Lambda}$，但合同不一定相似，所以只要找出与 $\boldsymbol{A}$ 相似的矩阵即可，由于 $\boldsymbol{A}$ 的特征值为 $0,2,2$，从而 $\boldsymbol{A}$ 与 $\begin{bmatrix}2 & & \\ & 2 & \\ & & 0\end{bmatrix}$ 相似.

【3-84】 (1) $y_1^2+y_2^2-y_3^2$. 因为合同矩阵有相同的正、负惯性指数，求出 $\boldsymbol{A}$ 的特征值为 $2,2,-1$，可知其规范形为 $y_1^2+y_2^2-y_3^2$.

(2) $-y_1^2-y_2^2-y_3^2$. 因为，若设 λ 是 $\boldsymbol{A}$ 的任一特征值，则有 $\lambda^3+7\lambda^2+16\lambda+10=0$，即

$$(\lambda+1)(\lambda^2+6\lambda+10)=0,$$

由于实对称矩阵的特征值必为实数，故 $\boldsymbol{A}$ 的特征值为 -1.

(3) $\begin{bmatrix}0 & 0 & 0 & 1\\ 0 & 0 & 1 & 0\\ 0 & 1 & 0 & 0\\ 1 & 0 & 0 & 0\end{bmatrix}$. 容易看出，将 $\boldsymbol{A}$ 的 1,4 行交换，1,4 列交换，再将 2,3 行交换，2,3 列交换就得到 $\boldsymbol{B}$，故 $\boldsymbol{C}$ 就相当于将单位矩阵交换 1,4 两列再交换 2,3 两行.

(4) -2. 由题意知 f 的秩为 2，故对 $\boldsymbol{A}$ 作初等变换，有

$$\boldsymbol{A}=\begin{bmatrix}1 & 1 & -a\\ 1 & a & -1\\ -a & -1 & 1\end{bmatrix}\longrightarrow\begin{bmatrix}1 & 1 & -a\\ 0 & a-1 & a-1\\ 0 & 0 & 2-a-a^2\end{bmatrix},$$

由 $2-a-a^2=0$，可得到 $a=1$，$a=-2$，但当 $a=1$ 时，$r(\boldsymbol{A})=1$，不合题意.

(5) $-\sqrt{2}<t<\sqrt{2}$. 由 f 的顺序主子式全大于零而得.

【3-85】 二次型 f 未必正定. 因二次型 $f(x_1,x_2,\cdots,x_n)$ 正定，是指任意的不全为零的数 $x_1,x_2,\cdots,x_n$，恒有 $f(x_1,x_2,\cdots,x_n)>0$，而 $x_1,x_2,\cdots,x_n$"不全为零"和"全不为零"是不同的. 例如，二次型 $f(x_1,x_2,x_3)=(x_1-x_2)^2+x_3^2$ 对于任意的

$x_1\neq 0, x_2\neq 0, x_3\neq 0$ 恒有 $f(x_1,x_2,x_3)>0$，而 $f(1,1,0)=0$.

【3-86】 $a=2, \boldsymbol{Q}=\begin{bmatrix} 0 & 1 & 0 \\ \frac{1}{\sqrt{2}} & 0 & \frac{1}{\sqrt{2}} \\ -\frac{1}{\sqrt{2}} & 0 & \frac{1}{\sqrt{2}} \end{bmatrix}$. f 的矩阵 $\boldsymbol{A}$ 的特征值为 $\lambda_1=1, \lambda_2=2, \lambda_3=5$，将 $\lambda=1$（或 $\lambda=5$）带入 $\boldsymbol{A}$ 的特征方程，得 a 值.

【3-87】 (1) $f=2y_1^2+4y_2^2-2y_3^2$，$\begin{bmatrix} x_1 \\ x_2 \\ x_3 \end{bmatrix}=\begin{bmatrix} \frac{1}{\sqrt{2}} & -\frac{1}{\sqrt{6}} & \frac{1}{\sqrt{3}} \\ \frac{1}{\sqrt{2}} & \frac{1}{\sqrt{6}} & -\frac{1}{\sqrt{3}} \\ 0 & \frac{2}{\sqrt{6}} & \frac{1}{\sqrt{3}} \end{bmatrix}\begin{bmatrix} y_1 \\ y_2 \\ y_3 \end{bmatrix}$；

(2) $f=y_1^2-2y_2^2+8y_3^2$，$\begin{bmatrix} x_1 \\ x_2 \\ x_3 \end{bmatrix}=\begin{bmatrix} 1 & 2 & 3 \\ 0 & 0 & 1 \\ 0 & 1 & 2 \end{bmatrix}\begin{bmatrix} y_1 \\ y_2 \\ y_3 \end{bmatrix}$.

【3-88】 $y_1^2+y_2^2+\cdots+y_r^2-2y_{r+1}^2-2y_{r+2}^2-\cdots-2y_n^2$. 由题设可知 $r(\boldsymbol{B})=r$，$r(\boldsymbol{C})=n-r$，故 $\boldsymbol{B}, \boldsymbol{C}$ 分别有 r 个与 $n-r$ 个线性无关的列向量，即 $\lambda=1$ 至少对应 r 个线性无关的特征向量. $\lambda=-2$ 至少对应 $n-r$ 个线性无关的特征向量. 因 n 阶实对称矩阵有且仅有 n 个线性无关的特征向量，故 $\lambda=1$ 必是 r 重特征值，$\lambda=-2$ 必是 $n-r$ 重特征值.

【3-89】 $a=3$，最大值 30. 由方程组系数行列式等于零，求得 $a=0,-1,3$，由 $\boldsymbol{A}$ 正定，取 $a=3$. 由此求出 $\boldsymbol{A}$ 的特征值为 1，4，10，由正交 $\boldsymbol{x}=\boldsymbol{P}\boldsymbol{y}$ 变换化 $\boldsymbol{x}^{\mathrm{T}}\boldsymbol{A}\boldsymbol{x}=y_1^2+4y_2^2+10y_3^2$，且 $\boldsymbol{y}^{\mathrm{T}}\boldsymbol{y}=\boldsymbol{x}^{\mathrm{T}}\boldsymbol{x}=3$，故 $\boldsymbol{x}^{\mathrm{T}}\boldsymbol{A}\boldsymbol{x}\leqslant 10(y_1^2+y_2^2+y_3^2)=10\times 3=30$. 取 $\boldsymbol{y}=\begin{bmatrix} 0 \\ 0 \\ \sqrt{3} \end{bmatrix}$，有 $\boldsymbol{x}^{\mathrm{T}}\boldsymbol{A}\boldsymbol{x}$，即 30 是最大值.

【3-90】 (1) $x'^2+\frac{y'^2}{2}+\frac{z'^2}{4}=1$，椭球面. $\begin{bmatrix} x \\ y \\ z \end{bmatrix}=\begin{bmatrix} \frac{2}{\sqrt{6}} & 0 & -\frac{1}{\sqrt{3}} \\ \frac{1}{\sqrt{6}} & \frac{1}{\sqrt{2}} & \frac{1}{\sqrt{3}} \\ \frac{1}{\sqrt{6}} & -\frac{1}{\sqrt{2}} & \frac{1}{\sqrt{3}} \end{bmatrix}\begin{bmatrix} x' \\ y' \\ z' \end{bmatrix}$.

(2) $x'^2-\frac{y'^2}{2}=1$,双曲柱面. $\begin{bmatrix}x\\y\\z\end{bmatrix}=\begin{bmatrix}\frac{1}{\sqrt{3}} & \frac{1}{\sqrt{6}} & \frac{1}{\sqrt{2}}\\ \frac{1}{\sqrt{3}} & \frac{1}{\sqrt{6}} & -\frac{1}{\sqrt{2}}\\ -\frac{1}{\sqrt{3}} & \frac{2}{\sqrt{6}} & 0\end{bmatrix}\begin{bmatrix}x'\\y'\\z'\end{bmatrix}$.

【3-91】 旋转变换为

$$\begin{bmatrix}x\\y\\z\end{bmatrix}=\begin{bmatrix}-\frac{1}{\sqrt{3}} & \frac{1}{\sqrt{6}} & \frac{1}{\sqrt{2}}\\ \frac{1}{\sqrt{3}} & -\frac{1}{\sqrt{6}} & \frac{1}{\sqrt{2}}\\ \frac{1}{\sqrt{3}} & \frac{2}{\sqrt{6}} & 0\end{bmatrix}\begin{bmatrix}x'\\y'\\z'\end{bmatrix};$$

平移变换为

$$\begin{bmatrix}x'\\y'\\z'\end{bmatrix}=\begin{bmatrix}x''\\y''\\z''\end{bmatrix}+\begin{bmatrix}0\\ \frac{3}{\sqrt{6}}\\ \frac{1}{\sqrt{2}}\end{bmatrix};$$

总的变换为

$$\begin{bmatrix}x\\y\\z\end{bmatrix}=\begin{bmatrix}-\frac{1}{\sqrt{3}} & \frac{1}{\sqrt{6}} & \frac{1}{\sqrt{2}}\\ \frac{1}{\sqrt{3}} & -\frac{1}{\sqrt{6}} & \frac{1}{\sqrt{2}}\\ \frac{1}{\sqrt{3}} & \frac{2}{\sqrt{6}} & 0\end{bmatrix}\begin{bmatrix}x''\\y''\\z''\end{bmatrix}+\begin{bmatrix}1\\0\\1\end{bmatrix},$$

标准方程为$-\frac{x''^2}{2}-y''^2+\frac{z'^2}{3}=1$.

【3-92】 证明:由条件,有$\boldsymbol{A}^2=\boldsymbol{A}^{\mathrm{T}}\boldsymbol{A}=\boldsymbol{E}$,故$(\boldsymbol{A}+\boldsymbol{E})(\boldsymbol{A}-\boldsymbol{E})=\boldsymbol{0}$,由$|\boldsymbol{A}+\boldsymbol{E}|>1$,因而$\boldsymbol{A}+\boldsymbol{E}$可逆,故$\boldsymbol{A}-\boldsymbol{E}=\boldsymbol{0}$. 即$\boldsymbol{A}=\boldsymbol{E}$.

【3-93】 证明:由$(\boldsymbol{E}-\boldsymbol{A}^2)^{\mathrm{T}}=\boldsymbol{E}-(\boldsymbol{A}^{\mathrm{T}})^2=\boldsymbol{E}-\boldsymbol{A}^2$,又对任意向量$\boldsymbol{x}\neq\boldsymbol{0}$,$\boldsymbol{x}^{\mathrm{T}}(\boldsymbol{E}-\boldsymbol{A}^2)\boldsymbol{x}=\boldsymbol{x}^{\mathrm{T}}(\boldsymbol{E}+\boldsymbol{A}^{\mathrm{T}}\boldsymbol{A})\boldsymbol{x}=\boldsymbol{x}^{\mathrm{T}}\boldsymbol{x}+\boldsymbol{x}^{\mathrm{T}}\boldsymbol{A}^{\mathrm{T}}\boldsymbol{A}\boldsymbol{x}>0$,因为$\boldsymbol{x}\neq\boldsymbol{0}$,有$\boldsymbol{x}^{\mathrm{T}}\boldsymbol{x}>0$,$(\boldsymbol{A}\boldsymbol{x})^{\mathrm{T}}(\boldsymbol{A}\boldsymbol{x})\geqslant0$.

【3-94】 证明:设$\boldsymbol{A}$的特征值为λ,则有$\lambda^3-6\lambda^2+11\lambda-6=0$,解得$\lambda=1,2,3$. 对称矩阵$\boldsymbol{A}$的特征值全大于零,故$\boldsymbol{A}$正定.

【3-95】 证明 $\boldsymbol{B}^{\mathrm{T}}=\boldsymbol{B}$,对任意$\boldsymbol{x}\in\mathbb{R}^n$,$\boldsymbol{x}\neq\boldsymbol{0}$,当$\lambda>0$时,有$\lambda\boldsymbol{x}^{\mathrm{T}}\boldsymbol{x}=\lambda|\boldsymbol{x}|^2>0$

及$(\boldsymbol{A}\boldsymbol{x})^{\mathrm{T}}(\boldsymbol{A}\boldsymbol{x})\geqslant 0$,故对$\boldsymbol{x}\neq\boldsymbol{0}$,有$\boldsymbol{x}^{\mathrm{T}}\boldsymbol{B}\boldsymbol{x}=\lambda\boldsymbol{x}^{\mathrm{T}}\boldsymbol{x}+(\boldsymbol{A}\boldsymbol{x})^{\mathrm{T}}(\boldsymbol{A}\boldsymbol{x})>0$,故$\boldsymbol{B}$正定.

【3-96】 证明 将矩阵$\boldsymbol{A}$写成$\boldsymbol{A}=\begin{bmatrix}\boldsymbol{\alpha}_1^{\mathrm{T}}\\ \boldsymbol{\alpha}_2^{\mathrm{T}}\\ \vdots\\ \boldsymbol{\alpha}_m^{\mathrm{T}}\end{bmatrix}(\boldsymbol{\alpha}_1,\boldsymbol{\alpha}_2,\cdots,\boldsymbol{\alpha}_m)=\boldsymbol{B}^{\mathrm{T}}\boldsymbol{B}$,其中$\boldsymbol{B}=(\boldsymbol{\alpha}_1,\boldsymbol{\alpha}_2,\cdots,\boldsymbol{\alpha}_m)$为$n\times m$实矩阵,可证得$\boldsymbol{A}=\boldsymbol{B}^{\mathrm{T}}\boldsymbol{B}$正定$\Leftrightarrow r(\boldsymbol{B})=m\Leftrightarrow$向量组$\boldsymbol{\alpha}_1,\boldsymbol{\alpha}_2,\cdots,\boldsymbol{\alpha}_m$线性无关.

【3-97】 证明 由$\boldsymbol{A}$正定,存在正交矩阵$\boldsymbol{Q}_1$,有$\boldsymbol{Q}_1^{\mathrm{T}}\boldsymbol{A}\boldsymbol{Q}_1=\boldsymbol{E}$,而$\boldsymbol{Q}_1^{\mathrm{T}}\boldsymbol{B}\boldsymbol{Q}_1$仍为实对称矩阵,故存在正交矩阵$\boldsymbol{Q}_2$,使$\boldsymbol{Q}_2^{\mathrm{T}}(\boldsymbol{Q}_1^{\mathrm{T}}\boldsymbol{B}\boldsymbol{Q}_1)\boldsymbol{Q}_2=\boldsymbol{\Lambda}$(对角矩阵). 令$\boldsymbol{Q}=\boldsymbol{Q}_1\boldsymbol{Q}_2$,仍为正交矩阵,且有

$$\boldsymbol{Q}^{\mathrm{T}}\boldsymbol{A}\boldsymbol{Q}=(\boldsymbol{Q}_1\boldsymbol{Q}_2)^{\mathrm{T}}\boldsymbol{A}(\boldsymbol{Q}_1\boldsymbol{Q}_2)=\boldsymbol{Q}_2^{\mathrm{T}}(\boldsymbol{Q}_1^{\mathrm{T}}\boldsymbol{A}\boldsymbol{Q}_1)\boldsymbol{Q}_2=\boldsymbol{Q}_2^{\mathrm{T}}\boldsymbol{E}\boldsymbol{Q}_2=\boldsymbol{E},$$
$$\boldsymbol{Q}^{\mathrm{T}}\boldsymbol{B}\boldsymbol{Q}=(\boldsymbol{Q}_1\boldsymbol{Q}_2)^{\mathrm{T}}\boldsymbol{B}(\boldsymbol{Q}_1\boldsymbol{Q}_2)=\boldsymbol{Q}_2^{\mathrm{T}}(\boldsymbol{Q}_1^{\mathrm{T}}\boldsymbol{B}\boldsymbol{Q}_1)\boldsymbol{Q}_2=\boldsymbol{\Lambda}.$$

【3-98】 证明 $\boldsymbol{A}\boldsymbol{B}+\boldsymbol{B}\boldsymbol{A}^{\mathrm{T}}=\boldsymbol{C},\boldsymbol{B}^{\mathrm{T}}\boldsymbol{A}+\boldsymbol{A}\boldsymbol{B}^{\mathrm{T}}=\boldsymbol{C}^{\mathrm{T}}=\boldsymbol{C}$,故$\boldsymbol{B}=\boldsymbol{B}^{\mathrm{T}}$,设$\lambda_i$为$\boldsymbol{B}$的任一特征值,$\boldsymbol{x}$是对应的特征向量,即$\boldsymbol{B}\boldsymbol{x}=\lambda_i\boldsymbol{x}$,则

$$\boldsymbol{x}^{\mathrm{T}}\boldsymbol{C}\boldsymbol{x}=\boldsymbol{x}^{\mathrm{T}}\boldsymbol{A}\boldsymbol{B}\boldsymbol{x}+\boldsymbol{x}^{\mathrm{T}}\boldsymbol{B}^{\mathrm{T}}\boldsymbol{A}\boldsymbol{x}=\boldsymbol{x}^{\mathrm{T}}\boldsymbol{A}\lambda_i\boldsymbol{x}+(\lambda\boldsymbol{x}_i)^{\mathrm{T}}\boldsymbol{A}\boldsymbol{x}=2\lambda_i\boldsymbol{x}^{\mathrm{T}}\boldsymbol{A}\boldsymbol{x},$$

因$\boldsymbol{A},\boldsymbol{C}$正定,故$\lambda_i>0$,因此$\boldsymbol{B}$正定.

【3-99】 证明 设有一组数$x_1,x_2,\cdots,x_n$,使得$x_1\boldsymbol{\xi}_1+x_2\boldsymbol{\xi}_2+\cdots+x_n\boldsymbol{\xi}_n=\boldsymbol{0}$,两边左乘$\boldsymbol{\xi}_1^{\mathrm{T}}\boldsymbol{A}$,可得$x_1\boldsymbol{\xi}_1^{\mathrm{T}}\boldsymbol{A}\boldsymbol{\xi}_1=\boldsymbol{0}$,由$\boldsymbol{A}$正定及$\boldsymbol{\xi}_1\neq\boldsymbol{0}$得$\boldsymbol{\xi}_1^{\mathrm{T}}\boldsymbol{A}\boldsymbol{\xi}_1>\boldsymbol{0}$,故只有$x_1=0$. 同理,可证$x_2=\cdots=x_n=0$,故$\boldsymbol{\xi}_1,\boldsymbol{\xi}_2,\cdots,\boldsymbol{\xi}_n$线性无关.

【3-100】 $c=3$. 二次型f的矩阵$\boldsymbol{A}=\begin{bmatrix}5&-1&2\\-1&5&-3\\3&-3&c\end{bmatrix}$,由于$r(\boldsymbol{A})=2$,$\boldsymbol{A}$作初等变换

$$\boldsymbol{A}=\begin{bmatrix}5&-1&3\\-1&5&-3\\3&-3&c\end{bmatrix}\longrightarrow\begin{bmatrix}-1&5&-3\\0&2&-1\\0&0&c-3\end{bmatrix},$$

可知当$c=3$时$r(\boldsymbol{A})=2$.

点评 二次型f的秩即二次型的矩阵的秩.

第四章　线性空间与线性变换

一、知识要点

1. 线性空间

1）基本概念

数域是对四则运算封闭，且至少包含一个非零元的**数集**．最小的数域是**有理数域**，最大的数域是**复数域**．**数域上的线性空间**是对线性运算（加法和数乘）封闭，且满足线性运算的 8 条性质的集合．一般**线性空间**是 n 维向量空间$\mathbb{R}^n$的抽象与推广．常用线性空间如下：

（1）全体 n 维实向量，关于向量的加法和数乘，构成实数域上的线性空间$\mathbb{R}^n$．

（2）全体 $m\times n$ 实矩阵，关于矩阵的加法和数乘，构成实数域上的线性空间$\mathbb{R}^{m\times n}$．

（3）全体次数小于 n 的实系数多项式，关于多项式的加法和数乘，构成实数域上的线性空间 $P[\boldsymbol{x}]_n$．

若线性空间 $\boldsymbol{V}$ 的子集 $\boldsymbol{W}$ 中元在 $\boldsymbol{V}$ 中加法与数乘运算下也是一个线性空间，则称 $\boldsymbol{W}$ 是 $\boldsymbol{V}$ 的（线性）**子空间**．判断 $\boldsymbol{W}$ 是子空间只需检验 $\boldsymbol{W}$ 中线性运算的封闭性．常用的子空间有：

（1）$\boldsymbol{V}$ 中向量 $\boldsymbol{\alpha}_1,\boldsymbol{\alpha}_2,\cdots,\boldsymbol{\alpha}_s$ 的所有线性组合组成之子集，称为由 $\boldsymbol{\alpha}_1,\boldsymbol{\alpha}_2,\cdots,\boldsymbol{\alpha}_s$ 生成的子空间，记为 $\boldsymbol{L}(\boldsymbol{\alpha}_1,\boldsymbol{\alpha}_2,\cdots,\boldsymbol{\alpha}_s)$．

（2）设 $\boldsymbol{A}$ 为 $m\times n$ 实矩阵，则 $\boldsymbol{A}$ 的零化子空间 $\boldsymbol{N}(\boldsymbol{A})$ 定义为齐线性方程 $\boldsymbol{AX}=\boldsymbol{0}$ 的解集，$\boldsymbol{A}$ 的列空间或像空间定义为 $\boldsymbol{A}$ 的列向量组生成的子空间，它们分别是$\mathbb{R}^n$与$\mathbb{R}^m$的子空间；类似地，$\boldsymbol{A}$ 的行空间和左零化子空间分别指 $\boldsymbol{A}^{\mathrm{T}}$ 的列空间和零化子空间．

两个或多个子空间的**交**也是子空间，但一般来说，两个或多个子空间的**并**不再是子空间．相应地，我们考虑两个子空间的和（子空间）

$$\boldsymbol{U}+\boldsymbol{W}=\{\boldsymbol{\alpha}+\boldsymbol{\beta}\mid\boldsymbol{\alpha}\in\boldsymbol{U},\boldsymbol{\beta}\in\boldsymbol{W}\}.$$

多个子空间的和可以类似定义．

2) 维数、基、坐标与坐标变换

线性空间 $\boldsymbol{V}$ 中任意极大无关组 $\boldsymbol{\alpha}_1,\boldsymbol{\alpha}_2,\cdots,\boldsymbol{\alpha}_n$ 构成 $\boldsymbol{V}$ 的一组**基**，n 称为 $\boldsymbol{V}$ 的**维数**(可以无限)，记为 $\dim\boldsymbol{V}$. 当 $\boldsymbol{V}$ 的维数有限时，$\boldsymbol{V}$ 中任意向量可以唯一表示成

$$\boldsymbol{\gamma}=x_1\boldsymbol{\alpha}_1+x_2\boldsymbol{\alpha}_2+\cdots+x_n\boldsymbol{\alpha}_n=(\boldsymbol{\alpha}_1,\boldsymbol{\alpha}_2,\cdots,\boldsymbol{\alpha}_n)\begin{bmatrix}x_1\\x_2\\\vdots\\x_n\end{bmatrix},$$

其中，$\boldsymbol{x}=(x_1,x_2,\cdots,x_n)^{\mathrm{T}}$ 称为 $\boldsymbol{\gamma}$ 在基 $\boldsymbol{\alpha}_1,\boldsymbol{\alpha}_2,\cdots,\boldsymbol{\alpha}_n$ 下的**坐标**，对向量做线性运算后得到的向量的坐标与直接对坐标做线性运算相同. 这样，对有限维向量空间中向量的运算就转化回了对具体向量的运算.

若 $\boldsymbol{V}$ 中还有另外一组基 $\boldsymbol{\beta}_1,\boldsymbol{\beta}_2,\cdots,\boldsymbol{\beta}_n$，$\boldsymbol{\gamma}$ 在基 $\boldsymbol{\beta}_1,\boldsymbol{\beta}_2,\cdots,\boldsymbol{\beta}_n$ 下的坐标为 $\boldsymbol{x}'=(x'_1,x'_2,\cdots,x'_n)^{\mathrm{T}}$，则有基过渡表示

$$(\boldsymbol{\beta}_1,\boldsymbol{\beta}_2,\cdots,\boldsymbol{\beta}_n)=(\boldsymbol{\alpha}_1,\boldsymbol{\alpha}_2,\cdots,\boldsymbol{\alpha}_n)\boldsymbol{C},$$

其中 $\boldsymbol{C}=(c_{ij})_{n\times n}$ 称为由基 $\boldsymbol{\alpha}_1,\boldsymbol{\alpha}_2,\cdots,\boldsymbol{\alpha}_n$ 到在 $\boldsymbol{\beta}_1,\boldsymbol{\beta}_2,\cdots,\boldsymbol{\beta}_n$ 的**基过渡矩阵**；同时有坐标变换公式

$$\boldsymbol{x}=\boldsymbol{C}\boldsymbol{x}'.$$

3) 欧氏空间与 Schmidt 正交化

为了处理空间向量的长度、夹角等位置关系，在实向量空间中引入内积的概念，就得到了**内积空间**或称为**欧氏空间**. **内积**是对空间中任意两个向量 $\boldsymbol{\alpha},\boldsymbol{\beta}$，定义一个实数 $(\boldsymbol{\alpha},\boldsymbol{\beta})$ 满足

(1) **对称性** $(\boldsymbol{\alpha},\boldsymbol{\beta})=(\boldsymbol{\beta},\boldsymbol{\alpha})$.

(2) **线性** $(k\boldsymbol{\alpha}_1+\boldsymbol{\alpha}_2,\boldsymbol{\beta})=k(\boldsymbol{\alpha}_1,\boldsymbol{\beta})+(\boldsymbol{\alpha}_2,\boldsymbol{\beta})$.

(3) **正则性** $(\boldsymbol{\alpha},\boldsymbol{\alpha})\geqslant 0$，且 $(\boldsymbol{\alpha},\boldsymbol{\alpha})=0$ 当且仅当 $\boldsymbol{\alpha}=\boldsymbol{0}$.

设 $\boldsymbol{\alpha}_1,\boldsymbol{\alpha}_2,\cdots,\boldsymbol{\alpha}_n$ 是欧氏空间 $\boldsymbol{V}$ 的一组基，$\forall\,\boldsymbol{\alpha},\boldsymbol{\beta}\in\boldsymbol{V}$，设

$$x_1\boldsymbol{\alpha}_1+x_2\boldsymbol{\alpha}_2+\cdots+x_n\boldsymbol{\alpha}_n=(\boldsymbol{\alpha}_1,\boldsymbol{\alpha}_2,\cdots,\boldsymbol{\alpha}_n)\boldsymbol{x},$$
$$y_1\boldsymbol{\alpha}_1+y_2\boldsymbol{\alpha}_2+\cdots+y_n\boldsymbol{\alpha}_n=(\boldsymbol{\alpha}_1,\boldsymbol{\alpha}_2,\cdots,\boldsymbol{\alpha}_n)\boldsymbol{y},$$

则 $\boldsymbol{\alpha}$ 与 $\boldsymbol{\beta}$ 的内积可以表示为

$$\begin{aligned}(\boldsymbol{\alpha},\boldsymbol{\beta})&=\Big(\sum_{i=1}^{n}x_i\boldsymbol{\alpha},\sum_{j=1}^{n}y_j\boldsymbol{\alpha}_j\Big)\\&=\sum_{i=1}^{n}\sum_{j=1}^{n}x_iy_j(\boldsymbol{\alpha}_i,\boldsymbol{\alpha}_j)\end{aligned}$$

$$= (x_1, x_2, \cdots, x_n)\begin{bmatrix}(\boldsymbol{\alpha}_1,\boldsymbol{\alpha}_1) & (\boldsymbol{\alpha}_1,\boldsymbol{\alpha}_2) & \cdots & (\boldsymbol{\alpha}_1,\boldsymbol{\alpha}_n)\\(\boldsymbol{\alpha}_2,\boldsymbol{\alpha}_1) & (\boldsymbol{\alpha}_2,\boldsymbol{\alpha}_2) & \cdots & (\boldsymbol{\alpha}_2,\boldsymbol{\alpha}_n)\\\vdots & \vdots & & \vdots\\(\boldsymbol{\alpha}_n,\boldsymbol{\alpha}_1) & (\boldsymbol{\alpha}_n,\boldsymbol{\alpha}_2) & \cdots & (\boldsymbol{\alpha}_n,\boldsymbol{\alpha}_n)\end{bmatrix}\begin{bmatrix}y_1\\y_2\\\vdots\\y_n\end{bmatrix}$$

$$= \boldsymbol{x}^{\mathrm{T}}\boldsymbol{A}\boldsymbol{y},$$

其中 $\boldsymbol{A}=((\boldsymbol{\alpha}_i,\boldsymbol{\alpha}_j))_{n\times n}$ 称为内积在基 $\boldsymbol{\alpha}_1,\boldsymbol{\alpha}_2,\cdots,\boldsymbol{\alpha}_n$ 下的**度量矩阵**(或 Gram **矩阵**).

$\mathbb{R}^n$ 中向量 $\boldsymbol{\alpha}=(a_1,a_2,\cdots,a_n)^{\mathrm{T}}$，$\boldsymbol{\beta}=(b_1,b_2,\cdots,b_n)^{\mathrm{T}}$ 的内积通常定义为

$$(\boldsymbol{\alpha},\boldsymbol{\beta}) = a_1b_1 + a_2b_2 + \cdots + a_nb_n.$$

向量的长度定义为

$$|\boldsymbol{\alpha}| = \sqrt{(\boldsymbol{\alpha},\boldsymbol{\alpha})}.$$

向量 $\boldsymbol{\alpha},\boldsymbol{\beta}$ 的距离定义为 $|\boldsymbol{\alpha}-\boldsymbol{\beta}|$，对非零向量 $\boldsymbol{\alpha}$，向量 $\dfrac{\boldsymbol{\alpha}}{|\boldsymbol{\alpha}|}$ 的长度为 1，称为 $\boldsymbol{\alpha}$ 的**单位化向量**. 向量的长度有如下性质：

(1) $|\boldsymbol{\alpha}|\geqslant 0$，且 $|\boldsymbol{\alpha}|=0$ 当且仅当 $\boldsymbol{\alpha}=\boldsymbol{0}$.

(2) $|k\boldsymbol{\alpha}|=|k|\,|\boldsymbol{\alpha}|$.

(3) $|(\boldsymbol{\alpha},\boldsymbol{\beta})|\leqslant|\boldsymbol{\alpha}|\,|\boldsymbol{\beta}|$ 且等号成立当且仅当 $\boldsymbol{\alpha},\boldsymbol{\beta}$ 线性相关.

(4) $|(\boldsymbol{\alpha}\pm\boldsymbol{\beta})|\leqslant|\boldsymbol{\alpha}|+|\boldsymbol{\beta}|$.

性质(3)又称为 Cauchy-Schwarz **不等式**，一些常见的 Cauchy **不等式都是其在具体的向量空间中的表现形式**. 性质(4)又称为**三角不等式**，取三角形两边之和大于第三边之意.

两个非零向量 $\boldsymbol{\alpha},\boldsymbol{\beta}$ 的夹角定义为

$$<\boldsymbol{\alpha},\boldsymbol{\beta}>= \arccos\frac{(\boldsymbol{\alpha},\boldsymbol{\beta})}{|\boldsymbol{\alpha}|\,|\boldsymbol{\beta}|},$$

特别当 $<\boldsymbol{\alpha},\boldsymbol{\beta}>=0$ 时，称 $\boldsymbol{\alpha},\boldsymbol{\beta}$ **正交**，记为 $\boldsymbol{\alpha}\perp\boldsymbol{\beta}$.

若一组非零向量两两正交，则称为一个**正交向量组**. 正交向量组一定是线性无关的. 若向量空间的一组基是正交向量组，则称为**正交基**；若其中向量还都是单位向量，则称为**标准正交基**. 内积在标准正交基下的度量矩阵为**单位阵**. 在 $\mathbb{R}^n$ 中，所有标准单位列向量就构成了一组标准正交基. 在任意内积空间中必存在标准正交基：

给定一个无关向量组 $\boldsymbol{\alpha}_1,\boldsymbol{\alpha}_2,\cdots,\boldsymbol{\alpha}_s$，可以用下面的 Gram-Schmidt 正交化方法得到一组标准正交组.

(1) 正交化

$$\boldsymbol{\beta}_1 = \boldsymbol{\alpha}_1,$$

$$\boldsymbol{\beta}_2=\boldsymbol{\alpha}_2-\frac{(\boldsymbol{\alpha}_2,\boldsymbol{\beta}_1)}{(\boldsymbol{\beta}_1,\boldsymbol{\beta}_1)}\boldsymbol{\beta}_1,$$

$$\cdots\cdots\cdots\cdots\cdots\cdots$$

$$\boldsymbol{\beta}_s=\boldsymbol{\alpha}_s-\frac{(\boldsymbol{\alpha}_s,\boldsymbol{\beta}_1)}{(\boldsymbol{\beta}_1,\boldsymbol{\beta}_1)}\boldsymbol{\beta}_1-\frac{(\boldsymbol{\alpha}_s,\boldsymbol{\beta}_2)}{(\boldsymbol{\beta}_2,\boldsymbol{\beta}_2)}\boldsymbol{\beta}_2-\cdots-\frac{(\boldsymbol{\alpha}_s,\boldsymbol{\beta}_{s-1})}{(\boldsymbol{\beta}_{s-1},\boldsymbol{\beta}_{s-1})}\boldsymbol{\beta}_{s-1}.$$

注意到上式中向量$\frac{(\boldsymbol{\alpha}_s,\boldsymbol{\beta}_1)}{(\boldsymbol{\beta}_1,\boldsymbol{\beta}_1)}\boldsymbol{\beta}_1$ 恰为 $\boldsymbol{\alpha}_s$ 在 $\boldsymbol{\beta}_1$ 方向上的投影向量.

(2) 单位化

$$\boldsymbol{\varepsilon}_i=\frac{\boldsymbol{\beta}_i}{|\boldsymbol{\beta}_i|}\quad(i=1,2,\cdots,s),$$

这样得到的标准正交组还满足

$$L(\boldsymbol{\alpha}_1,\boldsymbol{\alpha}_2,\cdots,\boldsymbol{\alpha}_i)=L(\boldsymbol{\varepsilon}_1,\boldsymbol{\varepsilon}_2,\cdots,\boldsymbol{\varepsilon}_i)\quad(i=1,2,\cdots,s).$$

2. 线性变换

1) 基本概念

线性空间 $\boldsymbol{V}$ 到自身的映射 $\mathscr{A}$ 也称为 $\boldsymbol{V}$ 上的一个变换,若 $\mathscr{A}$ 还是线性的,即

$$\mathscr{A}(k\boldsymbol{\alpha}+\boldsymbol{\beta})=k\mathscr{A}(k\boldsymbol{\alpha})+\mathscr{A}(\boldsymbol{\beta}),$$

则称 $\mathscr{A}$ 是 $\boldsymbol{V}$ 上的一个**线性变换**. 上式可以自然的推广为

$$\mathscr{A}[(\boldsymbol{\alpha}_1,\boldsymbol{\alpha}_2,\cdots,\boldsymbol{\alpha}_m)\boldsymbol{X}]=(\mathscr{A}\boldsymbol{\alpha}_1,\mathscr{A}\boldsymbol{\alpha}_2,\cdots,\mathscr{A}\boldsymbol{\alpha}_m)\boldsymbol{X},$$

其中 $\boldsymbol{X}$ 是任意 m 维列向量.

常用的线性变换有**恒等变换**、**零变换**、**微分变换**等.

2) 线性变换与矩阵

取定 $\boldsymbol{V}$ 中任意一组基 $\boldsymbol{\alpha}_1,\boldsymbol{\alpha}_2,\cdots,\boldsymbol{\alpha}_n$,则 $\mathscr{A}$ 有矩阵表示

$$\mathscr{A}(\boldsymbol{\alpha}_1,\boldsymbol{\alpha}_2,\cdots,\boldsymbol{\alpha}_n)=(\boldsymbol{\alpha}_1,\boldsymbol{\alpha}_2,\cdots,\boldsymbol{\alpha}_n)\boldsymbol{A},$$

其中 $\boldsymbol{A}=(a_{ij})_{n\times n}$,且对坐标为 $\boldsymbol{x}=(x_1,x_2,\cdots,x_n)^{\mathrm{T}}$ 的向量 $\boldsymbol{\xi}$,$\mathscr{A}\boldsymbol{\xi}$ 的坐标恰为 $\boldsymbol{A}\boldsymbol{x}$.

若 $\boldsymbol{V}$ 中还有另外一组基 $\boldsymbol{\beta}_1,\boldsymbol{\beta}_2,\cdots,\boldsymbol{\beta}_n$,$\mathscr{A}$ 在基 $\boldsymbol{\beta}_1,\boldsymbol{\beta}_2,\cdots,\boldsymbol{\beta}_n$ 下的矩阵为 $\boldsymbol{B}$,则有相似关系

$$\boldsymbol{B}=\boldsymbol{C}^{-1}\boldsymbol{A}\boldsymbol{C},$$

其中 $\boldsymbol{C}$ 为从基 $\boldsymbol{\alpha}_1,\boldsymbol{\alpha}_2,\cdots,\boldsymbol{\alpha}_n$ 到基 $\boldsymbol{\beta}_1,\boldsymbol{\beta}_2,\cdots,\boldsymbol{\beta}_n$ 的**过渡矩阵**. 所以,同一个线性变换在所有基下的矩阵有相同的行列式值,也称为**线性变换的行列式值**.

3) 线性变换的特征子空间、值域与核

类似于矩阵,可以定义线性变换的特征值、特征向量与特征子空间. 取定 $\boldsymbol{V}$ 中

一组基 $\boldsymbol{\alpha}_1,\boldsymbol{\alpha}_2,\cdots,\boldsymbol{\alpha}_n$，则 $\mathscr{A}$ 与其对应的矩阵 $\mathbf{A}$ 有相同的特征值，$\mathscr{A}$ 的特征向量的坐标恰为 $\mathbf{A}$ 的特征向量.

$\mathscr{A}\mathbf{V}=\{\mathscr{A}\boldsymbol{\alpha}\mid\boldsymbol{\alpha}\in\mathbf{V}\}$ 称为 $\mathscr{A}$ 的**值域**，零向量的原像 $\mathscr{A}^{-1}(\mathbf{0})=\{\boldsymbol{\alpha}\mid\boldsymbol{\alpha}\in\mathbf{V},\mathscr{A}\boldsymbol{\alpha}=\mathbf{0}\}$ 称为 $\mathscr{A}$ 的**核**，它们都是 $\mathbf{V}$ 的子空间，它们的维数分别称为 $\mathscr{A}$ 的**秩和零度**. $\mathscr{A}$ 的秩与 $\mathscr{A}$ 的零度之和等于 n.

若欧氏空间的线性变换 $\mathscr{A}$ 保持内积(保持长度)，即 $(\mathscr{A}\boldsymbol{\alpha},\mathscr{A}\boldsymbol{\alpha})=(\boldsymbol{\alpha},\boldsymbol{\alpha})$，则称 $\mathscr{A}$ 为**正交变换**. $\mathscr{A}$ 是正交变换的一个充要条件为它在标准正交基下的矩阵是正交矩阵. 若有

$$(\mathscr{A}\boldsymbol{\alpha},\boldsymbol{\beta})=(\boldsymbol{\alpha},\mathscr{A}\boldsymbol{\beta}),\ \forall\,\boldsymbol{\alpha},\boldsymbol{\beta}\in\mathbf{V},$$

则称 $\mathscr{A}$ 为**对称变换**，$\mathscr{A}$ 是对称变换的一个充要条件为它在标准正交基下的矩阵是对称矩阵.

二、习题选讲

【4-1】 设 $\mathbb{R}^+$ 为所有正实数之集，加法 $\oplus$ 与数乘 $\otimes$ 分别定义为

$$\forall\,\boldsymbol{\alpha},\boldsymbol{\beta}\in\mathbb{R}^+,\boldsymbol{\alpha}\oplus\boldsymbol{\beta}=\boldsymbol{\alpha}\boldsymbol{\beta},$$
$$\forall\,\boldsymbol{\alpha}\in\mathbb{R}^+,\forall\,a\in\mathbb{R},a\otimes\boldsymbol{\alpha}=\boldsymbol{\alpha}^a.$$

证明：$\mathbb{R}^+$ 关于所定义的运算构成实数域 $\mathbb{R}$ 上的线性空间.

证明 易见 $\mathbb{R}^+$ 关于加法 $\oplus$ 与数乘 $\otimes$ 封闭，且满足 8 条运算规则：

(1) $\boldsymbol{\alpha}\oplus\boldsymbol{\beta}=\boldsymbol{\alpha}\boldsymbol{\beta}=\boldsymbol{\beta}\boldsymbol{\alpha}=\boldsymbol{\beta}\oplus\boldsymbol{\alpha}$;

(2) $(\boldsymbol{\alpha}\oplus\boldsymbol{\beta})\oplus\boldsymbol{\gamma}=(\boldsymbol{\alpha}\boldsymbol{\beta})\boldsymbol{\gamma}=\boldsymbol{\alpha}(\boldsymbol{\beta}\boldsymbol{\gamma})=\boldsymbol{\alpha}\oplus(\boldsymbol{\beta}\oplus\boldsymbol{\gamma})$;

(3) 存在零元素 $\mathbf{0}=1\in\mathbb{R}^+$，$\boldsymbol{\alpha}\oplus\mathbf{0}=\boldsymbol{\alpha}\cdot 1=\boldsymbol{\alpha}$;

(4) $\forall\,\boldsymbol{\alpha}\in\mathbb{R}^+$，存在负元 $\dfrac{1}{\boldsymbol{\alpha}}\in\mathbb{R}^+$，$\boldsymbol{\alpha}\oplus\dfrac{1}{\boldsymbol{\alpha}}=\boldsymbol{\alpha}\,\dfrac{1}{\boldsymbol{\alpha}}=1=\mathbf{0}$;

(5) $1\otimes\boldsymbol{\alpha}=\boldsymbol{\alpha}^1=\boldsymbol{\alpha}$;

(6) $\forall\,\boldsymbol{\alpha}\in\mathbb{R}^+,\forall\,k,l\in\mathbb{R}$，有 $k\otimes(l\otimes\boldsymbol{\alpha})=(\boldsymbol{\alpha}^l)^k=\boldsymbol{\alpha}^{kl}=(kl)\otimes\boldsymbol{\alpha}$;

(7) $(k+l)\otimes\boldsymbol{\alpha}=\boldsymbol{\alpha}^{k+l}=\boldsymbol{\alpha}^k\boldsymbol{\alpha}^l=(k\otimes\boldsymbol{\alpha})\oplus(l\otimes\boldsymbol{\alpha})$;

(8) $k\otimes(\boldsymbol{\alpha}\oplus\boldsymbol{\beta})=(\boldsymbol{\alpha}\boldsymbol{\beta})^k=(k\otimes\boldsymbol{\alpha})\oplus(k\otimes\boldsymbol{\beta})$.

所以，$\mathbb{R}^+$ 构成实数域上 $\mathbb{R}$ 的线性空间.

点评 所谓零元与负元，是具有相应运算性质的向量，并不一定就是实数 0 与相反数. 事实上，$\mathbf{V}$ 不一定就是一个数集，即便是数集也可能如本例般有不同的零元与负元. 此外，加法交换律(1)并不需要单独验证，因为它可以由其他几条保证：

$$\boldsymbol{\alpha}+\boldsymbol{\beta}-\boldsymbol{\alpha}-\boldsymbol{\beta}=(\boldsymbol{\alpha}+\boldsymbol{\beta})-(\boldsymbol{\alpha}+\boldsymbol{\beta})=(1-1)(\boldsymbol{\alpha}+\boldsymbol{\beta})=\mathbf{0},$$

即

$$\boldsymbol{\alpha}+\boldsymbol{\beta}=\boldsymbol{\beta}+\boldsymbol{\alpha}.$$

还需要注意，虽然$\mathbb{R}^+\subset\mathbb{R}$，但本例并不是$\mathbb{R}=\mathbb{R}^1$的子空间，因为加法和数乘不同.

【4-2】 试确定下列集合是否是实线性空间$\boldsymbol{V}=\boldsymbol{C}[-1,1]$的子空间：

(1) $\boldsymbol{U}_1=\{f\in\boldsymbol{V}\mid f(x)\geqslant 0\}$.

(2) $\boldsymbol{U}_2=\{f\in\boldsymbol{V}\mid f(1)-f(-1)=0\}$.

(3) $\boldsymbol{U}_3=\{f\in\boldsymbol{V}\mid f(0)f(1)=0\}$.

(4) $\boldsymbol{U}_4=\{f\in\boldsymbol{V}\mid f(1)-f^2(1)=0\}$.

(5) $\boldsymbol{U}_5=\{f\in\boldsymbol{V}\mid f(-x)=f(-x)\}$.

(6) $\boldsymbol{U}_6=\{f\in\boldsymbol{V}\mid f(x)-f(x^2)=0\}$.

解 (1) 不是子空间. 设$f(x)=1$，则$f\in\boldsymbol{U}_1$，但是$-f=(-1)f\notin\boldsymbol{U}_1$.

(2) 是子空间. $\forall f_1,f_2\in\boldsymbol{U}_2$，$\forall k\in\mathbb{R}$，令$f=kf_1+f_2$，则

$$\begin{aligned}f(1)-f(-1)&=[kf_1(1)+f_2(1)]-[kf_1(-1)+f_2(-1)]\\&=k[f_1(1)-f_1(-1)]+[f_2(1)-f_2(-1)]=0,\end{aligned}$$

所以$f\in\boldsymbol{U}_2$，故$\boldsymbol{U}_2$是子空间.

(3) 不是子空间. 设$f_1(x)=x$，$f_2(x)=1-x$，则$f_1,f_2\in\boldsymbol{U}_3$，但是$f_1+f_2=1\notin\boldsymbol{U}_3$.

(4) 不是子空间. 设$f(x)=1$，则$f\in\boldsymbol{U}_4$，但是$2f\notin\boldsymbol{U}_4$.

(5) 是子空间. $\forall f_1,f_2\in\boldsymbol{U}_5$，$\forall k\in\mathbb{R}$，令$f=kf_1+f_2$，则

$$\begin{aligned}f(x)-f(-x)&=[kf_1(x)+f_2(x)]-[kf_1(-x)+f_2(-x)]\\&=k[f_1(x)-f_1(-x)]+[f_2(x)-f_2(-x)]=0,\end{aligned}$$

所以$f\in\boldsymbol{U}_5$，故$\boldsymbol{U}_5$是子空间.

(6) 是子空间. $\forall f_1,f_2\in\boldsymbol{U}_6$，$\forall k\in\mathbb{R}$，令$f=kf_1+f_2$，则

$$\begin{aligned}f(x)-f(x^2)&=[kf_1(x)+f_2(x)]-[kf_1(x_2)+f_2(x^2)]\\&=k[f_1(x)-f_1(x^2)]+[f_2(x)-f_2(x^2)]=0,\end{aligned}$$

所以$f\in\boldsymbol{U}_6$，故$\boldsymbol{U}_6$是子空间.

点评 验证是子空间的过程都是相同的，需要验证加法和数乘的封闭性；而判断不是子空间只需对加法或数乘的封闭性找一个反例即可，$\mathbf{0}$向量是一个常用的反例，但也不是万灵的.

【4-3】 设$\boldsymbol{U}_1,\boldsymbol{U}_2,\cdots,\boldsymbol{U}_m$，都是$\boldsymbol{V}$的真子空间，证明$\bigcup\limits_{i=1}^{k}=\boldsymbol{U}_i\neq\boldsymbol{V}$.

证明 对m使用数学归纳法. $m=1$时结论成立. 设结论对$m-1$也成立，即$\bigcup\limits_{i=1}^{m-1}\boldsymbol{U}_i\neq\boldsymbol{V}$，若$\boldsymbol{U}_m\subset\bigcup\limits_{i=1}^{m-1}\boldsymbol{U}_i$或$\bigcup\limits_{i=1}^{m-1}\boldsymbol{U}_i\subset\boldsymbol{U}_m$，结论显然. 否则，必可取$\boldsymbol{\alpha}\in\boldsymbol{U}_m$，且$\boldsymbol{\alpha}\notin\bigcup\limits_{i=1}^{m-1}\boldsymbol{U}_i$，及$\boldsymbol{\beta}\in\bigcup\limits_{i=1}^{m-1}\boldsymbol{U}_i$，且$\boldsymbol{\beta}\notin\boldsymbol{U}_m$，考察$k\boldsymbol{\alpha}+\boldsymbol{\beta}$型的向量，由$\boldsymbol{\alpha},\boldsymbol{\beta}$的取法

$$k\boldsymbol{\alpha}+\boldsymbol{\beta}\notin\boldsymbol{U}_m,\tag{1}$$

且对每个 $\boldsymbol{U}_i$，我们断言最多有一个 k，使得 $k\boldsymbol{\alpha}+\boldsymbol{\beta}\in\boldsymbol{U}_i$，(反证，设有 $k_1\neq k_2$ 及某个 i 使得 $k_j\boldsymbol{\alpha}+\boldsymbol{\beta}\in\boldsymbol{U}_i(j=1,2)$，则$[(k_1\boldsymbol{\alpha}+\boldsymbol{\beta})-(k_2\boldsymbol{\alpha}+\boldsymbol{\beta})]\in\boldsymbol{U}_i$，即$(k_1-k_2)\boldsymbol{\alpha}\in\boldsymbol{U}_i$，此与 $\boldsymbol{\alpha}\notin\bigcup\limits_{i=1}^{m-1}\boldsymbol{U}_i$ 矛盾)，于是，取 k 的 m 个不同的取值，必有一个取值 k_0，使得 $k_0\boldsymbol{\alpha}+\boldsymbol{\beta}\notin\bigcup\limits_{i=1}^{m-1}\boldsymbol{U}_i$，再由式(1)，有

$$k_0\boldsymbol{\alpha}+\boldsymbol{\beta}\notin\bigcup_{i=1}^{m}\boldsymbol{U}_i,$$

故 $\bigcup\limits_{i=1}^{m}\boldsymbol{U}_i\neq\boldsymbol{V}$.

点评 线性空间的概念是对现实空间的抽象及推广，子空间类似于现实空间中过原点的直线、平面等.本例的结论实际上类似于在现实空间中，有限条直线、平面无法覆盖全空间.为了证明这一结论，只需作一条不重合于这些直线、平面的直线，则所作直线上一定有点不被覆盖.请读者自行体会本例证明与上述说明之间的对应.由本例进一步讨论还可以知子空间的并何时也为子空间.

【4-4】 设向量组

$$\boldsymbol{\alpha}_1=\begin{bmatrix}1\\0\\1\end{bmatrix},\boldsymbol{\alpha}_2=\begin{bmatrix}1\\1\\0\end{bmatrix},\boldsymbol{\alpha}_3=\begin{bmatrix}1\\a\\1\end{bmatrix},\boldsymbol{\beta}=\begin{bmatrix}1\\2\\3\end{bmatrix}.$$

(1) 求 a 的值，使 $\boldsymbol{\alpha}_1,\boldsymbol{\alpha}_2,\boldsymbol{\alpha}_3$ 为$\mathbb{R}^3$的基；

(2) 当 $\boldsymbol{\alpha}_1,\boldsymbol{\alpha}_2,\boldsymbol{\alpha}_3$ 为$\mathbb{R}^3$的基时，求 $\boldsymbol{\beta}$ 在这组基下的坐标.

解 (1) $\mathbb{R}^3$中任意 3 个无关向量都是基，所以只需求 a 使 $\boldsymbol{\alpha}_1,\boldsymbol{\alpha}_2,\boldsymbol{\alpha}_3$ 线性无关即可.由行列式

$$|\boldsymbol{\alpha}_1,\boldsymbol{\alpha}_2,\boldsymbol{\alpha}_3|=\begin{vmatrix}1&1&1\\0&1&a\\1&0&1\end{vmatrix}=a,$$

知 $a\neq0$ 时，$\boldsymbol{\alpha}_1,\boldsymbol{\alpha}_2,\boldsymbol{\alpha}_3$ 无关，为$\mathbb{R}^3$的基.

(2) 当 $a\neq0$ 时，设 $\boldsymbol{\beta}$ 在 $\boldsymbol{\alpha}_1,\boldsymbol{\alpha}_2,\boldsymbol{\alpha}_3$ 下的坐标为$(x_1,x_2,x_3)^{\mathrm{T}}$，则

$$\boldsymbol{\beta}=x_1\boldsymbol{\alpha}_1+x_2\boldsymbol{\alpha}_2+x_3\boldsymbol{\alpha}_3,$$

即 x_1,x_2,x_3 是线性方程组

$$\begin{aligned}&x_1+x_2+x_3=1,\\&x_2+ax_3=2,\\&x_1+x_3=3\end{aligned}$$

的解，利用初等行变换

$$(\boldsymbol{\alpha}_1,\boldsymbol{\alpha}_2,\boldsymbol{\alpha}_3,\boldsymbol{\beta})=\begin{bmatrix}1&1&1&1\\0&1&a&2\\1&0&1&3\end{bmatrix}\longrightarrow\begin{bmatrix}1&0&0&\dfrac{3a-4}{a}\\0&1&0&-2\\0&0&1&\dfrac{4}{a}\end{bmatrix}$$

知 $\boldsymbol{\beta}$ 在 $\boldsymbol{\alpha}_1,\boldsymbol{\alpha}_2,\boldsymbol{\alpha}_3$ 下的坐标为 $\left(\dfrac{3a-4}{a},-2,\dfrac{4}{a}\right)^{\mathrm{T}}$.

【4-5】 (1) 设在 n 维向量空间 $\boldsymbol{V}$ 中,向量组 $\boldsymbol{\alpha}_1,\boldsymbol{\alpha}_2,\cdots,\boldsymbol{\alpha}_s(s\leqslant n)$ 线性无关,证明:存在 $\boldsymbol{V}$ 的一组基包含向量组 $\boldsymbol{\alpha}_1,\boldsymbol{\alpha}_2,\cdots,\boldsymbol{\alpha}_s$;

(2) 设在矩阵 $\boldsymbol{A}$ 中,存在一个 s 阶非零子式 $\boldsymbol{A}_1$,且所有包含 $\boldsymbol{A}_1$ 的 $s+1$ 阶子式均为零,证明:$r(\boldsymbol{A})=s$.

证明 (1) 在 $\boldsymbol{V}$ 所有包含 $\boldsymbol{\alpha}_1,\boldsymbol{\alpha}_2,\cdots,\boldsymbol{\alpha}_s$ 的线性无关组中,取包含元素个数最多的一组(由于 $\dim\boldsymbol{V}=n$,可能不唯一,但一定存在),则易见 $\boldsymbol{V}$ 中所有向量都可由它表示,所以它是符合要求的一组基.

(2) 取 $\boldsymbol{V}_1$ 为 $\boldsymbol{A}$ 的列向量组所生成的线性空间,$\boldsymbol{\alpha}_1,\boldsymbol{\alpha}_2,\cdots,\boldsymbol{\alpha}_s$ 为 $\boldsymbol{A}_1$ 在 $\boldsymbol{A}$ 中所处的列向量组,则由(1)的结论,有 $\boldsymbol{V}_1$ 的一组基包含 $\boldsymbol{\alpha}_1,\boldsymbol{\alpha}_2,\cdots,\boldsymbol{\alpha}_s$,若这组基中还包含 $\boldsymbol{A}$ 的某个列 γ,则 $\boldsymbol{\alpha}_1,\boldsymbol{\alpha}_2,\cdots,\boldsymbol{\alpha}_s$ 与 γ 构成了一个矩阵 $\boldsymbol{A}_2$,$r(\boldsymbol{A}_2)=s+1$. 再取 $\boldsymbol{V}_2$ 为 $\boldsymbol{A}_2$ 的行向量组所生成的线性空间,$\boldsymbol{\beta}_1,\boldsymbol{\beta}_2,\cdots,\boldsymbol{\beta}_s$ 为 $\boldsymbol{A}_1$ 在 $\boldsymbol{A}_2$ 中所处的行向量组,同样由(1)的结论,$\boldsymbol{V}_2$ 有一个包含 $\boldsymbol{\beta}_1,\boldsymbol{\beta}_2,\cdots,\boldsymbol{\beta}_s$ 的基,且此基含有 $s+1$ 个向量,故 $\boldsymbol{A}_2$ 中有一个包含 $\boldsymbol{A}_1$ 的 $s+1$ 阶非零子式,矛盾. 所以 $\boldsymbol{\alpha}_1,\boldsymbol{\alpha}_2,\cdots,\boldsymbol{\alpha}_s$ 必为 $\boldsymbol{V}_1$ 的极大无关组,即 $r(\boldsymbol{A})=s$.

点评 (1) 也称为向量空间的**基扩张定理**,是线性代数中一个极为简单又有用的结果. 对欧氏空间中的标准正交基也有类似结果.

【4-6】 设 $\boldsymbol{U}$ 和 $\boldsymbol{W}$ 是线性空间 $\boldsymbol{V}$ 的有限维子空间,证明:

$$\dim(\boldsymbol{U}+\boldsymbol{W})+\dim(\boldsymbol{U}\cap\boldsymbol{W})=\dim(\boldsymbol{U})+\dim(\boldsymbol{W}).$$

证明 设 $\boldsymbol{\alpha}_1,\boldsymbol{\alpha}_2,\cdots,\boldsymbol{\alpha}_s$ 是 $\boldsymbol{U}\cap\boldsymbol{W}$ 的一组基,由上例可设,$\boldsymbol{\alpha}_1,\boldsymbol{\alpha}_2,\cdots,\boldsymbol{\alpha}_s,\boldsymbol{\beta}_1,\boldsymbol{\beta}_2,\cdots,\boldsymbol{\beta}_k$ 和 $\boldsymbol{\alpha}_1,\boldsymbol{\alpha}_2,\cdots,\boldsymbol{\alpha}_s,\boldsymbol{\gamma}_1,\boldsymbol{\gamma}_2,\cdots,\boldsymbol{\gamma}_l$ 分别是 $\boldsymbol{U}$ 和 $\boldsymbol{W}$ 的一组基,只需证明

$$\boldsymbol{\alpha}_1,\boldsymbol{\alpha}_2,\cdots,\boldsymbol{\alpha}_s,\boldsymbol{\beta}_1,\boldsymbol{\beta}_2,\cdots,\boldsymbol{\beta}_k,\boldsymbol{\gamma}_1,\boldsymbol{\gamma}_2,\cdots,\boldsymbol{\gamma}_l \tag{2}$$

是 $\boldsymbol{U}+\boldsymbol{W}$ 的一组基. 易见 $\boldsymbol{U}+\boldsymbol{W}$ 中任意向量可以被向量组(2)线性表示,下证向量组(2)线性无关. 设

$$\begin{aligned}&x_1\boldsymbol{\alpha}_1+x_2\boldsymbol{\alpha}_2+\cdots+x_s\boldsymbol{\alpha}_s+y_1\boldsymbol{\beta}_1+y_2\boldsymbol{\beta}_2+\cdots\\&+y_k\boldsymbol{\beta}_k+z_1\boldsymbol{\gamma}_1+z_2\boldsymbol{\gamma}_2+\cdots+z_l\boldsymbol{\gamma}_l=0,\end{aligned} \tag{3}$$

于是

$$x_1\boldsymbol{\alpha}_1+x_2\boldsymbol{\alpha}_2+\cdots+x_s\boldsymbol{\alpha}_s+y_1\boldsymbol{\beta}_1+y_2\boldsymbol{\beta}_2+\cdots+y_k\boldsymbol{\beta}_k=-(z_1\boldsymbol{\gamma}_1+z_2\boldsymbol{\gamma}_2+\cdots+z_l\boldsymbol{\gamma}_l),$$

上式左边$\in \boldsymbol{U}$,上式右边$\in \boldsymbol{W}$,所以上式右边$\in \boldsymbol{U}\cap\boldsymbol{W}$,再由 $\boldsymbol{\alpha}_1,\boldsymbol{\alpha}_2,\cdots,\boldsymbol{\alpha}_s$ 是 $\boldsymbol{U}\cap\boldsymbol{W}$ 的一组基,存在数 $w_1,w_2,\cdots,w_r$ 使

$$w_1\boldsymbol{\alpha}_1+w_2\boldsymbol{\alpha}_2+\cdots+w_s\boldsymbol{\alpha}_s-z_1\boldsymbol{\gamma}_1-z_2\boldsymbol{\gamma}_2-\cdots-z_l\boldsymbol{\gamma}_l=0.$$

而 $\boldsymbol{\alpha}_1,\boldsymbol{\alpha}_2,\cdots,\boldsymbol{\alpha}_s,\boldsymbol{\gamma}_1,\boldsymbol{\gamma}_2,\cdots,\boldsymbol{\gamma}_l$ 是 $\boldsymbol{W}$ 的一组基,必无关,所以

$$w_1=w_2=\cdots=w_s=z_1=z_2=\cdots=z_l=0,$$

代入式(3)并利用 $\boldsymbol{\alpha}_1,\boldsymbol{\alpha}_2,\cdots,\boldsymbol{\alpha}_s,\boldsymbol{\beta}_1,\boldsymbol{\beta}_2,\cdots,\boldsymbol{\beta}_k$ 是 $\boldsymbol{U}$ 的一组基,有

$$x_1=x_2=\cdots=x_r=y_1=y_2=\cdots=y_k=0,$$

故向量组(2)确实是 $\boldsymbol{U}+\boldsymbol{W}$ 的一组基. 显然,在所用的记号下 $\dim(\boldsymbol{U}+\boldsymbol{W})=r+s+k$, $\dim(\boldsymbol{U}\cap\boldsymbol{W})=r$, $\dim(\boldsymbol{U})=r+s$, $\dim(\boldsymbol{W})=r+k$.

【4-7】 实线性空间$\mathbb{R}^{2\times 2}$的两组基分别为

$$\boldsymbol{E}_{11}=\begin{bmatrix}1&0\\0&0\end{bmatrix},\boldsymbol{E}_{12}=\begin{bmatrix}0&1\\0&0\end{bmatrix},\boldsymbol{E}_{21}=\begin{bmatrix}0&0\\1&0\end{bmatrix},\boldsymbol{E}_{22}=\begin{bmatrix}0&0\\0&1\end{bmatrix},$$

和

$$\boldsymbol{M}_{11}=\begin{bmatrix}0&1\\1&1\end{bmatrix},\boldsymbol{M}_{12}=\begin{bmatrix}1&0\\1&1\end{bmatrix},\boldsymbol{M}_{21}=\begin{bmatrix}1&1\\0&1\end{bmatrix},\boldsymbol{M}_{22}=\begin{bmatrix}1&1\\1&0\end{bmatrix},$$

试求从基 $\boldsymbol{M}_{11},\boldsymbol{M}_{12},\boldsymbol{M}_{21},\boldsymbol{M}_{22}$到基 $\boldsymbol{E}_{11},\boldsymbol{E}_{12},\boldsymbol{E}_{21},\boldsymbol{E}_{22}$的过渡矩阵,并求矩阵

$$\boldsymbol{M}=\begin{bmatrix}0&1\\2&3\end{bmatrix}$$

在这两组基下的坐标.

解 由

$$\begin{aligned}\boldsymbol{M}_{11}&=0\boldsymbol{E}_{11}+1\boldsymbol{E}_{12}+1\boldsymbol{E}_{21}+1\boldsymbol{E}_{22},\\ \boldsymbol{M}_{12}&=1\boldsymbol{E}_{11}+0\boldsymbol{E}_{12}+1\boldsymbol{E}_{21}+1\boldsymbol{E}_{22},\\ \boldsymbol{M}_{21}&=1\boldsymbol{E}_{11}+1\boldsymbol{E}_{12}+0\boldsymbol{E}_{21}+1\boldsymbol{E}_{22},\\ \boldsymbol{M}_{22}&=1\boldsymbol{E}_{11}+1\boldsymbol{E}_{12}+1\boldsymbol{E}_{21}+0\boldsymbol{E}_{22},\end{aligned}$$

知从基 $\boldsymbol{E}_{11},\boldsymbol{E}_{12},\boldsymbol{E}_{21},\boldsymbol{E}_{22}$到基 $\boldsymbol{M}_{11},\boldsymbol{M}_{12},\boldsymbol{M}_{21},\boldsymbol{M}_{22}$的过渡矩阵为

$$\boldsymbol{C}=\begin{bmatrix}0&1&1&1\\1&0&1&1\\1&1&0&1\\1&1&1&0\end{bmatrix},$$

所以从基 $\boldsymbol{M}_{11},\boldsymbol{M}_{12},\boldsymbol{M}_{21},\boldsymbol{M}_{22}$到基 $\boldsymbol{E}_{11},\boldsymbol{E}_{12},\boldsymbol{E}_{21},\boldsymbol{E}_{22}$的过渡矩阵为

$$\boldsymbol{C}^{-1}=\frac{1}{3}\begin{bmatrix}-2&1&1&1\\1&-2&1&1\\1&1&-2&1\\1&1&1&-2\end{bmatrix},$$

易见

$$M=0E_{11}+1E_{12}+2E_{21}+3E_{22},$$

所以,$\boldsymbol{M}$ 在基 $\boldsymbol{E}_{11},\boldsymbol{E}_{12},\boldsymbol{E}_{21},\boldsymbol{E}_{22}$ 下的坐标为 $\boldsymbol{x}=(0,1,2,3)^{\mathrm{T}}$,由坐标变换公式有 $\boldsymbol{M}$ 在基 $\boldsymbol{M}_{11},\boldsymbol{M}_{12},\boldsymbol{M}_{21},\boldsymbol{M}_{22}$ 下的坐标

$$\boldsymbol{y}=\boldsymbol{C}^{-1}\boldsymbol{x}=\frac{1}{3}\begin{bmatrix}-2&1&1&1\\1&-2&1&1\\1&1&-2&1\\1&1&1&-2\end{bmatrix}\begin{bmatrix}0\\1\\2\\3\end{bmatrix}=\begin{bmatrix}2\\1\\0\\-1\end{bmatrix}.$$

点评 **基过渡矩阵都是可逆矩阵**,且从甲基到乙基的过渡矩阵与从乙基到甲基的过渡矩阵互为逆矩阵,有时两者之间的过渡矩阵不太容易直接求出,我们还会利用各种自然基(自然基到其他基的过渡矩阵总是容易得到的).设从自然基到甲基的过渡矩阵为 $\boldsymbol{A}$,从自然基到乙基的过渡矩阵为 $\boldsymbol{B}$,则从甲基到乙基的过渡矩阵为 $\boldsymbol{A}^{-1}\boldsymbol{B}$.求向量在某一组基下的坐标一般有两种方法,一是直接求线性表示,一是利用基过渡矩阵与坐标变换公式.

【4-8】 给定线性空间 $\mathbb{R}^3$ 的两组基

$$\boldsymbol{\alpha}_1=\begin{bmatrix}1\\0\\0\end{bmatrix},\boldsymbol{\alpha}_2=\begin{bmatrix}1\\1\\0\end{bmatrix},\boldsymbol{\alpha}_3=\begin{bmatrix}1\\1\\1\end{bmatrix};\boldsymbol{\beta}_1=\begin{bmatrix}5\\3\\1\end{bmatrix},\boldsymbol{\beta}_2=\begin{bmatrix}5\\4\\3\end{bmatrix},\boldsymbol{\beta}_3=\begin{bmatrix}1\\1\\2\end{bmatrix},$$

试求从基 $\boldsymbol{\alpha}_1,\boldsymbol{\alpha}_2,\boldsymbol{\alpha}_3$ 到基 $\boldsymbol{\beta}_1,\boldsymbol{\beta}_2,\boldsymbol{\beta}_3$ 的过渡矩阵,并求在两组基下有相同坐标的向量 $\boldsymbol{\gamma}$.

解 由 $(\boldsymbol{\beta}_1,\boldsymbol{\beta}_2,\boldsymbol{\beta}_3)=(\boldsymbol{\alpha}_1,\boldsymbol{\alpha}_2,\boldsymbol{\alpha}_3)\boldsymbol{C}$,得

$$\begin{bmatrix}1&1&1\\0&1&1\\0&0&1\end{bmatrix}\boldsymbol{C}=\begin{bmatrix}5&5&1\\3&4&1\\1&1&2\end{bmatrix},$$

于是

$$\boldsymbol{C}=\begin{bmatrix}1&1&1\\0&1&1\\0&0&1\end{bmatrix}^{-1}\begin{bmatrix}5&5&1\\3&4&1\\1&3&2\end{bmatrix}=\begin{bmatrix}2&1&0\\2&1&-1\\1&3&2\end{bmatrix}.$$

进而,设 $\boldsymbol{\gamma}$ 在基 $\boldsymbol{\beta}_1,\boldsymbol{\beta}_2,\boldsymbol{\beta}_3$ 下的坐标为 $\boldsymbol{x}=(x_1,x_2,x_3)^{\mathrm{T}}$,则 $\boldsymbol{\gamma}$ 在基 $\boldsymbol{\alpha}_1,\boldsymbol{\alpha}_2,\boldsymbol{\alpha}_3$ 的坐标为 $\boldsymbol{Cx}$,所以有

$$\begin{bmatrix}x_1\\x_2\\x_3\end{bmatrix}=\begin{bmatrix}2&1&0\\2&1&-1\\1&3&2\end{bmatrix}\begin{bmatrix}x_1\\x_2\\x_3\end{bmatrix},$$

解得 $\boldsymbol{x}=k(1,-1,2)^{\mathrm{T}}$,其中 k 为任意实数.进一步可以求得 $\boldsymbol{\gamma}$ 在自然基下的坐标为

$$k\begin{bmatrix}5&5&1\\3&4&1\\1&1&2\end{bmatrix}\begin{bmatrix}1\\-1\\2\end{bmatrix}=k\begin{bmatrix}2\\1\\4\end{bmatrix}.$$

点评 有非零向量在两组基下坐标相同的充要条件是$|\boldsymbol{E}-\boldsymbol{C}|=0$.

【4-9】 设$\boldsymbol{\alpha}_1,\boldsymbol{\alpha}_2,\cdots,\boldsymbol{\alpha}_n$是线性空间$\boldsymbol{V}$的一组基,$\boldsymbol{A}$是一$n\times s$矩阵:

$$(\boldsymbol{\beta}_1,\boldsymbol{\beta}_2,\cdots,\boldsymbol{\beta}_s)=(\boldsymbol{\alpha}_1,\boldsymbol{\alpha}_2,\cdots,\boldsymbol{\alpha}_n)\boldsymbol{A}.$$

证明:$\dim \boldsymbol{L}(\boldsymbol{\beta}_1,\boldsymbol{\beta}_2,\cdots,\boldsymbol{\beta}_s)=r(\boldsymbol{A})$.

证明 以$\boldsymbol{A}_i$记$\boldsymbol{A}$的第i列,则对$\boldsymbol{\beta}_1,\boldsymbol{\beta}_2,\cdots,\boldsymbol{\beta}_s$的子集$\boldsymbol{\beta}_{i_1},\boldsymbol{\beta}_{i_2},\cdots,\boldsymbol{\beta}_{i_r}$,有

$$x_{i_1}\boldsymbol{\beta}_{i_1}+x_{i_2}\boldsymbol{\beta}_{i_2}+\cdots+x_{i_r}\boldsymbol{\beta}_{i_r}=(\boldsymbol{\beta}_{i_1},\boldsymbol{\beta}_{i_2},\cdots,\boldsymbol{\beta}_{i_r})\begin{bmatrix}x_{i_1}\\x_{i_2}\\\vdots\\x_{i_r}\end{bmatrix}$$

$$=(\boldsymbol{\alpha}_1,\boldsymbol{\alpha}_2,\cdots,\boldsymbol{\alpha}_n)(\boldsymbol{A}_{i_1},\boldsymbol{A}_{i_2},\cdots,\boldsymbol{A}_{i_r})\begin{bmatrix}x_{i_1}\\x_{i_2}\\\vdots\\x_{i_r}\end{bmatrix},$$

所以方程

$$x_{i_1}\boldsymbol{\beta}_{i_1}+x_{i_2}\boldsymbol{\beta}_{i_2}+\cdots+x_{i_r}\boldsymbol{\beta}_{i_r}=0$$

与方程

$$(\boldsymbol{\alpha}_1,\boldsymbol{\alpha}_2,\cdots,\boldsymbol{\alpha}_n)(\boldsymbol{A}_{i_1},\boldsymbol{A}_{i_2},\cdots,\boldsymbol{A}_{i_r})\begin{bmatrix}x_{i_1}\\x_{i_2}\\\vdots\\x_{i_r}\end{bmatrix}=0$$

同解,再由$\boldsymbol{\alpha}_1,\boldsymbol{\alpha}_2,\cdots,\boldsymbol{\alpha}_n$无关,它们又与方程

$$(\boldsymbol{A}_{i_1},\boldsymbol{A}_{i_2},\cdots,\boldsymbol{A}_{i_r})\begin{bmatrix}x_{i_1}\\x_{i_2}\\\vdots\\x_{i_r}\end{bmatrix}=0$$

同解,也就同时有或没有非零解,故$\boldsymbol{\beta}_{i_1},\boldsymbol{\beta}_{i_2},\cdots,\boldsymbol{\beta}_{i_r}$与$\boldsymbol{A}_{i_1},\boldsymbol{A}_{i_2},\cdots,\boldsymbol{A}_{i_r}$同时线性相关或无关,从而$\boldsymbol{\beta}_1,\boldsymbol{\beta}_2,\cdots,\boldsymbol{\beta}_s$的极大无关组与$\boldsymbol{A}_1,\boldsymbol{A}_2,\cdots,\boldsymbol{A}_s$的极大无关组一一对应,它们所含向量个数恰为$\dim \boldsymbol{L}(\boldsymbol{\beta}_1,\boldsymbol{\beta}_2,\cdots,\boldsymbol{\beta}_s)$与$r(\boldsymbol{A})$.

【4-10】 设 $A=\begin{bmatrix}1&1&4&-5\\1&-1&2&1\\1&0&3&-1\\-1&-2&1&4\end{bmatrix}$，证明：$V=\{X_{4\times2}\mid AX=0,\}$是$\mathbb{R}$上的线性空间，求其维数.

证明 $\forall X,Y\in V,k\in\mathbb{R}$，有 $A(X+kY)=0$，所以 $X+kY\in V$，于是 V 是所有 4×2矩阵构成的线性空间之子空间.

$\forall X\in V$，设 $X=(\alpha_1,\alpha_2)$，其中列向量 α_1,α_2 都是齐线性方程 $AY_{4\times1}=0$ 的解. 由

$$A=\begin{bmatrix}1&1&4&-5\\1&-1&2&1\\1&0&3&-1\\-1&-2&1&4\end{bmatrix}\longrightarrow\begin{bmatrix}1&0&3&-2\\0&1&1&-3\\0&0&0&0\\0&0&0&0\end{bmatrix},$$

知 $\alpha_1=k_1(-3,-1,1,0)^{\mathrm{T}}+k_2(2,3,0,1)^{\mathrm{T}}$，$\alpha_2=l_1(-3,-1,1,0)^{\mathrm{T}}+l_2(2,3,0,1)^{\mathrm{T}}$，其中 k_1,k_2,l_1,l_2 任意，所以 V 中任意向量可由无关(直接验证)向量组

$$\begin{bmatrix}-3&0\\-1&0\\1&0\\0&0\end{bmatrix},\begin{bmatrix}2&0\\3&0\\0&0\\1&0\end{bmatrix},\begin{bmatrix}0&-3\\0&-1\\0&1\\0&0\end{bmatrix},\begin{bmatrix}0&2\\0&3\\0&0\\0&1\end{bmatrix}$$

线性表示，所以 $\dim V=4$.

【4-11】 在线性空间$\mathbb{R}^4$中，$\alpha=(1,2,2,3)^{\mathrm{T}}$，$\beta=(3,1,5,1)^{\mathrm{T}}$，求 α,β 的内积、夹角与各自的长度.

解 $(\alpha,\beta)=1\times3+2\times1+2\times5+3\times1=18$,

$|\alpha|=\sqrt{1^2+2^2+2^2+3^2}=\sqrt{18}$,

$|\beta|=\sqrt{3^2+1^2+5^2+1^2}=6$,

$<\alpha,\beta>=\arccos\dfrac{(\alpha,\beta)}{|\alpha|\,|\beta|}=\arccos\dfrac{18}{\sqrt{18}\times6}=\dfrac{\pi}{4}$.

【4-12】 在实线性空间 $P[x]_4$ 中，定义内积

$$(p,q)=\int_{-1}^{1}p(x)q(x)\mathrm{d}x,\ \forall\, p=p(x),q=q(x)\in P[x]_4,$$

试由 $P[x]_4$ 的基 $\alpha_1=1,\alpha_2=x,\alpha_3=x^2,\alpha_4=x^3$ 出发求得它的一组标准正交基.

解 先正交化. $\beta_1=\alpha_1=1$,

$$\beta_2=\alpha_2-\frac{(\alpha_2,\beta_1)}{(\beta_1,\beta_1)}\beta_1=x-\frac{\int_{-1}^{1}x\mathrm{d}x}{\int_{-1}^{1}1\mathrm{d}x}=x,$$

$$\boldsymbol{\beta}_3=\boldsymbol{\alpha}_3-\frac{(\boldsymbol{\alpha}_3,\boldsymbol{\beta}_1)}{(\boldsymbol{\beta}_1,\boldsymbol{\beta}_1)}\boldsymbol{\beta}_1-\frac{(\boldsymbol{\alpha}_3,\boldsymbol{\beta}_2)}{(\boldsymbol{\beta}_2,\boldsymbol{\beta}_2)}\boldsymbol{\beta}_2=x^2-\frac{\int_{-1}^{1}x^2\,\mathrm{d}x}{\int_{-1}^{1}1\,\mathrm{d}x}-\frac{\int_{-1}^{1}x^3\,\mathrm{d}x}{\int_{-1}^{1}x^2\,\mathrm{d}x}x$$

$$=x^2-\frac{1}{3},$$

$$\boldsymbol{\beta}_4=\boldsymbol{\alpha}_4-\frac{(\boldsymbol{\alpha}_4,\boldsymbol{\beta}_1)}{(\boldsymbol{\beta}_1,\boldsymbol{\beta}_1)}\boldsymbol{\beta}_1-\frac{(\boldsymbol{\alpha}_4,\boldsymbol{\beta}_2)}{(\boldsymbol{\beta}_2,\boldsymbol{\beta}_2)}\boldsymbol{\beta}_2-\frac{(\boldsymbol{\alpha}_4,\boldsymbol{\beta}_3)}{(\boldsymbol{\beta}_3,\boldsymbol{\beta}_3)}\boldsymbol{\beta}_3$$

$$=x^3-\frac{\int_{-1}^{1}x^3\,\mathrm{d}x}{\int_{-1}^{1}1\,\mathrm{d}x}-\frac{\int_{-1}^{1}x^4\,\mathrm{d}x}{\int_{-1}^{1}x^2\,\mathrm{d}x}x-\frac{\int_{-1}^{1}x^3\left(x^2-\frac{1}{3}\right)\mathrm{d}x}{\int_{-1}^{1}\left(x^2-\frac{1}{3}\right)^2\mathrm{d}x}\left(x^2-\frac{1}{3}\right)$$

$$=x^3-\frac{5}{3}x.$$

再单位化,得

$$\boldsymbol{\varepsilon}_1=\frac{\boldsymbol{\beta}_1}{|\boldsymbol{\beta}_1|}=\frac{1}{\sqrt{\int_{-1}^{1}1\,\mathrm{d}x}}=\frac{1}{\sqrt{2}},$$

$$\boldsymbol{\varepsilon}_2=\frac{\boldsymbol{\beta}_2}{|\boldsymbol{\beta}_2|}=\frac{x}{\sqrt{\int_{-1}^{1}x^2\,\mathrm{d}x}}=\frac{\sqrt{6}}{2}x,$$

$$\boldsymbol{\varepsilon}_3=\frac{\boldsymbol{\beta}_3}{|\boldsymbol{\beta}_3|}=\frac{\left(x^2-\frac{1}{3}\right)}{\sqrt{\int_{-1}^{1}\left(x^2-\frac{1}{3}\right)^2\mathrm{d}x}}=\frac{3\sqrt{10}}{4}\left(x^2-\frac{1}{3}\right),$$

$$\boldsymbol{\varepsilon}_4=\frac{\boldsymbol{\beta}_4}{|\boldsymbol{\beta}_4|}=\frac{\left(x^3-\frac{3}{5}x\right)}{\sqrt{\int_{-1}^{1}\left(x^3-\frac{3}{5}x\right)^2\mathrm{d}x}}=\frac{5\sqrt{14}}{4}\left(x^3-\frac{3}{5}x\right).$$

【4-13】 设 $\boldsymbol{U}$ 是欧氏空间 $\boldsymbol{V}$ 的子空间,试证:

(1) $\boldsymbol{W}=\{\boldsymbol{\alpha}\in\boldsymbol{V}\mid(\boldsymbol{\alpha},\boldsymbol{\gamma})=0,\forall\boldsymbol{\gamma}\in\boldsymbol{U}\}$ 是 $\boldsymbol{V}$ 的子空间;

(2) $\dim\boldsymbol{U}+\dim\boldsymbol{W}=\dim\boldsymbol{V}$.

证明 (1) 任取 $\boldsymbol{\alpha}_1,\boldsymbol{\alpha}_2\in\boldsymbol{W},k\in\mathbb{R}$,必有

$$(\boldsymbol{\alpha}_1+k\boldsymbol{\alpha}_2,\boldsymbol{\gamma})=(\boldsymbol{\alpha}_1,\boldsymbol{\gamma})+k(\boldsymbol{\alpha}_2,\boldsymbol{\gamma})=0\quad(\forall\boldsymbol{\gamma}\in\boldsymbol{U}),$$

从而 $\boldsymbol{\alpha}_1+k\boldsymbol{\alpha}_2\in\boldsymbol{W}$,即 $\boldsymbol{W}$ 对线性运算封闭,所以 $\boldsymbol{W}$ 是 $\boldsymbol{V}$ 的子空间.

(2) 选择 $\boldsymbol{U}$ 的一组标准正交基 $\boldsymbol{\alpha}_1,\boldsymbol{\alpha}_2,\cdots,\boldsymbol{\alpha}_s$,及 $\boldsymbol{W}$ 的一组标准正交基 $\boldsymbol{\beta}_1,\boldsymbol{\beta}_2,\cdots,\boldsymbol{\beta}_t$,只需证 $\boldsymbol{\alpha}_1,\boldsymbol{\alpha}_2,\cdots,\boldsymbol{\alpha}_s,\boldsymbol{\beta}_1,\boldsymbol{\beta}_2,\cdots,\boldsymbol{\beta}_t$ 恰为 $\boldsymbol{V}$ 的一组标准正交基.

首先,$\boldsymbol{\alpha}_1,\boldsymbol{\alpha}_2,\cdots,\boldsymbol{\alpha}_s,\boldsymbol{\beta}_1,\boldsymbol{\beta}_2,\cdots,\boldsymbol{\beta}_t$ 是一标准正交组,所以无关;其次 $\forall\boldsymbol{\gamma}\in\boldsymbol{V}$,取

$$\gamma_1 = \sum_{i=1}^{s}(\gamma,\alpha_i)\alpha_i, \gamma_2 = \gamma - \gamma_1,$$

则

$$(\gamma_2,\alpha_j) = (\gamma,\alpha_j) - \sum_{i=1}^{s}(\gamma,\alpha_i)(\alpha_i,\alpha_j) = 0, \quad (1\leqslant j\leqslant s),$$

于是 $\forall \alpha\in U$，有 $(\gamma_2,\alpha)=0$，即 $\gamma_2\in W$，于是 γ_2 可以写成 $\beta_1,\beta_2,\cdots,\beta_t$ 的线性组合，进而 γ 可以写成 $\alpha_1,\alpha_2,\cdots,\alpha_s,\beta_1,\beta_2,\cdots,\beta_t$ 的线性组合，所以 $\alpha_1,\alpha_2,\cdots,\alpha_s,\beta_1,\beta_2,\cdots,\beta_t$ 是 V 的一组标准正交基.

点评 子空间 W 又称为 U 的正交补空间，也记为 $U^{\perp}$. 特别地，齐次线性方程组解的结构定理就是本例的一个特殊情况. 易见 $(U^{\perp})^{\perp}=U$，利用习题【4-6】可以简化(2)的证明，请读者自行完成.

【4-14】 证明：在 n 维欧氏空间 V 中，任取 $n+2$ 个向量 $\alpha_1,\alpha_2,\cdots,\alpha_{n+2}$，必有 $1\leqslant i\leqslant j\leqslant n+2$，使 $(\alpha_i,\alpha_j)\geqslant 0$.

证明 对 n 用归纳法. (1) $n=1$ 时，结论显然. 设 $n=k$ 时，结论成立. 对 $n=k+1$，取 $W=L(\alpha_{k+3})^{\perp}$，则 $\dim W=k$，且对 $1\leqslant s\leqslant k+1$，$k+2$ 个向量 $\beta_s=\alpha_s-\dfrac{(\alpha_s,\alpha_{k+3})}{(\alpha_{k+3},\alpha_{k+3})}\alpha_{k+3}\in W$，由归纳法假设，存在 $1\leqslant i$ 或 $(\alpha_j,\alpha_{k+3})\geqslant 0$，$j\leqslant k+2$，使 $(\beta_i,\beta_j)\geqslant 0$. 于是，或者有

$$(\alpha_i,\alpha_{k+3})\geqslant 0$$

或者有

$$\begin{aligned}(\alpha_i,\alpha_j) &= \left(\beta_2+\frac{(\alpha_i,\alpha_{k+3})}{(\alpha_{k+3},\alpha_{k+3})}\alpha_{k+3},\beta_j+\frac{(\alpha_j,\alpha_{k+3})}{(\alpha_{k+3},\alpha_{k+3})}\alpha_{k+3}\right),\\ &= (\beta_i,\beta_j)+\frac{(\alpha_i,\alpha_{k+3})(\alpha_j,\alpha_{k+3})}{(\alpha_{k+3},\alpha_{k+3})}\geqslant 0.\end{aligned}$$

【4-15】 设 $V=\mathbb{R}^n$，试判断下面的 $\mathscr{A}$ 是否是线性变换.

(1) $\mathscr{A}\alpha=l\alpha+\beta \quad (l\in\mathbb{R},\beta\in V)$；

(2) $\mathscr{A}\alpha=A\alpha, A\in\mathbb{R}^{n\times n}$；

(3) $\mathscr{A}\begin{bmatrix}x_1\\x_2\\\vdots\\x_n\end{bmatrix}=\begin{bmatrix}x_1+x_2\\x_2+x_3\\\vdots\\x_n+x_1\end{bmatrix}$；

(4) $\mathscr{A}\alpha=\alpha^{\mathrm{T}}\alpha$.

解 (1) 当 $\beta=0$ 时，$\mathscr{A}(\alpha_1+k\alpha_2)=l(\alpha_1+k\alpha_2)=(l\alpha_1+kl\alpha_2)=\mathscr{A}\alpha_1+k\mathscr{A}\alpha_2$，所以 $\mathscr{A}$ 是线性变换；当 $\beta\neq 0$ 时，由于 $\mathscr{A}(0+0)=\beta\neq 2\beta=\mathscr{A}0+\mathscr{A}0$，所以 $\mathscr{A}$ 不是线性变换.

(2) $\mathscr{A}(\boldsymbol{\alpha}_1+k\boldsymbol{\alpha}_2)=\boldsymbol{A}(\boldsymbol{\alpha}_1+k\boldsymbol{\alpha}_2)=(\boldsymbol{A}\boldsymbol{\alpha}_1+k\boldsymbol{A}\boldsymbol{\alpha}_2)=\mathscr{A}\boldsymbol{\alpha}_1+k\mathscr{A}\boldsymbol{\alpha}_2$，所以 $\mathscr{A}$ 是线性变换.

(3) 这是(2)中取 $\boldsymbol{A}=\begin{bmatrix}1&1&0&\cdots&0\\0&1&1&\cdots&0\\\vdots&\vdots&\vdots&&\vdots\\1&0&0&\cdots&1\end{bmatrix}$的特殊情况，所以 $\mathscr{A}$ 是线性变换.

(4) 任取 $\boldsymbol{\alpha}\neq\boldsymbol{0}$，则 $\mathscr{A}(2\boldsymbol{\alpha})=4\boldsymbol{\alpha}^{\mathrm{T}}\boldsymbol{\alpha}\neq2\mathscr{A}\boldsymbol{\alpha}$，所以 $\mathscr{A}$ 不是线性变换.

【4-16】 设 $\boldsymbol{V}$ 是一个欧式空间，试判断下面的 $\mathscr{A}$ 是否是线性变换.

(1) $\mathscr{A}\boldsymbol{\alpha}=(\boldsymbol{\alpha},\boldsymbol{\beta})\boldsymbol{\gamma},\boldsymbol{\beta},\boldsymbol{\gamma}\in\boldsymbol{V}$；

(2) $\mathscr{A}\boldsymbol{\alpha}=(\boldsymbol{\alpha},\boldsymbol{\beta})\boldsymbol{\alpha},\quad \boldsymbol{\beta}\in\boldsymbol{V}$.

解 (1) 由于 $\mathscr{A}(\boldsymbol{\alpha}_1+k\boldsymbol{\alpha}_2)=(\boldsymbol{\alpha}_1+k\boldsymbol{\alpha}_2,\boldsymbol{\beta})=(\boldsymbol{\alpha}_1,\boldsymbol{\beta})+k(\boldsymbol{\alpha}_2,\boldsymbol{\beta})=\mathscr{A}\boldsymbol{\alpha}_1+k\mathscr{A}\boldsymbol{\alpha}_2$，所以 $\mathscr{A}$ 是线性变换.

(2) 当 $\boldsymbol{\beta}=\boldsymbol{0}$ 时，$\mathscr{A}$ 显然是线性变换；当 $\boldsymbol{\beta}\neq\boldsymbol{0}$ 时，由于 $\mathscr{A}(2\boldsymbol{\beta})=(2\boldsymbol{\beta},\boldsymbol{\beta})(2\boldsymbol{\beta})=4(\boldsymbol{\beta},\boldsymbol{\beta})\boldsymbol{\beta}\neq2\mathscr{A}\boldsymbol{\beta}$，所以 $\mathscr{A}$ 不是线性变换.

【4-17】 在$\mathbb{R}^3$中，求线性变换

$$\mathscr{A}\begin{bmatrix}x_1\\x_2\\x_3\end{bmatrix}=\begin{bmatrix}x_1-x_2\\x_2\\x_3\end{bmatrix}$$

在基

$$\boldsymbol{\alpha}_1=\begin{bmatrix}1\\0\\1\end{bmatrix},\boldsymbol{\alpha}_2=\begin{bmatrix}0\\1\\0\end{bmatrix},\boldsymbol{\alpha}_3=\begin{bmatrix}0\\1\\1\end{bmatrix}$$

下的矩阵 $\boldsymbol{A}$.

解 方法1 首先求得

$$(\mathscr{A}\boldsymbol{\alpha}_1,\mathscr{A}\boldsymbol{\alpha}_2,\mathscr{A}\boldsymbol{\alpha}_3)=\begin{bmatrix}1&-1&-1\\0&1&1\\1&0&1\end{bmatrix},$$

代入

$$\mathscr{A}(\boldsymbol{\alpha}_1,\boldsymbol{\alpha}_2,\boldsymbol{\alpha}_3)=(\mathscr{A}\boldsymbol{\alpha}_1,\mathscr{A}\boldsymbol{\alpha}_2,\mathscr{A}\boldsymbol{\alpha}_3)=(\boldsymbol{\alpha}_1,\boldsymbol{\alpha}_2,\boldsymbol{\alpha}_3)\boldsymbol{A},$$

得

$$\begin{bmatrix}1&-1&-1\\0&1&1\\1&0&1\end{bmatrix}=\begin{bmatrix}1&0&0\\0&1&1\\1&0&1\end{bmatrix}\boldsymbol{A},$$

即

$$\boldsymbol{A}=\begin{bmatrix}1&-1&-1\\0&1&1\\1&0&1\end{bmatrix}^{-1}\begin{bmatrix}1&0&0\\0&1&1\\1&0&1\end{bmatrix}=\begin{bmatrix}1&-1&-1\\0&0&-1\\0&1&2\end{bmatrix}.$$

方法2 由于

$$\mathscr{A}\begin{bmatrix}x_1\\x_2\\x_3\end{bmatrix}=\begin{bmatrix}1&-1&0\\0&1&0\\0&0&1\end{bmatrix}\begin{bmatrix}x_1\\x_2\\x_3\end{bmatrix},$$

所以 $\mathscr{A}$ 在自然基

$$\boldsymbol{\varepsilon}_1=\begin{bmatrix}1\\0\\0\end{bmatrix},\boldsymbol{\varepsilon}_2=\begin{bmatrix}0\\1\\0\end{bmatrix},\boldsymbol{\varepsilon}_3=\begin{bmatrix}0\\0\\1\end{bmatrix}$$

下的矩阵为(为什么?)

$$\begin{bmatrix}1&-1&0\\0&1&0\\0&0&1\end{bmatrix},$$

又从 $\boldsymbol{\varepsilon}_1,\boldsymbol{\varepsilon}_2,\boldsymbol{\varepsilon}_3$ 到 $\boldsymbol{\alpha}_1,\boldsymbol{\alpha}_2,\boldsymbol{\alpha}_3$ 的基过渡矩阵为

$$\begin{bmatrix}1&0&0\\0&1&1\\1&0&1\end{bmatrix},$$

所以

$$\boldsymbol{A}=\begin{bmatrix}1&0&0\\0&1&1\\1&0&1\end{bmatrix}^{-1}\begin{bmatrix}1&-1&0\\0&1&0\\0&0&1\end{bmatrix}\begin{bmatrix}1&0&0\\0&1&1\\1&0&1\end{bmatrix}=\begin{bmatrix}1&-1&-1\\0&0&-1\\0&1&2\end{bmatrix}.$$

【4-18】 在实线性空间 $\mathbb{R}^{2\times 2}$ 中,求线性变换

$$\mathscr{A}\boldsymbol{X}=\boldsymbol{A}\boldsymbol{X}=\begin{bmatrix}1&4\\2&1\end{bmatrix}\boldsymbol{X},\ \forall\,\boldsymbol{X}\in\boldsymbol{M}^{2\times 2}$$

在基

$$\boldsymbol{M}_{11}=\begin{bmatrix}0&1\\1&1\end{bmatrix},\boldsymbol{M}_{12}=\begin{bmatrix}1&0\\1&1\end{bmatrix},\boldsymbol{M}_{21}=\begin{bmatrix}1&1\\0&1\end{bmatrix},\boldsymbol{M}_{22}=\begin{bmatrix}1&1\\1&0\end{bmatrix}$$

下的矩阵.

解 由于 $\mathscr{A}$ 在基 $\boldsymbol{M}_{11},\boldsymbol{M}_{12},\boldsymbol{M}_{21},\boldsymbol{M}_{22}$ 下的矩阵不易得出,先考虑自然基

$$\boldsymbol{E}_{11}=\begin{bmatrix}1&0\\0&0\end{bmatrix},\boldsymbol{E}_{12}=\begin{bmatrix}0&1\\0&0\end{bmatrix},\boldsymbol{E}_{21}=\begin{bmatrix}0&0\\1&0\end{bmatrix},\boldsymbol{E}_{22}=\begin{bmatrix}0&0\\0&1\end{bmatrix},$$

由于

$$\mathscr{A}\boldsymbol{E}_{11}=\begin{bmatrix}1&0\\2&0\end{bmatrix}=1\boldsymbol{E}_{11}+0\boldsymbol{E}_{12}+2\boldsymbol{E}_{21}+0\boldsymbol{E}_{22},$$

$$\mathscr{A}\boldsymbol{E}_{12}=\begin{bmatrix}0&1\\0&2\end{bmatrix}=0\boldsymbol{E}_{11}+1\boldsymbol{E}_{12}+0\boldsymbol{E}_{21}+2\boldsymbol{E}_{22},$$

$$\mathscr{A}\boldsymbol{E}_{21}=\begin{bmatrix}4&0\\1&0\end{bmatrix}=4\boldsymbol{E}_{11}+0\boldsymbol{E}_{12}+1\boldsymbol{E}_{21}+0\boldsymbol{E}_{22},$$

$$\mathscr{A}\boldsymbol{E}_{22}=\begin{bmatrix}0&4\\0&1\end{bmatrix}=0\boldsymbol{E}_{11}+4\boldsymbol{E}_{12}+0\boldsymbol{E}_{21}+1\boldsymbol{E}_{22},$$

所以 $\mathscr{A}$ 在基 $\boldsymbol{E}_{11},\boldsymbol{E}_{12},\boldsymbol{E}_{21},\boldsymbol{E}_{22}$ 下的矩阵

$$\boldsymbol{B}=\begin{bmatrix}1&0&4&0\\0&1&0&4\\2&0&1&0\\0&2&0&1\end{bmatrix}.$$

又由于从基 $\boldsymbol{E}_{11},\boldsymbol{E}_{12},\boldsymbol{E}_{21},\boldsymbol{E}_{22}$ 到基 $\boldsymbol{M}_{11},\boldsymbol{M}_{12},\boldsymbol{M}_{21},\boldsymbol{M}_{22}$ 的过渡矩阵为

$$\boldsymbol{P}=\begin{bmatrix}0&1&1&1\\1&0&1&1\\1&1&0&1\\1&1&1&0\end{bmatrix},$$

所以 $\mathscr{A}$ 在基 $\boldsymbol{M}_{11},\boldsymbol{M}_{12},\boldsymbol{M}_{21},\boldsymbol{M}_{22}$ 下的矩阵

$$\begin{aligned}\boldsymbol{A}&=\boldsymbol{P}^{-1}\boldsymbol{B}\boldsymbol{P}\\&=\frac{1}{3}\begin{bmatrix}-2&1&1&1\\1&-2&1&1\\1&1&-2&1\\1&1&1&-2\end{bmatrix}\begin{bmatrix}1&0&4&0\\0&1&0&4\\2&0&1&0\\0&2&0&1\end{bmatrix}\begin{bmatrix}0&1&1&1\\1&0&1&1\\1&1&0&1\\1&1&1&0\end{bmatrix}\\&=\frac{1}{3}\begin{bmatrix}1&-2&8&-4\\-2&1&-4&8\\10&4&5&2\\4&10&2&5\end{bmatrix}.\end{aligned}$$

【4-19】 设$\mathbb{R}^3$的两组基分别为

$$\boldsymbol{\alpha}_1=\begin{bmatrix}1\\1\\1\end{bmatrix},\boldsymbol{\alpha}_2=\begin{bmatrix}0\\1\\1\end{bmatrix},\boldsymbol{\alpha}_3=\begin{bmatrix}0\\0\\1\end{bmatrix},$$

和

$$\boldsymbol{\beta}_1=\begin{bmatrix}3\\2\\1\end{bmatrix},\boldsymbol{\beta}_2=\begin{bmatrix}-2\\-1\\0\end{bmatrix},\boldsymbol{\beta}_3=\begin{bmatrix}0\\1\\1\end{bmatrix},$$

定义线性变换

$$\mathscr{A}\boldsymbol{\alpha}_i=\boldsymbol{\beta}_i\quad(i=1,2,3).$$

(1) 求由基 $\boldsymbol{\alpha}_1,\boldsymbol{\alpha}_2,\boldsymbol{\alpha}_3$ 到基 $\boldsymbol{\beta}_1,\boldsymbol{\beta}_2,\boldsymbol{\beta}_3$ 的过渡矩阵；

(2) 求 $\mathscr{A}$ 在基 $\boldsymbol{\alpha}_1,\boldsymbol{\alpha}_2,\boldsymbol{\alpha}_3$ 下的矩阵；

(3) 求 $\mathscr{A}$ 在基 $\boldsymbol{\beta}_1,\boldsymbol{\beta}_2,\boldsymbol{\beta}_3$ 下的矩阵；

(4) 设 $\boldsymbol{\alpha}=(2,3,0)^{\mathrm{T}}$，求 $\mathscr{A}\boldsymbol{\alpha},\mathscr{A}(\mathscr{A}\boldsymbol{\alpha})$.

解 (1) 设基 $\boldsymbol{\alpha}_1,\boldsymbol{\alpha}_2,\boldsymbol{\alpha}_3$ 到基 $\boldsymbol{\beta}_1,\boldsymbol{\beta}_2,\boldsymbol{\beta}_3$ 的过渡矩阵为 $\boldsymbol{P}$，则

$$(\boldsymbol{\beta}_1,\boldsymbol{\beta}_2,\boldsymbol{\beta}_3)=(\boldsymbol{\alpha}_1,\boldsymbol{\alpha}_2,\boldsymbol{\alpha}_3)\boldsymbol{P},$$

即

$$\begin{bmatrix}3&-2&0\\2&-1&0\\1&0&1\end{bmatrix}=\begin{bmatrix}1&1&1\\1&1&0\\1&0&0\end{bmatrix}\boldsymbol{P},$$

故

$$\boldsymbol{P}=\begin{bmatrix}1&1&1\\1&1&0\\1&0&0\end{bmatrix}^{-1}\begin{bmatrix}3&-2&0\\2&-1&0\\1&0&1\end{bmatrix}$$

$$=\begin{bmatrix}0&0&1\\0&1&-1\\1&-1&0\end{bmatrix}\begin{bmatrix}3&-2&0\\2&-1&0\\1&0&1\end{bmatrix}$$

$$=\begin{bmatrix}1&0&1\\1&-1&0\\1&-1&-1\end{bmatrix}.$$

(2) 设 $\mathscr{A}$ 在基 $\boldsymbol{\alpha}_1,\boldsymbol{\alpha}_2,\boldsymbol{\alpha}_3$ 下的矩阵为 $\boldsymbol{A}$，则

$$(\boldsymbol{\beta}_1,\boldsymbol{\beta}_2,\boldsymbol{\beta}_3)=\mathscr{A}(\boldsymbol{\alpha}_1,\boldsymbol{\alpha}_2,\boldsymbol{\alpha}_3)=(\boldsymbol{\alpha}_1,\boldsymbol{\alpha}_2,\boldsymbol{\alpha}_3)\boldsymbol{A},$$

所以 $\boldsymbol{A}=\boldsymbol{P}$.

(3) 设 $\mathscr{A}$ 在基 $\boldsymbol{\beta}_1,\boldsymbol{\beta}_2,\boldsymbol{\beta}_3$ 下的矩阵为 $\boldsymbol{B}$，则

$$\boldsymbol{B}=\boldsymbol{P}^{-1}\boldsymbol{A}\boldsymbol{P}=\boldsymbol{P}.$$

(4) 先求 $\boldsymbol{\alpha}$ 在基 $\boldsymbol{\alpha}_1,\boldsymbol{\alpha}_2,\boldsymbol{\alpha}_3$ 下的坐标 x_1,x_2,x_3，由

$$\boldsymbol{\alpha}=x_1\boldsymbol{\alpha}_1+x_2\boldsymbol{\alpha}_2+x_3\boldsymbol{\alpha}_3=(\boldsymbol{\alpha}_1,\boldsymbol{\alpha}_2,\boldsymbol{\alpha}_3)\begin{bmatrix}x_1\\x_2\\x_3\end{bmatrix},$$

有

$$\begin{bmatrix}x_1\\x_2\\x_3\end{bmatrix}=(\boldsymbol{\alpha}_1,\boldsymbol{\alpha}_2,\boldsymbol{\alpha}_3)^{-1}\boldsymbol{\alpha}=\begin{bmatrix}0&0&1\\0&1&-1\\1&-1&0\end{bmatrix}\begin{bmatrix}2\\3\\0\end{bmatrix}=\begin{bmatrix}0\\-1\\-1\end{bmatrix},$$

于是

$$\begin{aligned}\mathscr{A}\boldsymbol{\alpha}&=\mathscr{A}\left[(\boldsymbol{\alpha}_1,\boldsymbol{\alpha}_2,\boldsymbol{\alpha}_3)\begin{bmatrix}x_1\\x_2\\x_3\end{bmatrix}\right]=(\mathscr{A}(\boldsymbol{\alpha}_1,\boldsymbol{\alpha}_2,\boldsymbol{\alpha}_3))\begin{bmatrix}x_1\\x_2\\x_3\end{bmatrix}\\&=(\boldsymbol{\beta}_1,\boldsymbol{\beta}_2,\boldsymbol{\beta}_3)\begin{bmatrix}x_1\\x_2\\x_3\end{bmatrix}=\begin{bmatrix}3&-2&0\\2&-1&0\\1&0&1\end{bmatrix}\begin{bmatrix}0\\-1\\-1\end{bmatrix}\\&=\begin{bmatrix}2\\0\\-1\end{bmatrix}.\end{aligned}$$

同样,有

$$\mathscr{A}(\mathscr{A}\boldsymbol{\alpha})=\mathscr{A}\left[(\boldsymbol{\alpha}_1,\boldsymbol{\alpha}_2,\boldsymbol{\alpha}_3)\mathbf{A}\begin{bmatrix}x_1\\x_2\\x_3\end{bmatrix}\right]=\mathscr{A}(\boldsymbol{\alpha}_1,\boldsymbol{\alpha}_2,\boldsymbol{\alpha}_3)\left[\mathbf{A}\begin{bmatrix}x_1\\x_2\\x_3\end{bmatrix}\right]=(\boldsymbol{\beta}_1,\boldsymbol{\beta}_2,\boldsymbol{\beta}_3)\mathbf{A}\begin{bmatrix}x_1\\x_2\\x_3\end{bmatrix},$$

所以

$$\mathscr{A}(\mathscr{A}\boldsymbol{\alpha})=\begin{bmatrix}3&-2&0\\2&-1&0\\1&0&1\end{bmatrix}\begin{bmatrix}1&0&1\\1&-1&0\\1&-1&-1\end{bmatrix}\begin{bmatrix}0\\-1\\-1\end{bmatrix}=\begin{bmatrix}-5\\-3\\1\end{bmatrix}.$$

点评 计算 $\mathscr{A}\boldsymbol{\alpha}$ 时也可以先把 $\boldsymbol{\alpha}$ 表成 $\boldsymbol{\alpha}_1,\boldsymbol{\alpha}_2,\boldsymbol{\alpha}_3$ 的线性组合(等同于求出 $\boldsymbol{\alpha}$ 在基 $\boldsymbol{\alpha}_1,\boldsymbol{\alpha}_2,\boldsymbol{\alpha}_3$ 下的坐标 $(x_1,x_2,x_3)^{\mathrm{T}}$)再计算,但再计算 $\mathscr{A}(\mathscr{A}\boldsymbol{\alpha})$ 等时还是如例解法更方便.

【4-20】 设 $\mathbf{V}$ 是数域 $\mathbb{P}$ 上的线性空间,以 $\mathscr{T}(\mathbf{V})$ 记 $\mathbf{V}$ 上所有线性变换所成集合,$\forall\,\mathscr{A},\mathscr{B}\in\mathscr{T}(\mathbf{V})\,(k\in\mathbb{P})$,定义数乘和加法

$$(k\mathscr{A})\boldsymbol{\alpha}=k(\mathscr{A}\boldsymbol{\alpha}),(\mathscr{A}+\mathscr{B})\boldsymbol{\alpha}=\mathscr{A}\boldsymbol{\alpha}+\mathscr{B}\boldsymbol{\alpha},\forall\,\boldsymbol{\alpha}\in\mathbf{V},$$

证明:$\mathscr{T}(\mathbf{V})$ 构成 $\mathbb{P}$ 上线性空间.

证明 首先证明所定义的加法和数乘仍然得到线性映射. $\forall\,\boldsymbol{\alpha},\boldsymbol{\beta}\in\mathbf{V},l\in\mathbb{P}$,有

$$(k\mathscr{A})(\boldsymbol{\alpha}+l\boldsymbol{\beta})=k[\mathscr{A}(\boldsymbol{\alpha}+l\boldsymbol{\beta})]=k[\mathscr{A}\boldsymbol{\alpha}+l\mathscr{A}\boldsymbol{\beta}]=(k\mathscr{A})\boldsymbol{\alpha}+l(k\mathscr{A})\boldsymbol{\beta},$$

$$\begin{aligned}(\mathscr{A}+\mathscr{B})(\boldsymbol{\alpha}+l\boldsymbol{\beta})&=\mathscr{A}(\boldsymbol{\alpha}+l\boldsymbol{\beta})+\mathscr{B}(\boldsymbol{\alpha}+l\boldsymbol{\beta})=\mathscr{A}\boldsymbol{\alpha}+l\mathscr{A}\boldsymbol{\beta}+\mathscr{B}\boldsymbol{\alpha}+l\mathscr{B}\boldsymbol{\beta}\\&=(\mathscr{A}+\mathscr{B})\boldsymbol{\alpha}+l(\mathscr{A}+\mathscr{B})\boldsymbol{\beta},\end{aligned}$$

然后验证加法和数乘满足相应的运算规律，$\forall \mathscr{A},\mathscr{B},\mathscr{C}\in\mathscr{T}(\mathbf{V})$，$k,l\in\mathbb{P}$，$\boldsymbol{\alpha}\in\mathbf{V}$，有

(1) $(\mathscr{A}+\mathscr{B})\boldsymbol{\alpha}=\mathscr{A}\boldsymbol{\alpha}+\mathscr{B}\boldsymbol{\alpha}=\mathscr{B}\boldsymbol{\alpha}+\mathscr{A}\boldsymbol{\alpha}=(\mathscr{B}+\mathscr{A})\boldsymbol{\alpha}$；

(2) $[(\mathscr{A}+\mathscr{B})+\mathscr{C}]\boldsymbol{\alpha}=\mathscr{A}\boldsymbol{\alpha}+\mathscr{B}\boldsymbol{\alpha}+\mathscr{C}\boldsymbol{\alpha}=[\mathscr{A}+(\mathscr{B}+\mathscr{C})]\boldsymbol{\alpha}$；

(3) 零映射 $\mathbf{0}\boldsymbol{\alpha}\equiv\mathbf{0}$，即为零元素；

(4) $\forall \mathscr{A}\in\mathscr{T}(\mathbf{V})$，存在负元 $(-\mathscr{A})\boldsymbol{\alpha}=-\mathscr{A}\boldsymbol{\alpha}$；

(5) $(1\mathscr{A})\boldsymbol{\alpha}=\mathscr{A}\boldsymbol{\alpha}$；

(6) $[k(l\mathscr{A})]\boldsymbol{\alpha}=k[(l\mathscr{A})\boldsymbol{\alpha}]=k[l(\mathscr{A}\boldsymbol{\alpha})]=kl(\mathscr{A}\boldsymbol{\alpha})=(kl\mathscr{A})\boldsymbol{\alpha}$；

(7) $[(k+l)\mathscr{A}]\boldsymbol{\alpha}=(k+l)(\mathscr{A}\boldsymbol{\alpha})=k(\mathscr{A}\boldsymbol{\alpha})+l(\mathscr{A}\boldsymbol{\alpha})=(k\mathscr{A})\boldsymbol{\alpha}+(l\mathscr{A})\boldsymbol{\alpha}$；

(8) $[k(\mathscr{A}+\mathscr{B})]\boldsymbol{\alpha}=k[(\mathscr{A}+\mathscr{B})\boldsymbol{\alpha}]=k(\mathscr{A}\boldsymbol{\alpha}+\mathscr{B}\boldsymbol{\alpha})=(k\mathscr{A})\boldsymbol{\alpha}+(k\mathscr{B})\boldsymbol{\alpha}$.

所以，$\mathscr{T}(\mathbf{V})$ 构成 $\mathbb{P}$ 上线性空间.

【4-21】 设在数域 $\mathbb{P}$ 上线性空间 $\mathbf{V}$ 的一组基 $\boldsymbol{\alpha}_1,\boldsymbol{\alpha}_2,\cdots,\boldsymbol{\alpha}_n$ 下，$\mathscr{T}(\mathbf{V})$ 中线性变换 $\mathscr{A},\mathscr{B}$ 所对应的矩阵分别为 $\mathbf{A},\mathbf{B}$，证明：$k\mathscr{A}$ 和 $\mathscr{A}+\mathscr{B}$ 所对应的矩阵恰为 $k\mathbf{A}$ 和 $\mathbf{A}+\mathbf{B}$；此外，若定义线性映射

$$(\mathscr{A}\mathscr{B})\boldsymbol{\alpha}=\mathscr{A}(\mathscr{B}\boldsymbol{\alpha})\quad(\forall\,\boldsymbol{\alpha}\in\mathbf{V}).$$

则 $\mathscr{A}\mathscr{B}$ 所对应的矩阵恰为 $\mathbf{AB}$.

证明 (1)
$$\begin{aligned}[k\mathscr{A}](\boldsymbol{\alpha}_1,\boldsymbol{\alpha}_2,\cdots,\boldsymbol{\alpha}_n)&=k[\mathscr{A}(\boldsymbol{\alpha}_1,\boldsymbol{\alpha}_2,\cdots,\boldsymbol{\alpha}_n)]=[k(\boldsymbol{\alpha}_1,\boldsymbol{\alpha}_2,\cdots,\boldsymbol{\alpha}_n)\mathbf{A}]\\&=(\boldsymbol{\alpha}_1,\boldsymbol{\alpha}_2,\cdots,\boldsymbol{\alpha}_n)(k\mathbf{A}).\end{aligned}$$

(2)
$$\begin{aligned}[\mathscr{A}+\mathscr{B}](\boldsymbol{\alpha}_1,\boldsymbol{\alpha}_2,\cdots,\boldsymbol{\alpha}_n)&=\mathscr{A}(\boldsymbol{\alpha}_1,\boldsymbol{\alpha}_2,\cdots,\boldsymbol{\alpha}_n)+\mathscr{B}(\boldsymbol{\alpha}_1,\boldsymbol{\alpha}_2,\cdots,\boldsymbol{\alpha}_n)\\&=(\boldsymbol{\alpha}_1,\boldsymbol{\alpha}_2,\cdots,\boldsymbol{\alpha}_n)\mathbf{A}+(\boldsymbol{\alpha}_1,\boldsymbol{\alpha}_2,\cdots,\boldsymbol{\alpha}_n)\mathbf{B}\\&=(\boldsymbol{\alpha}_1,\boldsymbol{\alpha}_2,\cdots,\boldsymbol{\alpha}_n)(\mathbf{A}+\mathbf{B}).\end{aligned}$$

(3)
$$\begin{aligned}[\mathscr{A}\mathscr{B}](\boldsymbol{\alpha}_1,\boldsymbol{\alpha}_2,\cdots,\boldsymbol{\alpha}_n)&=\mathscr{A}[\mathscr{B}(\boldsymbol{\alpha}_1,\boldsymbol{\alpha}_2,\cdots,\boldsymbol{\alpha}_n)]\\&=\mathscr{A}[(\boldsymbol{\alpha}_1,\boldsymbol{\alpha}_2,\cdots,\boldsymbol{\alpha}_n)\mathbf{B}]=[\mathscr{A}(\boldsymbol{\alpha}_1,\boldsymbol{\alpha}_2,\cdots,\boldsymbol{\alpha}_n)]\mathbf{B}\\&=[(\boldsymbol{\alpha}_1,\boldsymbol{\alpha}_2,\cdots,\boldsymbol{\alpha}_n)\mathbf{A}]\mathbf{B}=(\boldsymbol{\alpha}_1,\boldsymbol{\alpha}_2,\cdots,\boldsymbol{\alpha}_n)(\mathbf{AB}).\end{aligned}$$

点评 线性映射在线性空间中的出现是自然的，如现实空间中的反射、旋转等都是其特例. 但是，线性变换本身及其运算往往不是很容易量化处理，所以，选定一组基后，对线性映射的运算就转化为相应矩阵的运算，而后者是我们已经非常熟悉的.

【4-22】 设在线性空间 $\mathbf{V}$ 上线性变换 $\mathscr{A}$ 与 $\mathscr{B}$ 满足

$$\mathscr{A}\mathscr{B}=\mathscr{A}+\mathscr{B},$$

求证：(1) 1 不是 $\mathscr{A}$ 的特征值；

(2) $\mathscr{B}\mathscr{A}=\mathscr{A}+\mathscr{B}$.

证明 选定 $\mathbf{V}$ 的一组基，设 $\mathscr{A}$ 与 $\mathscr{B}$ 对应的矩阵分别为 $\mathbf{A}$ 与 $\mathbf{B}$，则按照上例说明，只需对矩阵 $\mathbf{A}$ 与 $\mathbf{B}$ 作证明.

(1) 由于 $\mathbf{AB}=\mathbf{A}+\mathbf{B}$，所以 $(\mathbf{A}-\mathbf{E})(\mathbf{B}-\mathbf{E})=\mathbf{AB}-\mathbf{A}-\mathbf{B}+\mathbf{E}=\mathbf{E}$，于是 $1\mathbf{E}-\mathbf{A}$

可逆，从而 1 不是 $\boldsymbol{A}$ 的特征值(为什么?).

(2) $(\boldsymbol{A}-\boldsymbol{E})(\boldsymbol{B}-\boldsymbol{E})=\boldsymbol{E}=(\boldsymbol{B}-\boldsymbol{E})(\boldsymbol{A}-\boldsymbol{E})\Rightarrow \boldsymbol{BA}=\boldsymbol{AB}=\boldsymbol{A}+\boldsymbol{B}$.

【4-23】 设 $\boldsymbol{\varepsilon}$ 是 n 维内积空间 $\boldsymbol{V}$ 中单位向量，定义线性变换

$$\mathscr{A}\boldsymbol{\alpha}=\boldsymbol{\alpha}-2(\boldsymbol{\alpha},\boldsymbol{\varepsilon})\boldsymbol{\varepsilon},$$

证明:(1) $\mathscr{A}$ 有一个特征值为 -1，其余 $n-1$ 个特征值恰为 1;

(2) $\mathscr{A}$ 是正交变换.

证明 (1) 选定 $\boldsymbol{V}$ 的一组标准正交基 $\boldsymbol{\varepsilon}=\boldsymbol{\varepsilon}_1,\boldsymbol{\varepsilon}_2,\cdots,\boldsymbol{\varepsilon}_n$，则

$$\mathscr{A}\boldsymbol{\varepsilon}_1=-\boldsymbol{\varepsilon}_1,\mathscr{A}\boldsymbol{\varepsilon}_i=\boldsymbol{\varepsilon}_i\quad(2\leqslant i\leqslant n),$$

所以 $\mathscr{A}$ 有一个特征值为 -1，其余 $n-1$ 个特征值恰为 1.

(2) $\mathscr{A}$ 在标准正交基 $\boldsymbol{\varepsilon}_1,\boldsymbol{\varepsilon}_2,\cdots,\boldsymbol{\varepsilon}_n$ 下的矩阵 $\mathrm{diag}\{-1,1,\cdots,1\}$ 是正交阵，所以 $\mathscr{A}$ 是正交变换.

三、自测与提高

选择题

【4-24】 (1) 设 $\boldsymbol{V}$ 是所有实系数多项式所成线性空间，下列子集中______是 $\boldsymbol{V}$ 的子空间.

(A) 所有 5 次多项式　　(B) 所有常数项为 0 的多项式

(C) 所有正系数多项式　　(D) 所有系数非负的多项式

(2) 当 $\lambda=$______时，向量组 $(\lambda,1,1,1)^{\mathrm{T}},(1,\lambda,1,1)^{\mathrm{T}},(1,1,\lambda,1)^{\mathrm{T}},(1,1,1,\lambda)^{\mathrm{T}}$ 是线性空间 $\mathbb{R}^4$ 的一组基.

(A) 1　　(B) -3

(C) 1 或 -3　　(D) 除 1 和 -3 外的数

(3) 在线性空间 $\boldsymbol{V}$ 中，从基 $\boldsymbol{\alpha}_1,\boldsymbol{\alpha}_2,\cdots,\boldsymbol{\alpha}_n$ 到基 $\boldsymbol{\beta}_1,\boldsymbol{\beta}_2,\cdots,\boldsymbol{\beta}_n$ 的过渡矩阵为 $\boldsymbol{A}$，从基 $\boldsymbol{\gamma}_1,\boldsymbol{\gamma}_2,\cdots,\boldsymbol{\gamma}_n$ 到基 $\boldsymbol{\beta}_1,\boldsymbol{\beta}_2,\cdots,\boldsymbol{\beta}_n$ 的过渡矩阵为 $\boldsymbol{B}$，则从基 $\boldsymbol{\gamma}_1,\boldsymbol{\gamma}_2,\cdots,\boldsymbol{\gamma}_n$ 到基 $\boldsymbol{\alpha}_1,\boldsymbol{\alpha}_2,\cdots,\boldsymbol{\alpha}_n$ 的过渡矩阵为______.

(A) $\boldsymbol{AB}^{-1}$　　(B) $\boldsymbol{AB}$

(C) $\boldsymbol{BA}^{-1}$　　(D) $\boldsymbol{A}^{-1}\boldsymbol{B}$

(4) 已知全体 3 阶反对称实矩阵的集合 $\boldsymbol{W}$ 是线性空间 $\mathbb{R}^{3\times3}$ 的子空间，则 $\boldsymbol{W}$ 的维数是______.

(A) 1　　(B) 2

(C) 3　　(D) 4

(5) 在内积空间 $\boldsymbol{V}$ 中，$\boldsymbol{\alpha},\boldsymbol{\beta}$ 是相互正交的向量，则下列各式错误的是______.

(A) $|\boldsymbol{\alpha}+\boldsymbol{\beta}|^2=|\boldsymbol{\alpha}|^2+|\boldsymbol{\beta}|^2$　　(B) $|\boldsymbol{\alpha}+\boldsymbol{\beta}|=|\boldsymbol{\alpha}-\boldsymbol{\beta}|$

(C) $|\boldsymbol{\alpha}-\boldsymbol{\beta}|^2=|\boldsymbol{\alpha}|^2+|\boldsymbol{\beta}|^2$　　(D) $|\boldsymbol{\alpha}+\boldsymbol{\beta}|=|\boldsymbol{\alpha}|+|\boldsymbol{\beta}|$

(6) ______是向量空间$\mathbb{R}^3$上线性变换.

(A) $\mathscr{A}\begin{bmatrix}x_1\\x_2\\x_3\end{bmatrix}=\begin{bmatrix}x_1+x_3\\x_2+x_2\\x_3-x_1\end{bmatrix}$　　(B) $\mathscr{A}\begin{bmatrix}x_1\\x_2\\x_3\end{bmatrix}=\begin{bmatrix}x_1+3\\x_2+2\\x_3-1\end{bmatrix}$

(C) $\mathscr{A}\begin{bmatrix}x_1\\x_2\\x_3\end{bmatrix}=\begin{bmatrix}x_1^3\\x_2^2\\x_3\end{bmatrix}$　　(D) $\mathscr{A}\begin{bmatrix}x_1\\x_2\\x_3\end{bmatrix}=\begin{bmatrix}1+x_3\\2+x_2\\3-x_1\end{bmatrix}$

(7) $\boldsymbol{A}=\mathrm{diag}\{1,2,3\}$是向量空间$\boldsymbol{V}$上线性变换$\mathscr{A}$在一组基下的矩阵,$\mathscr{A}$在另一组基下的矩阵是______.

(A) $\begin{bmatrix}1&2&3\\3&2&1\\2&1&3\end{bmatrix}$　　(B) $\begin{bmatrix}2&0&0\\0&2&0\\0&0&2\end{bmatrix}$

(C) $\begin{bmatrix}1&1&1\\0&2&1\\0&0&3\end{bmatrix}$　　(D) $\begin{bmatrix}1&0&0\\0&3&0\\0&0&6\end{bmatrix}$

(8) 向量空间$\boldsymbol{V}$上线性变换$\mathscr{A}$在一组基下的矩阵是$\begin{bmatrix}1&3&5\\0&5&8\\2&1&2\end{bmatrix}$,则$\mathscr{A}$的秩和零度分别是______.

(A) 1,2　　(B) 2,1

(C) 1,1　　(D) 2,2

填空题

【4-25】 设$\boldsymbol{V}$是全体实系数多项式所成集合,试确定下列集合是否是实线性空间$\boldsymbol{V}$的子空间:

(1) $\boldsymbol{U}_1$是所有非负系数多项式之子集;

(2) $\boldsymbol{U}_2$是所有偶次项系数为0的多项式之子集;

(3) $\boldsymbol{U}_3$是所有奇次项系数为也为奇整数的多项式之子集;

(4) $\boldsymbol{U}_2$是所有常数项为0的多项式之子集;

(5) $\boldsymbol{U}_2$是所有二次项系数与五次项系数互为倒数的多项式之子集;

(6) $\boldsymbol{U}_2$是所有二次项系数与五次项系数互为相反数的多项式之子集.

计算题和证明题

【4-26】 设 $\boldsymbol{\alpha}_1,\boldsymbol{\alpha}_2,\boldsymbol{\alpha}_3,\boldsymbol{\alpha}_4$ 是线性空间$\mathbb{R}^4$的一组基，已知

$$\boldsymbol{\beta}_1 = a\boldsymbol{\alpha}_1 + \boldsymbol{\alpha}_1 + \boldsymbol{\alpha}_3 + \boldsymbol{\alpha}_4,$$
$$\boldsymbol{\beta}_2 = \boldsymbol{\alpha}_1 + b\boldsymbol{\alpha}_1 + \boldsymbol{\alpha}_3 + \boldsymbol{\alpha}_4,$$
$$\boldsymbol{\beta}_3 = \boldsymbol{\alpha}_1 + 3b\boldsymbol{\alpha}_1 + \boldsymbol{\alpha}_3 + \boldsymbol{\alpha}_4,$$
$$\boldsymbol{\beta}_4 = \boldsymbol{\alpha}_1 + \boldsymbol{\alpha}_1 + \boldsymbol{\alpha}_3 + a\boldsymbol{\alpha}_4.$$

试求 a,b 使 $\boldsymbol{\beta}_1,\boldsymbol{\beta}_2,\boldsymbol{\beta}_3,\boldsymbol{\beta}_4$ 为$\mathbb{R}^4$的一组基.

【4-27】 试求由向量

$$\boldsymbol{\alpha}_1 = \begin{bmatrix}1\\3\\2\\1\end{bmatrix},\boldsymbol{\alpha}_2 = \begin{bmatrix}4\\9\\5\\4\end{bmatrix},\boldsymbol{\alpha}_3 = \begin{bmatrix}3\\7\\4\\3\end{bmatrix},$$

所成的$\mathbb{R}^4$的子空间的基和维数.

【4-28】 证明：对任意矩阵 $\boldsymbol{A}$，简化的阶梯阵唯一.

【4-29】 在线性空间 $\boldsymbol{P}[x]_{n+1}$ 中，求向量

$$f(\boldsymbol{x}) = a_0 + a_1\boldsymbol{x} + a_2\boldsymbol{x}^2 + \cdots + a_n\boldsymbol{x}^n$$

在基

$$1,(x-a),(x-a)^2,\cdots,(x-a)^n$$

下的坐标.

【4-30】 在$\mathbb{R}^{2\times 2}$中，求由基

$$\boldsymbol{A}_{11} = \begin{bmatrix}1 & 0\\0 & 0\end{bmatrix},\boldsymbol{A}_{12} = \begin{bmatrix}1 & 1\\0 & 0\end{bmatrix},\boldsymbol{A}_{21} = \begin{bmatrix}1 & 1\\1 & 0\end{bmatrix},\boldsymbol{A}_{22} = \begin{bmatrix}1 & 1\\1 & 1\end{bmatrix}$$

到基

$$\boldsymbol{B}_{11} = \begin{bmatrix}1 & 2\\-1 & 0\end{bmatrix},\boldsymbol{B}_{12} = \begin{bmatrix}1 & -1\\1 & 1\end{bmatrix},\boldsymbol{B}_{21} = \begin{bmatrix}-1 & 2\\1 & 1\end{bmatrix},\boldsymbol{B}_{22} = \begin{bmatrix}-1 & -1\\0 & 1\end{bmatrix}$$

的过渡矩阵.

【4-31】 设$\mathbb{R}^4$的两个子空间

$$\boldsymbol{V}_1 = \{\boldsymbol{\alpha} = (a_1,a_2,a_3,a_4)^{\mathrm{T}} \mid a_1 - a_3 + a_4 = 0\},$$
$$\boldsymbol{V}_2 = \boldsymbol{L}(\boldsymbol{\beta}_1,\boldsymbol{\beta}_2),\boldsymbol{\beta}_1 = (0,1,1,1)^{\mathrm{T}},\boldsymbol{\beta}_2 = (1,1,0,1)^{\mathrm{T}}.$$

分别求 $\boldsymbol{V}_1\cap\boldsymbol{V}_2$ 与 $\boldsymbol{V}_1+\boldsymbol{V}_2$ 的基与维数.

【4-32】 设 $\boldsymbol{P}[x]_3$ 的两组基为

(Ⅰ) $f_1(x)=1,f_2(x)=1+x,f_3(x)=1+x+x^2,f_4(x)$

$$=1+x+x^2+x^3,$$

$$(\text{Ⅱ})\ g_1(x)=1+x^2+x^3, g_2(x)=x+x^2+x^3$$

$$g_3(x)=1+x+x^2, g_4(x)=1+x+x^3.$$

(1) 求由基(Ⅰ)到基(Ⅱ)的过渡矩阵;

(2) 求 $\boldsymbol{P}[x]_3$ 中在两组基下坐标相同的多项式全体.

【4-33】 设 $\boldsymbol{\varepsilon}_1, \boldsymbol{\varepsilon}_2, \boldsymbol{\varepsilon}_3$ 是 3 维欧氏空间 $\boldsymbol{V}$ 的一组标准正交基,求证:

$$\boldsymbol{\alpha}_1=\frac{1}{3}(2\boldsymbol{\varepsilon}_1+2\boldsymbol{\varepsilon}_2-\boldsymbol{\varepsilon}_3),$$

$$\boldsymbol{\alpha}_2=\frac{1}{3}(2\boldsymbol{\varepsilon}_1-\boldsymbol{\varepsilon}_2+2\boldsymbol{\varepsilon}_3),$$

$$\boldsymbol{\alpha}_1=\frac{1}{3}(-\boldsymbol{\varepsilon}_1+2\boldsymbol{\varepsilon}_2+2\boldsymbol{\varepsilon}_3)$$

也是 $\boldsymbol{V}$ 的一组标准正交基.

【4-34】 设 $\mathbb{R}^3$ 中向量组

$$\boldsymbol{\alpha}_1=\begin{bmatrix}1\\0\\1\end{bmatrix}, \boldsymbol{\alpha}_2=\begin{bmatrix}1\\1\\0\end{bmatrix}, \boldsymbol{\alpha}_3=\begin{bmatrix}5\\2\\3\end{bmatrix}.$$

(1) 求长度 $|\boldsymbol{\alpha}_1|$,求夹角 $<\boldsymbol{\alpha}_1, \boldsymbol{\alpha}_2>$,距离 $|(\boldsymbol{\alpha}_1+\boldsymbol{\alpha}_2)-\boldsymbol{\alpha}_3|$;

(2) 求与 $\boldsymbol{\alpha}_1, \boldsymbol{\alpha}_2, \boldsymbol{\alpha}_3$ 正交的向量.

【4-35】 设有线性方程组

$$x_1+x_2+x_3+x_4=0,$$

$$x_1-x_2+3x_3-3x_4=0.$$

(1) 求此方程组的解空间的一组标准正交基;

(2) 将求得的标准正交基扩充为 $\mathbb{R}^4$ 的一组标准正交基.

【4-36】 设 $\boldsymbol{\alpha}_1, \boldsymbol{\alpha}_2, \boldsymbol{\alpha}_3, \boldsymbol{\alpha}_4$ 是欧氏空间 $\boldsymbol{V}$ 中向量,已知 $\boldsymbol{\alpha}_1, \boldsymbol{\alpha}_2$ 线性无关,$\boldsymbol{\alpha}_3, \boldsymbol{\alpha}_4$ 线性无关,且

$$(\boldsymbol{\alpha}_1, \boldsymbol{\alpha}_2)=(\boldsymbol{\alpha}_1, \boldsymbol{\alpha}_4)=0, (\boldsymbol{\alpha}_2, \boldsymbol{\alpha}_3)=(\boldsymbol{\alpha}_2, \boldsymbol{\alpha}_4)=0,$$

证明:$\boldsymbol{\alpha}_1, \boldsymbol{\alpha}_2, \boldsymbol{\alpha}_3, \boldsymbol{\alpha}_4$ 线性无关.

【4-37】 在 $\mathbb{R}^n$ 中,向量组 $\boldsymbol{\alpha}_1, \boldsymbol{\alpha}_2, \cdots, \boldsymbol{\alpha}_m$ 的 Gram 行列式定义为

$$g(\boldsymbol{\alpha}_1, \boldsymbol{\alpha}_2, \cdots, \boldsymbol{\alpha}_m)=\begin{vmatrix}(\boldsymbol{\alpha}_1, \boldsymbol{\alpha}_1) & (\boldsymbol{\alpha}_1, \boldsymbol{\alpha}_2) & \cdots & (\boldsymbol{\alpha}_1, \boldsymbol{\alpha}_m)\\(\boldsymbol{\alpha}_2, \boldsymbol{\alpha}_1) & (\boldsymbol{\alpha}_2, \boldsymbol{\alpha}_2) & \cdots & (\boldsymbol{\alpha}_2, \boldsymbol{\alpha}_m)\\\vdots & \vdots & & \vdots\\(\boldsymbol{\alpha}_m, \boldsymbol{\alpha}_1) & (\boldsymbol{\alpha}_m, \boldsymbol{\alpha}_2) & \cdots & (\boldsymbol{\alpha}_m, \boldsymbol{\alpha}_m)\end{vmatrix},$$

证明:向量组 $\boldsymbol{\alpha}_1, \boldsymbol{\alpha}_2, \cdots, \boldsymbol{\alpha}_m$ 线性无关的充要条件为 $g(\boldsymbol{\alpha}_1, \boldsymbol{\alpha}_2, \cdots, \boldsymbol{\alpha}_m)\neq 0$.

【4-38】 设 $V=\{x\,|\,x=C_1\sin t+C_2\sin 2t+\cdots+C_n\sin nt, C_i\in\mathbb{R}, 0\leqslant t\leqslant 2\pi\}$，证明：$V$ 在通常函数的加法和数乘之下构成线性空间，且可取内积为

$$(x_1,x_2)=\frac{1}{\pi}\int_0^{2\pi}x_1x_2\,\mathrm{d}t,$$

使 V 成为欧氏空间，且 $\sin t,\sin 2t,\cdots,\sin nt$ 是 V 的一组标准正交基.

【4-39】 设 V 是 $\mathbb{R}^n$ 的真子空间，证明：必存在矩阵 A，使 V 是 n 元齐线性方程组 $Ax=0$ 的解空间.

【4-40】 考察以下变换哪些是线性变换：

(1) 在 $\mathbb{R}^3$ 中，$\forall\alpha=\begin{bmatrix}x_1\\x_2\\x_3\end{bmatrix}\in\mathbb{R}^3, \mathscr{A}\begin{bmatrix}x_1\\x_2\\x_3\end{bmatrix}=\begin{bmatrix}x_2\\x_3\\x_1\end{bmatrix}$；

(2) 在 $\mathbb{R}^3$ 中，$\forall\alpha=\begin{bmatrix}x_1\\x_2\\x_3\end{bmatrix}\in\mathbb{R}^3, \mathscr{A}\begin{bmatrix}x_1\\x_2\\x_3\end{bmatrix}=\begin{bmatrix}x_1\\x_2x_3\\0\end{bmatrix}$；

(3) 在 $P[x]$ 中，$\forall f(x)\in P[x], \mathscr{A}(f(x))=f(x^2)$；

(4) 在 $\mathbb{R}^{n\times n}$ 中，$\forall A\in\mathbb{R}^{n\times n}, \mathscr{A}(A)=AA^{\mathrm{T}}$.

【4-41】 在 $\mathbb{R}^3$ 中，定义线性变换

$$\mathscr{A}\begin{bmatrix}x_1\\x_2\\x_3\end{bmatrix}=\begin{bmatrix}x_1+x_2\\x_1-x_2\\2x_3\end{bmatrix},$$

求 $\mathscr{A}$ 在基 $\alpha_1,\alpha_2,\alpha_3$ 下的矩阵 A，其中

$$\alpha_1=\begin{bmatrix}1\\0\\0\end{bmatrix},\alpha_2=\begin{bmatrix}1\\1\\0\end{bmatrix},\alpha_3=\begin{bmatrix}1\\1\\1\end{bmatrix}.$$

【4-42】 在 3 维线性空间 V 中，线性变换 $\mathscr{A}$ 在基 $\alpha_1,\alpha_2,\alpha_3$ 下的矩阵

$$A=\begin{bmatrix}15&-11&5\\20&-15&8\\8&-7&6\end{bmatrix}.$$

(1) 求 $\mathscr{A}$ 在基 $\beta_1=2\alpha_1+3\alpha_2+\alpha_3, \beta_2=3\alpha_1+4\alpha_2+\alpha_3, \beta_3=1\alpha_1+2\alpha_2+2\alpha_3$ 下的矩阵；

(2) 设 $\alpha=\alpha_1+6\alpha_2-\alpha_3$，求 $\mathscr{A}\alpha$ 在基 $\alpha_1,\alpha_2,\alpha_3$ 下的坐标.

【4-43】 在 $\mathbb{R}^3$ 中，基

$$\alpha_1=\begin{bmatrix}-1\\0\\2\end{bmatrix},\alpha_2=\begin{bmatrix}0\\1\\1\end{bmatrix},\alpha_3=\begin{bmatrix}3\\-1\\0\end{bmatrix}$$

在线性变换 $\mathscr{A}$ 下的像为

$$\mathscr{A}\boldsymbol{\alpha}_1=\begin{bmatrix}-5\\0\\3\end{bmatrix},\mathscr{A}\boldsymbol{\alpha}_2=\begin{bmatrix}0\\-1\\6\end{bmatrix},\mathscr{A}\boldsymbol{\alpha}_3=\begin{bmatrix}-5\\-1\\9\end{bmatrix},$$

(1) 已知 $\boldsymbol{\alpha}=\boldsymbol{\alpha}_1+2\boldsymbol{\alpha}_2-\boldsymbol{\alpha}_3$，求 $\mathscr{A}\boldsymbol{\alpha}$；

(2) 求 $\mathscr{A}(\mathscr{A}\boldsymbol{\alpha}_1)$.

【4-44】 在 $\boldsymbol{P}[x]_3$ 中，线性变换 $\mathscr{D}$ 为求导变换，即，$\forall f(x)\in\boldsymbol{P}[x]_3$，$\mathscr{D}f(x)=f'(x)$，求 $\mathscr{D}$ 在基 $f_1=1+x,f_2=2x+x^2,f_3=3-x^2$ 下的矩阵.

【4-45】 在 $\mathbb{R}^{n\times n}$ 中，取定矩阵 $\boldsymbol{A}$，定义变换

$$\mathscr{A}\boldsymbol{X}=\boldsymbol{AX}-\boldsymbol{XA},\forall\boldsymbol{X}\in\mathbb{R}^{n\times n},$$

证明：(1) $\mathscr{A}$ 是 $\mathbb{R}^{n\times n}$ 中线性变换；

(2) $\forall\boldsymbol{X},\boldsymbol{Y}\in\mathbb{R}^{n\times n}$，有 $\mathscr{A}(\boldsymbol{XY})=\mathscr{A}(\boldsymbol{X})\boldsymbol{Y}+\boldsymbol{X}\mathscr{A}(\boldsymbol{Y})$；

(3) $n=2$ 时，求 $\mathscr{A}$ 在基 $\boldsymbol{E}_{11},\boldsymbol{E}_{12},\boldsymbol{E}_{21},\boldsymbol{E}_{22}$ 下的矩阵.

【4-46】 求由 4 个函数

$$x_1=\mathrm{e}^{at}\cos bt,x_2=t\mathrm{e}^{at}\cos bt,$$
$$x_3=\mathrm{e}^{at}\sin bt,x_4=t\mathrm{e}^{at}\sin bt$$

张成的实线性空间上求导变换 $\mathscr{D}$ 在基 x_1,x_2,x_3,x_4 下的矩阵 $\boldsymbol{D}$.

【4-47】 给定 $\boldsymbol{A}\in\mathbb{R}^{m\times m},\boldsymbol{B}\in\mathbb{R}^{n\times n}$，证明：$\mathbb{R}^{m\times n}$ 中变换

$$\mathscr{A}\boldsymbol{X}=\boldsymbol{AXB},\forall\boldsymbol{X}\in\mathbb{R}^{m\times n}$$

是线性变换.

【4-48】 在 $\boldsymbol{P}[x]_n$ 中，定义变换 $\mathscr{A}_1[f(x)]=f'(x)$，$\mathscr{A}_2[f(x)]=xf(x)$. 证明：$\mathscr{A}_1\mathscr{A}_2-\mathscr{A}_2\mathscr{A}_1$ 是线性变换，并求其在某一组基下的矩阵.

答案与提示

选择题

【4-24】 (1) B (2) D (3) C (4) C (5) D (6) A (7) C (8) B

填空题

【4-25】 (1),(3),(5)不是子空间,(2),(4),(6)是子空间.

计算题和证明题

【4-26】 若要使 $\boldsymbol{\beta}_1,\boldsymbol{\beta}_2,\boldsymbol{\beta}_3,\boldsymbol{\beta}_4$ 为 $\mathbb{R}^4$ 的一组基，则 $\boldsymbol{\alpha}_1,\boldsymbol{\alpha}_2,\boldsymbol{\alpha}_3,\boldsymbol{\alpha}_4$ 到 $\boldsymbol{\beta}_1,\boldsymbol{\beta}_2,\boldsymbol{\beta}_3,\boldsymbol{\beta}_4$ 的表示矩阵可逆，所以 $a\neq1,b\neq0$.

【4-27】 $\boldsymbol{\alpha}_1,\boldsymbol{\alpha}_2,\boldsymbol{\alpha}_3$ 线性相关,而 $\boldsymbol{\alpha}_1,\boldsymbol{\alpha}_2$ 线性无关,所以 $\boldsymbol{\alpha}_1,\boldsymbol{\alpha}_2$ 是 $\boldsymbol{L}(\boldsymbol{\alpha}_1,\boldsymbol{\alpha}_2,\boldsymbol{\alpha}_3)$ 的一组基,$\dim\boldsymbol{L}(\boldsymbol{\alpha}_1,\boldsymbol{\alpha}_2,\boldsymbol{\alpha}_3)=2$.

【4-28】 **提示**:考察矩阵的列向量组,从左到右取极大无关组,非零行数就等于极大无关组中向量个数,第 i 行的第一个非零元所处的列恰为极大无关组中第 i 个列,其他列的数由该列被无关组线性表示的唯一性决定.

【4-29】 $\left(f(a),f'(a),\dfrac{f''(a)}{2!},\cdots,\dfrac{f^{(n)}(a)}{n!}\right)$. 最简单的办法是利用 Tayor 公式与坐标唯一性.

【4-30】 从自然基到两组基的过渡矩阵分别是 $\boldsymbol{A}=\begin{bmatrix}1&0&0&0\\1&1&0&0\\1&1&1&0\\1&1&1&1\end{bmatrix}$ 和 $\boldsymbol{B}=\begin{bmatrix}1&1&-1&-1\\2&-1&2&-1\\-1&1&1&0\\0&1&1&1\end{bmatrix}$,所以由基到基的过渡矩阵为 $\boldsymbol{A}^{-1}\boldsymbol{B}=\begin{bmatrix}1&1&-1&-1\\1&-2&3&-2\\-3&2&-1&1\\1&0&0&1\end{bmatrix}$.

【4-31】 $\boldsymbol{V}_1\cap\boldsymbol{V}_2$ 实际上是方程组

$$\begin{aligned}a_1-a_3+a_4&=0,\\a_1-a_2+a_3&=0,\\a_1+a_3-a_4&=0\end{aligned}$$

的解空间,为 $\boldsymbol{L}(\boldsymbol{\beta}_1)$,其基恰为 $\boldsymbol{\beta}_1$,维数为 1,易见 $\dim\boldsymbol{V}_1=3$,$\dim\boldsymbol{V}_2=2$,由维数公式

$$\dim(\boldsymbol{V}_1+\boldsymbol{V}_2)=\dim\boldsymbol{V}_1+\dim\boldsymbol{V}_2-\dim(\boldsymbol{V}_1\cap\boldsymbol{V}_2)=4,$$

所以 $\boldsymbol{V}_1+\boldsymbol{V}_2=\mathbb{R}^4$,于是可取$\mathbb{R}^4$的任意一组基为 $\boldsymbol{V}_1+\boldsymbol{V}_2$ 的基.

【4-32】 (1) 从基 $1,x,x^2,x^3$ 到基(Ⅰ)与(Ⅱ)的过渡矩阵分别为

$$\boldsymbol{A}=\begin{bmatrix}1&1&1&1\\0&1&1&1\\0&0&1&1\\0&0&0&1\end{bmatrix},\boldsymbol{B}=\begin{bmatrix}1&0&1&1\\0&1&1&1\\1&1&1&0\\1&1&0&1\end{bmatrix},$$

所以从基(Ⅰ)到(Ⅱ)的过渡矩阵为

$$\boldsymbol{A}^{-1}\boldsymbol{B}=\begin{bmatrix}1&1&1&1\\0&1&1&1\\0&0&1&1\\0&0&0&1\end{bmatrix}^{-1}\begin{bmatrix}1&0&1&1\\0&1&1&1\\1&1&1&0\\1&1&0&1\end{bmatrix}=\begin{bmatrix}1&-1&0&0\\-1&0&0&1\\0&0&1&-1\\1&1&0&1\end{bmatrix}.$$

(2) 设 $\boldsymbol{P}[x]_3$ 中在两组基下坐标相同的某多项式在基(Ⅱ)下的坐标为 $\boldsymbol{t}=$

$(t_1,t_2,t_3,t_4)^{\mathrm{T}}$,则它在基(Ⅰ)下的坐标为$\boldsymbol{A}^{-1}\boldsymbol{B}\boldsymbol{t}$,所以有$(\boldsymbol{A}^{-1}\boldsymbol{B}-\boldsymbol{E})\boldsymbol{t}=\boldsymbol{0}$,即

$$\begin{aligned}-t_2&=0,\\ -t_1-t_2+t_4&=0,\\ -t_4&=0,\\ t_1+t_2&=0,\end{aligned}$$

解得$t_1=t_2=t_4=0$,所以多项式$t_3g_3=t_3(1+x+x^2)$,t_3任意,在两组基下坐标相同.

【4-33】 直接验证,有

$$(\boldsymbol{\alpha}_1,\boldsymbol{\alpha}_1)=(\boldsymbol{\alpha}_2,\boldsymbol{\alpha}_2)=(\boldsymbol{\alpha}_3,\boldsymbol{\alpha}_3)=\frac{1}{9}(2^2+2^2+1^2)=1,$$

$$(\boldsymbol{\alpha}_1,\boldsymbol{\alpha}_2)=(\boldsymbol{\alpha}_1,\boldsymbol{\alpha}_3)=(\boldsymbol{\alpha}_2,\boldsymbol{\alpha}_3)=\frac{1}{9}(2\times2-2-2)=0.$$

点评 本题也可以先求基过渡矩阵

$$\frac{1}{3}\begin{bmatrix}2&2&-1\\2&-1&1\\-1&2&2\end{bmatrix},$$

并验证其是正交矩阵,而正交矩阵变标准正交基为标准正交基.

【4-34】 设$\mathbb{R}^3$中向量组

$$\boldsymbol{\alpha}_1=\begin{bmatrix}1\\0\\1\end{bmatrix},\boldsymbol{\alpha}_2=\begin{bmatrix}1\\1\\0\end{bmatrix},\boldsymbol{\alpha}_3=\begin{bmatrix}3\\1\\2\end{bmatrix}.$$

(1) $|\boldsymbol{\alpha}_1|=\sqrt{1^2+0^2+1^2}=\sqrt{2}$,

$$<\boldsymbol{\alpha}_1,\boldsymbol{\alpha}_2>=\arccos\frac{(\boldsymbol{\alpha}_1,\boldsymbol{\alpha}_2)}{|\boldsymbol{\alpha}_1||\boldsymbol{\alpha}_2|}=\arccos\frac{1}{2}=\frac{\pi}{3},$$

$$|(\boldsymbol{\alpha}_1+\boldsymbol{\alpha}_2)-\boldsymbol{\alpha}_3|=|(-3,-1,-2)^{\mathrm{T}}|=\sqrt{14}.$$

(2) 设与$\boldsymbol{\alpha}_1,\boldsymbol{\alpha}_2\boldsymbol{\alpha}_3$正交的向量$\boldsymbol{\beta}=(x_1,x_2,x_3)^{\mathrm{T}}$,则有

$$\begin{aligned}(\boldsymbol{\alpha}_1,\boldsymbol{\beta})&=x_1+x_3=0,\\ (\boldsymbol{\alpha}_1,\boldsymbol{\beta})&=x_1+x_2=0,\\ (\boldsymbol{\alpha}_1,\boldsymbol{\beta})&=5x_1+2x_3+3x_3=0,\end{aligned}$$

解此方程组,得

$$x_1=k,x_2=-k,x_3=-k,$$

其中k为任意常数,所以与$\boldsymbol{\alpha}_1,\boldsymbol{\alpha}_2\boldsymbol{\alpha}_3$正交的向量$\boldsymbol{\beta}=k(1,-1,-1)^{\mathrm{T}}$($k$为任意非零常数).

【4-35】 (1) 先求方程组的解空间的一组基,由

$$\begin{bmatrix}1 & 1 & 1 & 1\\1 & -1 & 3 & -3\end{bmatrix}\longrightarrow\begin{bmatrix}1 & 0 & 2 & -1\\0 & 1 & -1 & 2\end{bmatrix}$$

得

$$\boldsymbol{\alpha}_1=\begin{bmatrix}-2\\1\\1\\0\end{bmatrix},\boldsymbol{\alpha}_2=\begin{bmatrix}1\\-2\\0\\1\end{bmatrix},$$

正交化,得

$$\boldsymbol{\beta}_1=\boldsymbol{\alpha}_1=\begin{bmatrix}-2\\1\\1\\0\end{bmatrix},$$

$$\boldsymbol{\beta}_2=\boldsymbol{\alpha}_2-\frac{(\boldsymbol{\alpha}_2,\boldsymbol{\beta}_1)}{(\boldsymbol{\beta}_1,\boldsymbol{\beta}_1)}\boldsymbol{\beta}_1=\begin{bmatrix}1\\-2\\0\\1\end{bmatrix}-\frac{-4}{6}\begin{bmatrix}-2\\1\\1\\0\end{bmatrix}=\frac{1}{3}\begin{bmatrix}-1\\-4\\2\\3\end{bmatrix},$$

单位化,得解空间的一组标准正交基为

$$\boldsymbol{\varepsilon}_1=\frac{\boldsymbol{\beta}_1}{|\boldsymbol{\beta}_1|}=\frac{1}{\sqrt{6}}\begin{bmatrix}-2\\1\\1\\0\end{bmatrix},\boldsymbol{\varepsilon}_2=\frac{\boldsymbol{\beta}_2}{|\boldsymbol{\beta}_2|}=\frac{1}{\sqrt{30}}\begin{bmatrix}-1\\-4\\2\\3\end{bmatrix}.$$

(2) 将 $\boldsymbol{\varepsilon}_1,\boldsymbol{\varepsilon}_2$ 扩充成$\mathbb{R}^4$的一组标准正交基,需先求向量 $\boldsymbol{\alpha}_3,\boldsymbol{\alpha}_4$ 与 $\boldsymbol{\varepsilon}_1,\boldsymbol{\varepsilon}_2$ 正交,由于 $\boldsymbol{\varepsilon}_1,\boldsymbol{\varepsilon}_2$ 是线性方程组的解,可取

$$\boldsymbol{\alpha}_3=\begin{bmatrix}1\\1\\1\\1\end{bmatrix},\boldsymbol{\alpha}_4=\begin{bmatrix}1\\-1\\3\\-3\end{bmatrix},$$

注意到 $\boldsymbol{\alpha}_3,\boldsymbol{\alpha}_4$ 与 $\boldsymbol{\varepsilon}_1,\boldsymbol{\varepsilon}_2$ 已经是正交的,所以向量组 $\boldsymbol{\varepsilon}_1,\boldsymbol{\varepsilon}_2,\boldsymbol{\alpha}_3,\boldsymbol{\alpha}_4$ 是正交向量组,单位化,得

$$\boldsymbol{\varepsilon}_3=\frac{\boldsymbol{\alpha}_3}{|\boldsymbol{\alpha}_3|}=\frac{1}{\sqrt{2}}\begin{bmatrix}1\\1\\1\\1\end{bmatrix},\boldsymbol{\varepsilon}_4=\frac{\boldsymbol{\alpha}_4}{|\boldsymbol{\alpha}_4|}=\frac{1}{2\sqrt{5}}\begin{bmatrix}1\\-1\\3\\-3\end{bmatrix},$$

则 $\boldsymbol{\varepsilon}_1,\boldsymbol{\varepsilon}_2,\boldsymbol{\varepsilon}_3,\boldsymbol{\varepsilon}_4$ 即为所求.

【4-36】 **证明　方法1**　设 $x_1\boldsymbol{\alpha}_1+x_2\boldsymbol{\alpha}_2+x_3\boldsymbol{\alpha}_3+x_4\boldsymbol{\alpha}_4=\mathbf{0}$ （*）
分别与 $\boldsymbol{\alpha}_1,\boldsymbol{\alpha}_2$ 作内积，由于

$$(\boldsymbol{\alpha}_1,\boldsymbol{\alpha}_2)=(\boldsymbol{\alpha}_1,\boldsymbol{\alpha}_4)=0,(\boldsymbol{\alpha}_2,\boldsymbol{\alpha}_3)=(\boldsymbol{\alpha}_2,\boldsymbol{\alpha}_4)=0,$$

有

$$x_1(\boldsymbol{\alpha}_1,\boldsymbol{\alpha}_1)+x_2(\boldsymbol{\alpha}_1,\boldsymbol{\alpha}_2)=0,$$
$$x_1(\boldsymbol{\alpha}_2,\boldsymbol{\alpha}_1)+x_2(\boldsymbol{\alpha}_2,\boldsymbol{\alpha}_2)=0,$$

又由 Cauchy 不等式及 $\boldsymbol{\alpha}_1,\boldsymbol{\alpha}_2$ 无关，知行列式

$$\begin{vmatrix}(\boldsymbol{\alpha}_1,\boldsymbol{\alpha}_1) & (\boldsymbol{\alpha}_1,\boldsymbol{\alpha}_2)\\(\boldsymbol{\alpha}_2,\boldsymbol{\alpha}_1) & (\boldsymbol{\alpha}_2,\boldsymbol{\alpha}_2)\end{vmatrix}=(\boldsymbol{\alpha}_1,\boldsymbol{\alpha}_1)(\boldsymbol{\alpha}_2,\boldsymbol{\alpha}_2)-(\boldsymbol{\alpha}_1,\boldsymbol{\alpha}_2)^2>0,$$

所以上面关于 x_1,x_2 的方程只有零解. 同理，$x_3=x_4=0$，所以式（*）成立，当且仅当 $x_1=x_2=x_3=x_4=0$，即 $\boldsymbol{\alpha}_1,\boldsymbol{\alpha}_2,\boldsymbol{\alpha}_3,\boldsymbol{\alpha}_4$ 线性无关.

方法2　在式（*）两边分别与 $x_1\boldsymbol{\alpha}_1+x_2\boldsymbol{\alpha}_2$ 作内积，得 $|x_1\boldsymbol{\alpha}_1+x_2\boldsymbol{\alpha}_2|^2=0$，所以 $x_1\boldsymbol{\alpha}_1+x_2\boldsymbol{\alpha}_2=\mathbf{0}$，由 $\boldsymbol{\alpha}_1,\boldsymbol{\alpha}_2$ 无关，即知 $x_1=x_2=0$，同理，$x_3=x_4=0$.

【4-37】 定义矩阵 $\mathbf{A}=(\boldsymbol{\alpha}_1,\boldsymbol{\alpha}_2,\cdots,\boldsymbol{\alpha}_m)$，则

$$g(\boldsymbol{\alpha}_1,\boldsymbol{\alpha}_2,\cdots,\boldsymbol{\alpha}_m)=|\mathbf{A}^{\mathrm{T}}\mathbf{A}|,r(\mathbf{A})=r(\mathbf{A}^{\mathrm{T}}\mathbf{A}),$$

所以 $\boldsymbol{\alpha}_1,\boldsymbol{\alpha}_2,\cdots,\boldsymbol{\alpha}_m$ 线性无关 $\Leftrightarrow r(\mathbf{A})=m\Leftrightarrow r(\mathbf{A}^{\mathrm{T}}\mathbf{A})=m\Leftrightarrow g(\boldsymbol{\alpha}_1,\boldsymbol{\alpha}_2,\cdots,\boldsymbol{\alpha}_m)=|\mathbf{A}^{\mathrm{T}}\mathbf{A}|\neq 0$.

【4-38】 **提示**：可以直接按照线性空间及欧式空间的定义验证. 一个更简单的办法是说明 $\mathbf{V}$ 是连续函数所成欧氏空间的子空间，此时只要验证加法和数乘的封闭性. 标准正交基的验证可以直接计算积分.

【4-39】 **提示**：取 $\mathbf{V}^{\perp}$ 的一组基，设为 $\boldsymbol{\alpha}_1,\boldsymbol{\alpha}_2,\cdots,\boldsymbol{\alpha}_s$，则可取 $\mathbf{A}=(\boldsymbol{\alpha}_1,\boldsymbol{\alpha}_2,\cdots,\boldsymbol{\alpha}_s)^{\mathrm{T}}$.

【4-40】 (1)是线性变换，(2)，(3)，(4)不是线性变换.

【4-41】 $\mathbf{A}=\begin{bmatrix}0 & 2 & 2\\1 & 0 & -2\\0 & 0 & 2\end{bmatrix}$.

【4-42】 在3维线性空间 $\mathbf{V}$ 中，线性变换 $\mathscr{A}$ 在基 $\boldsymbol{\alpha}_1,\boldsymbol{\alpha}_2,\boldsymbol{\alpha}_3$ 下的矩阵

$$\mathbf{A}=\begin{bmatrix}15 & -11 & 5\\20 & -15 & 8\\8 & -7 & 6\end{bmatrix}.$$

(1) 先求由基 $\boldsymbol{\alpha}_1,\boldsymbol{\alpha}_2,\boldsymbol{\alpha}_3$ 到基 $\boldsymbol{\beta}_1,\boldsymbol{\beta}_2,\boldsymbol{\beta}_3$ 的过渡矩阵 $\boldsymbol{P}$.

$$(\boldsymbol{\beta}_1,\boldsymbol{\beta}_2,\boldsymbol{\beta}_3)=(\boldsymbol{\alpha}_1,\boldsymbol{\alpha}_2,\boldsymbol{\alpha}_3)\boldsymbol{P}=(\boldsymbol{\alpha}_1,\boldsymbol{\alpha}_2,\boldsymbol{\alpha}_3)\begin{bmatrix}2 & 3 & 1\\3 & 4 & 2\\1 & 1 & 2\end{bmatrix},$$

则 $\mathscr{A}$ 在基 $\boldsymbol{\beta}_1,\boldsymbol{\beta}_2,\boldsymbol{\beta}_3$ 下的矩阵

$$\boldsymbol{B}=\boldsymbol{P}^{-1}\boldsymbol{A}\boldsymbol{P}=\begin{bmatrix}1&0&0\\0&2&0\\0&0&3\end{bmatrix}.$$

(2) 设 $\mathscr{A}\boldsymbol{\alpha}$ 在基 $\boldsymbol{\alpha}_1,\boldsymbol{\alpha}_2,\boldsymbol{\alpha}_3$ 下的坐标为 $(y_1,y_2,y_3)^{\mathrm{T}}$，则

$$\begin{bmatrix}y_1\\y_2\\y_3\end{bmatrix}=\boldsymbol{A}\begin{bmatrix}1\\6\\-1\end{bmatrix}=-\begin{bmatrix}56\\78\\40\end{bmatrix}.$$

【4-43】 (1) $\mathscr{A}\boldsymbol{\alpha}=\mathscr{A}(\boldsymbol{\alpha}_1+2\boldsymbol{\alpha}_2-\boldsymbol{\alpha}_3)$

$$=\mathscr{A}\boldsymbol{\alpha}_1+2\mathscr{A}\boldsymbol{\alpha}_2-\mathscr{A}\boldsymbol{\alpha}_3$$

$$=\begin{bmatrix}0\\-1\\6\end{bmatrix}.$$

(2) 设 $\mathscr{A}\boldsymbol{\alpha}_1=x_1\boldsymbol{\alpha}_1+x_2\boldsymbol{\alpha}_2+x_3\boldsymbol{\alpha}_3$，由

$$\begin{bmatrix}-1&0&3&-5\\0&1&-1&0\\2&1&0&3\end{bmatrix}\longrightarrow\begin{bmatrix}1&0&0&2\\0&1&0&-1\\0&0&1&-1\end{bmatrix},$$

知 $\mathscr{A}\boldsymbol{\alpha}_1=2\boldsymbol{\alpha}_1-\boldsymbol{\alpha}_2-\boldsymbol{\alpha}_3$，故

$$\mathscr{A}(\mathscr{A}\boldsymbol{\alpha}_1)=\mathscr{A}(2\boldsymbol{\alpha}_1-\boldsymbol{\alpha}_2-\boldsymbol{\alpha}_3)$$

$$=2\mathscr{A}\boldsymbol{\alpha}_1-\mathscr{A}\boldsymbol{\alpha}_2-\mathscr{A}\boldsymbol{\alpha}_3$$

$$=\begin{bmatrix}-5\\2\\-9\end{bmatrix}.$$

【4-44】 取 $\boldsymbol{P}[x]_3$ 的自然基 $1,x,x^2$，则

$$\mathscr{D}(1,x,x^2)=(0,1,2x)$$

$$=(1,x,x^2)\begin{bmatrix}0&1&0\\0&0&2\\0&0&0\end{bmatrix},$$

又

$$(f_1,f_2,f_3)=(1,x,x^2)\begin{bmatrix}1&0&3\\1&2&0\\0&1&-1\end{bmatrix},$$

所以，$\mathscr{D}$ 在 (f_1,f_2,f_3) 的矩阵

$$D=\begin{bmatrix}1&0&3\\1&2&0\\0&1&-1\end{bmatrix}^{-1}\begin{bmatrix}0&1&0\\0&0&2\\0&0&0\end{bmatrix}\begin{bmatrix}1&0&3\\1&2&0\\0&1&-1\end{bmatrix}=\begin{bmatrix}-2&2&-6\\1&0&2\\1&0&2\end{bmatrix}.$$

【4-45】 在$\mathbb{R}^{n\times n}$中,取定矩阵$\boldsymbol{A}$,定义变换

$$\mathscr{A}\boldsymbol{X}=\boldsymbol{AX}-\boldsymbol{XA}\quad(\forall \boldsymbol{X}\in\mathbb{R}^{n\times n}),$$

证明:(1) $\forall \boldsymbol{X},\boldsymbol{Y}\in\mathbb{R}^{n\times n}$, $\forall k\in\mathbb{R}$,有

$$\begin{aligned}\mathscr{A}(k\boldsymbol{X}+\boldsymbol{Y})&=\boldsymbol{A}(k\boldsymbol{X}+\boldsymbol{Y})-(k\boldsymbol{X}+\boldsymbol{Y})\boldsymbol{A}\\&=k\boldsymbol{AX}+\boldsymbol{AY}-k\boldsymbol{XA}-\boldsymbol{YA}\\&=k(\boldsymbol{AX}-\boldsymbol{XA})+(\boldsymbol{AY}-\boldsymbol{YA})\\&=k\mathscr{A}\boldsymbol{X}-\mathscr{A}\boldsymbol{Y},\end{aligned}$$

所以$\mathscr{A}$是$\mathbb{R}^{n\times n}$中线性变换.

(2) $\forall \boldsymbol{X},\boldsymbol{Y}\in\mathbb{R}^{n\times n}$,有

$$\begin{aligned}\mathscr{A}(\boldsymbol{XY})&=\boldsymbol{AXY}-\boldsymbol{XYA}\\&=\boldsymbol{AXY}-\boldsymbol{XAY}+\boldsymbol{XAY}-\boldsymbol{XYA}\\&=(\boldsymbol{AX}-\boldsymbol{XA})\boldsymbol{Y}+\boldsymbol{X}(\boldsymbol{AY}-\boldsymbol{YA})\\&=\mathscr{A}(\boldsymbol{X})\boldsymbol{Y}+\boldsymbol{X}\mathscr{A}(\boldsymbol{Y}).\end{aligned}$$

(3) 设$\boldsymbol{A}=\begin{bmatrix}a&b\\c&d\end{bmatrix}$,直接计算可得

$$\begin{aligned}&\mathscr{A}\boldsymbol{E}_{11}=-b\boldsymbol{E}_{12}+c\boldsymbol{E}_{21},\\&\mathscr{A}\boldsymbol{E}_{12}=-c\boldsymbol{E}_{11}+(a-d)\boldsymbol{E}_{12}+c\boldsymbol{E}_{22},\\&\mathscr{A}\boldsymbol{E}_{21}=b\boldsymbol{E}_{11}+(d-a)\boldsymbol{E}_{21}-b\boldsymbol{E}_{22},\\&\mathscr{A}\boldsymbol{E}_{22}=b\boldsymbol{E}_{12}-c\boldsymbol{E}_{21},\end{aligned}$$

所以$\mathscr{A}$在基$\boldsymbol{E}_{11}$,$\boldsymbol{E}_{12}$,$\boldsymbol{E}_{21}$,$\boldsymbol{E}_{22}$下的矩阵

$$\boldsymbol{A}=\begin{bmatrix}0&-c&b&0\\-b&a-d&0&b\\c&0&d-a&-c\\0&c&-b&0\end{bmatrix}.$$

【4-46】 $\boldsymbol{D}=\begin{bmatrix}a&1&b&0\\0&a&0&a\\-b&0&a&1\\0&-b&0&b\end{bmatrix}$.

【4-47】 **提示** 类似题【4-45】(1),直接验证即可.

【4-48】 **提示** 实际上$\mathscr{A}_1\mathscr{A}_2-\mathscr{A}_2\mathscr{A}_1$是恒等变换,所以它在任意一组基下的矩阵都是$\boldsymbol{E}$.